电工电子技术简明教程

（第 二 版）

主 编　曾建唐　蓝　波

副主编　张吉月　晏　涌

主 审　张晓冬　戴　波

高等教育出版社·北京

内容提要

本书为北京市高等教育精品教材。

"电工电子技术(电工学)"是非电类专业重要的基础课程。本教材是根据我国高等教育发展的新形势,根据教育部高等学校电工电子基础课程教学指导委员会制订的"电工学"课程教学基本要求,在新的教育理念指导下,根据一般院校培养高素质应用型专业人才的定位编写的。本教材注重理论联系实际,应用电路由浅入深。本教材分四个部分:电工技术、模拟电子技术、数字电子技术和综合实践;各部分前后贯通,有机结合;既有基础理论,又有新技术、新方法,并对传统的实验课程进行了大胆的改革和创新,与时俱进。

本教材简明扼要,可作为高等学校尤其是应用型本科、高职高专非电类专业"电工电子技术(电工学)"课程的教材,也可供有关技术人员参考。

与教材配套的数字课程教学资源,可通过访问网站 http://abook.hep.com.cn/1236915 获取。教学资源包括:PPT 电子教案,各章习题的参考答案,部分电路仿真结果图。

图书在版编目(CIP)数据

电工电子技术简明教程 / 曾建唐,蓝波主编. --2版. -- 北京:高等教育出版社,2018.2(2025.8重印)
ISBN 978-7-04-049036-7

Ⅰ.①电… Ⅱ.①曾…②蓝… Ⅲ.①电工技术-高等学校-教材②电子技术-高等学校-教材 Ⅳ.①TM②TN

中国版本图书馆 CIP 数据核字(2017)第 300073 号

策划编辑 金春英   责任编辑 孙 琳   封面设计 于文燕   版式设计 童 丹
插图绘制 黄云燕   责任校对 胡美萍   责任印制 存 怡

出版发行	高等教育出版社	网　　址	http://www.hep.edu.cn
社　　址	北京市西城区德外大街 4 号		http://www.hep.com.cn
邮政编码	100120	网上订购	http://www.hepmall.com.cn
印　　刷	保定市中画美凯印刷有限公司		http://www.hepmall.com
开　　本	787mm×1092mm　1/16		http://www.hepmall.cn
印　　张	18	版　　次	2009 年 12 月第 1 版
字　　数	440		2018 年 2 月第 2 版
购书热线	010-58581118	印　　次	2025 年 8 月第 10 次印刷
咨询电话	400-810-0598	定　　价	36.60 元

本书如有缺页、倒页、脱页等质量问题,请到所购图书销售部门联系调换

版权所有　侵权必究

物 料 号　49036-00

电工电子技术简明教程
（第二版）

曾建唐　蓝　波

1　电子计算机访问 http://abook.hep.com.cn/1236915，或手机扫描二维码、下载并安装 Abook 应用。

2　注册并登录，进入"我的课程"。

3　输入封底数字课程账号（20位密码，刮开涂层可见），或通过 Abook 应用扫描封底数字课程账号二维码，完成课程绑定。

4　单击"进入课程"按钮，开始本数字课程的学习。

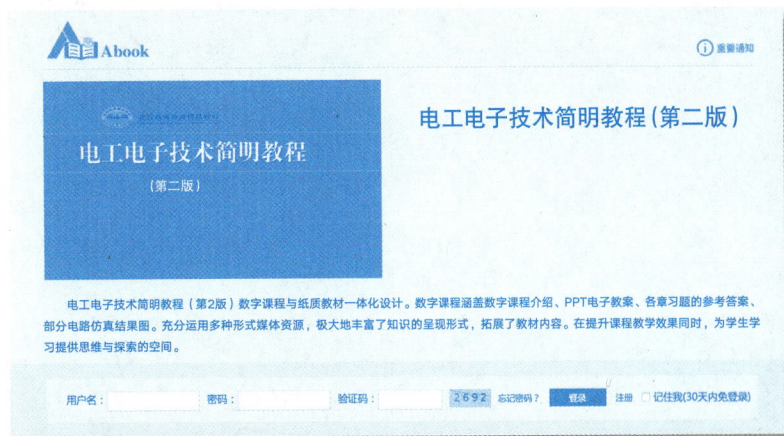

课程绑定后一年为数字课程使用有效期。受硬件限制，部分内容无法在手机端显示，请按提示通过计算机访问学习。

如有使用问题，请发邮件至 abook@hep.com.cn。

扫描二维码
下载 Abook 应用

http://abook.hep.com.cn/1236915

第 2 版前言

本书为北京市高等教育精品教材。

"电工电子技术(电工学)"课程的主要任务是研究电的规律及其应用,是非电类专业的技术基础课程。在信息时代的今天,应用电子技术促进各专业发展的趋势十分迅猛,因此,"电工电子技术"课程已成为各专业具有信息时代特征的重要技术基础课程。电工电子基本技能已经成为各专业学生最重要的基本技能之一,它关系到毕业生就业的竞争力,以及就业后的发展潜力,也是学生基本学科素质和社会适应性的体现。

作为技术基础课程,"电工电子技术(电工学)"课程应该具有基础性、应用性和先进性。所谓基础性是指基本理论、基本知识和基本技能,就是要研究一般规律,从而掌握分析方法,举一反三,具有创新基础;应用性是指把电工电子知识与专业课程相融合,应用于实际,培养应用能力,激励创新。"电工电子技术"课程是一门与实践结合得很紧密的课程,脱离了实践和应用,就失去了学习的意义;先进性是指电工电子技术是在不断发展的,要结合新技术、新工艺、新方法,学习、研究和发展传统理论,要有创新的理念和思维,才能使课程适应国家工业化和信息化进程的要求。电工技术和电子工业的水平是一个国家现代化程度和技术进步的重要标志。

在我国高等教育迅猛发展的今天,时代要求我们必须以全新的教育理念、科学的教育方法、全身心的投入,与时俱进,不断研究,才能培养出更多更好的创新型人才。本教材是在北京市精品课程建设、北京市优秀教学团队建设中根据目前的教育形势,同时,也根据教育部电子电气基础课程教学指导分委员会提出的"电工学教学基本要求"(草案)进行编写的。编者主要考虑的问题是:

1. 需要打破原有的电工学教材体系。对于非电类专业而言,特别是一般院校,应该找准本课程的定位。非电类专业电工学课程的教学在系统和要求上不应该与电类专业一样,其教材也不应该是电类专业教材的缩编。

2. 适应大众化教育的新形势。在整个教育界和高等院校要分层次对电工电子技术内容、体系、教学方式、教学方法进行一次革新。不能所有院校、所有的专业一个模式,一个教材体系。特别是一般院校应该体现与重点院校在培养目标上的不同和特色。

3. 由于现在多数院校对理论课学时压缩,电工电子技术课程学时大多压缩到 90 学时甚至 60 学时以下,因此必须有适应这个学时的适用的教材。

4. 现在有些教材越编越厚,有人提出:教材可以编得厚一些,讲得可以少一些。但我们从另一个角度考虑,编得再详细也不可能达到电类专业相关课程教材的深度和容量,因此本教材是从实际出发,内容丰富、达到要求、做到基本够用。在现有知识的基础上,如果需要扩展某些知识,可再去研读电类专业相关教材,以扩展和深化知识领域。

本教材在内容上可以分为四个模块:电工技术、模拟电子技术、数字电子技术以及电工电子综合设计基础与实践。四个部分相互联系、相互渗透,有机结合、前后贯通。本教材力图在以下

几方面体现出自己的特色:

1. 理念:在中国高等教育从精英教育向大众化教育的转型阶段,教材必须适应这个变化,才能在现代高等教育中很好地发挥提高教学质量、培养高水准人才的作用。难以想象几十年一贯制、体系内容变化缓慢的教材怎能适应今天的快节奏。教材的编写应该充分体现"以学生为中心,以教师为主导"的理念,才能找准方向,才能编好。

2. 定位:在我国,普通高等教育分成"研究型"和"应用型"两个类型。应用型理工科院校基本上都是教学型学校,培养的是高素质应用型专业人才。在这个定位下,本教材体现"知行并重、实践育人"的特色和理念。在教材内容和体系上与研究型高校有所区别。

3. 体系:把模拟电子和电路分析融合在一起,数字电子技术既有相对独立性,又与模拟电子技术相结合,对 A/D、D/A 转换讲清概念,便于模拟、数字结合,灵活应用。

4. 思路:注重基本概念和知识性,不在计算上花费太多时间和精力,习题注重考察和帮助理解相关概念和知识。

电子技术以集成电路为主进行介绍,只要求学生对一个新的芯片很快会用,进而对新技术产生兴趣,培养通过看说明书就能独立应用的能力。

既兼顾知识的体系和连续性,又不被原有教材体系束缚;既结合实际,又联系基础理论,努力使学生在认知、用知和创新上一步步前进。

在学完电路、模拟电子技术和数字电子技术以后还介绍了实用性强和通用的系统,逐步加深,使学生学有所用,以便对所学知识进行总结和提升,同时也为实验教学改革提出了一种新的思路和模式。

5. 方法:从一开始就将电路分析的解析法(精确计算)和估算法(近似计算),以及图解法结合,进一步引申到非线性电路的分析,解决学生不适应原有教材体系的问题。

6. 结合:教材中突出元器件与电路结合,电路与实际结合,电路典型环节与系统结合。使学生感到学有所用,学有兴趣。电路与器件注重应用,与工程实际结合。

7. 更新:在附录中简单介绍了 EDA 仿真软件(Multisim 和 EWB)的基本应用,与新技术结合,还可以提高学生学习兴趣。同时为学生进一步学习高级电子设计软件打下基础,与时俱进。建议任课教师在第一次课用很短的时间介绍一下软件的使用,由学生在课外阅读附录并练习使用之。

8. 简明:简明扼要,力争做到适用、实用和好用。

本教材是电工学北京市精品课程和北京市电工电子优秀教学团队建设的成果之一。多年来老师们团结合作,扎扎实实搞教改,实实在在搞建设,开拓进取,取得不少成果。在编写本教材的过程中,多次开展教学研讨,经过两轮在教学中试用反复修改,又经过第1版的7年使用,广泛征集了使用者的意见,再经过多次深入研讨,在本次修订中精简了部分内容,对部分章节内容和编排进行了调整;新增加了"安全用电""电动机及控制""电工电子实践"等内容,使之更加符合技术发展与工程实际的需要,力图满足不同专业、不同学时的课程需求。现在把第2版教材呈献在读者的面前,希望得到大家的指正。

参加本教材编写的都是长期在教学第一线的教师。具体分工是:曾建唐(前言、第1、2、3、4章),张吉月(第5、6章),晏涌(第7、8章),蓝波(第9、10章)。另外,参加本教材研讨和相关课程建设的还有:王志秀、刘学军、张晓燕、周义明等老师。本教材主审是北京交通大学张晓冬教授和北京石油化工学院教务处长戴波教授,张晓冬教授是北京市高教学会电工学研究会前任理事长,是长期从事本课程教学的知名专家。戴波教授是电工电子北京市优秀教学团队负责人和电工学北京市精品课程负责人。张晓冬教授和戴波教授两位北京市教学名师不辞劳苦详细审阅了编写提纲和本教材全稿,提出了不少建设性、指导性意见,在此深致敬意和感谢。

现代信息技术的发展,为学习电工电子技术提供了极大方便。与本教材配套的数字课程教学资源,可通过访问网站 http://abook.hep.com.cn/1236915 获取。教学资源包括:PPT 电子教案,各章习题的参考答案,部分电路仿真结果图。

由于编者能力和水平有限,在编写中难免有所疏漏和谬误,敬请读者批评指正。

编者邮箱:zengjiantang@ bipt.edu.cn 或 lanbo@ bipt.edu.cn

编　者

2017 年 7 月

目　　录

第 **1** 章

电路模型和电路元件

1.1 电路基本物理量

1. 电路和电路模型

（1）电路

电路是根据某种需要由电工、电子器件或设备按一定方式连接起来的流过电流的闭合路径。以供电系统、有线广播和手机充电电路为例,如图 1-1 所示。

电路的结构和形式是多种多样的,根据电路的作用,大致可以分为两类:一类是用于实现电能的传输、分配和转换的供电系统;另一类是用于信号的传递与处理及运算的信息系统。

无论哪一种电路,都可以把它们划分为三个主要部分:电源(或信号源)、中间环节和负载。

（2）电路模型

实际的电路元件一般都不仅有一种特性,例如白炽灯的灯丝是用钨丝绕制成螺旋状的,它不仅具有电阻的性质,还具有一定电感的性质;例如电感线圈,它不仅具有电感的性质,还有一定的电阻等。但是在一定条件下忽略某些次要因素时,例如白炽灯的灯丝在电源频率较低时,它的电感性很弱,就可以把它理想化为具有单一特性的理想电阻元件;当电感线圈的导线足够粗,且匝数也不多时,就可以把它看成仅有电感性质的理想元件。各种电路元件用规定的图形符号表示,因此一个实际电路就可以用几个理想元件组合表示,由一些理想电路元件组成的电路就是实际电路的模型,它是对实际电路电磁性质的科学抽象和概括。在电工基础理论中一般采用电路模型进行分析研究。

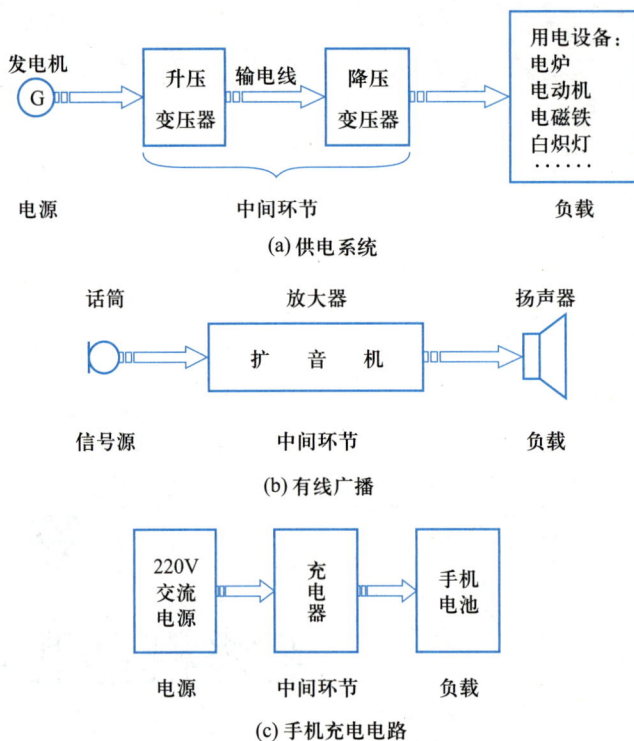

图 1-1　电路示意图

2. 电流、电压及其参考方向

（1）电流及其参考方向

电路中带电粒子的定向移动称为电流。在金属导体中可以移动的带电粒子是带负电荷的自由电子，半导体中的带电粒子是自由电子和空穴（它们被称为载流子），电解液中的带电粒子是正、负离子。因此电流是由正电荷或负电荷的定向移动形成的。习惯上规定正电荷移动的方向为电流的实际方向。电流的大小是指单位时间内流过导体横截面的电荷量，即

$$i = \frac{\mathrm{d}q}{\mathrm{d}t} \tag{1-1}$$

式（1-1）中，q 表示电荷量，t 表示时间，电流 i 是电荷量对时间的变化率。如果电流的大小和方向随时间变化，则称为时变电流；时变电流作周期性变化且平均值为零，则称之为交流电流（Alternating Current，缩写为 AC），用小写字母 i 表示。如果电流的大小和方向都不随时间变化，则称之为直流电流（Direct Current，缩写为 DC），用大写字母 I 表示，式（1-1）可以改写为

$$I = \frac{q}{t} \tag{1-2}$$

电流的 SI 单位是安［培］（Ampere，缩写为 A），此外，还有毫安（mA）、微安（μA），它们之间的换算关系是：$1\ \mathrm{A} = 10^3\ \mathrm{mA} = 10^6\ \mathrm{μA}$。

在进行电路的分析计算时，往往需要事先设定一个方向，这个设定的方向称为参考方向（或正方向），用箭头在电路图中标出，如图 1-2 所示。当计算后如果电流值为正，则说明电流的实

际方向与参考方向相同;如果电流值为负,则说明电流的实际方向与参考方向相反。电流方向也可以用双下标方法表示,例如 $I_{ab}=2\,A$,表示 2 A 电流从 a 流向 b,$I_{ab}=-I_{ba}$。

(2)电压及其参考方向

图 1-3 是一个简单电路。电源具有电动势 E 和内电阻 R_0。电动势是电源中非电场力(如化学力、机械力等)对电荷做功的物理量,它在数值上等于非电场力在电源内部将单位正电荷从负极移到正极所做的功。

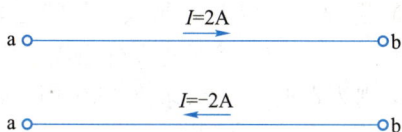

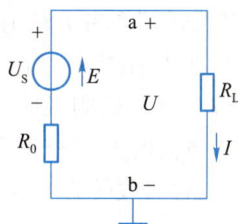

图 1-2 电流的方向   图 1-3 简单电路实例

电荷在电场力作用下在电路中形成电流,电场力推动电荷运动做功。电压就是衡量电场力对电荷做功能力的物理量。图 1-3 中 a、b 两点之间的电压为

$$U=\frac{W_{ab}}{q} \tag{1-3}$$

式(1-3)中,W_{ab} 表示电场力驱动正电荷从 a 点移到 b 点所做的功,电压 U 等于电场力驱动单位正电荷从 a 点移动到 b 点所做的功。

如果电压的大小和方向随时间作周期性变化且平均值为零,则称为交流电压,用小写字母 u 表示。

电路中某点电位是指该点对参考点之间的电压。在图 1-3 中 b 点上画了接地"⊥"符号,就表示设定 b 点为参考点,这一点即为零电位点。a 点电位 V_a 就是 a 点与参考点 b 间的电压值,即 $V_a=U$,a、b 两点之间的电压就是两点之间的电位差 $U=V_a-V_b$。

电压、电动势、电位的 SI 单位均为伏[特](Voltage,缩写为 V),此外,还有毫伏(mV)、微伏(μV),它们之间的关系为:$1\,V=10^3\,mV=10^6\,\mu V$。

电压的方向一般指电位降低的方向,而电动势的方向是指电位升高的方向。

在进行电路分析时往往需要事先设定一个参考方向,电压参考方向一般用"+"、"−"极性表示,从高电位端"+"指向低电位端"−"。有时也可以采用双下标,例如不标"+"、"−"极性,用 U_{ab} 表示电压方向由 a 点指向 b 点。又如电源端电动势 E 是由负极指向正极,是电位升的方向,而电压源 U_S 则是由正极指向负极,是电位降的方向。

在设定参考方向后,计算所得电压为正时,表示电压的实际方向与参考方向一致,否则相反。

电流与电压的参考方向可以任意设定,但在电路分析时往往把它们的方向设为一致,称为关联参考方向,例如 R_L 上的电压 U 和电流 I 就是关联参考方向,而电源上的 U_S 和 I 即为非关联参考方向。

参考方向具有实际意义。例如在测量电流时,就已经设定了电流的参考方向是由红表笔经过电流表指向黑表笔方向。尤其是现在数字电流表显示的正负值就是在此参考方向下的值。同理,测量电压时也是已经确定了参考极性是红表笔为高电位端。

3. 电路的功率

电功率(power)表示单位时间内电流所做的功,即

$$P = \frac{W}{t} = \frac{UIt}{t} = UI \tag{1-4}$$

已知电阻上电压和电流的实际方向总是一致的,它是耗能元件,把电能转换为热能,是负载。当电阻元件上电压电流设为关联参考方向时,所计算的功率值肯定大于零。由此可知当任意元件上所设电压电流为关联参考方向时,若 $P = UI > 0$,则说明该元件为负载,吸收功率;若 $P = UI < 0$,则该元件就是电源,发出功率,如图 1-4 所示。同理可知,当电压电流设为非关联参考方向时,用 $P = -UI$ 计算,若 $P = -UI > 0$,则说明该元件为负载;若 $P = -UI < 0$,则该元件就是电源,如图 1-5 所示。总之,关联参考方向时 $P = UI$,非关联参考方向时 $P = -UI$,都是把元件当成负载来对待的,计算出的数值均为二端元件吸收的功率值,求出 $P > 0$,则为真正的负载,求出 $P < 0$,则实际为电源。

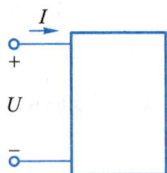

图 1-4   关联参考方向   图 1-5   非关联参考方向

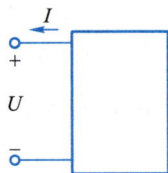

【例 1-1】   已知图 1-4 中,$U = 10$ V,$I = -2$ A,求该元件吸收的功率,并判别它是电源还是负载。

解: 因为 UI 是关联参考方向,$P = UI = 10 \times (-2)$ W $= -20$ W < 0,所以该元件为电源。它吸收的功率为 -20 W(实际上发出功率 20 W)。

【例 1-2】   已知图 1-5 中,元件发出的功率是 10 W,电压 $U = -5$ V,求电流 I。

解: 首先把元件当成负载对待,它吸收的功率为 $P = -10$ W,因为 UI 是非关联参考方向,$P = -UI$,则

$$I = \frac{P}{-U} = \frac{-10}{-(-5)} \text{ A} = -2 \text{ A}$$

各种电气设备的电压、电流和功率都有一个额定值。额定值(rated value)是制造厂为了使产品能够在给定的工作条件下正常运行而规定的允许值。电压、电流、功率的额定值用 U_N、I_N、P_N 表示。但是电气设备实际上并不一定总是工作在额定状态下。

例如常见汽车电瓶的额定电压是 12 V。电动汽车电池组由多个电池串联组成,一个典型的电池组大约有 96 个锂离子电池,每节电池充电到 4.2 V,这样的电池组可产生超过 400 V 的总电压。手机电池额定电压为 3.75~4.2 V。电动机要在额定状态下工作时,通过它的电流才是额定电流,但是它不一定总是在额定状态下工作,因此它的电流也不一定会是额定电流。

【例 1-3】   有一个额定功率为 1 W,阻值为 100 Ω 的电阻器,它的额定电流是多少?在使用时通入的电流为 500 mA,是否超出额定值,是否安全?

解: $P_N = I_N^2 R$

$$I_N = \sqrt{\frac{P_N}{R}} = \sqrt{\frac{1}{100}} \text{ A} = 0.1 \text{ A} = 100 \text{ mA}$$

电阻器的额定电流为 100 mA,若通入 500 mA 电流,超出了额定值,不能安全使用。

【例 1-4】 图 1-3 电路中,已知 $U_S = 10$ V,$R_0 = 1$ Ω,$R_L = 9$ Ω,求各元件的功率,并验证功率平衡关系。

解: $I = \dfrac{U_S}{R_0 + R_L} = \dfrac{10}{1+9}$ A $= 1$ A

R_L 吸收的功率为:$P_{R_L} = I^2 R_L = 1^2 \times 9$ W $= 9$ W

R_0 吸收的功率为:$P_{R_0} = I^2 R_0 = 1^2 \times 1$ W $= 1$ W

电源 U_S 吸收的功率为:$P_{US} = -UI$(非关联参考方向)$= -10 \times 1$ W $= -10$ W(实际发出功率 10 W)

$$\sum P = P_{R_L} + P_{R_0} + P_{US} = [9 + 1 + (-10)] \text{ W} = 0 \text{ W}$$

所以功率平衡。

4. 能量转换及效率

能量在转换过程中总会有损耗。从发电的角度来看,无论是太阳能发电、风力发电、水力发电还是热能发电,输出的能量总会比输入的能量小。从用电的角度来看,无论是电能转换成机械能(电动机)还是电能转换成热能,输出的能量也总是比输入的能量小。一般用输出功率 P_o 与输入功率 P_i 的比值作为它们的效率,即

$$\eta = \frac{P_o}{P_i} \times 100\% \tag{1-5}$$

例如交流电动机的效率一般为 0.8~0.9。

1.2 电路的状态

电路有三种状态:通路、开路和短路。

1. 通路

如图 1-6 所示,开关 S 闭合,电源和负载形成了闭合回路,有电流通过,称为通路(closed circuit)也称为有载状态。

(1)电流和电压

已知

$$I = \frac{U_S}{R_0 + R_L} \tag{1-6}$$

负载电阻上的电压

$$U = R_L I \tag{1-7}$$

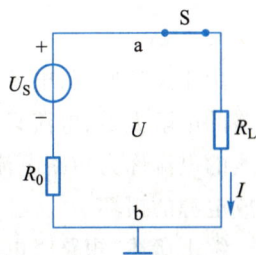

图 1-6 通路实例

由以上两式可以得出

$$U = U_S - R_0 I \tag{1-8}$$

其中 R_0 是电源内电阻。可见,负载电压 U 小于电源电压 U_S,二者之差为电源电压 U_S 减去电源内电阻上的电压降 $R_0 I$。

(2)功率

式(1-8)各项乘以电流 I,得到

$$UI = U_S I - R_0 I^2 \tag{1-9}$$

其中 $UI = P$ 为负载吸收的功率,$U_S I = P_{US}$ 为电源发出的功率,令 $\Delta P = R_0 I^2$ 是内电阻上吸收的功率。得到

$$P = P_{US} - \Delta P \tag{1-10}$$

称作功率平衡方程式。

如果把右边的项移到左边,则 $-P_{US}$ 为电源吸收的功率,ΔP 为内电阻吸收的功率,则

$$\sum P = P + (-P_{US}) + \Delta P = 0 \tag{1-11}$$

在一个系统内仍然满足功率平衡关系。

2. 开路

开路(open circuit)即断路。当回路中有一点断开时,电路中电流为零,即 $I = 0$,如图 1-7 所示。

此时电源端电压 U 即为开路电压 U_{oc},它等于电源电压 U_s。输出功率 P 为零。

$$\left. \begin{aligned} I &= 0 \\ U &= U_{oc} = U_s \\ P &= 0 \end{aligned} \right\} \tag{1-12}$$

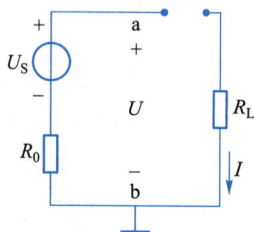

图 1-7　开路实例　　　　　　图 1-8　短路实例

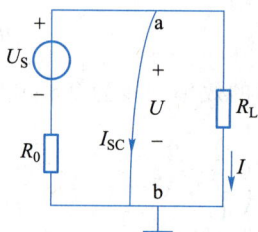

3. 短路

由于某种原因,电源的两端被连接在一起,如图 1-8 所示,称为短路(short circuit)。此时外电路的电阻为零,电流只流过电阻为零的短路导线而不流过负载电阻,因此电压 $U = 0$。流过短路线的电流称为短路电流 I_{SC}。由于电源内电阻很小,因此短路电流很大,电源发热严重,有可能造成电源的损坏。

综上所述,短路时电路的特性可以用下列各式表示:

$$\left. \begin{aligned} U &= 0 \\ I &= 0 \\ I_{SC} &= \frac{U_s}{R_0} \\ P_{US} &= \Delta P = R_0 I_{SC}^2 \\ P &= 0 \end{aligned} \right\} \tag{1-13}$$

【例 1-5】　电路如图 1-6、1-7、1-8 所示。已知 $U_S = 12$ V,$R_0 = 1$ Ω,$R_L = 11$ Ω。求三种情况下电流、电压和负载吸收的功率。

解:(1) 通路,有载状态

$$I = \frac{U_S}{R_0 + R_L} = \frac{12}{1+11} \text{ A} = 1 \text{ A}$$

$$U = R_L I = 11 \times 1 \text{ V} = 11 \text{ V}$$

$$P = R_L I^2 = 11 \times 1^2 \text{ W} = 11 \text{ W}$$

(2) 开路

$$I = 0$$

$$U = U_{OC} = U_S = 12 \text{ V}$$

$$P = 0$$

(3) 短路

$$I_{SC} = \frac{U_S}{R_0} = \frac{12}{1} \text{ A} = 12 \text{ A}$$

$$U = 0$$

$$P = 0$$

【例 1-6】 已知负载电阻 $R_L = 11 \ \Omega$,测得电源的开路电压 $U_{OC} = 12$ V,短路电流 $I_{SC} = 12$ A。求通路情况下负载电流 I。

解:因为电源的开路电压即为电源电压

$$U_S = U_{OC} = 12 \text{ V}$$

电源内电阻 $R_0 = \dfrac{U_{OC}}{I_{SC}} = \dfrac{12}{12} \ \Omega = 1 \ \Omega$

所以

$$I = \frac{U_S}{R_0 + R_L} = \frac{12}{1+11} \text{A} = 1 \text{ A}$$

对于电源而言,短路是一种严重事故,它会使电源产生大量热,甚至造成损坏,因此一般都要应用熔断器进行短路保护。但是有时由于某种需要也会把电路中部分元件"短接",来实现一定用途,如图 1-9 所示的晶体管放大电路利用电位器 R_P 来短接一部分电阻,调整 B 点的分压来调整静态工作点,使之工作在合适的位置。

另一个应用实例如图 1-10 所示,电流表和直流电动机串联,以便测量电动机的电流,但是由于电动机起动时电流大,容易烧坏电流表,就在每次起动前,先把开关 S_2 闭合,把电流表短接,闭合 S_1 起动电动机,等到运转正常了,再断开 S_2,就可以进行测量了。

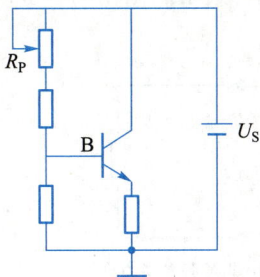

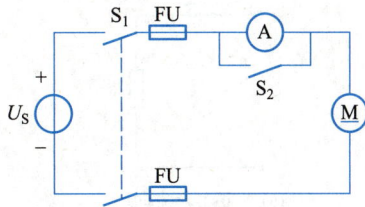

图 1-9 "短接"实例　　　图 1-10 短接应用实例

1.3　电阻元件和欧姆定律

1. 电阻的分类

一般讲到的遵从欧姆定律的电阻,是最常用的电阻元件之一,在此基础上要对其概念进行扩展。电阻元件的一般定义为:如果一个二端元件在任意时刻的伏安关系可以由 U-I 平面上的一条(特性)曲线确定,则此二端元件称为二端电阻元件。

根据电阻的伏安特性曲线(按关联参考方向绘制),电阻可以分为四类,如图 1-11 所示。

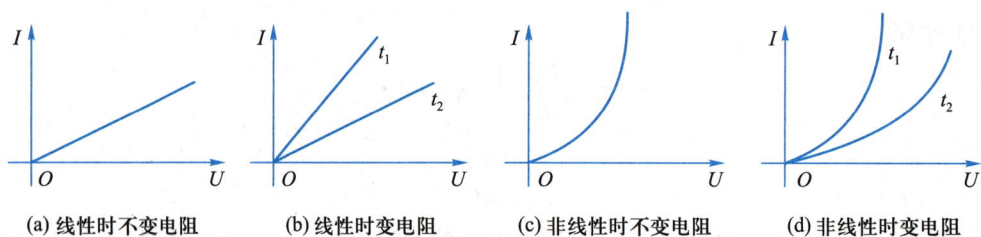

(a) 线性时不变电阻　　(b) 线性时变电阻　　(c) 非线性时不变电阻　　(d) 非线性时变电阻

图 1-11　电阻的伏安特性曲线

曲线图 1-11(a)、(b)为线性电阻的特性,图(c)、(d)为非线性电阻的特性曲线;图(b)、(d)所示的曲线随时间变化是时变电阻的特性,图(a)、(c)是时不变电阻或定常电阻的特性。

按照功能,电阻又可以分为热敏电阻、光敏电阻等。

2. 欧姆定律

只有线性电阻才符合欧姆定律(Ohm' Law)。如图 1-12(a)所示,在关联参考方向下

$$U=RI \quad 或 \quad I=\frac{U}{R} \tag{1-14}$$

式中 R 为电路中的电阻,单位是欧[姆](Ω),此外,还有千欧($k\Omega$)、兆欧($M\Omega$),它们之间的关系是:$1\ M\Omega = 10^3\ k\Omega = 10^6\ \Omega$

如图 1-12(b)所示,在非关联参考方向下

$$U=-RI \quad 或 \quad I=-\frac{U}{R} \tag{1-15}$$

【例 1-7】　图 1-12(a)所示电路中,$U=10$ V,$I=5$ A,求 R。图 1-12(b)中,$U=-10$ V,$I=5$ A,求 R。

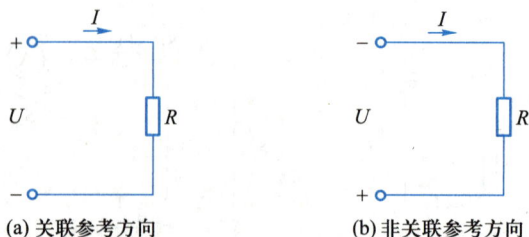

(a) 关联参考方向　　　　　　　(b) 非关联参考方向

图 1-12　欧姆定律

解:图 1-12(a)中 U、I 为关联参考方向

$$R = \frac{U}{I} = \frac{10}{5}\ \Omega = 2\ \Omega$$

图 1-12(b)中 U、I 为非关联参考方向

$$R = -\frac{U}{I} = -\frac{-10}{5}\ \Omega = 2\ \Omega$$

由例 1-7 可见,公式中的正、负号是由参考方向是否关联决定的,而 U 和 I 本身还有正、负之分。

在电路分析中常使用解析法或图解法。

【例 1-8】 图 1-6 电路中,如果已知:$U_S = 10$ V,$R_0 = 1\ \Omega$,$R_L = 4\ \Omega$。应用解析法和图解法分别求 I。

解:由解析法计算得

$$I = \frac{U_S}{R_0 + R_L} = \frac{10}{1+4}\ A = 2\ A$$

应用图解法:

首先求电压源的开路电压 U_{OC} 和短路电流 I_{SC}

开路电压 $\qquad\qquad\qquad\qquad U_{OC} = U_S = 10$ V

短路电流 $\qquad\qquad\qquad\qquad I_{SC} = \frac{U_S}{R_0} = \frac{10}{1}\ A = 10$ A

绘出外特性曲线如图 1-13(a)所示。

由于 $R_L = 4\ \Omega$,可知负载电阻 R_L 的伏安特性曲线如图 1-13(b)所示。

把图 1-13(a)、图 1-13(b)所示的两条曲线放置于同一直角坐标系中,如图 1-13(c)所示。两条曲线的交点 Q 称为工作点,即为它们的公共解,在电流轴上的投影截距即为电路中的实际电流值 I。

可知 $I = 2$ A,与解析法所得结果一致。

解析法比较简便,但只适用于线性电路,而图解法可以用于线性和非线性电路的分析。

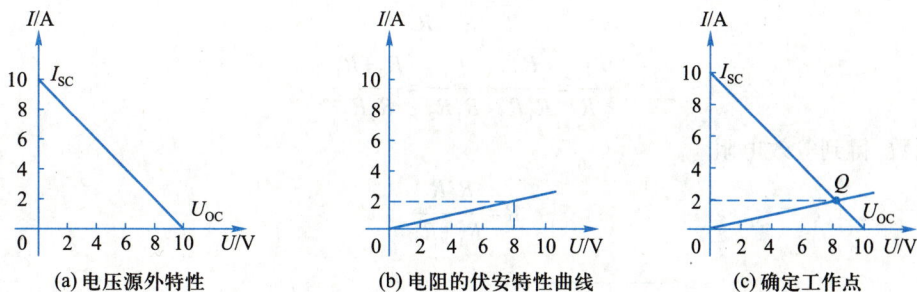

图 1-13 解析法示例

3. 电阻的串并联

较为复杂的电路称为网络,不含有电源的网络称为无源网络,这里仅介绍电阻网络。电路的连接有多种形式,而电阻的串联和并联是最基本的连接方式。

（1）电阻的串联

若干电阻依次相接，通入同一电流称为串联。如图 1-14 所示，它的等效电阻为

$$R = R_1 + R_2 \qquad (1\text{-}16)$$

电路中的电流 $\quad I = \dfrac{U}{R_1 + R_2}$

每一个电阻上的分压为

$$U_1 = R_1 I = \dfrac{U}{R_1 + R_2} R_1 = \dfrac{U}{R} R_1 \qquad (1\text{-}17)$$

$$U_2 = R_2 I = \dfrac{U}{R_1 + R_2} R_2 = \dfrac{U}{R} R_2 \qquad (1\text{-}18)$$

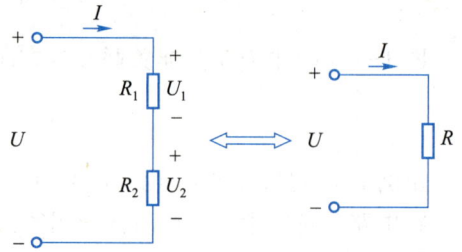

图 1-14　电阻的串联

由式（1-17）、式（1-18）可见，串联电阻在每一个电阻上的分压等于总电压除以总等效电阻再乘以该电阻值。

【例 1-9】　图 1-14 电路中，已知 $R_1 = 40\ \Omega$，$R_2 = 60\ \Omega$，$U = 10\ \text{V}$。求各电阻上的分压。

解：等效电阻为 $\qquad R = R_1 + R_2 = (40 + 60)\ \Omega = 100\ \Omega$

电流 $\qquad\qquad I = \dfrac{U}{R} = \dfrac{10}{100}\ \text{A} = 0.1\ \text{A}$

R_1 上的分压 $\qquad U_1 = R_1 I = 40 \times 0.1\ \text{V} = 4\ \text{V}$

R_2 上的分压 $\qquad U_2 = R_2 I = 60 \times 0.1\ \text{V} = 6\ \text{V}$

【例 1-10】　图 1-14 电路中，已知 $R_1 = 1\ \text{M}\Omega$，$R_2 = 100\ \Omega$。用估算法求等效电阻 R。

解：因为 $R_1 \gg R_2$，所以 $R \approx R_1 = 1\ \text{M}\Omega$

当两个电阻串联，一个电阻的阻值远远大于（10 倍及以上）另一个电阻时，等效电阻可以约等于该较大的电阻。

（2）电阻的并联

若干电阻跨接在两个结点之间，接于同一电压称为并联。如图 1-15 所示，以两个电阻并联为例，它的等效电阻的倒数为

$$\frac{1}{R} = \frac{1}{R_1} + \frac{1}{R_2} \qquad (1\text{-}19)$$

$$\frac{1}{R} = \frac{R_2}{R_1 R_2} + \frac{R_1}{R_1 R_2} = \frac{R_2 + R_1}{R_1 R_2}$$

双方取倒数，得到等效电阻

$$R = \frac{R_1 R_2}{R_1 + R_2} \qquad (1\text{-}20)$$

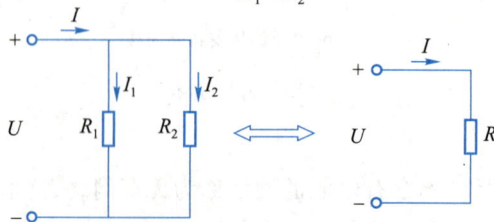

图 1-15　电阻的并联

电路中的电压　　　$U = RI = \dfrac{R_1 R_2}{R_1 + R_2} I$

每一个电阻上的分流为

$$I_1 = \frac{U}{R_1} = \frac{\dfrac{R_1 R_2}{R_1 + R_2} I}{R_1} = \frac{I}{R_1 + R_2} R_2 \qquad\qquad (1-21)$$

$$I_2 = \frac{U}{R_2} = \frac{\dfrac{R_1 R_2}{R_1 + R_2} I}{R_2} = \frac{I}{R_1 + R_2} R_1 \qquad\qquad (1-22)$$

由式（1-21）、式（1-22）可见，两个并联电阻在每一个电阻上的分流等于总电流除以两并联支路电阻之和，再乘以对方支路电阻值。

【例1-11】　图1-15电路中，已知 $R_1 = 30\ \Omega$，$R_2 = 60\ \Omega$，$I = 9\ A$。求等效电阻 R 和在 R_2 上的分流 I_2。

解：等效电阻为　　　$R = \dfrac{R_1 R_2}{R_1 + R_2} = \dfrac{30 \times 60}{30 + 60}\ \Omega = 20\ \Omega$

R_2 上的分流　　　$I_2 = \dfrac{I}{R_1 + R_2} R_1 = \dfrac{9}{30 + 60} \times 30\ A = 3\ A$

【例1-12】　图1-15电路中，已知 $R_1 = 1\ M\Omega$，$R_2 = 100\ \Omega$。用估算法求等效电阻 R。

解：因为 $R_2 \ll R_1$　所以 $R \approx R_2 = 100\ \Omega$

当两个电阻并联，一个电阻的阻值远远小于另一个电阻时，等效电阻可以约等于该较小的电阻。

（3）电桥电路

在检测电路中常用到的电桥电路如图1-16所示。它有4个桥臂（R_1、R_2、R_3、R_4），在 c、d 端加电源 U，则 a、b 两点电位

$$V_a = \frac{U}{R_1 + R_2} R_2, \qquad V_b = \frac{U}{R_3 + R_4} R_4$$

当 a、b 两点等电位（$V_a = V_b$）时，电桥平衡。则

$$\frac{R_2}{R_1 + R_2} = \frac{R_4}{R_3 + R_4}$$

即

$$\frac{R_1}{R_2} = \frac{R_3}{R_4}$$

或　　　$R_1 R_4 = R_2 R_3$

当有1个桥臂电阻值发生变化，例如 R_1 变化为 $R_1 + \Delta R$，则打破了电桥的平衡，a、b 端便有输出电压 U_{ab}

$$U_{ab} = V_a - V_b$$

$$= \frac{R_2}{R_1 + \Delta R + R_2} U - \frac{R_4}{R_3 + R_4} U$$

$$= \frac{R_2}{R_1 + R_2 + \Delta R} U - \frac{R_2}{R_1 + R_2} U$$

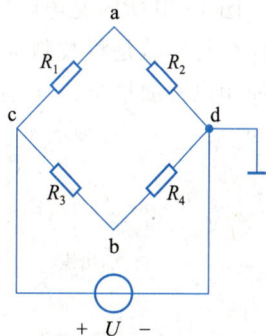

图1-16　电桥电路

设 $R = R_1 + R_2$

则
$$U_{ab} = \left(\frac{1}{R+\Delta R} - \frac{1}{R}\right) R_2 U$$

$$= \frac{-\Delta R}{R(R+\Delta R)} R_2 U$$

当 $\Delta R \ll R$ 时，$R + \Delta R \approx R$

所以
$$U_{ab} = \frac{-R_2 U}{R^2}\Delta R \qquad (1\text{-}23)$$

图 1-17　单臂工作电桥

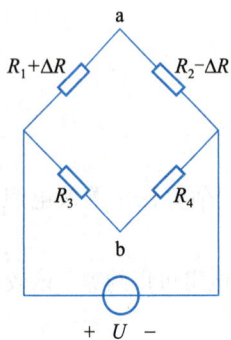

输出电压与 ΔR 成正比，这个电压信号经放大后既可以送入仪表进行显示，也可以作为控制信号，这样的电桥称为单臂工作电桥，如图 1-17 所示。R_1 可以是电阻应变片，也可以是热电阻传感器或光敏电阻传感器等。为了提高电桥电路的灵敏度，也可以采用双臂工作电桥或全桥电路，如图 1-18、图 1-19 所示。

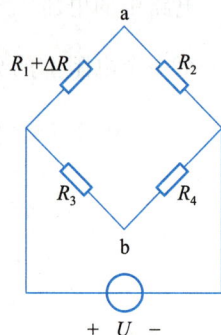

图 1-18　双臂工作电桥

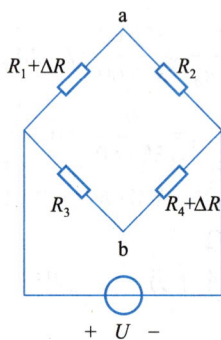

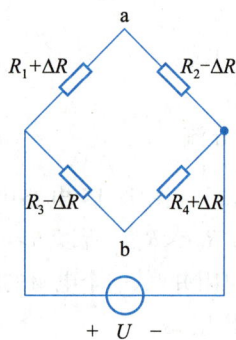

图 1-19　全桥电路

图 1-20 所示是电阻应变传感器的应用实例，它实际上是一台电子秤的前端测量电路。电阻应变传感器是将被测量的力通过其产生的金属弹性变形转换成电阻变化的元件，测量电路通常使用电桥测量电路，电阻应变片作为桥臂电阻接在电桥电路中。桥式测量电路的 4 个电阻，都

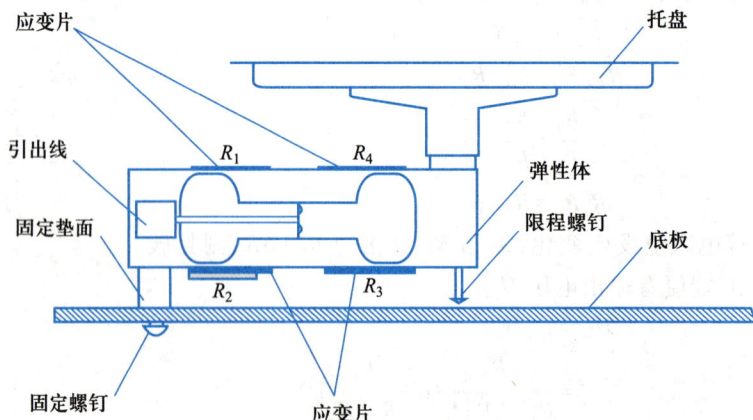

图 1-20　电阻应变传感器安装示意图

是电阻应变片。无压力时,电桥平衡,输出电压为零。有压力(秤盘上放了重物)时,电桥的桥臂电阻值发生变化(弹性体悬臂梁上侧的应变片 R_1 或 R_4 被拉伸,电阻变大;下侧的应变片 R_2 或 R_3 被压缩,阻值变小),电桥失去平衡,有相应电压输出。

【例 1-13】 图 1-21 是一个电子秤电路的一部分,其中 $R_1 = R_2 = R_3 = R_4 = 300\ \Omega$,电源电压 $U = 5\ \text{V}$。

(1)假设在秤盘上没有放重物,$\Delta R = 0$,试证明此时电桥平衡,即 $V_a = V_b$,输出电压 $U_{ab} = 0\ \text{V}$。

(2)如果在秤盘上放入 500 g 重物时,$\Delta R = 5\ \Omega$。求电桥的输出电压 U_{ab}。

(3)如果秤盘上放入的重物是 1 kg,$\Delta R = 10\ \Omega$,输出电压是多少?

解: 设 d 点为参考点,如图 1-21 所示。

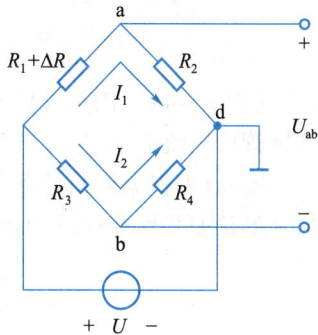

图 1-21 例 1-13 的电路

(1) $I_1 = \dfrac{U}{R_1 + R_2} = \dfrac{5}{300 + 300}\ \text{A} = 0.008\ 33\ \text{A}$

$I_2 = \dfrac{U}{R_3 + R_4} = \dfrac{5}{300 + 300}\ \text{A} = 0.008\ 33\ \text{A}$

$V_a = R_2 I_1 = 300 \times 0.008\ 33\ \text{V} = 2.50\ \text{V}$

$V_b = R_4 I_2 = 300 \times 0.008\ 33\ \text{V} = 2.50\ \text{V}$

$V_a = V_b = 2.50\ \text{V}$,输出电压 $U_{ab} = 0\ \text{V}$,电桥平衡。

(2)在秤盘上放入 500 g 重物,$\Delta R = 5\ \Omega$

电流 $I_1 = \dfrac{U}{R_1 + \Delta R + R_2} = \dfrac{5}{300 + 5 + 300}\ \text{A} = 0.008\ 264\ 463\ \text{A}$

$I_2 = \dfrac{U}{R_3 + R_4} = \dfrac{5}{300 + 300}\ \text{A} = 0.008\ 33\ \text{A}(\text{不变})$

电位 $V_a = R_2 I_1 = 300 \times 0.008\ 264\ 463\ \text{V} = 2.479\ 338\ 8\ \text{V}$

$V_b = R_4 I_2 = 300 \times 0.008\ 33\ \text{V} = 2.50\ \text{V}$

输出电压 $U_{ab} = V_a - V_b = (2.479\ 338\ 8 - 2.50)\ \text{V} = -0.020\ 662\ \text{V}$

(3)在秤盘上放入 1000 g 重物,$\Delta R = 10\ \Omega$(I_1 变化,V_a 变化,V_b 不变)

$$I_1 = \dfrac{U}{R_1 + \Delta R + R_2} = \dfrac{5}{300 + 10 + 300}\ \text{A} = 0.008\ 196\ 7\ \text{A}$$

$$V_a = R_2 I_1 = 300 \times 0.008\ 196\ 7\ \text{V} = 2.459\ 016\ \text{V}$$

$$U_{ab} = V_a - V_b = (2.459\ 016 - 2.50)\ \text{V} = -0.040\ 984\ \text{V}$$

可见重物增加 1 倍,输出电压(绝对值)增加 1 倍。

4. 简单非线性电阻电路的分析

非线性电阻的符号如图 1-22 所示。非线性电阻元件的电阻有两种表示方式,如图 1-23 所示。

一种称为静态电阻(或称为直流电阻),它等于工作点 Q 的电压 U_Q 与电流 I_Q 之比,即

$$R = \frac{U_Q}{I_Q} \tag{1-24}$$

另一种称为动态电阻(或交流电阻),它等于工作点 Q 附近电压微变量 ΔU 与电流微变量 ΔI 之比,即

$$r = \lim_{\Delta I \to 0} \frac{\Delta U}{\Delta I} = \frac{\mathrm{d}U}{\mathrm{d}I} \qquad (1\text{-}25)$$

分析非线性电阻电路一般采用图解法。

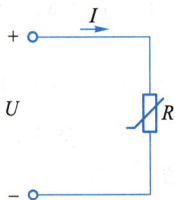

图 1-22　非线性电阻的符号

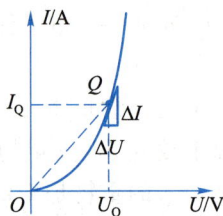

图 1-23　静态电阻与动态电阻

【**例 1-14**】　图 1-24 所示为发光二极管电路,左侧是供电电源,右侧是发光二极管,求发光二极管的电流 I_Q。

解:首先根据给出的条件,绘出电源的外特性曲线,如图 1-25 中的直线 MN,再绘出发光二极管的伏安特性曲线,即曲线 OP。交点 Q 在电流轴的投影 I_Q 即为所求。

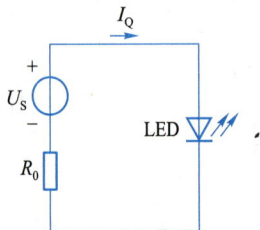

图 1-24　非线性电阻电路

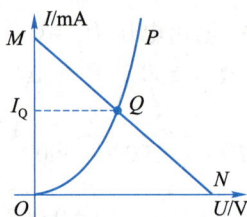

图 1-25　用图解法求非线性电阻电流

1.4　电感和电容元件

1. 电感元件

电流通过导体时,在它周围会产生磁场,如果把导线绕成线圈通入电流,就可以增强线圈内的磁场,这样的线圈称为电感(inductance)。线性电感的定义为:一个二端元件其磁通链($\Psi = N\Phi$)与电流之间的关系由 i-Ψ 平面内的一条直线确定,则称此二端元件为线性电感,电感的符号、电压、自感电动势、电流参考方向和 i-Ψ 曲线如图1-26所示。

电感元件的参数 L 为

$$L = \frac{\Psi}{i} \qquad (1\text{-}26)$$

电感的 SI 单位是亨[利](H),此外还有毫亨(mH)、微亨(μH),它们之间的关系是:1 H = 10^3 mH = 10^6 μH。

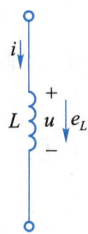

(a)电感的符号

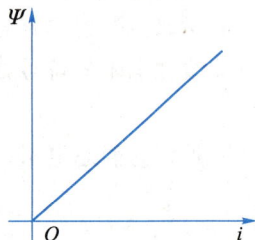

(b)线性电感的特性曲线

图 1-26　电感元件

图 1-26(a)所示电压电流取关联参考方向,设自感电动势参考方向和电压降方向一致。假定线圈绕向与自感电动势方向符合右手螺旋定则,

$$e_L = -\frac{\mathrm{d}\varPsi}{\mathrm{d}t} = -L\frac{\mathrm{d}i}{\mathrm{d}t} \tag{1-27}$$

根据所设方向 $u = -e_L$,则

$$u = -e_L = L\frac{\mathrm{d}i}{\mathrm{d}t} \tag{1-28}$$

由式(1-28)可见,当电感中通入直流电流时 $\frac{\mathrm{d}i}{\mathrm{d}t}=0$,电感上电压为零,可视为短路。

在电压与电流取关联参考方向时,电感吸收的功率为

$$p = ui = L\frac{\mathrm{d}i}{\mathrm{d}t}i$$

如果初始能量为零,则 $0 \sim t$ 时间内所储存的能量为

$$W = \int_0^t p\,\mathrm{d}t = \int_0^i Li\,\mathrm{d}i = \frac{1}{2}Li^2 \tag{1-29}$$

当电感中电流增大时,磁场能量增大,电能转换为磁场能,电感从电源取用能量。当电流减小时,磁场能量减小,磁场能转换为电能,向电源放还能量。可见电感不消耗能量,只有能量的吞吐,是储能元件。

2. 电容元件

两个相互绝缘的导体就组成了电容器,简称电容(capacitance)。如果在电容极板上施加电压,必然有相应的电荷储存,两极板的电荷量相等,极性相反。电容两个极板上电压发生变化时,储存的电荷量发生变化,此时电路中就有电流产生。线性电容的定义为:如果一个二端元件其储存的电荷量 q 与其上电压的关系由 $u-q$ 平面内一条直线确定,则称此二端元件为线性电容。电容的符号、电压电流参考方向和 $u-q$ 曲线如图1-27所示。

电容极板上储存的电荷量和两极板上的电压之间的关系为

$$q = Cu$$

电容元件的参数 C 为

$$C = \frac{q}{u} \tag{1-30}$$

电容的 SI 单位是法[拉](F),但法[拉]单位较大,一般用微法(μF)、皮法(pF),它们之间的换算关系为:$1\ \mathrm{F} = 10^6\ \mu\mathrm{F} = 10^{12}\ \mathrm{pF}$。

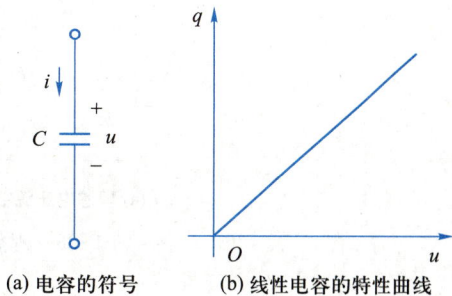

(a) 电容的符号　　(b) 线性电容的特性曲线

图 1-27　电容元件

在采用电压与电流关联参考方向下,可以得到

$$i = \frac{\mathrm{d}q}{\mathrm{d}t} = \frac{\mathrm{d}(Cu)}{\mathrm{d}t} = C\frac{\mathrm{d}u}{\mathrm{d}t} \tag{1-31}$$

说明电容上电流与其上电压对时间的变化率成正比。如果电压恒定(直流)$\frac{\mathrm{d}u}{\mathrm{d}t}=0$,则电流

为零,可视为开路。

在电压与电流取关联参考方向时,电容吸收的功率为

$$p = ui = uC\frac{\mathrm{d}u}{\mathrm{d}t}$$

如果初始能量为零,则 $0 \sim t$ 时间内所储存的能量为

$$W = \int_0^t p\mathrm{d}t = \int_0^u Cu\mathrm{d}u = \frac{1}{2}Cu^2 \tag{1-32}$$

当电容上电压上升时,电场能量增大,电能转换为电场能,电容充电;当电压下降时,电容放电,电场能量减小,电场能转换为电能,向电源放还能量。可见电容不消耗能量,只有能量的吞吐,是储能元件。

1.5　电压源与电流源的模型

电源是电路中提供能量的装置或元件。常用的直流电源有:干电池、蓄电池、光电池、直流发电机、直流稳压电源等。常用的交流电源有:交流发电机、交流稳压电源,以及能够产生多种波形和信号的函数发生器等。实际电源的电路模型是由理想电压源或理想电流源与相关联的元件组合而成的。

1. 电压源的模型

理想电压源的定义为:一个二端元件的电流无论为何值,其电压保持恒定或按特定的规律变化,则此二端元件称为理想电压源。直流理想电压源的符号、电路和外特性曲线如图 1-28 所示。由外特性曲线可见,无论电流 I 为何值,输出电压 $U \equiv U_s$。

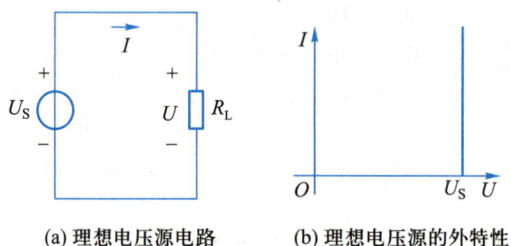

(a) 理想电压源电路　　　(b) 理想电压源的外特性

图 1-28　理想电压源电路及外特性曲线

实际电压源的电路模型是电压 U_s 和内电阻 R_0 的串联组合,它的电路和外特性如图 1-29 所示。电压源的外特性即端口上的伏安关系为

$$U = U_s - IR_0 \quad \text{或} \quad I = -\frac{U}{R_0} + \frac{U_s}{R_0} \tag{1-33}$$

从外特性可以看出,由于有内电阻 R_0,随着输出电流增大,输出电压下降。曲线的斜率与 R_0 有关,R_0 愈小,曲线与电流轴的交点 B 离原点 O 愈远,$R_0 = 0$ 时,曲线与 I 轴平行,即为理想电压源的特性,可见,理想电压源就是实际电压源的特例。

【例 1-15】　如图 1-29(a)所示,已知 $U_S = 12$ V,$R_0 = 2$ Ω。求该电压源的开路电压 U_{OC} 和短路电流 I_{SC},并绘出伏安特性曲线。

解:开路电压即为电源电压 $U_{OC} = U_S = 12$ V,

$$短路电流\ I_{SC} = \frac{U_S}{R_0} = \frac{12}{2}\ A = 6\ A$$

伏安特性曲线如图 1-30 所示。

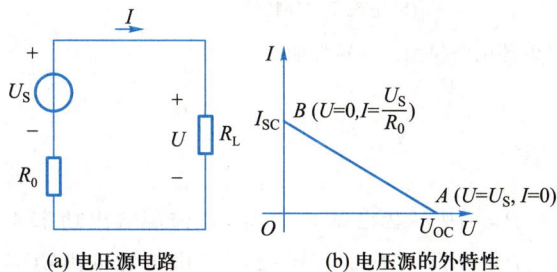

(a) 电压源电路　　　(b) 电压源的外特性

图 1-29　电压源电路模型及外特性曲线　　　　图 1-30　例 1-15 的伏安特性曲线

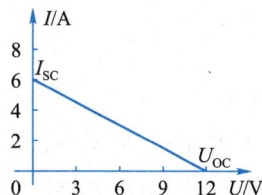

2. 电流源的模型

与理想电压源对应,理想电流源的定义为:一个二端元件的电压无论为何值,其电流保持恒定或按特定的规律变化,则此二端元件称为理想电流源。直流理想电流源的符号、电路和外特性曲线如图 1-31 所示。由外特性曲线可见,无论电压 U 为何值,输出电流 $I \equiv I_S$。

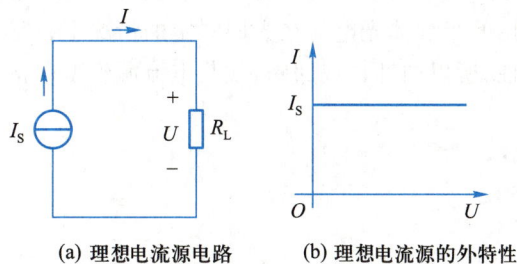

(a) 理想电流源电路　　　(b) 理想电流源的外特性

图 1-31　理想电流源电路及外特性曲线

实际电流源的电路模型是电流 I_S 和内电阻 R_0 的并联组合,它的电路和外特性如图 1-32 所示。电流源的外特性即端口上的伏安关系为

$$I = I_S - \frac{U}{R_0} \tag{1-34}$$

从外特性可以看出,由于有内电阻 R_0,随着输出电流增大,输出电压下降。曲线的斜率与 R_0 有关,R_0 愈大,曲线与电压轴的交点 A 离原点 O 愈远,$R_0 = \infty$ 时,曲线与 U 轴平行,即为理想电流源的特性,可见,理想电流源就是实际电流源的特例。

【例 1-16】　如图 1-31 所示,已知 $I_S = 2$ A,分别求 $R_L = 1$ Ω、5 Ω、10 Ω 时的电压 U 和理想电流源的输出功率 P。

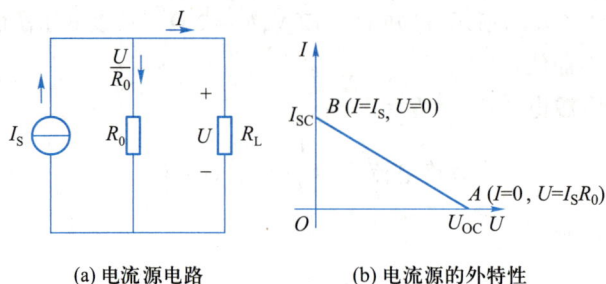

(a) 电流源电路   (b) 电流源的外特性

图 1-32   电流源电路模型及外特性曲线

解：

$I = I_S = 2$ A

$R_L = 1\ \Omega$ 时， $U = I_S R_L = 2 \times 1$ V $= 2$ V， $P = -UI = -2 \times 2$ W $= -4$ W（电流源输出功率 4 W）

$R_L = 5\ \Omega$ 时， $U = I_S R_L = 2 \times 5$ V $= 10$ V， $P = -UI = -10 \times 2$ W $= -20$ W（电流源输出功率 20 W）

$R_L = 10\ \Omega$ 时， $U = I_S R_L = 2 \times 10$ V $= 20$ V， $P = -UI = -20 \times 2$ W $= -40$ W（电流源输出功率 40 W）

可见理想电流源的输出电压随负载的增大而增大。 R_L 吸收的功率就是电流源发出的功率，当负载 $R_L = \infty$（开始）时，输出功率为 ∞ 。理想电流源和理想电压源是无穷大功率源，实际上是不存在的。

人们实际接触到的电源，与电压源接近的比较多。例如直流稳压电源在一定输出电流时，输出电压比较稳定，接近于理想电压源。新出厂的干电池内电阻很小，在一定范围内电流变化时输出电压变化不大。但是使用一段时间以后内部化学反应使得内电阻增大，当输出电流增大时，输出电压就会下降。现在使用的半导体光电池在光照一定的情况下，产生的电流基本一定，但由于半导体材料本身就有导电性，所以内部自成回路，就与电流源模型很接近了。

小　　结

1. 电路基本物理量

（1）电流、电压的参考方向，数值正负代表的意义。

（2）关联参考方向：如果设 u、i 参考方向一致（电压降方向和电流方向一致）则为关联参考方向，否则为非关联参考方向。

（3）电路的功率：对于任意元件，如果端钮上 u、i 是关联参考方向，则电路功率的计算公式为 $P = UI$ ；如果为非关联参考方向，用 $P = -UI$ 计算。如果得出 $P > 0$，则说明该元件为负载，吸收功率；若 $P < 0$ 则该元件就是电源，发出功率。

2. 电路的状态

通路、开路、短路三种状态下电流、电压关系和功率平衡关系。

3. 电阻元件

欧姆定律仅适用于线性电阻电路。当 u、i 为关联参考方向时 $u = Ri$，非关联参考方向时 $u = -Ri$ 。

线性电阻电路的分析可以用解析法（计算），也可以用图解法；而非线性电阻电路一般用图解法分析。

4. 电阻串并联

(1)电阻串联:等效电阻和分压公式。

(2)电阻并联:等效电阻和分流公式。

5. 电感元件

电感元件的参数、自感电动势、功率和储能。

6. 电容元件

电容元件的参数、电流、功率和储能。

7. 电压源

(1)理想电压源 $U \equiv U_S$

(2)实际电压源 $U = U_S - IR_0$ 或 $I = -\dfrac{U}{R_0} + \dfrac{U_S}{R_0}$

8. 电流源

(1)理想电流源 $I \equiv I_S$

(2)实际电流源 $I = I_S - \dfrac{U}{R_0}$

习   题

1.1 分别判断图 1-33 电路中电源上和负载上,电压、电流是否为关联参考方向?

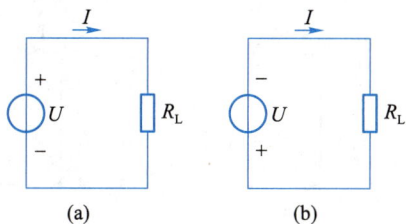

图 1-33 习题 1.1 的电路

1.2 求图 1-34 中各电路的未知量。

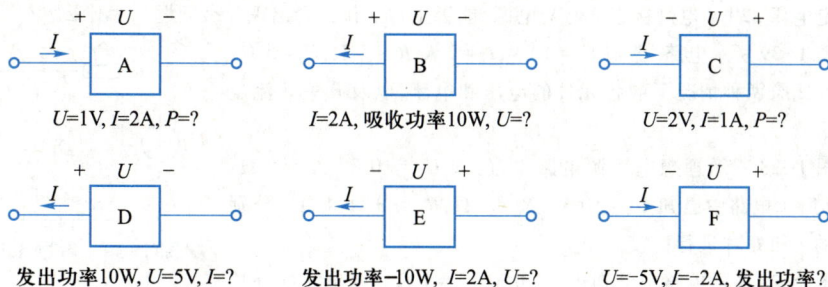

$U=1V, I=2A, P=?$ $I=2A,$ 吸收功率10W, $U=?$ $U=2V, I=1A, P=?$

发出功率10W, $U=5V, I=?$ 发出功率-10W, $I=2A, U=?$ $U=-5V, I=-2A,$ 发出功率?

图 1-34 习题 1.2 的图

1.3 求图 1-35 电路中各元件的功率,并验证功率平衡关系。

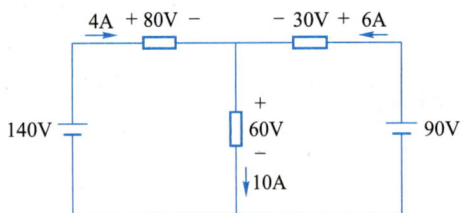

图 1-35   习题 1.3 的电路

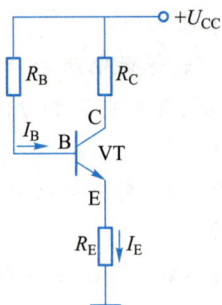

图 1-36   习题 1.5 的电路

1.4   判别图 1-35 中各元件是电源还是负载。

1.5   如图 1-36 所示电路,已知 $U_{CC} = 12$ V,E 点电位 $V_E = 3$ V,$U_{BE} = 0.6$ V,$U_{CE} = 6$ V,$R_B = 420$ kΩ,$R_E =$ 1.5 kΩ。求电流 I_B、I_E 和 C 点、B 点的电位。

1.6   图 1-3 中,已知 $U_S = 10$ V,$R_0 = 2$ Ω,$R_L = 3$ Ω。分析三种情况下的功率平衡关系:(1) R_L 开路时; (2) R_L 短路时;(3) R_L 接入时。

1.7   电路如图 1-37 所示,分析各元件哪个是电源,哪个是负载? 并验证功率平衡关系。

1.8   试用 Multisim 或用 EWB 绘制如图 1-38 所示电路,用虚拟仪表测量各元件的电压和电流,并计算各元件的功率。

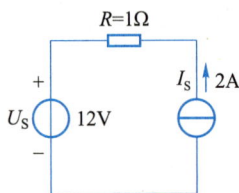

图 1-37   习题 1.7 的电路

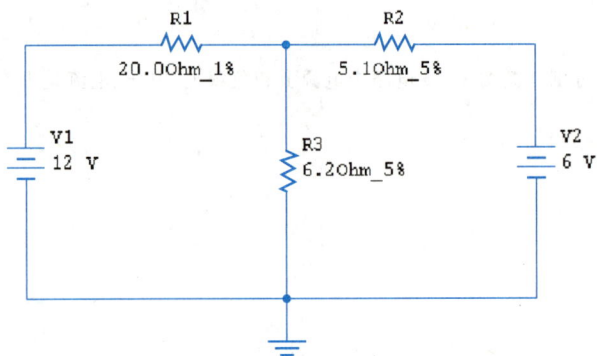

图 1-38   习题 1.8 的仿真电路

1.9   一只 100 Ω/10 W 电阻,接在 220 V 电源上,能否长时间正常工作? 能在多高电压及其以下工作?

1.10   额定电压 220 V 电灯接于 380 V 电源,能否正常工作? 会出现什么问题? 为什么?

1.11   如图 1-39 所示电路,已知 $U_S = 10$ V,$I_S = 2$ A,$R_1 = 3$ Ω,$R_2 = 5$ Ω。 求开关 S 断开和闭合两种情况下的各元件的电压和电流,以及开关 S 流过 的电流。

1.12   如图 1-28 所示理想电压源电路中,已知 $U_S = 10$ V,$R_L = 9$ Ω、 4 Ω;如图 1-29 所示电路中已知 $U_S = 10$ V,$R_0 = 1$ Ω,$R_L = 9$ Ω、4 Ω。分别 求负载电阻上的 I 和 U 并进行比较。

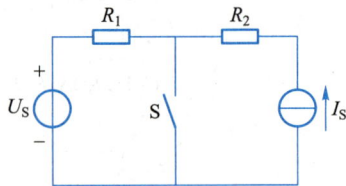

图 1-39   习题 1.11 的电路

1.13   如图 1-29 所示电路中已知 $U_S = 10$ V,$R_0 = 1$ Ω。绘出它的外特 性曲线。

1.14   如图 1-31 所示理想电流源电路中,已知 $I_S = 10$ A,$R_L = 9$ Ω、4 Ω;如图 1-32 所示电路中已知 $I_S =$ 10 A,$R_0 = 1$ Ω,$R_L = 9$ Ω、4 Ω。分别求负载电阻上的 I 和 U 并进行比较。

1.15　如图 1-32 所示电路中已知 $I_S = 10\,A, R_0 = 1\,\Omega$。绘出它的外特性曲线。并与习题 1.13 的外特性曲线相比较,说明二者的关系。

1.16　如图 1-29 所示的实际电压源模型,若当负载开路时开路电压为 10 V,当负载短路时短路电流为 2 A,绘出它的外特性曲线。

1.17　如图 1-32 所示的实际电流源模型,若当负载开路时开路电压为 10 V,当负载短路时短路电流为 2 A,绘出它的外特性曲线,并与上题进行比较,看结果说明什么问题。

1.18　如图 1-40 所示为干电池的电路模型,试定性说明如何测量它的电压 U_S 和内电阻 R_0? 是否可以用万用表的 Ω 挡直接测出内电阻?

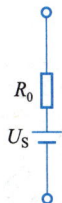

图 1-40　习题 1.18 的电路　　　　图 1-41　习题 1.19 的电路

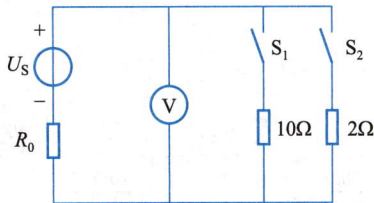

1.19　如图 1-41 所示电路,当只有开关 S_1 闭合时,电压表读数是 10 V;当只有 S_2 闭合时,电压表读数是 6 V,求电源的外特性。

1.20　一台半导体收音机由 4 节 1.5 V 电池供电。使用一段时间后扬声器发出嘟、嘟……的汽船声。经检查,测当当电源开关断开时电池总电压为 5.6 V,当输出电流为 100 mA 时总电压变为 1.2 V。分析是何原因不能正常收听。

1.21　求图 1-42 所示各电阻元件上的未知量。

1.22　求图 1-42 所示各电阻元件的功率。

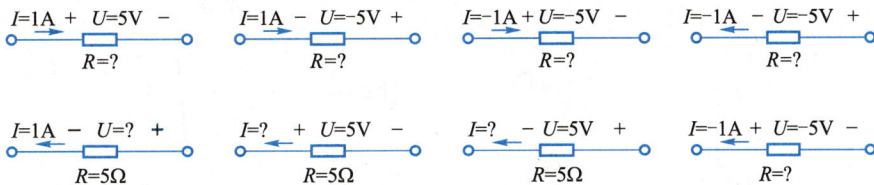

图 1-42　习题 1.21 和 1.22 的图

1.23　求图 1-43 所示网络的等效电阻 R_{ab}。

1.24　由电位器组成的分压电路如图 1-44 所示,求输出电压 U_2 的可调范围。

1.25　电路如图 1-45 所示,当输入电压 U_1 分别为:0~2 V, 0~4 V, 0~8 V 三挡范围变化时,限定输出电压 U_2 最大不超过 2 V。求电阻分压器中 R_1、R_2、R_3 的阻值。（要求电阻 $R_3 \geqslant 1\,M\Omega$）

1.26　求图 1-46 所示电路中 4 条支路的分流 $I_1 \sim I_4$。

1.27　图 1-47 是一个电子秤电路的一部分,其中 $R_1 = R_2 = R_3 = R_4 = 300\,\Omega$,电源电压 $U = 5\,V$。假设在秤盘上没有放重物,$\Delta R = 0$,电桥平衡,$V_a = V_b$,输出电压 $U_{ab} = 0\,V$。如果在秤盘上放入 500g 重物时,$\Delta R = 5\,\Omega$,求电桥的输出电压 U_{ab}。如果秤盘上放入的重物是 1 kg,$\Delta R = 10\,\Omega$,输出电压是多少? 并说明双臂电桥和单臂电桥的区别。

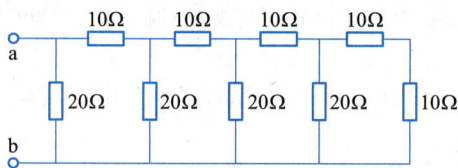

图 1-43   习题 1.23 的电路

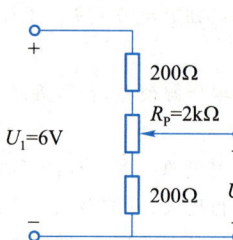

图 1-44   习题 1.24 的电路

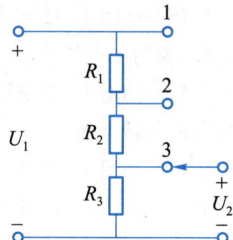

图 1-45   习题 1.25 的电路

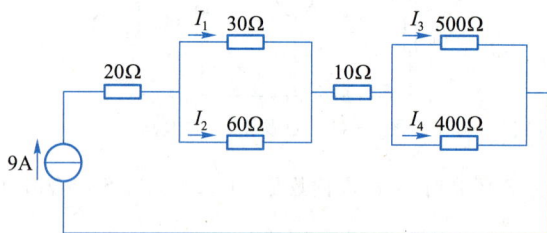

图 1-46   习题 1.26 的电路

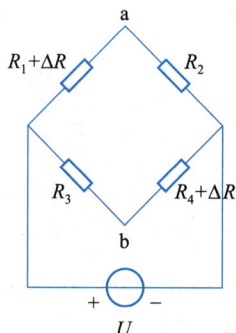

图 1-47   习题 1.27 的电路

1.28   有时为了简便，需要间接测量某段电路的电流，如图 1-48 所示为一台晶体管收音机的输入级的局部电路，正常工作时电流 I_E 应该为 0.4 mA 左右，测得电位 $V_E = 1.1$ V，已知电阻 $R_E = 2.7$ kΩ，试分析工作是否正常？

1.29   电路和二极管的伏安特性曲线如图 1-49 所示，已知电压源 $U_S = 6$ V，$R_0 = 200$ Ω，电阻 $R = 1$ kΩ。用图解法求二极管的电流 I。

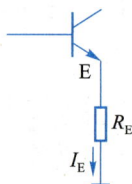

图 1-48   习题 1.28 的电路

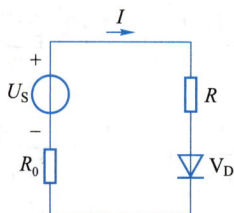

图 1-49   习题 1.29 的电路和二极管的伏安特性曲线

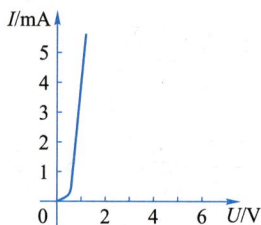

第 **2** 章

电路定律、定理和基本分析方法

2.1 基尔霍夫定律

基尔霍夫定律是分析和计算电路的重要的基本定律。前一章所研究的欧姆定律是对线性电阻元件的伏安特性的描述,而基尔霍夫定律确定了结点上各支路电流和回路上各电压之间的约束关系。

如图 2-1 所示,电路中每一分支就是一条支路,该电路有三条支路。三条及三条以上支路的连接点称为结点,本电路有两个结点 a 和 b。由一条或多条支路组成的闭合路径称为回路,这里 a-b-c-a、a-d-b-a 和 a-d-b-c-a 共有三个回路。

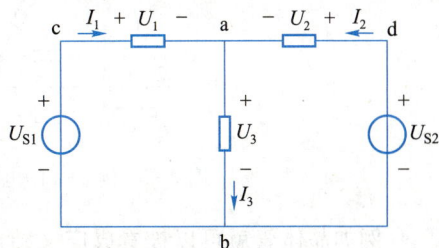

图 2-1 电路举例

1. 基尔霍夫电流定律

基尔霍夫电流定律(Kirchhoff' Current Law,KCL)确定了连接在同一结点上的各支路电流的关系。由于电流的连续性,电路中任何一点均不能使电荷堆积或消失,因此在任一瞬时,流入结点的电流之和必定等于流出该结点的电流之和。在图 2-1 所示的电路中,对结点 a 可以写出

$$I_1 + I_2 = I_3 \tag{2-1}$$

上式可改写成

$$I_1 + I_2 - I_3 = 0$$

即

$$\sum I = 0 \tag{2-2}$$

基尔霍夫电流定律可以表述为:在任一瞬时,一个结点上的电流的代数和等于零。如果设定流向结点方向的电流为正,则流出结点的电流为负。也可以全部按相反的方向设定。

基尔霍夫电流定律也可以推广应用于任意几何封闭面,如图 2-2 所示,虚线内包含的任意复杂电路可以微缩为一个广义结点,它全部的引出线的电流的代数和等于零。即

$$I_1 + I_2 - I_3 + I_4 = 0$$

图 2-2　广义结点的 KCL 举例

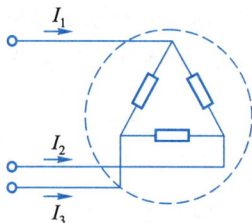

【例 2-1】　图 2-1 中,已知 $I_1 = 2$ A,$I_3 = -3$ A,求 I_2。

解:根据 KCL,结点 a　$I_1 + I_2 - I_3 = 0$

$$I_2 = -I_1 + I_3 = [-2 + (-3)] \text{ A} = -5 \text{ A}$$

应用 KCL 求解电路时,要注意两套正、负号的关系,一个是根据电流参考方向与结点的关系,列出的公式每一项前的正、负号;另一个是每个电流本身数值的正、负。因此建议初学者先列写公式后再代入数字进行计算,就不容易出错。

【例 2-2】　图 2-3 中,已知 $I_1 = 2$ A,$I_3 = -3$ A,用 KCL 求 I_2。

解:无论内部电路如何复杂,都可以把它看成一个广义结点,根据 KCL 可以列出

$$I_1 + I_2 + I_3 = 0$$
$$I_2 = -I_1 - I_3$$
$$I_2 = [-2 - (-3)] \text{ A} = 1 \text{ A}$$

虽然设定电流方向全部流向网络内,但是数值有正有负,说明:电流 I_1、I_2 实际流入 $(2+1)$ A $= 3$ A,I_3 实际流出 3 A。

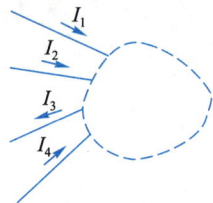

图 2-3　例 2-2 的电路

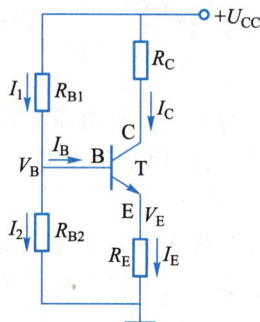

图 2-4　广义结点实例

例如晶体管就可以被看成广义结点,如图 2-4 所示,当它处于放大状态时,基极电流为 I_B,集电极电流为 $I_C = \beta I_B$,根据 KCL 和所设电流方向可以列出

$$I_C + I_B - I_E = 0$$

所以　　　$$I_E = I_B + I_C = I_B + \beta I_B = (1+\beta) I_B$$

【例 2-3】　电路如图 2-5 所示,应用 KCL 说明当开关 S 断开时,R_5 上的电流 $I_5 = 0$。

解:可以把 R_5 右侧的电路看成广义结点,由于开关 S 处于断开状态,因此 $I_S = 0$,根据 KCL 可以列出

$$I_5 - I_S = 0$$

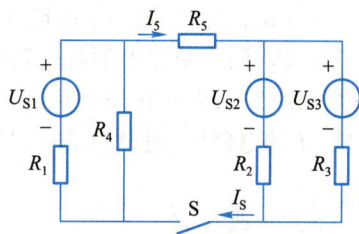

图 2-5　例 2-3 的电路

所以 $$I_5 = I_S = 0$$

2. 基尔霍夫电压定律

基尔霍夫电压定律(Kirchhoff' Voltage Law,KVL)确定了回路中各段电压之间的关系。由于能量守恒,如果从回路中任意一点出发,沿回路绕行一周,各电压降有正有负(即有升有降),则在此方向上的电压降代数和等于零,如图 2-6 所示。

$$R_1 I + R_2 I + R_3 I + U_{S2} - U_{S1} = 0 \tag{2-3}$$

$$\sum U = 0 \tag{2-4}$$

基尔霍夫电压定律可以表述为:在任一瞬时,在任一回路的绕行方向上,电压降的代数和等于零。如果设定沿绕行方向上的电压降为正,则电压升为负。

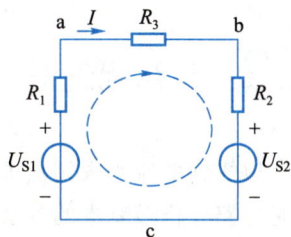

【**例 2-4**】 列出图 2-7 所示电路的三个回路的 KVL 方程。

解:据 KVL,

回路 Ⅰ $\quad U_1 + U_3 - U_{S1} = 0$

回路 Ⅱ $\quad U_2 + U_3 - U_{S2} = 0$

回路 Ⅲ $\quad U_1 - U_2 + U_{S2} - U_{S1} = 0$

应用 KVL 求解电路时,要注意两套正、负号的关系,一个是根据电压参考方向与绕行方向的关系列出公式每一项前的正、负号;另一个是每个电压数值本身的正、负。

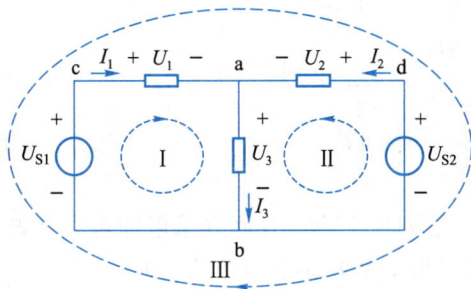

图 2-6

图 2-7 例 2-4 的电路

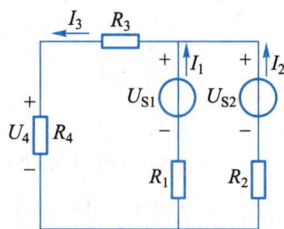

图 2-8 例 2-5 的电路

【**例 2-5**】 电路如图 2-8 所示,电路中 U_{S1}、U_{S2}、I_1、I_2 和 R_1、R_2、R_3、R_4 均为已知,列出用两个回路分别求电压 U_4 的方程。

解:(1) R_1、U_{S1}、R_3、R_4 回路,按逆时针方向列出 KVL 方程

$$R_1 I_1 - U_{S1} + R_3 I_3 + R_4 I_3 = 0$$

$$I_3 = \frac{U_{S1} - R_1 I_1}{R_3 + R_4}$$

$$U_4 = R_4 I_3$$

(2) R_2、U_{S2}、R_3、R_4 回路,按逆时针方向列出 KVL 方程

$$R_2 I_2 - U_{S2} + R_3 I_3 + R_4 I_3 = 0$$

$$I_3 = \frac{U_{S2} - R_2 I_2}{R_3 + R_4}$$

$$U_4 = R_4 I_3$$

2.2   支路电流法

以支路电流为未知量求解电路的方法称为支路电流法（Branch Current Method）。支路电流法是电路分析最基本的方法，它应用 KCL 和 KVL 联立方程求解各支路电流。可知有多少个未知电流，就需要写多少个方程。首先列出 KCL 方程，可以列出比结点数少一个的独立 KCL 方程，然后应用 KVL 列出其余所需方程即可求解。

【例 2-6】   图 2-9 所示电路中，已知 $R_1 = 20\ \Omega$，$R_2 = 5\ \Omega$，$R_3 = 6\ \Omega$，$U_{S1} = 140\ V$，$U_{S2} = 90\ V$。应用支路电流法求各支路电流。

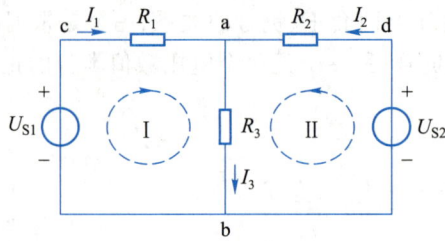

图 2-9   例 2-6 的电路

解：由于本电路只有 3 个未知电流，因此只要列出 3 个方程联立求解即可。首先列出 KCL 独立方程，由于本电路只有两个结点，因此只能列出 1 个 KCL 独立方程，即

$$I_1 + I_2 - I_3 = 0$$

再列出 KVL 方程

回路 I $$R_1 I_1 + R_3 I_3 - U_{S1} = 0$$

回路 II $$R_2 I_2 + R_3 I_3 - U_{S2} = 0$$

代入数值

$$\begin{cases} I_1 + I_2 - I_3 = 0 \\ 20 I_1 + 6 I_3 - 140 = 0 \\ 5 I_2 + 6 I_3 - 90 = 0 \end{cases}$$

联立求解得：$I_1 = 4\ A$，$I_2 = 6\ A$，$I_3 = 10\ A$

2.3 叠加定理

当多个电源同时作用在同一个电路中时,会使电路分析比较复杂。而叠加定理的应用在很多场合可以简化电路分析。叠加定理是线性电路叠加性的体现,因此它只适用于线性电路。下面通过图 2-10 所示的电路说明它的内容和应用。

图 2-10(a)电路中有两个电源作用,如果求电流 I,可以得出

$$I=\frac{U_{S1}-U_{S2}}{R_1+R_2+R_3}=\frac{U_{S1}}{R_1+R_2+R_3}+\frac{-U_{S2}}{R_1+R_2+R_3} \tag{2-5}$$

令

$$I'=\frac{U_{S1}}{R_1+R_2+R_3} \tag{2-6}$$

$$I''=\frac{-U_{S2}}{R_1+R_2+R_3} \tag{2-7}$$

则

$$I=I'+I'' \tag{2-8}$$

如果把式(2-6)还原成对应的电路,则可以得到图 2-10(b),如果把式(2-7)还原成对应的电路,则可以得到图 2-10(c)。式(2-8)则说明了图 2-10(a)、(b)、(c)所示的三个图之间的关系。因此叠加定理可以表述为:有多个电源共同作用的线性电路,任何一条支路的电流(或电压)都可以看成是每个电源单独作用时在该支路上所产生的电流(或电压)的代数和。

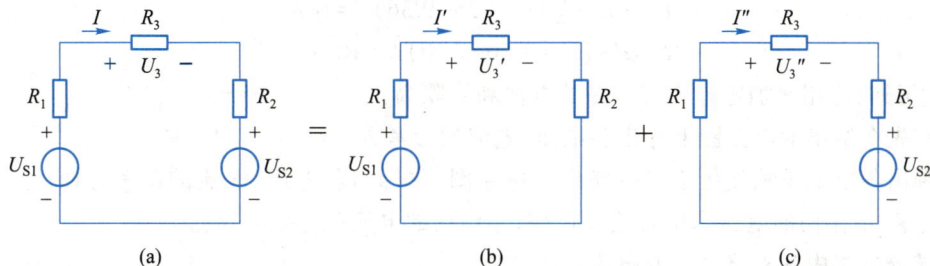

图 2-10 叠加定理

如果需要求 U_3,则可以从图 2-10(b)先求 $U_3'=R_3I_3'$,然后从图 2-10(c)求 $U_3''=R_3I''$,再从图 2-10(a)叠加,得到 $U_3=U_3'+U_3''$。可见电压的叠加方法是相同的。

【例 2-7】 如图 2-11(a)所示电路,已知 $R_1=20\ \Omega,R_2=5\ \Omega,R_3=6\ \Omega,U_{S1}=140\ \text{V}$, $U_{S2}=90\ \text{V}$。应用叠加定理求各支路电流。

解:绘出每个电源单独作用时的电路,如图 2-11(b)、(c)所示。

由图 2-11(b)
$$I_1'=\frac{U_{S1}}{R_1+\dfrac{R_2R_3}{R_2+R_3}}=\frac{140}{20+\dfrac{5\times6}{5+6}}\ \text{A}=6.16\ \text{A}$$

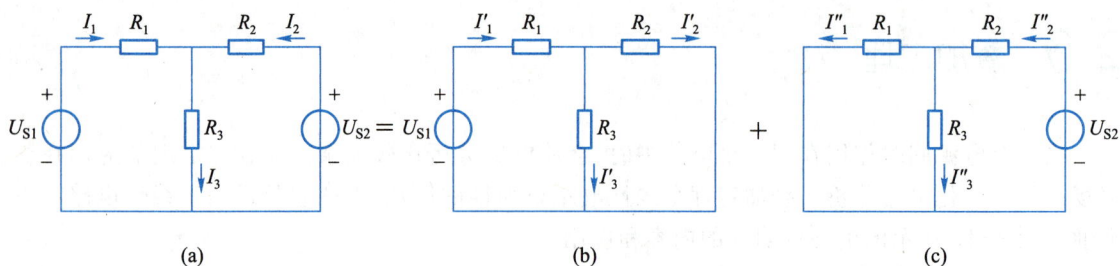

图 2-11　例 2-7 的电路

$$I_2' = \frac{I_1'}{R_2+R_3}R_3 = \frac{6.16}{5+6}\times 6 \text{ A} = 3.36 \text{ A}$$

$$I_3' = I_1'-I_2' = (6.16-3.36)\text{ A} = 2.80 \text{ A}$$

由图 2-11(c)

$$I_2'' = \frac{U_{S2}}{R_2+\dfrac{R_1R_3}{R_1+R_3}} = \frac{90}{5+\dfrac{20\times6}{20+6}} \text{ A} = 9.36 \text{ A}$$

$$I_1'' = \frac{I_2''}{R_1+R_3}R_3 = \frac{9.36}{20+6}\times 6 \text{ A} = 2.16 \text{ A}$$

$$I_3'' = I_2''-I_1'' = (9.36-2.16)\text{ A} = 7.20 \text{ A}$$

由图 2-11(a)叠加

$$I_1 = I_1'-I_1'' = (6.16-2.16)\text{ A} = 4 \text{ A}$$

$$I_2 = -I_2'+I_2'' = (-3.36+9.36)\text{ A} = 6 \text{ A}$$

$$I_3 = I_3'+I_3'' = (2.80+7.20)\text{ A} = 10 \text{ A}$$

由此可知,应用叠加定理求解电路的方法和步骤为:

① 首先在给出的电路图上标出各电压、电流的参考方向。

② 画出各电源单独作用于该电路的分电路图,并标出各电压、电流的参考方向。不作用的电源应置零(不作用的电压源用短路线代替,不作用的电流源应该开路)。

③ 求分电路中各支路电压或电流。

④ 叠加。如果分电路上某支路的电压、电流方向与原电路上的该支路方向相同,则该电压或电流就取正号,否则为负号。

注意:功率不能叠加。例如 $P_3 = R_3I_3^2 \neq R_3I_3'^2+R_3I_3''^2$。

【例 2-8】　用叠加定理求如图 2-12(a)所示的电桥电路的各支路电流。

解:将电路分解为单一电源作用的两个电路,如图 2-12(b)、(c)所示。

由图 2-12(b)

$$I_1' = I_2' = \frac{U_S}{R_1+R_2} = \frac{18}{3+6} \text{ A} = 2 \text{ A}$$

$$I_3' = I_4' = \frac{U_S}{R_3+R_4} = \frac{18}{2+4} \text{ A} = 3 \text{ A}$$

$$I_5' = I_1'+I_3' = (2+3)\text{ A} = 5 \text{ A}$$

由图 2-12(c)

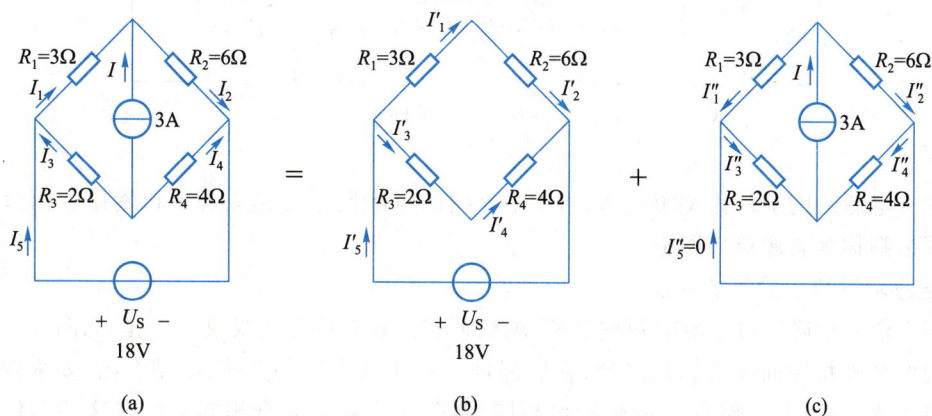

图 2-12 例 2-8 的电路

因为 $R_1R_4 = R_2R_3$

所以电桥平衡，$I_5'' = 0$

$$I_1'' = I_3'' = \frac{I}{(R_1+R_3)+(R_2+R_4)}(R_2+R_4) = \frac{3}{(3+2)+(6+4)}(6+4)\text{A} = 2\text{ A}$$

$$I_2'' = I_4'' = I - I_1'' = (3-2)\text{A} = 1\text{ A}$$

叠加 $\quad I_1 = I_1' - I_1'' = 0\text{ A} \qquad\qquad I_2 = I_2' + I_2'' = (2+1)\text{A} = 3\text{ A}$

$\quad\quad\quad I_3 = -I_3' - I_3'' = (-3-2)\text{A} = -5\text{ A} \qquad I_4 = I_4' - I_4'' = (3-1)\text{A} = 2\text{ A}$

$\quad\quad\quad I_5 = I_5' + I_5'' = (5+0)\text{A} = 5\text{ A}$

2.4 含源单口网络分析

复杂的电路称为电路网络，一个网络又可以分成几个子网络，如图 2-13 所示，网络 N 可以化成 3 个子网络，其中 N_1 和 N_3 对外连接只有两个端钮，称为二端网络或单口网络，而 N_2 则称为双口网络。例如第 1 章图 1-1 所示的有线广播中信号源和负载就是单口网络，而中间环节（扩音机）则是双口网络。

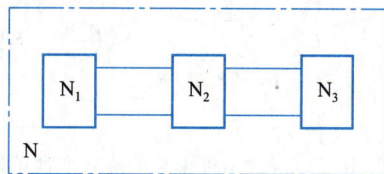

图 2-13 网络和子网络

在研究单口网络之前，先介绍等效的概念。如图 2-14 所示，如果一个单口网络 N_1 和另一个单口网络 N_2 端口上的伏安特性相同，不管它们内部如何不同，它们作用于相同的外电路效果相同，则称它们互为等效的网络。

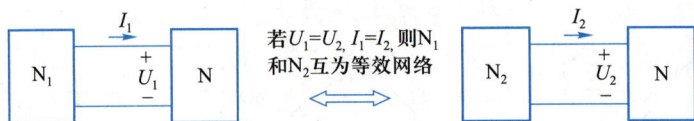

图 2-14　等效的网络

不含有电源的网络称为无源网络,第 1 章介绍的电阻网络就是无源单口网络。而含有电源的单口网络则称为有源单口网络。

1. 电源两种模型的等效变换

在第 1 章已经研究过电源的两种模型,现在把它们和外特性曲线放在一起,如图 2-15 所示。可以发现两个外特性曲线有相似之处,它们都是 U-I 平面上的斜直线,不难看出,如果两个电源的开路点 A 坐标相同,短路点 B 的坐标也相同,两条曲线就是完全相同的。在这种条件下它们的外特性是相同的,接于相同的外电路所输出的 U、I 也相同,即两个电源就是等效的。因此得到电源的两种模型的等效条件是

$$U_S = I_S R_0 \quad \text{或} \quad \frac{U_S}{R_0} = I_S \tag{2-9}$$

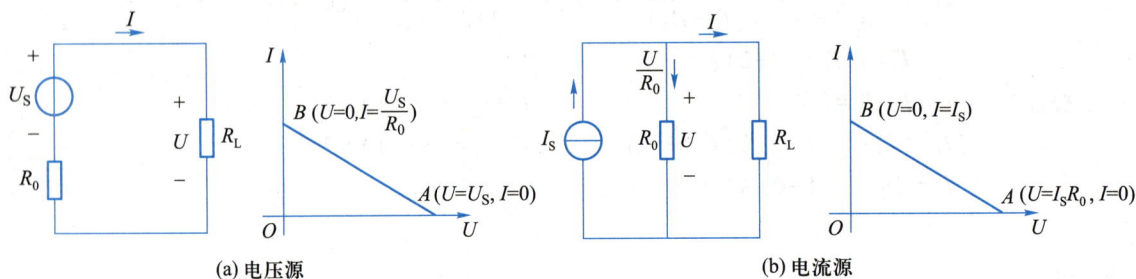

图 2-15　电源的两种模型及外特性曲线

由于外特性曲线的斜率是由电源内电阻 R_0 决定的,外特性相同的两个电源内电阻 R_0 必定相同。因此电源的两种模型的等效变换条件如图 2-16 所示。

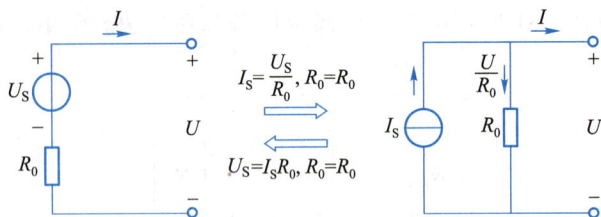

图 2-16　电源的两种模型的等效变换条件

【例 2-9】　在图 2-15(a)所示的电压源模型中,已知 $U_S = 10\ \text{V}$,$R_0 = 1\ \Omega$,$R_L = 9\ \Omega$。(1) 求电流 I。(2) 如果把电压源转换成等效电流源如图 2-15(b)所示,再求电流 I,并对这两个结果进行比较。(3) 两个等效电源的输出相同时,内电阻上的功率损耗各是多少?

解:(1)电压源电路 $I=\dfrac{U_S}{R_0+R_L}=\dfrac{10}{1+9}$ A $=1$ A

(2)等效电流源 $I_S=\dfrac{U_S}{R_0}=\dfrac{10}{1}$ A $=10$ A, $R_0=1$ Ω

$$I=\dfrac{I_S}{R_0+R_L}R_0=\dfrac{10}{1+9}\times1 \text{ A}=1 \text{ A}$$

可见所得结果相同,说明 $U_S=10$ V, $R_0=1$ Ω 的电压源和 $I_S=10$ A, $R_0=1$ Ω 的电流源是等效的。

(3)电压源内电阻吸收的功率 $P=R_0I^2=1\times1^2$ W $=1$ W

电流源内电阻吸收的功率 $P=R_0(I_S-I)^2=1\times(10-1)^2$ W $=1\times9^2$ W $=81$ W

可见两个电源等效只是说它们对相同的外电路作用效果相同,而它们内部是不同的。

对于两种电源模型的等效条件也可以从它们的外特性解析式来说明。

图 2-15(a)所示电压源的外特性可以表示为

$$U=U_S-R_0I \tag{2-10}$$

图 2-15(b)所示电流源的外特性可以表示为

$$I=I_S-\dfrac{U}{R_0}$$

它可以写为 $\qquad U=R_0I_S-R_0I \tag{2-11}$

对比式(2-10)、式(2-11), U、I 相等,同样可以得出等效条件为

$$U_S=R_0I_S, \qquad R_0=R_0$$

2. 电源模型等效变换的应用

由于电压源和电流源的模型可以等效变换,这给电路分析带来很大方便,其主要思路是:如果需要求某一条支路的电流,可先把该支路以外的含源网络化简,最后只对简单电路进行分析计算即可。化简电路有一定的规律和方法:即将各并联支路化简为电流源再合并,各串联支路化简为电压源再合并,进而可以简化分析。

【例 2-10】 已知图 2-17 所示电路中的各参数,应用电源等效变换求 R_L 上的电流 I_L。

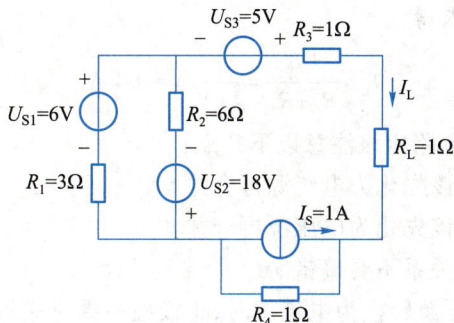

图 2-17 例 2-10 的电路

解:思路:把 R_L 以外的含源网络划分为 3 个部分,3 部分是串联关系。其中左侧部分两条支路是并联关系。首先把并联部分化简为两个电流源进行合并,然后把 3 部分都化成电压源再次

合并,最后成为简单电路再求 I_{L}。解题步骤如图 2-18 所示。

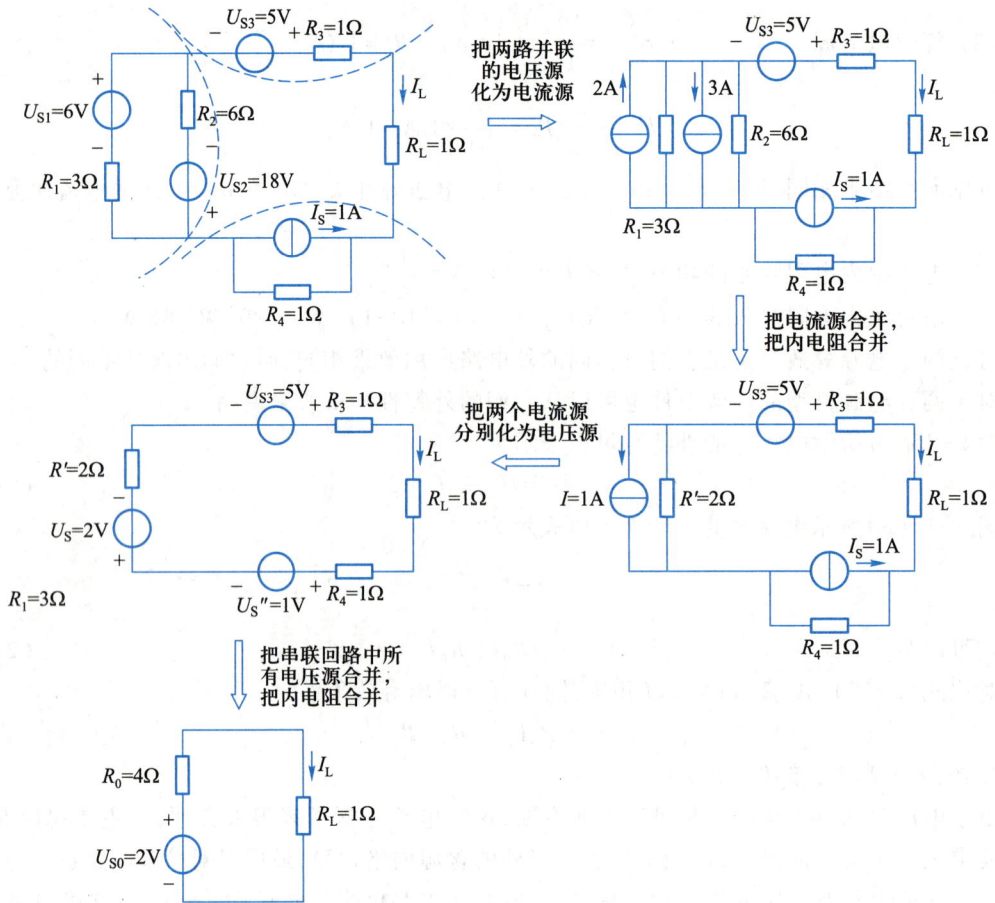

图 2-18 例 2-10 的解题步骤和方法

根据变换后的简单回路求得

$$I_{\mathrm{L}} = \frac{U_{\mathrm{S0}}}{R_0 + R_{\mathrm{L}}} = \frac{2}{4+1} \ \mathrm{A} = 0.4 \ \mathrm{A}$$

应用电源等效变换求解电路应该注意以下几点:

① 并联的各有源支路应该先化为电流源再合并。

② 串联的各有源支路应该先化为电压源再合并。

③ 各部分之间的串并联关系不要搞错。

④ 特别要注意方向,电压源转换为电流源时,正极性一端对应等效电流源流出电流一端;电流源转换为电压源时,流出电流的一端对应等效电压源的正极。

3. 化简等效规律

部分有源支路的化简等效规律如图 2-19 所示。

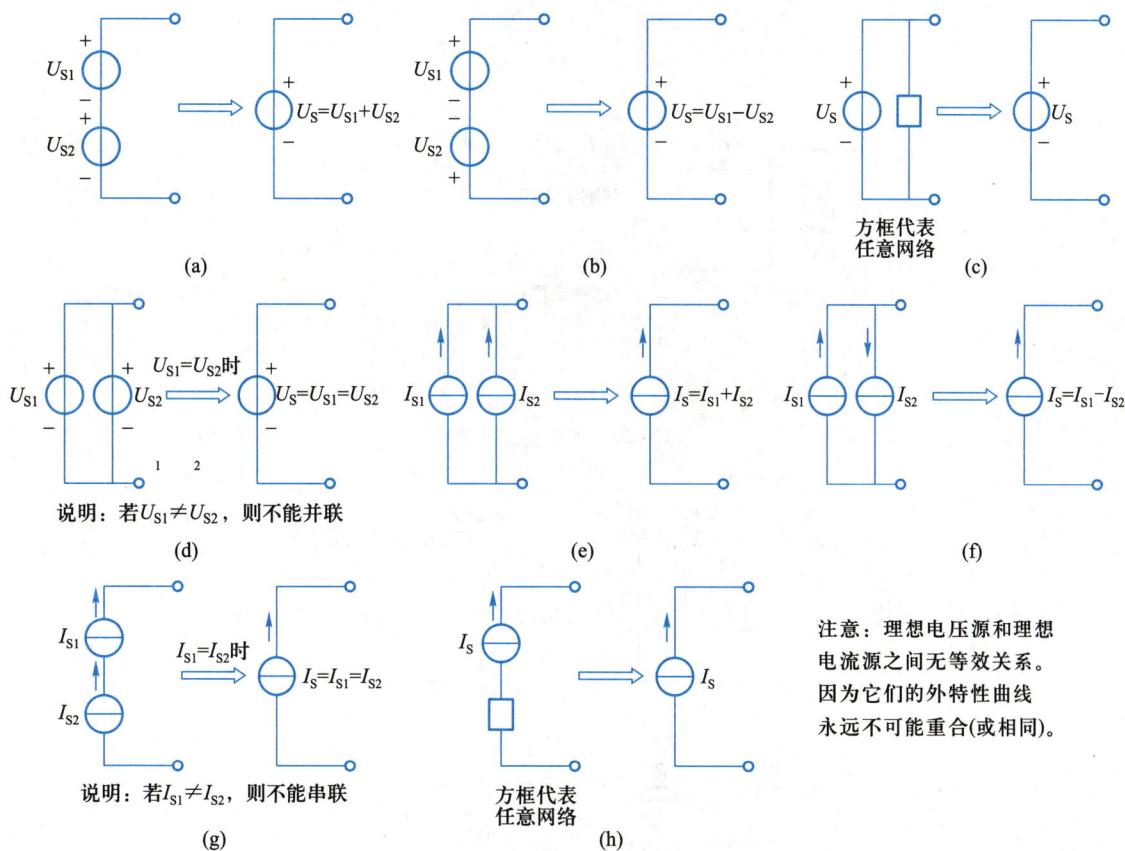

图 2-19 部分含源支路的化简等效规律

2.5 戴维宁定理

前面在研究电源等效变换及应用时可以发现,任何一个有源单口网络最终都能化简为简单电压源或电流源,为求某一条支路的电流或电压提供了方便。如果不是采用一步步等效变换的方法化简电路,而是直接求出有源单口网络的等效电路,就会使电路分析更加简便。如图 2-20 所示,如果将有源网络化简为电压源,就是戴维宁定理;如果化简为电流源就是诺顿定理。它们统称为等效电源定理。

戴维宁定理(Thevenin's Theorem)指出:一个线性有源单口网络可以等效为电压源和电阻的串联组合模型,电压源的电压 U_S 等于该网络的开路电压 U_{OC},内电阻 R_0 等于该网络内部电源置零后的等效电阻。

【例 2-11】 如图 2-21(a)所示电路,已知 $R_1 = 20\ \Omega$,$R_2 = 5\ \Omega$,$R_3 = 6\ \Omega$,$U_{S1} = 140\ V$,$U_{S2} = 90\ V$。应用戴维宁定理求电流 I_3。

解:首先把 R_3 支路断开,求单口网络的开路电压 U_{OC},如图 2-21(b)所示。

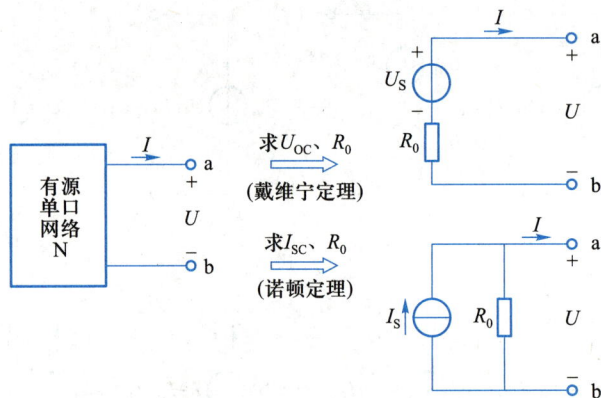

图 2-20　等效电源定理

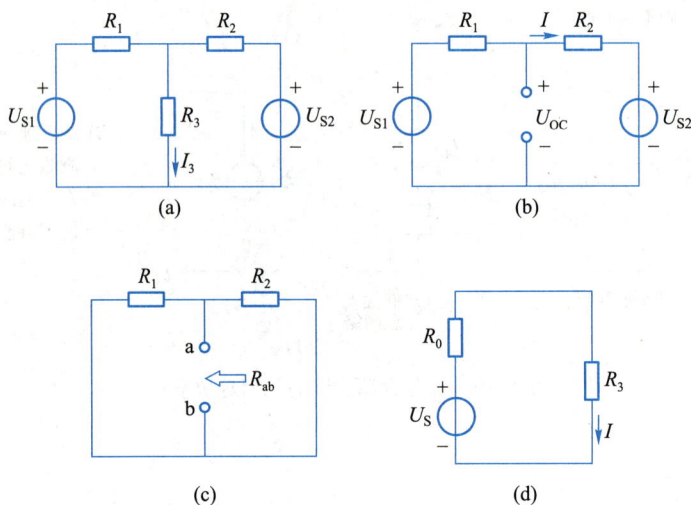

图 2-21　例 2-11 的电路

$$I = \frac{U_{S1} - U_{S2}}{R_1 + R_2} = \frac{140 - 90}{20 + 5}\,\text{A} = \frac{50}{25}\,\text{A} = 2\,\text{A}$$

$$U_{OC} = R_2 I + U_{S2} = (5 \times 2 + 90)\,\text{V} = 100\,\text{V}$$

或者　　　　　　　　$U_{OC} = -R_1 I + U_{S1} = (-20 \times 2 + 140)\,\text{V} = 100\,\text{V}$

把单口网络内电源置零，求 R_{ab}，如图 2-21(c) 所示。

$$R_{ab} = \frac{R_1 R_2}{R_1 + R_2} = \frac{20 \times 5}{20 + 5}\,\Omega = 4\,\Omega$$

戴维宁等效电路如图 2-21(d) 左侧部分所示，令 $U_S = U_{OC} = 100\,\text{V}$，$R_0 = R_{ab} = 4\,\Omega$，接入待求支路 R_3，得

$$I_3 = \frac{U_S}{R_0 + R_3} = \frac{100}{4 + 6}\,\text{A} = 10\,\text{A}$$

综上所述，应用戴维宁定理求解电路的方法和步骤为：

① 断开待求支路,求有源单口网络的开路电压 U_{OC}。

② 将单口网络内电源置零(电压源短路,电流源开路),求网络端口内的等效电阻 R_{ab}。(该电阻也称为戴维宁等效电阻)

③ 作戴维宁等效电路,令 $U_{\text{S}} = U_{\text{OC}}$, $R_0 = R_{\text{ab}}$,接入待求支路,求该支路的电流或电压。

【例 2-12】 电路如图 2-22 所示,已知 $I_{\text{S1}} = I_{\text{S2}} = 1$ A, $R_1 = R_2 = R_3 = 2$ Ω, $U_{\text{S}} = 1$ V, $R_4 = 1$ Ω。用戴维宁定理求 I_4。

解: ① 断开待求支路,求开路电压 U_{OC},应用叠加定理,电路如图 2-23 所示。

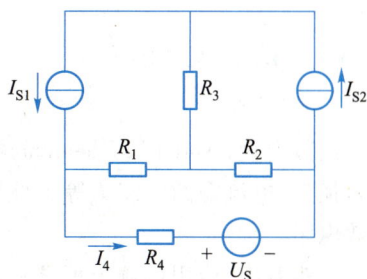

图 2-22 例 2-12 的电路

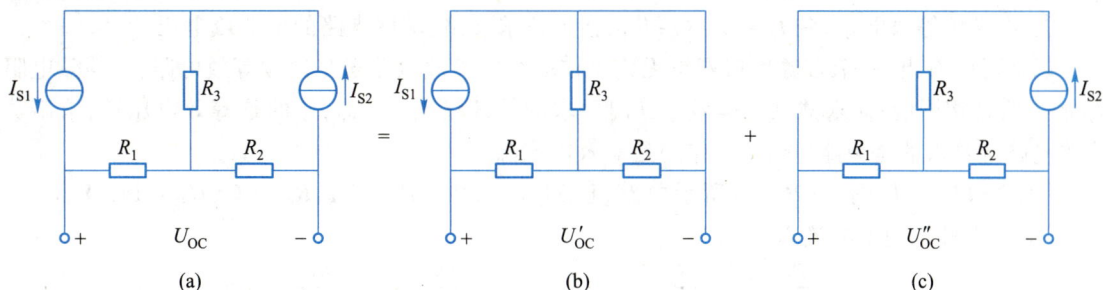

图 2-23 用叠加定理求 U_{OC}

由图 2-23(b) $\qquad U'_{\text{OC}} = R_1 I_{\text{S1}} = 2$ V

由图 2-23(c) $\qquad U''_{\text{OC}} = R_2 I_{\text{S2}} = 2$ V

由图 2-23(a)叠加 $\qquad U_{\text{OC}} = U'_{\text{OC}} + U''_{\text{OC}} = (2+2)$ V $= 4$ V

② 电源置零,求 R_{ab},电路如图 2-24 所示。

可见 $\qquad R_{\text{ab}} = R_1 + R_2 = (2+2)$ Ω $= 4$ Ω

③ 作戴维宁等效电路,

令

$$U_{\text{S0}} = U_{\text{OC}} = 4 \text{ V}$$
$$R_0 = R_{\text{ab}} = 4 \text{ Ω}$$

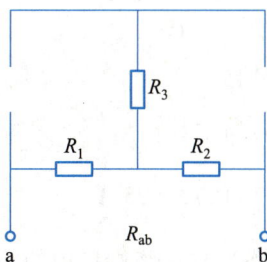

图 2-24 求 R_{ab} 的电路

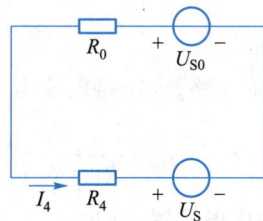

图 2-25 例 2-12 的等效电路

接上负载,如图 2-25 所示。

$$I = \frac{U_{\text{S0}} - U_{\text{S}}}{R_0 + R_4} = \frac{4-1}{4+1} = \frac{3}{5} = 0.6 \text{ A}$$

2.6　诺顿定理

诺顿定理（Norton's Theorem）指出：一个线性含源单口网络可以等效为电流源和电阻的并联组合模型，电流源的电流 I_S 等于该网络的短路电流 I_{SC}，内电阻 R_0 等于该网络内部电源置零后的等效电阻。

不难看出，应用诺顿定理求解电路的方法和步骤为：

① 将含源网络输出端口短路，求含源单口网络的短路电流 I_{SC}。

② 将单口网络内电源置零（电压源短路，电流源开路），求网络端口内的等效电阻 R_{ab}。

③ 作诺顿等效电路，令 $I_S = I_{SC}$，$R_0 = R_{ab}$，接入待求支路，求该支路的电流或电压。

以上可以看出，一个含源单口网络无论是作戴维宁等效电路还是诺顿等效电路，求等效电阻 R_{ab} 的方法是相同的；而求戴维宁等效电路时要求的是开路电压 U_{OC}，作的是等效电压源；求诺顿等效电路时要求的是短路电流 I_{SC}，作的是等效电流源。

【例 2-13】　如图 2-26(a) 所示电路，已知 $R_1 = 20\Omega$，$R_2 = 5\Omega$，$R_3 = 6\Omega$，$U_{S1} = 140$ V，$U_{S2} = 90$ V。应用诺顿定理求电流 I_3。

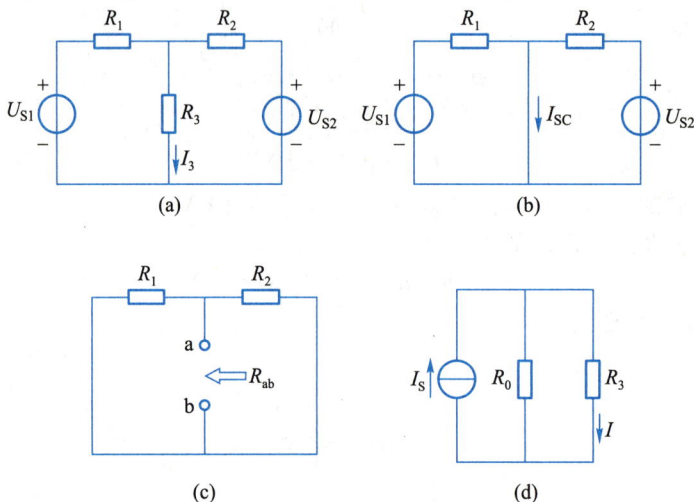

图 2-26　例 2-13 的电路

解： ① 短接待求支路，求短路电流 I_{SC}，如图 2-26(b) 所示。

$$I_{SC} = \frac{U_{S1}}{R_1} + \frac{U_{S2}}{R_2} = \left(\frac{140}{20} + \frac{90}{5}\right) \text{A} = (7 + 18) \text{A} = 25 \text{ A}$$

② 将单口网络内电源置零（电压源短路，电流源开路），求网络端口内的等效电阻 R_{ab}。把单口网络内电源置零，求 R_{ab}，如图 2-26(c) 所示。

$$R_{ab} = \frac{R_1 R_2}{R_1 + R_2} = \frac{20 \times 5}{20 + 5} \Omega = 4 \text{ } \Omega$$

③ 作诺顿等效电路，令 $I_S = I_{SC} = 25$ A，$R_0 = R_{ab} = 4$ Ω，接入待求支路，求 I_3。

$$I_3 = \frac{I_{SC}}{R_0 + R_3} \times R_0 = \left(\frac{25}{4+6} \times 4\right) A = 10 \ A$$

例 2-13 和例 2-11 的电路和参数是相同的,用两个定理所求的结果是完全相同的。

【**例 2-14**】　电路如图 2-27 所示,点画线框内所有电路参数均为未知,现在用实验法测得开路电压 $U_{OC} = 12 \ V$,短路电流 $I_{SC} = 4 \ A$。分别作它的戴维宁等效电路和诺顿等效电路,并接入负载 $R_L = 9 \ \Omega$。分别求出负载电流并进行比较。

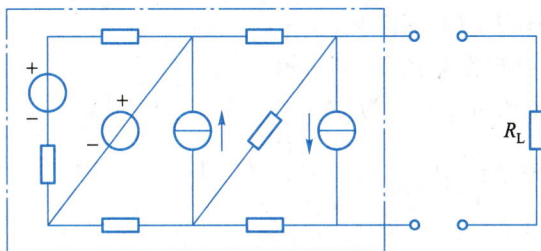

图 2-27　例 2-14 的电路

解:由于已知 U_{OC}、I_{SC},可得含源单口网络的等效内阻 $R_0 = \dfrac{U_{OC}}{I_{SC}} = \dfrac{12}{4} \ \Omega = 3 \ \Omega$

(1)可以作电压源电路如图 2-28 所示,即为戴维宁等效电路。

令 $U_S = U_{OC} = 12 \ V$,接入负载 R_L,求得

$$I = \frac{U_S}{R_0 + R_L} = \frac{12}{3+9} A = 1 \ A$$

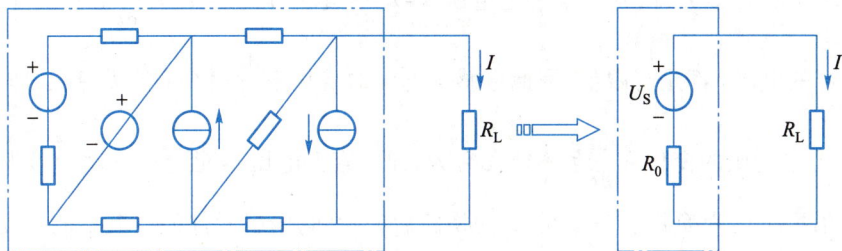

图 2-28　戴维宁等效电路

(2)可以作电流源电路如图 2-29 所示,即为诺顿等效电路。

令 $I_S = I_{SC} = 4 \ A$,接入负载 R_L,求得

$$I = \frac{I_S}{R_0 + R_L} R_0 = \frac{4}{3+9} \times 3 \ A = 1 \ A$$

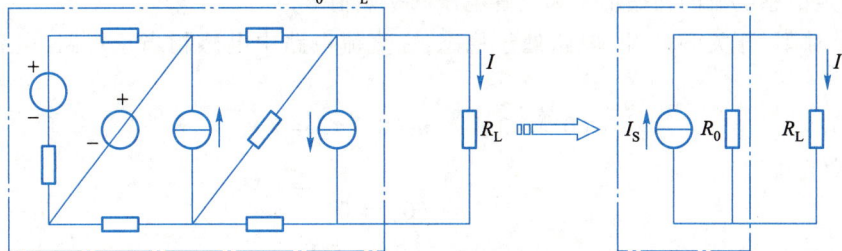

图 2-29　诺顿等效电路

可见,所求结果相同。

2.7　一阶电路及三要素分析法

1. 一阶电路和换路定律

（1）一阶电路（First-Order Circuit）

只含有一个储能元件的电路如图2-30所示。

图2-30(a)电路中,电压可以表示为

$$u = u_R + u_L = Ri + L\frac{\mathrm{d}i}{\mathrm{d}t} \qquad (2-12)$$

图2-30(b)电路中,电流可以表示为

$$i = i_R + i_C = \frac{u}{R} + C\frac{\mathrm{d}u}{\mathrm{d}t} \qquad (2-13)$$

像这一类只含有一个储能元件,而且可以用一阶微分方程描述的电路称为一阶电路。

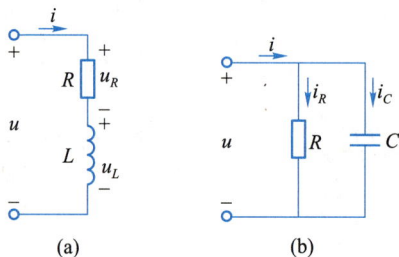

图 2-30　一阶电路举例

（2）换路和换路定律

电路的通、断和电路参数的改变等称为换路。换路将使电路中的能量发生变化,而能量是不能跃变的,例如行驶的车辆在刹车后,车速不能跃变,只能渐变,直至为零。电路中也是如此,在第1章讲到,L、C 是储能元件,其中电感上电压 $u = L\frac{\mathrm{d}i}{\mathrm{d}t}$,电容上电流 $i = C\frac{\mathrm{d}u}{\mathrm{d}t}$。在实际电路中电感的电压 u、电容的电流 i 都是有限值,因此电感中电流的变化率 $\frac{\mathrm{d}i}{\mathrm{d}t}$ 就不可能无穷大,即电感中电流不能跃变;电容上电压的变化率 $\frac{\mathrm{d}u}{\mathrm{d}t}$ 也不能无穷大,即电容上电压不能跃变。设 $t = 0$ 时刻换路,在计时起点 0 的两侧,0_- 为换路前一瞬间,0_+ 为换路后一瞬间,电感元件的电流不能跃变,电容元件两端的电压不能跃变,称为换路定律,用公式表示为

$$\left.\begin{array}{l} i_L(0_+) = i_L(0_-) \\ u_C(0_+) = u_C(0_-) \end{array}\right\} \qquad (2-14)$$

换路定律可以用来确定 $t = 0$ 时刻 i_L 和 u_C 的初始值。

【例2-15】　如图2-31所示直流电源供电的电路中,电路已处于稳定状态。$t = 0$ 时刻开关 S 闭合,试确定电感电流的初始值 i_L 和电容电压的初始值 u_C。

解:$t = 0_-$ 时刻,开关 S 断开,电路处于稳态,在直流电路中电感相当于短路,电容相当于开路,可知

$$i_L(0_-) = 0 \text{ A}, \quad u_C(0_-) = U = 5 \text{ V}$$

根据换路定律

$$i_L(0_+) = i_L(0_-) = 0 \text{ A}$$
$$u_C(0_+) = u_C(0_-) = 5 \text{ V}$$

此即电感电流和电容电压的初始值。

2. 一阶电路的三要素分析法

一阶电路研究的是从电路的初始状态,经过瞬态过程,达到新的稳态之间的变化规律,是一个瞬态过程。

RC、RL 电路都可以用一阶线性微分方程描述,设一阶微分方程的一般形式为

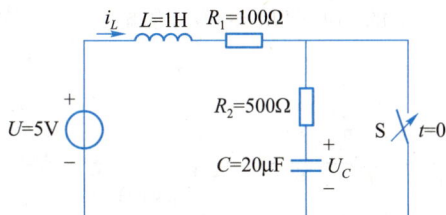

图 2-31 例 2-15 的电路

$$a\frac{\mathrm{d}x}{\mathrm{d}t}+bx=C$$

其完全解为 $\quad x=f(t)=f(\infty)+[f(0_+)-f(\infty)]\mathrm{e}^{-\frac{t}{\tau}}$ $\qquad$ (2-15)

式中 $f(t)$ 代表所求的 $u_c(t)$ 或 $i_L(t)$,可见只要求出式(2-15)中的三个量:初始值 $f(0_+)$、稳态值 $f(\infty)$ 和时间常数 τ,就可以得到所求的函数。初始值、稳态值和时间常数称为三要素。

（1）初始值的确定

可以根据换路前的稳态电路求得 $u_c(0_-)$、$i_L(0_-)$,再根据换路定律,求得 $u_c(0_+)$、$i_L(0_+)$,初始值即确定。

（2）稳态值的确定

根据换路后电路,按照一般直流电路的分析方法即可确定稳态值。稳态值就是瞬态过程结束后最终达到的结果(称为响应)。

（3）时间常数

瞬态过程变化快慢取决于电路的时间常数 τ。

RC 电路 $\qquad\qquad\qquad \tau=RC$ $\qquad\qquad$ (2-16)

RL 电路 $\qquad\qquad\qquad \tau=\dfrac{L}{R}$ $\qquad\qquad$ (2-17)

如果电路较为复杂,电阻 R 的求法为:首先将电源置零,再将 L 或 C 开路后,从开路的端口看进去的戴维宁等效电阻就是式(2-16)或式(2-17)中的 R。

求得了三要素,将它们代入式(2-15),就求出了该一阶电路的响应。

如果初始值 $f(0)=0$,即初始值为零,则为零状态响应;如果稳态值 $f(\infty)=0$,则为零输入响应;如果都不为零则为完全响应。

【例 2-16】 仿真电路如图 2-32 所示,$t<0$ 时开关扳向左边,电路已经处于稳态。$t=0$ 时开关扳向右边,求 $t\geqslant0$ 时三种情况下 u_c 变化的曲线,并进行比较。

已知 $U_s=12\text{ V}$,$R_0=1\text{ k}\Omega$。

（1）$R_1=1\ 000\ \Omega$,$C_1=1\ 000\ \mu\text{F}$;

（2）$R_1=2\ 000\ \Omega$,$C_1=1\ 000\ \mu\text{F}$;

（3）$R_1=2\ 000\ \Omega$,$C_1=2\ 000\ \mu\text{F}$。

解:图 2-33 做出了三种情况下的 Multisim 仿真结果,现在进行分析:

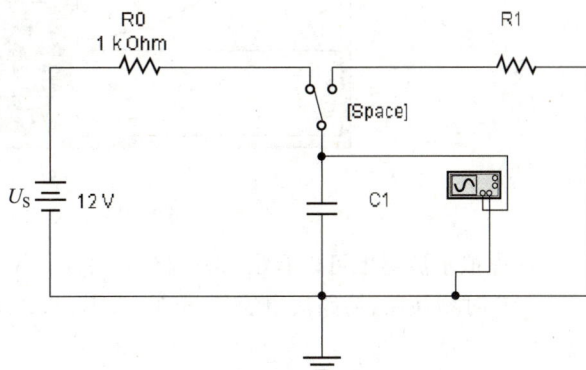

图 2-32 例 2-16 的仿真电路

u_c 的初始值从 $u_c(0_-)$ 的电路计算,如图 2-32 所示有

$$u_c(0_+) = u_c(0_-) = E = 12\text{ V}$$

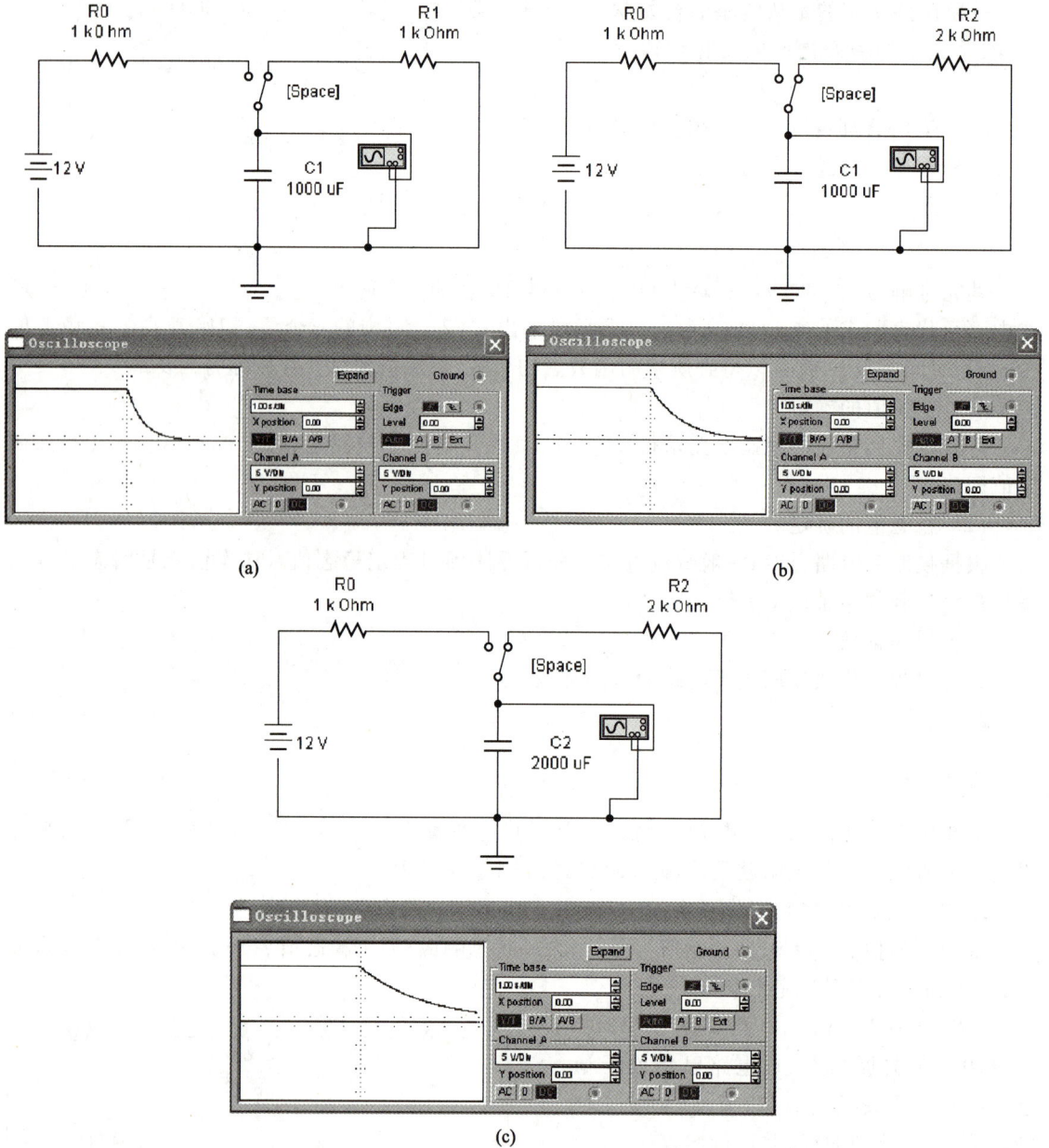

(a)

(b)

(c)

图 2-33　例 2-16 的仿真结果

从虚拟示波器上可以看出,每一格(div)是 5 V,高度为 2.4 div,$t<0$ 时,$u_c(0_-)$ 一直是 12 V。$t=0$ 时刻换路,换路后电容通过 R_1 放电,最终 u_c 趋近于零。因此 $u_c(\infty)=0$,为零输入响应。

时间常数 $\tau=RC$,图 2-33(a)中 $\tau=1\,000\times1\,000\times10^{-6}$ s $=1$ s;图 2-33(b)中 $\tau=2\,000\times1\,000\times10^{-6}$ s $=2$ s;图 2-33(c)中 $\tau=2\,000\times2\,000\times10^{-6}$ s $=4$ s。随着参数不同,τ 越大,曲线变化越缓慢。

代入

$$u_C(t) = u_C(\infty) + [u_C(0_+) - u_C(\infty)] e^{-\frac{t}{\tau}}$$

可以分别写出 $u_C(t)$ 的表达式

（1） $u_C(t) = [0 + (12-0) e^{-\frac{t}{1}}] \text{ V} = 12 e^{-t} \text{ V}$

（2） $u_C(t) = 12 e^{-\frac{t}{2}} \text{ V}$

（3） $u_C(t) = 12 e^{-\frac{t}{4}} \text{ V}$

从理论上讲，电容完全放电结束，需要很长时间（$t \to \infty$），但是工程上认为经过 $(3\sim5)\tau$ 时间后，瞬态过程基本结束[当 $t = 3\tau$ 时，$u(3\tau) = 0.05u(0)$ 已经很接近零值了]。

【例 2-17】　电路如图 2-34 所示，换路前开关 S 断开，$t=0$ 时刻开关 S 闭合。求 $t \geq 0$ 时 $i_L(t)$、$u_C(t)$ 和开关 S 上的电流 i_s。

解： $t < 0$ 时，S 断开，电路处于稳态，电容相当于开路，
$i_L(0_-) = 0 \text{ A}, u_C(0_-) = U = 5 \text{ V}$

根据换路定律，初始值为

$$i_L(0_+) = i_L(0_-) = 0 \text{ A}$$

$$u_C(0_+) = u_C(0_-) = 5 \text{ V}$$

换路后形成两个独立回路，稳态值为

$$i_L(\infty) = \frac{5}{100} \text{ A} = 0.05 \text{ A} = 50 \text{ mA}$$

$$u_C(\infty) = 0 \text{ V}$$

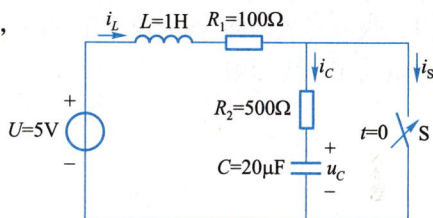

图 2-34　例 2-17 的电路

时间常数

$R_1 L$ 支路

$$\tau = \frac{L}{R_1} = \frac{1}{100} \text{ s} = 0.01 \text{ s}$$

$R_2 C$ 支路

$$\tau = R_2 C = 500 \times 20 \times 10^{-6} \text{ s} = 10^{-2} \text{ s} = 0.01 \text{ s}$$

$$i_L(t) = i_L(\infty) + [i_L(0) - i_L(\infty)] e^{-\frac{t}{\tau}} = [50 + (0-50) e^{-\frac{t}{0.01}}] \text{ mA} = 50(1 - e^{-100t}) \text{ mA}$$

$$u_C(t) = u_C(\infty) + [u_C(0) - u_C(\infty)] e^{-\frac{t}{\tau}} = [0 + (5-0) e^{-\frac{t}{10^{-2}}}] \text{ V} = 5 e^{-100t} \text{ V}$$

$$i_C(t) = C \frac{du_C}{dt} = 20 \times 10^{-6} \times 5 e^{-100t} \times (-100) \text{ A} = -10^{-2} e^{-100t} \text{ A} = -0.01 e^{-100t} \text{ A} = -10 e^{-100t} \text{ mA}$$

根据 KCL

$$i_L - i_C - i_s = 0$$

$$i_s = i_L - i_C = [50(1 - e^{-100t}) - (-10 e^{-100t})] \text{ mA} = (50 - 40 e^{-100t}) \text{ mA}$$

【例 2-18】　如图 2-35 所示电压测量电路，直流电压表量程为 10 V，内电阻 $R_V = 2 \text{ k}\Omega$，负载电阻 $R = 2 \text{ }\Omega$，$L = 1 \text{ H}$。开关一直处于闭合状态，在 $t=0$ 时刻断开，试分析断开瞬间电压表上的电压是多少？会发生什么情况？应该如何解决？

解： $t < 0$ 时　　　　　　$i_L(0_-) = \frac{U_s}{R} = \frac{8}{2} \text{ A} = 4 \text{ A}$

根据换路定律　　　　　　$i_L(0_+) = i_L(0_-) = 4 \text{ A}$

由于 $t = 0_+$ 时刻，开关已经断开，电感电流必然通过电压表形成回路，此时电压表上的电压

$$U = -i_L(0_+)R_V = -4 \times 2000 \text{ V} = -8\ 000 \text{ V}$$

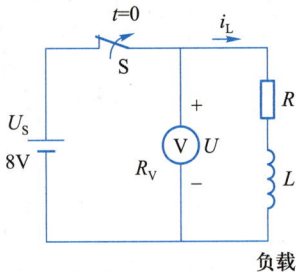

图 2-35 例 2-18 的电路

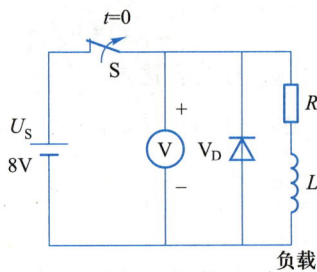

图 2-36 加续流二极管

电压表上瞬时产生高电压,将使电压表击穿损坏。解决的办法如图 2-36 所示,在电压表上并联一只二极管,要求二极管的最大整流电流 $I_{OM} > 4$ A,在开关 S 断开瞬间,电感中的电流将通过二极管形成回路,起续流作用,保护电压表。而在正常工作时,由于二极管处于反向偏置截止,对电路工作无影响。

小　结

1. 基尔霍夫定律

对于结点,KCL:$\sum i = 0$。设流入结点电流为正,则流出为负。

对于回路,KVL:$\sum u = 0$。设沿着绕行方向上的电压降为正,则此方向上的电压升为负。

2. 支路电流法

这是基尔霍夫定律的实际应用。首先列出 KCL 独立方程,然后列出 KVL 方程,联立方程求解。

3. 叠加定理——4 个步骤

4. 含源单口网络分析

电源两种模型的等效变换,变换的条件、方法和规律。应用电源等效变换化简电路。

5. 戴维宁定理——3 个步骤

6. 诺顿定理——3 个步骤

7. 一阶电路的三要素分析法

时间常数、初始值、稳态值。微分方程。

以上最重要的是要理顺分析思路、掌握分析方法,不要对定律、定理死记硬背,需要的是灵活应用。

习　题

2.1　应用 KCL 求如图 2-37 所示电路中各未知电流。

2.2　应用 KVL 求如图 2-38 所示电路中各未知电压。

2.3　如图 2-39 所示电路,已知 $U_{BE} = 0.6$ V,晶体管电流放大系数 $\beta = 80$,$I_C = \beta I_B$。

(1) 按回路 I 方向列出 KVL 方程,求出基极电流 I_B。

（2）按回路Ⅱ方向列出 KVL 方程，求出集-射极电压 U_{CE}。

（3）如果把晶体管看成一个结点，列出 I_B、I_C、I_E 的 KCL 方程。

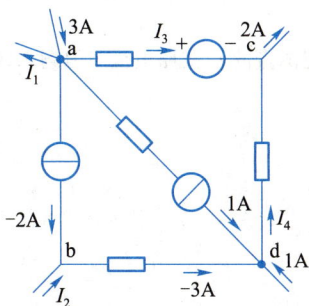

图 2-37　习题 2.1 的图

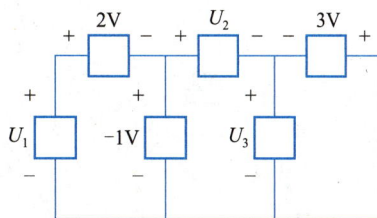

图 2-38　习题 2.2 的图

2.4 电路如图 2-40 所示。

（1）求结点 a、b 的 KCL 方程，并对这两个方程进行比较。

（2）求三个回路的 KVL 方程，绕行方向如图 2-40 所示。

（3）设 $U_1=10$ V，$U_2=2$ V，$U_3=1$ V，$U_4=6$ V，求 U_5、U_6。

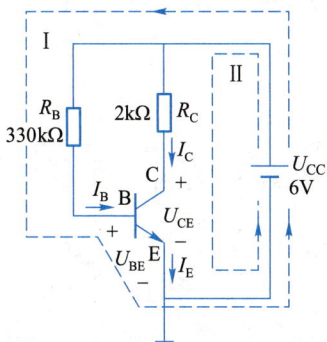

图 2-39　习题 2.3 的图

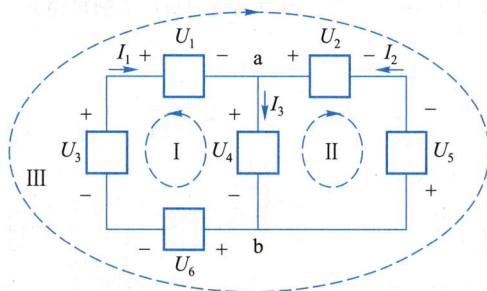

图 2-40　习题 2.4 的图

2.5 已知图 2-41 所示电路中 $R_1=1$ Ω，$R_2=2$ Ω，$R_3=3$ Ω，$R_4=3$ Ω，$R_5=2$ Ω，$R_6=1$ Ω，$U_{S1}=12$ V，$U_{S2}=6$ V，$I_S=-2$ A。用支路电流法求各支路电流。

2.6 用 Multisim 或 EWB 对图 2-41 所示电路进行仿真，并把测量的各支路电流与习题 2.5 的计算结果相对照。

2.7 已知图 2-42 所示电路中 $R_1=R_2=R_3=R_4=R_5=R_6=10$ Ω，$U_{S1}=U_{S2}=10$ V。用支路电流法求各支路电流。

2.8 用 Multisim 或 EWB 对图 2-42 电路进行仿真，并把测量的各支路电流与习题 2.7 的计算结果相对照。

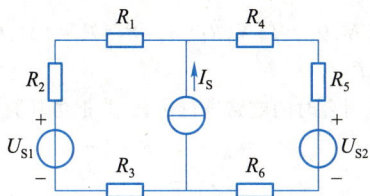

图 2-41　习题 2.5 的图

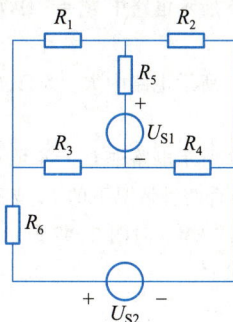

图 2-42　习题 2.7 的图

2.9   应用电源等效变换求图 2-43 所示电路的电流 I。

2.10   已知图 2-44 所示电路中 $R_1 = 3\ \Omega, R_2 = 6\ \Omega, R_3 = R_4 = 1\ \Omega, R_5 = 2\ \Omega, U_{S1} = 9\ V, U_{S2} = 2\ V, I_S = 1\ A$。应用电源等效变换求电流 I_5。

2.11   用 Multisim 或 EWB 对图 2-44 所示电路进行仿真,并把测量的 I_5 支路电流与习题 2.10 的计算结果相对照。

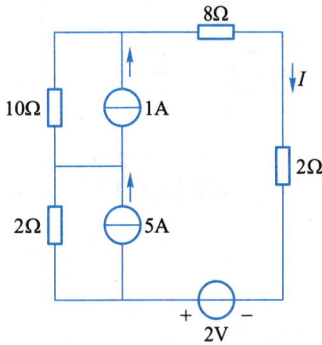

图 2-43   习题 2.9 的电路   图 2-44   习题 2.10 的电路

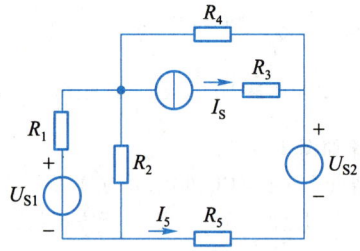

2.12   求图 2-45 中各有源单口网络的最简等效电路。

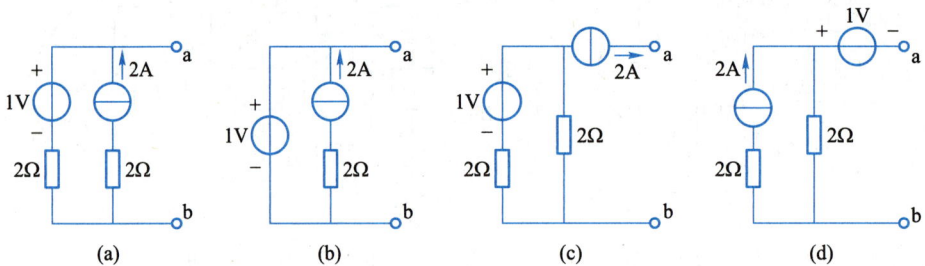

(a)   (b)   (c)   (d)

图 2-45   习题 2.12 的电路

2.13   用叠加定理求图 2-41 所示电路中各支路电流。

2.14   用叠加定理求图 2-42 所示电路中各支路电流。

2.15   用叠加定理求图 2-44 所示电路中 R_5 支路电流 I_5。

2.16   已知图 2-46 所示电路中 $R_1 = 5\ \Omega, R_2 = 4\ \Omega, R_3 = 5\ \Omega, R_4 = 6\ \Omega, U = 10\ V, I_S = 2\ A$。用叠加定理求各支路电流。

2.17   已知图 2-46 所示电路中 $R_1 = 5\ \Omega, R_2 = 4\ \Omega, R_3 = 5\ \Omega, R_4 = 6\ \Omega, U = 10\ V, I_S = 2\ A$。用戴维宁定理求 R_1 支路电流。

2.18   已知图 2-47 所示电路中 $U_{S1} = 4\ V, U_{S2} = 15\ V, U_{S3} = 13\ V, R_1 = R_2 = R_3 = R_4 = 1\ \Omega, R_5 = 11\ \Omega$。用戴维宁定理求当开关 S 断开和闭合两种情况下的 R_5 支路电流 I_5。

2.19   用 Multisim 或 EWB 对图 2-47 所示开关 S 闭合时的电路进行仿真,并把仿真测量的 I_5 支路电流与习题 2.18 的计算结果相对照。

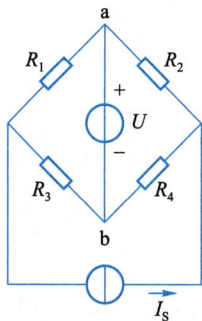

图 2-46　习题 2.16、习题 2.17 的电路

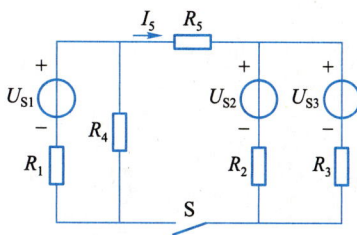

图 2-47　习题 2.18 的电路

2.20　有两个相同的网络,如图 2-48 所示,如果按照图 2-48(a)的接法,测得电压 $U=10$ V,如果按照图 2-48(b)的接法,测得电流 $I=5$ A。求网络 N 的戴维宁等效电路。

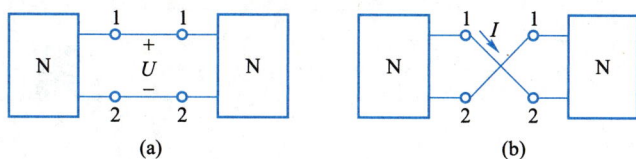

(a)　　　　　　　　　　(b)

图 2-48　习题 2.20 的图

2.21　电路如图 2-49 所示,用戴维宁定理求电流 I。

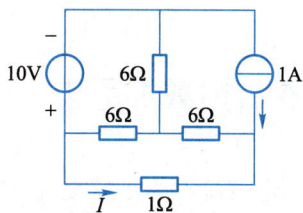

图 2-49　习题 2.21 的电路

2.22　用诺顿定理求图 2-47 所示电路开关 S 闭合时的电流 I_5。

第 **3** 章

正弦交流电路

3.1 正弦交流电的三要素及相量表示法

按正弦规律变化的电动势、电压、电流统称为正弦交流电。工业用电和日常生活用电所使用的都是正弦交流电。很多需要直流电的场合也是通过整流电路,把交流电变换为直流电使用的。

正弦交流电的一般表达式为

$$\left.\begin{array}{l} e(t)=E_{\mathrm{m}}\sin \omega t \\ u(t)=U_{\mathrm{m}}\sin \omega t \\ i(t)=I_{\mathrm{m}}\sin \omega t \end{array}\right\} \quad 或 \quad \left.\begin{array}{l} e(t)=E_{\mathrm{m}}\sin(\omega t+\psi_e) \\ u(t)=U_{\mathrm{m}}\sin(\omega t+\psi_u) \\ i(t)=I_{\mathrm{m}}\sin(\omega t+\psi_i) \end{array}\right\} \quad\quad (3-1)$$

小写字母 $e(t)$、$u(t)$、$i(t)$ 或 e、u、i 表示瞬时值。

正弦量除了用解析式表示外,还可以用波形、相量等方式表示。一个正弦电压的波形如图3-1所示。

1. 正弦交流电的三要素

要确定一个具体的正弦交流电,需要找出它的三个主要特征:频率、初相位和幅值,它们被称为正弦量的三要素。

(1) 频率、周期和角频率

正弦交流电每秒变化的次数称为频率,用 f 表示。单位是赫[兹](Hz)。

我国规定工业交流电的频率为 50 Hz,也称为工频交流电。

正弦交流电每变化一次所需的时间称为周期,用 T 表示。单位是秒(s)。显然频率和周

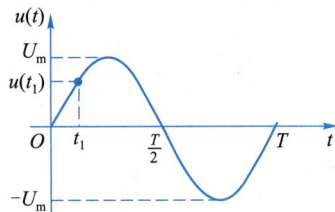

图 3-1 正弦电压波形

期互为倒数,即

$$f=\frac{1}{T} 或 \ T=\frac{1}{f} \tag{3-2}$$

正弦交流电每秒所经历的电角度(弧度)称为角频率,用 ω 表示。单位是弧度/秒(rad/s)。工频交流电的周期是

$$T=\frac{1}{f}=\frac{1}{50} \ s=0.02 \ s$$

角频率

$$\omega=2\pi f=2\times3.14\times50 \ rad/s=314 \ rad/s$$

(2) 相位、初相位和相位差

式(3-1)中的 ωt 或者 $(\omega t+\psi)$ 称为正弦交流电的相位角或相位,ψ 称为初相位。正弦交流电在不同时刻有不同的瞬时值,例如图 3-1 中电压 $u=U_{m}\sin \omega t$,当时间变化到 t_1 时刻,相位角变为 ωt_1,电压变为对应的 $u(t_1)$。

但是,计时起点不同,同一正弦交流电在相同时刻的瞬时值也是不一样的,初始值也是不同的。初相位是一个反映正弦交流电初始值的物理量,是计时起点的相位角。例如两个同频率的正弦电流如图 3-2 所示,它们可以分别表示为

图 3-2 正弦交流电的相位

$$\left.\begin{array}{l} i_1=I_{1m}\sin \ (\omega t+\psi_1) \\ i_2=I_{2m}\sin \ (\omega t+\psi_2) \end{array}\right\} \tag{3-3}$$

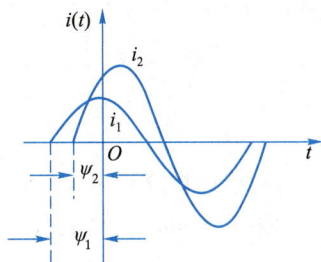

i_1 和 i_2 的相位角分别为 $(\omega t+\psi_1)$ 和 $(\omega t+\psi_2)$,它们的相位之差称为相位差,即

$$\varphi=(\omega t+\psi_1)-(\omega t+\psi_2)=\psi_1-\psi_2 \tag{3-4}$$

可见,两个同频率正弦交流电的相位差就是它们的初相位之差。

若 $\varphi>0$,说明 i_1 先达到正的最大值,i_2 经过 φ 角度以后才达到正的最大值,因此称之为 i_1 超前 i_2,或者说 i_2 滞后 i_1;

若 $\varphi<0$,称 i_1 滞后 i_2 或 i_2 超前 i_1;

若 $\varphi=0$,则称 i_1、i_2 同相位,如图 3-3 所示;

若 $\varphi=180°$,则称 i_1、i_2 反相位,如图 3-4 所示。

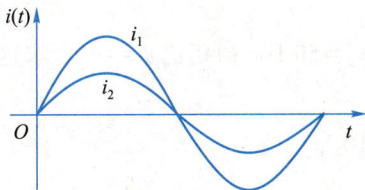

图 3-3 两个正弦交流电同相位

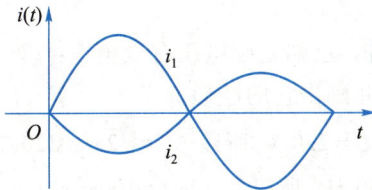

图 3-4 两个正弦交流电反相位

只有同频率的正弦交流电才能比较相位,因为它们各个对应点之间的先后和电角度差是固定不变的。相位差 φ 用绝对值 $\leqslant180°$ 的角度表示。

(3) 幅值和有效值

前面提到的 $e(t)$、$u(t)$、$i(t)$ 表示的是瞬时值,每对应一个时刻,就有一个值。瞬时值里的最大值称为幅值,分别用 E_m、U_m、I_m 表示。

由于瞬时值不便实际计量,工程上通常用的是有效值。有效值是基于电流的热效应来确定的。如图 3-5 所示,有两个相同的电阻 R,一个通入的是直流电流 I,一个通入的是交流电流 i,如果在相同的时间 T 内产生的热量相同($Q_{DC} = Q_{AC}$),就把直流电流的值称为这个交流电流的有效值。

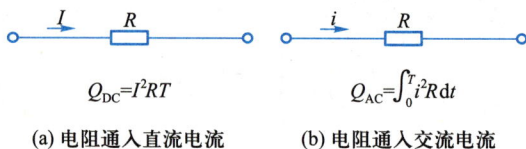

(a) 电阻通入直流电流　　　(b) 电阻通入交流电流

图 3-5　电流的热效应

如果 $Q_{DC} = Q_{AC}$,则

$$I^2RT = \int_0^T i^2 R \mathrm{d}t$$

$$I = \sqrt{\frac{1}{T} \int_0^T i^2 \mathrm{d}t} \tag{3-5}$$

有效值即该交流电流 i 的方均根值。式(3-5)适用于所有的周期电流。

如果 $i = I_m \sin \omega t$,将其代入式(3-5),得到

$$I = \sqrt{\frac{1}{T} \int_0^T I_m^2 \sin^2 \omega t \mathrm{d}t} = \sqrt{\frac{I_m^2}{T} \int_0^T \frac{1 - \cos 2\omega t}{2} \mathrm{d}t} = \frac{I_m}{\sqrt{2}} \tag{3-6}$$

即

$$I = \frac{I_m}{\sqrt{2}} \quad 或 \quad I_m = \sqrt{2} I \tag{3-7}$$

同理,电动势和电压的有效值为

$$E = \frac{E_m}{\sqrt{2}}, \quad U = \frac{U_m}{\sqrt{2}} \tag{3-8}$$

通常测量时使用的交流电压表和交流电流表所测量的就是电压和电流的有效值。

在进行电路分析时,一般也设一个参考方向,这个参考方向是指正弦交流电正半周时的方向。

【例 3-1】　已知正弦电压有效值 $U = 220$ V,频率 $f = 50$ Hz,初相位 $\psi = 45°$。求这个正弦电压的瞬时值式,并画出它的波形。

解:因为 $U = 220$ V,所以 $U_m = \sqrt{2} U = 220\sqrt{2}$ V = 310 V

因为 $f = 50$ Hz,所以 $\omega = 2\pi f = 100\pi$ rad/s

正弦电压的瞬时值式为

$u = 220\sqrt{2} \sin (100\pi t + 45°)$ V $= 310\sin (100\pi t + 45°)$ V

正弦电压的波形如图 3-6 所示。

2. 正弦量的相量表示法

正弦量在进行运算时很不方便。通常采用相量来表示正弦量,可以简化分析,描述问题还更加全面、准确。研究相量之前要

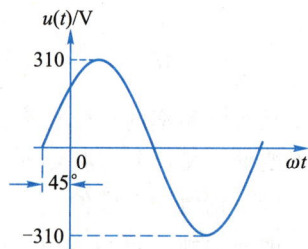

图 3-6　例 3-1 的波形图

把复数及其运算归纳总结一下。

（1）复数及其运算

1）复数的表示形式

如图 3-7 所示，复数可以用四种形式表示：

① 代数式　　　　　$A = a + jb$

式中，a 为 A 在实轴的投影，b 为在虚轴的投影，它的模

$$r = \sqrt{a^2 + b^2}$$

$$幅角\quad \psi = \arctan \frac{b}{a}$$

$$a = r\cos\psi, \quad b = r\sin\psi$$

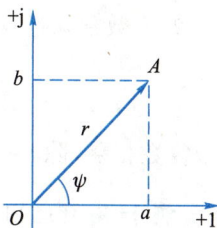

图 3-7　复数形式

② 三角式

$$A = a + jb = r\cos\psi + jr\sin\psi = r(\cos\psi + j\sin\psi)$$

③ 指数式

$$A = re^{j\psi}$$

④ 极坐标式

$$A = r \underline{/\psi}$$

2）复数几种形式之间的转换

【例 3-2】　将下列代数式转换为三角式、指数式、极坐标式。

（1）$A = 3 + j4$　　　　（2）$B = 3 - j4$　　　　（3）$C = -3 - j4$

解：（1）$r = \sqrt{3^2 + 4^2} = 5$，　$\psi = \arctan\frac{4}{3} = 53.1°$

$\quad A = 5(\cos 53.1° + j\sin 53.1°) = 5e^{j53.1°} = 5 \underline{/53.1°}$

（2）$r = \sqrt{3^2 + (-4)^2} = 5$，　$\psi = \arctan\frac{-4}{3} = -53.1°$（第 4 象限角）

$\quad B = 5[\cos(-53.1°) + j\sin(-53.1°)] = 5e^{-j53.1°} = 5 \underline{/-53.1°}$

（3）$r = \sqrt{(-3)^2 + (-4)^2} = 5$，　$\psi = \arctan\frac{-4}{-3} = -126.9°$（第 3 象限角）

$\quad C = 5[\cos(-126.9°) + j\sin(-126.9°)] = 5e^{-j126.9°} = 5 \underline{/-126.9°}$

【例 3-3】　将 $A = 100\sqrt{2} \underline{/-45°}$ 转换为指数式、三角式和代数式。

解：$A = 100\sqrt{2} \underline{/-45°} = 100\sqrt{2}\,e^{-j45°} = 100\sqrt{2}[\cos(-45°) + j\sin(-45°)]$

$\quad = 100\sqrt{2}\left[\frac{\sqrt{2}}{2} + j\left(-\frac{\sqrt{2}}{2}\right)\right] = (100 - j100)$

复数几种形式之间转换时要注意：

① 角度所在的象限；

② 辐角要用绝对值 ≤ 180° 的角度表示。

3）复数的四则运算

$$M = a_1 + jb_1 = r_1 \underline{/\psi_1}, \quad N = a_2 + jb_2 = r_2 \underline{/\psi_2}$$

① 复数加、减运算要用代数式

$$M \pm N = (a_1 \pm a_2) + j(b_1 \pm b_2)$$

复数相加(减)＝实部相加(减)，虚部相加(减)。

② 复数乘除运算要用指数式或极坐标式

$$MN = r_1 r_2 \underline{/\psi_1 + \psi_2}, \quad \frac{M}{N} = \frac{r_1}{r_2} \underline{/\psi_1 - \psi_2}$$

复数相乘(除)＝模相乘(除)，辐角相加(减)。

【例3-4】　已知复数 $M = 30 + j40, N = 40 + j30$。求：① $M+N$；② $M-N$；③ MN；④ $\dfrac{M}{N}$。

解：① $M+N = (30+40) + j(40+30) = 70 + j70 = 70\sqrt{2} \underline{/45°}$

② $M-N = (30-40) + j(40-30) = -10 + j10 = 10\sqrt{2} \underline{/135°}$

③ $MN = (30+j40)(40+j30) = 50 \underline{/53.1°} \times 50 \underline{/36.9°} = 2\,500 \underline{/90°} = j2\,500$

④ $\dfrac{M}{N} = \dfrac{50 \underline{/53.1°}}{50 \underline{/36.9°}} = 1 \underline{/16.2°}$

（2）相量

已知正弦量由三要素确定。例如 $u = U_m \sin(\omega t + \psi)$，它的三要素也可以用复平面上的有向旋转线段来表示，如图3-8所示。

复平面上有长度为 U_m 的有向线段，它与实轴的夹角等于正弦量的初相位 ψ，如果它以角频率 ω 逆时针旋转，可见这个有向旋转线段就具有了正弦量的三要素，它在纵轴上的投影按时间顺序展开就是所代表的正弦量，如图3-9所示。

在分析线性电路时，电源如果是单一频率的正弦量，在整个系统中的响应均为同频率的正弦量，这些正弦量无论何时相对位置和夹角都是不变的，

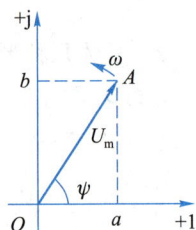

图3-8　用复数表示正弦电压

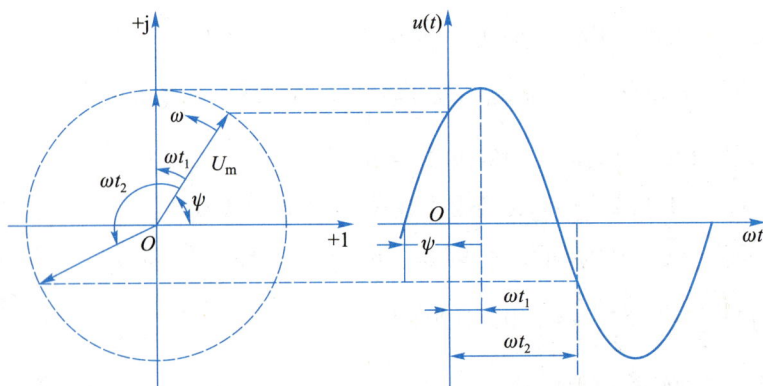

图3-9　有向旋转线段及其投影

它们的矢量和(差)也是相对固定的，如图3-10所示。因此可以在运算时隐去 ω，这样就只剩下初始位置的有向线段来表示正弦量了，而有向线段又可以很方便地用复数表示，例如正弦电压幅

值的相量记作 $\dot{U}_m$，如图 3-11 所示。所谓相量就是用复数表示的正弦量。这样就把复杂的正弦量的运算用较为简单的复数运算代替，运算后如需要，再转化成对应的正弦量，使分析问题大大简化。

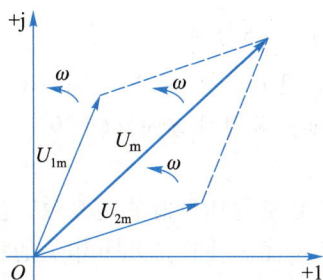

图 3-10　两个同频率有向旋转线段和它们的矢量和　　　图 3-11　电压相量

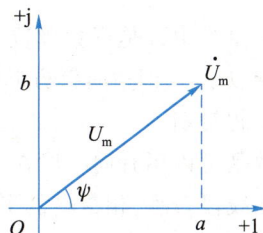

（3）正弦量和相量的相互转换

$$e = E_m \sin(\omega t + \psi_e) \iff \dot{E}_m = E_m e^{j\psi_e} = E_m \underline{/\psi_e} \qquad (3-9)$$

$$u = U_m \sin(\omega t + \psi_u) \iff \dot{U}_m = U_m e^{j\psi_u} = U_m \underline{/\psi_u} \qquad (3-10)$$

$$i = I_m \sin(\omega t + \psi_i) \iff \dot{I}_m = I_m e^{j\psi_i} = I_m \underline{/\psi_i} \qquad (3-11)$$

$\dot{E}_m$、$\dot{U}_m$、$\dot{I}_m$ 称为正弦量幅值的相量。由于 $E = \dfrac{E_m}{\sqrt{2}}$，$U = \dfrac{U_m}{\sqrt{2}}$，$I = \dfrac{I_m}{\sqrt{2}}$，时常也用 $\dot{E}$、$\dot{U}$、$\dot{I}$ 表示正弦量，称为有效值相量，它们之间的关系是

$$\left.\begin{array}{l} \dot{E}_m = \sqrt{2}\,\dot{E} \quad \text{或} \quad \dot{E} = \dfrac{\dot{E}_m}{\sqrt{2}} \\[2mm] \dot{U}_m = \sqrt{2}\,\dot{U} \quad \text{或} \quad \dot{U} = \dfrac{\dot{U}_m}{\sqrt{2}} \\[2mm] \dot{I}_m = \sqrt{2}\,\dot{I} \quad \text{或} \quad \dot{I} = \dfrac{\dot{I}_m}{\sqrt{2}} \end{array}\right\} \qquad (3-12)$$

【例 3-5】 已知正弦电压 $u = 310\sin(100\pi t + 45°)$ V，正弦电流 $i = 14.14\sin(100\pi t - 45°)$ A。求它们的幅值相量和有效值相量。

解：幅值相量 $\dot{U}_m = 310 e^{j45°}$ V $= 310\,\underline{/45°}$ V，$\dot{I}_m = 14.14 e^{-j45°}$ A $= 14.14\,\underline{/-45°}$ A

有效值　$U = \dfrac{U_m}{\sqrt{2}} = \dfrac{310}{\sqrt{2}}$ V ≈ 220 V，　$I = \dfrac{I_m}{\sqrt{2}} = \dfrac{14.14}{\sqrt{2}}$ A ≈ 10 A

有效值相量 $\dot{U} = 220 e^{j45°}$ V $= 220\,\underline{/45°}$ V，　$\dot{I} = 10 e^{-j45°}$ A $= 10\,\underline{/-45°}$ A

【例 3-6】 已知正弦电流，其 $\omega = 314$ rad/s，相量 $\dot{I}_1 = (30+j40)$ A，$\dot{I}_{2m} = (10-j10)$ A。求它们所对应的正弦电流的瞬时值式。

解：因为　$\dot{I}_1 = (30+j40)$ A $= 50\,\underline{/53.1°}$ A，幅值 $I_{1m} = 50\sqrt{2}$ A

它所对应的正弦电流瞬时值式为　$i_1 = 50\sqrt{2}\sin(314t + 53.1°)\,\text{A}$

$$\dot{I}_{2\text{m}} = (10 - \text{j}10)\,\text{A} = 10\sqrt{2}\underline{/\!-45°}\,\text{A}, \text{ 幅值 } I_{2\text{m}} = 10\sqrt{2}\,\text{A}$$

它所对应的正弦电流瞬时值式为

$$i_2 = 10\sqrt{2}\sin(314t - 45°)\,\text{A}$$

在相量式中,j 是虚数单位,$\text{j} = \sqrt{-1}$,$\text{j}^2 = -1$。并且 $\text{e}^{\pm\text{j}90°} = \cos 90° \pm \text{j}\sin 90° = 0 \pm \text{j} = \pm\text{j}$。任意一个相量乘以 j 后,即逆时针方向旋转 90°;乘以 −j,则为顺时针方向旋转 90°。

（4）相量图

复数是可以用有向线段在复平面上表示的,正弦量的相量既然是复数,就应该可以用复平面上的有向线段表示,相量在复平面上的图示称为相量图。往往把几个相关的相量画在一个图中,以便比较相位,同时还可以进行相量分析。例如图 3-12 所示的电压相量可以写为

$$\dot{U} = 220\underline{/45°}\,\text{V}$$

电流相量可以表示为

$$\dot{I} = 10\underline{/\!-30°}\,\text{A}$$

它们的相位差 $\varphi = 45° - (-30°) = 75°$。

但是要注意,必须是相同频率的几个正弦量的相量才能在一起进行相量分析,才能把它们画在同一个相量图中。

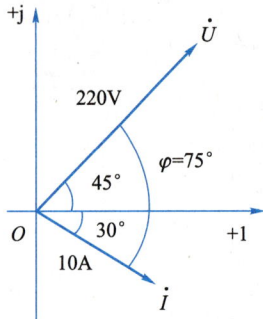

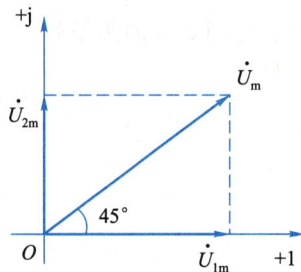

图 3-12　相量图　　　　　图 3-13　例 3-7 的相量图

【例 3-7】　已知 $u_1 = \sin \omega t\,\text{V}$,$u_2 = \cos \omega t\,\text{V}$。试用相量表示它们,计算 $\dot{U}_\text{m} = \dot{U}_{1\text{m}} + \dot{U}_{2\text{m}}$,把 $\dot{U}_\text{m}$ 再转换成对应的正弦电压,并用相量图表示。

解：$u_1 = \sin \omega t\,\text{V}$

$\dot{U}_{1\text{m}} = 1\underline{/0°}\,\text{V} = 1\,\text{V}$

$u_2 = \cos \omega t = \sin(\omega t + 90°)\,\text{V}$

$\dot{U}_{2\text{m}} = 1\underline{/90°}\,\text{V} = \text{j}\,\text{V}$

$\dot{U}_\text{m} = \dot{U}_{1\text{m}} + \dot{U}_{2\text{m}} = (1 + \text{j})\,\text{V} = \sqrt{2}\underline{/45°}\,\text{V} \implies u = \sqrt{2}\sin(\omega t + 45°)\,\text{V}$

相量图如图 3-13 所示。

3.2　正弦交流电路中的电阻、电感、电容

实际电路元件一般而言其物理性质比较复杂,例如白炽灯的灯丝既具有电阻的特性,又由于它绕成螺旋状而具有一定电感性质;电感线圈的主要特性是电感,但是它是由导线绕制成的,总会有一定的电阻;电容器不仅具有电容元件本身的特性,绝缘介质也会有一定漏电等。因此就会使电路分析复杂化。现在提出理想电路元件的概念,也就是先忽略某些次要因素,认为元件只具有一种特性,即电阻元件只和耗能有关,电感元件只与磁场相关联,电容元件只与电场相关联。这样的电路元件称为理想电路元件。在此基础上把某些理想元件组合,得到实际电路和元件的模型,就可以分析更加复杂的实际电路。一些实际电路元件的模型如图 3-14 所示。

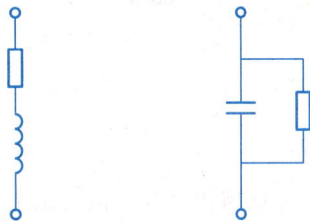

(a) 白炽灯灯丝或电感线圈的模型　(b) 电容器的模型

图 3-14　实际电路元件的模型

1. 电阻元件的交流电路

（1）伏安关系

在如图 3-15(a)所示的电阻元件的正弦交流电路中,u、i 设为关联参考方向,两者的关系由欧姆定律确定

$$u = Ri$$

为分析方便常设某一正弦量初相位为零,称为参考正弦量。

这里设 i 为参考正弦量,则 $i = I_m \sin \omega t$,

$$\text{电压}\quad u = Ri = RI_m \sin \omega t = U_m \sin \omega t \tag{3-13}$$

由式(3-13)可知

$$U_m = RI_m$$

即

$$\frac{U_m}{I_m} = \frac{\sqrt{2}\,U}{\sqrt{2}\,I} = \frac{U}{I} = R \tag{3-14}$$

同时可知,u 与 i 是同相位的,即 u、i 的相位差 $\varphi = 0$。

它们的波形如图 3-15(b)所示。

（2）相量关系

用相量表示 u 与 i 的关系,得到

$$\dot{I}_m = I_m \underline{/0°}, \qquad \dot{U}_m = R\dot{I}_m = RI_m \underline{/0°}$$

$$\frac{\dot{U}_m}{\dot{I}_m} = \frac{RI_m \underline{/0°}}{I_m \underline{/0°}} = R$$

$$\dot{U}_m = R\dot{I}_m$$

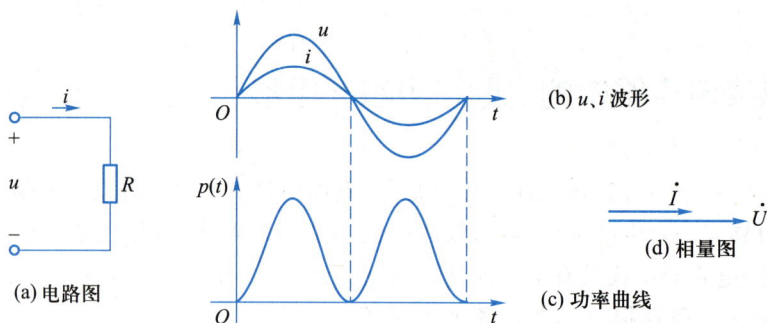

图 3-15   电阻元件

或者
$$\dot{U} = R\dot{I} \qquad\qquad (3-15)$$

可见用相量既可以表示出数量关系，也可以表示出相位关系。相量图如图 3-15(d)所示。

（3）电阻元件的功率

1）瞬时功率

由于 u、i 都是随时间变化的正弦量，因此 u、i 的乘积也是瞬时值，称为瞬时功率

$$p = ui = (U_m \sin \omega t)(I_m \sin \omega t) = \frac{U_m I_m}{2}(1 - \cos 2\omega t) = UI(1 - \cos 2\omega t) \qquad (3-16)$$

它的曲线如图 3-15(c)所示。因为 u、i 为关联参考方向，而且同时为正或同时为负，所以 $p = ui \geqslant 0$（曲线全部在横轴及以上），可知电阻元件每时每刻都是吸收电能的，是耗能元件，它把电能转化为热能，是一个不可逆转的过程。

2）平均功率

瞬时功率在一个周期内的平均值称为平均功率，电阻元件的平均功率为

$$P = \frac{1}{T}\int_0^T p\,\mathrm{d}t = \frac{1}{T}\int_0^T UI(1 - \cos 2\omega t)\,\mathrm{d}t = UI = RI^2 = \frac{U^2}{R} \qquad (3-17)$$

2. 电感元件的交流电路

（1）伏安关系

如图 3-16(a)所示的电感元件的正弦交流电路中，u、i 设为关联参考方向，两者的关系是

$$u = L\frac{\mathrm{d}i}{\mathrm{d}t}$$

设 $i = I_m \sin \omega t$，为参考正弦量，则电压

$$u = L\frac{\mathrm{d}i}{\mathrm{d}t} = L\frac{\mathrm{d}(I_m \sin \omega t)}{\mathrm{d}t} = \omega L I_m \cos \omega t$$
$$= \omega L I_m \sin(\omega t + 90°) = U_m \sin(\omega t + 90°) \qquad (3-18)$$

由式（3-18）可知

$$U_m = \omega L I_m$$

即

$$\frac{U_m}{I_m} = \frac{U}{I} = \omega L \qquad\qquad (3-19)$$

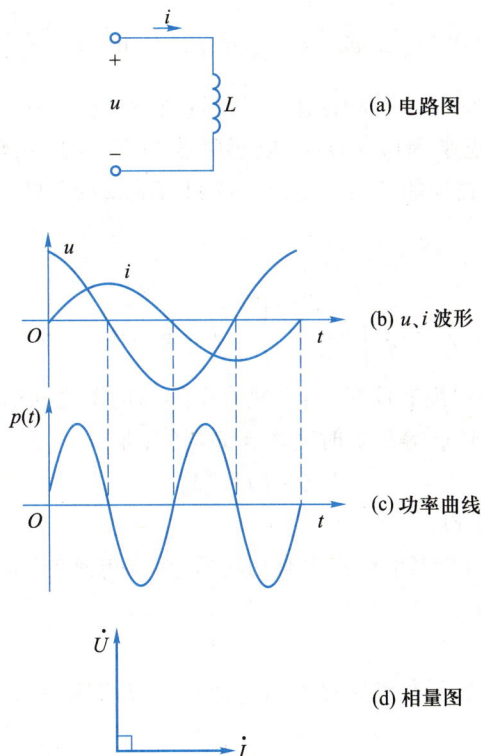

(a) 电路图

(b) u、i 波形

(c) 功率曲线

(d) 相量图

图 3-16　电感元件

　　显然 ωL 起到了阻碍电流的作用,也就是当电压一定时,ωL 愈大,电流愈小,它的单位是欧[姆](Ω),称为感抗,用 X_L 表示,即

$$X_L = \omega L = 2\pi f L \tag{3-20}$$

X_L 与 L、f 成正比,因此电感对高频电流的阻碍作用很大,而对直流($f=0$),$X_L=0$ 相当于短路。

　　由于 $\psi_i=0°$,$\psi_u=90°$,可知 u 超前 i 90°,即 $\varphi=\psi_u-\psi_i=90°$。它们的波形如图 3-16(b)所示。

（2）相量关系

用相量表示 u 与 i 的关系,得到

$$\dot{I}_m = I_m\angle 0°, \qquad \dot{U}_m = U_m\angle 90°$$

$$\frac{\dot{U}_m}{\dot{I}_m} = \frac{U_m\angle 90°}{I_m\angle 0°} = \frac{U_m}{I_m}\angle 90°-0° = \frac{\sqrt{2}\,U}{\sqrt{2}\,I}\angle 90° = \frac{U}{I}\angle 90° = X_L\angle 90° = jX_L$$

$$\dot{U}_m = jX_L\dot{I}_m = j\omega L\dot{I}_m$$

或者

$$\dot{U} = jX_L\dot{I} = j\omega L\dot{I} \tag{3-21}$$

相量图如图 3-16(d)所示。

（3）电感元件的功率

1）瞬时功率

$$p = ui = U_m \sin\left[\,(\omega t + 90°)\,I_m \sin\,\omega t\right] = (U_m \cos\,\omega t) I_m \sin\,\omega t = \frac{U_m I_m}{2} \sin\,2\omega t = UI \sin 2\omega t \quad (3\text{-}22)$$

它是一个以 2ω 为角频率，以 UI 为幅值的正弦量，它的曲线如图 3-16(c)所示。因为 u、i 为关联参考方向，瞬时功率在正半周($p > 0$)时，电感吸收功率，将电能转换为磁场能储存；负半周($p < 0$)时，电感发出功率，将磁场能转换为电能。它只有能量的吞吐，而没有能量的消耗，因此电感是储能元件。

2）平均功率

$$P = \frac{1}{T}\int_0^T p\,\mathrm{d}t = \frac{1}{T}\int_0^T UI \sin 2\omega t\,\mathrm{d}t = 0$$

在电感元件的交流电路中没有能量消耗，只有电感与电源之间的能量互换，这种能量交换的规模用无功功率 Q 表示，规定 Q 等于瞬时功率 p 的幅值，即

$$Q = UI = I^2 X_L \tag{3-23}$$

无功功率的单位是乏(var)。

与无功功率相对应，平均功率也可称为有功功率，可知电感的有功功率 $P = 0$。

3. 电容元件的交流电路

（1）伏安关系

如图 3-17(a)所示的电容元件的正弦交流电路中，u、i 设为关联参考方向，两者的关系是

$$i = C\frac{\mathrm{d}u}{\mathrm{d}t}$$

设 $u = U_m \sin\,\omega t$，为参考正弦量，则电流

$$i = C\frac{\mathrm{d}u}{\mathrm{d}t} = C\frac{\mathrm{d}(U_m \sin\,\omega t)}{\mathrm{d}t} = \omega C U_m \cos\,\omega t$$

$$= \omega C U_m \sin\,(\omega t + 90°) = I_m \sin\,(\omega t + 90°) \tag{3-24}$$

由式(3-24)可知

$$I_m = \omega C U_m$$

即

$$\frac{U_m}{I_m} = \frac{U}{I} = \frac{1}{\omega C} \tag{3-25}$$

显然 $\dfrac{1}{\omega C}$ 起到了阻碍电流的作用，也就是当电压一定时，$\dfrac{1}{\omega C}$ 愈大，电流愈小，它的单位是欧[姆](Ω)，称为容抗，用 X_C 表示，即

$$X_C = \frac{1}{\omega C} = \frac{1}{2\pi f C} \tag{3-26}$$

X_C 与 C、f 成反比，因此电容对高频电流的阻碍作用相对较小，当 f 愈高时，电容充、放电愈快，单位时间内移动的电荷愈多，因而 i 愈大。而对直流($f = 0$)，$X_C = \infty$，电容相当于开路，具有"隔直"作用。

由于 $\psi_u = 0°$，$\psi_i = 90°$，可知 i 超前 u 90°，即 $\varphi = \psi_u - \psi_i = -90°$。它们的波形如图 3-17(b)所示。

（2）相量关系

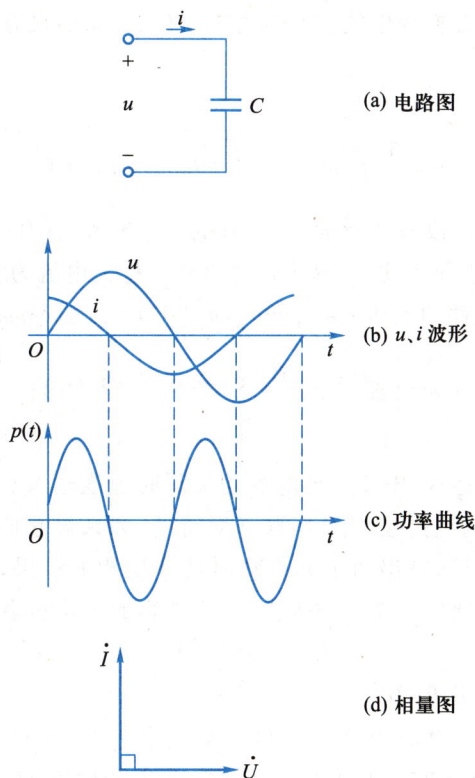

图 3-17 电容元件

用相量表示 u 与 i 的关系,得到

$$\dot{U}_m = U_m \underline{/0°}, \quad \dot{I}_m = I_m \underline{/90°}$$

$$\frac{\dot{U}_m}{\dot{I}_m} = \frac{U_m \underline{/0°}}{I_m \underline{/90°}} = \frac{U_m}{I_m} \underline{/0°-90°} = \frac{\sqrt{2}U}{\sqrt{2}I} \underline{/-90°} = \frac{U}{I} \underline{/-90°} = X_c \underline{/-90°} = -jX_c$$

$$\dot{U}_m = -jX_c \dot{I}_m = -j\frac{1}{\omega C}\dot{I}_m$$

或者

$$\dot{U} = -jX_c \dot{I} = -j\frac{1}{\omega C}\dot{I} \tag{3-27}$$

相量图如图 3-17(d)所示。

(3)电容元件的功率

1)瞬时功率

$$p = ui = (U_m \sin \omega t)[I_m \sin(\omega t+90°)] = (U_m \sin \omega t)(I_m \cos \omega t) = \frac{U_m I_m}{2}\sin 2\omega t = UI \sin 2\omega t$$

它是一个以 2ω 为角频率,以 UI 为幅值的正弦量,它的曲线如图 3-17(c)所示。因为 u、i 为关联参考方向,瞬时功率在正半周($p>0$)时,电容吸收功率,将电能转换为电场能储存;负半周($p<0$)

时,电容发出功率,将电场能转换为电能。它只有能量的吞吐,而没有能量的消耗,因此电容是储能元件。

2) 平均功率

$$P = \frac{1}{T}\int_0^T p\mathrm{d}t = \frac{1}{T}\int_0^T UI\sin 2\omega t\,\mathrm{d}t = 0$$

在电容元件的交流电路中没有能量消耗,只有电容与电源之间的能量交换,这种能量交换的规模用无功功率 Q 表示,为了便于比较,这里也和电感一样设电流为参考正弦量,即

设 $i = I_\mathrm{m}\sin\omega t$,则电容元件的电压 $u = U_\mathrm{m}\sin(\omega t - 90°) = -U_\mathrm{m}\cos\omega t$

$$p = ui = [U_\mathrm{m}\sin(\omega t - 90°)](I_\mathrm{m}\sin\omega t) = -(U_\mathrm{m}\cos\omega t)(I_\mathrm{m}\sin\omega t) = -\frac{U_\mathrm{m}I_\mathrm{m}}{2}\sin 2\omega t = -UI\sin 2\omega t$$

$$(3-28)$$

比较电感功率瞬时值表达式(3-22)与电容功率瞬时值表达式(3-28)可以看出,如果它们流过的电流相同(流过相同电流是按 L、C 串联来对待的,如果设它们的电压为参考正弦量就应按并联对待,得到的结果相同),得出两个元件瞬时功率反相的结果,即它们能量交换的方向总是相反的。因此如果规定电感的无功功率为正时,则电容的无功功率为负,即

$$Q = -UI = -I^2 X_C \tag{3-29}$$

同样可知电容的有功功率 $P = 0$。

【例 3-8】 已知电阻 $R = 10\ \Omega$,电感 $L = 100\ \mathrm{mH}$,电容 $C = 100\ \mu\mathrm{F}$。给它们分别施加 $U = 10\ \mathrm{V}$ 的电压。① 当电压为直流电压时求它们的电流;② 当电压频率 $f = 100\ \mathrm{Hz}$ 时,求它们的电流;③ 当电压频率 $f = 1000\ \mathrm{Hz}$ 时,求它们的电流,并进行分析。

解:① 当所加电压为直流时

$$I_R = \frac{U}{R} = \frac{10}{10}\ \mathrm{A} = 1\ \mathrm{A}$$

$I_C = 0\ \mathrm{A}$(电容相当于开路)

$I_L = \infty$(电感相当于短路,理想情况下电流无穷大)

② 当电压频率 $f = 100\ \mathrm{Hz}$ 时

$$I_R = \frac{U}{R} = \frac{10}{10}\ \mathrm{A} = 1\ \mathrm{A}$$

$$I_L = \frac{U}{\omega L} = \frac{U}{2\pi f L} = \frac{10}{2\times 3.14\times 100\times 100\times 10^{-3}}\ \mathrm{A} = 0.16\ \mathrm{A}$$

$$I_C = \omega CU = 2\pi f CU = 2\times 3.14\times 100\times 100\times 10^{-6}\times 10\ \mathrm{A} = 0.628\ \mathrm{A}$$

③ 当电压频率 $f = 1000\ \mathrm{Hz}$ 时

$$I_R = \frac{U}{R} = \frac{10}{10}\ \mathrm{A} = 1\ \mathrm{A}$$

$$I_L = \frac{U}{\omega L} = \frac{U}{2\pi f L} = \frac{10}{2\times 3.14\times 1\,000\times 100\times 10^{-3}}\ \mathrm{A} = 0.016\ \mathrm{A}$$

$$I_C = \omega CU = 2\pi f CU = 2\times 3.14\times 1\,000\times 100\times 10^{-6}\times 10\ \mathrm{A} = 6.28\ \mathrm{A}$$

由以上可见,电阻元件上电压一定时,流过它的电流不随电源频率而变;相同的电感 L,相同

的电压值,频率愈高,感抗愈大,流过它的电流愈小;相同的电容 C,相同的电压值,频率愈高,容抗愈小,流过它的电流愈大。

3.3　正弦交流电路的分析

1. 基尔霍夫定律的相量形式

（1）基尔霍夫电流定律(KCL)的相量形式

基尔霍夫电流定律表述为:在任一瞬时,一个结点上的电流的代数和等于零。因此对于正弦交流电路,其数学表达式为

$$\sum_{k=1}^{n} i_k = 0 \qquad\qquad (3\text{-}30)$$

式(3-30)中各电流均为时间的函数,因此称之为时域形式的 KCL。

假设电路中全部电流都是同频率的正弦量,则可以用代表它们的相量来表示,其相量之间的关系必然也成立,即

$$\sum_{k=1}^{n} \dot{I}_{k\mathrm{m}} = 0 \qquad\qquad (3\text{-}31)$$

$$\sum_{k=1}^{n} \dot{I}_{k} = 0 \qquad\qquad (3\text{-}32)$$

式(3-31)表达的是结点上电流幅值相量的代数和为零,式(3-32)是结点上电流有效值相量的代数和为零。这就是相量形式的 KCL,它表示对于具有相同频率的正弦电流电路,一个结点上的电流的相量代数和等于零。

（2）基尔霍夫电压定律(KVL)的相量形式

基尔霍夫电压定律可以表述为:在任一瞬时,在任一回路的绕行方向上,电压降的代数和等于零。因此对于正弦交流电路,其数学表达式为

$$\sum_{k=1}^{n} u_k = 0 \qquad\qquad (3\text{-}33)$$

假设电路中全部电压都是同频率的正弦量,则可以用代表它们的相量来表示,其相量之间的关系必然也成立,即

$$\sum_{k=1}^{n} \dot{U}_{k\mathrm{m}} = 0 \qquad\qquad (3\text{-}34)$$

$$\sum_{k=1}^{n} \dot{U}_{k} = 0 \qquad\qquad (3\text{-}35)$$

式(3-34)表明回路的绕行方向上电压幅值相量的代数和为零;式(3-35)表明电压有效值相量的代数和为零。这就是相量形式的 KVL,它表示对于具有相同频率的正弦交流电路,任一回路的绕行方向上的电压的相量代数和等于零。

有了 KCL、KVL 的相量形式,在电路模型中就可以用 $\dot{U}$、$\dot{I}$（或 $\dot{U}_{\mathrm{m}}$、$\dot{I}_{\mathrm{m}}$）代替相应的 u、i,这样的电路模型就成了相量模型。

【**例 3-9**】 电路如图 3-18(a)所示,已知 $i_1 = 100\sqrt{2}\sin(\omega t+45°)$ A ,$i_2 = 100\sin(\omega t-90°)$ A。求电流 i 及有效值相量,并画出相量图。

解:先画出电路的相量模型如图 3-18(b)所示。

$$I_1 = \frac{100\sqrt{2}}{\sqrt{2}} \text{ A} = 100 \text{ A} , \qquad \dot{I}_1 = 100 \underline{/45°} \text{ A}$$

$$I_2 = \frac{100}{\sqrt{2}} \text{ A} = 50\sqrt{2} \text{ A} , \qquad \dot{I}_2 = 50\sqrt{2} \underline{/-90°} \text{ A}$$

据 KCL

$$\dot{I} = \dot{I}_1 + \dot{I}_2 = (100 \underline{/45°} + 50\sqrt{2} \underline{/-90°}) \text{ A} = [50\sqrt{2} + \text{j}50\sqrt{2} + (-\text{j}50\sqrt{2})] \text{ A} = 50\sqrt{2} \underline{/0°} \text{ A}$$

$$i = 50\sqrt{2} \times \sqrt{2} \sin \omega t \text{ A} = 100\sin\omega t \text{ A}$$

相量图如图 3-18(c)所示。

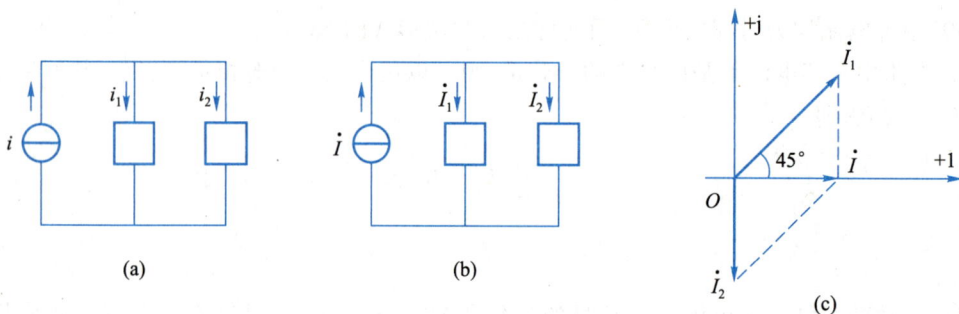

图 3-18　例 3-9 的图

本题也可以用幅值的相量求解

$$\dot{I}_{1m} = 100\sqrt{2} \underline{/45°} \text{ A} , \qquad \dot{I}_{2m} = 100 \underline{/-90°} \text{ A}$$

$$\dot{I}_m = \dot{I}_{1m} + \dot{I}_{2m} = (100\sqrt{2} \underline{/45°} + 100 \underline{/-90°}) \text{ A} = [100 + \text{j}100 + (-\text{j}100)] \text{ A} = 100 \underline{/0°} \text{ A}$$

$$i = 100\sin\omega t \text{ A}$$

两种算法所得最终结果是相同的。

应该注意:一般情况下 $I \neq I_1 + I_2$,$I_m \neq I_{1m} + I_{2m}$,而应该是相量之和。

【**例 3-10**】 电路如图 3-19(a)所示,已知 $u = 5\sin(\omega t+53.1°)$ V ,$u_2 = 4\sin(\omega t+90°)$ V。求电压 u_1。

解:先画出电路的相量模型如图 3-19(b)所示。

$$\dot{U}_m = 5 \underline{/53.1°} \text{ V} = (3+\text{j}4) \text{ V} , \qquad \dot{U}_{2m} = 4 \underline{/90°} \text{ V} = \text{j}4 \text{ V}$$

据 KVL

$$-\dot{U}_m + \dot{U}_{1m} + \dot{U}_{2m} = 0$$

$$\dot{U}_{1m} = \dot{U}_m - \dot{U}_{2m} = (3+\text{j}4-\text{j}4) \text{ V} = 3 \underline{/0°} \text{ V}$$

$$u_1 = 3\sin \omega t \text{ V}$$

相量图如图 3-19(c)所示。

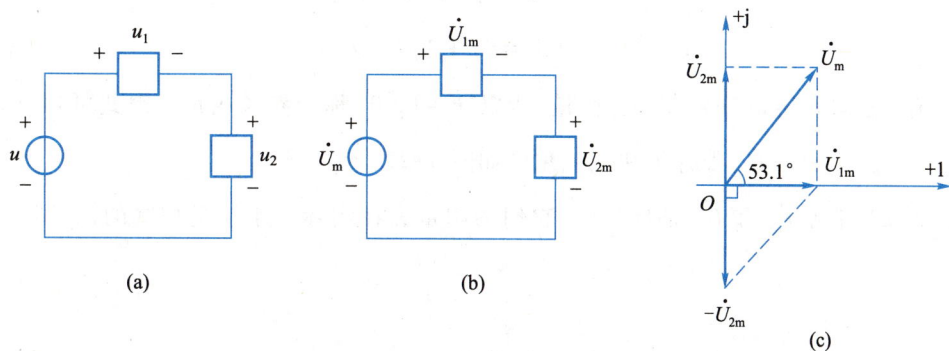

图 3-19 例 3-10 的图

应该注意:一般情况下 $U \neq U_1 + U_2$,$U_m \neq U_{1m} + U_{2m}$,而应该是相量之和。

2. RLC 串联电路分析

（1）相量模型和伏安关系

在电路分析中,往往把一些单一参数元件按照一定规律组合成实际电路的模型,其中 R、L、C 串联就是最基本的组合方式,它也可以是任意无源网络的最简等效模型,RLC 串联电路的时域模型如图 3-20 所示。设 $i = I_m \sin \omega t$,为参考正弦量。各电压与电流之间的关系为

$$u_R = Ri \quad u_L = L\frac{di}{dt} \quad u_C = \frac{1}{C}\int i dt$$

$$u = u_R + u_L + u_C = Ri + L\frac{di}{dt} + \frac{1}{C}\int i dt \tag{3-36}$$

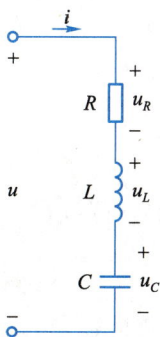

图 3-20 RLC 串联电路的时域模型

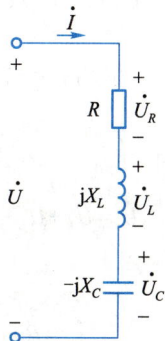

图 3-21 RLC 串联电路的相量模型

可见总电压与电流间既有比例关系,又有微分和积分关系,分析比较复杂。前面已经研究过正弦量都可以用相对应的相量表示,RLC 元件的伏安关系也可以用复数式表示,而且复数运算还比较简便,因此就可以把电路中 i 转换成 $\dot{I}$,u 转换成 $\dot{U}$,电路参数 R、L、C 分别用 R、jX_L 和 $-jX_C$ 表示,就变成了相量模型,如图 3-21 所示。各电压与电流之间的关系为

$$\dot{U}_R = R\dot{I}\,, \quad \dot{U}_L = \mathrm{j}X_L\dot{I}\,, \quad \dot{U}_C = -\mathrm{j}X_C\dot{I}$$

$$\dot{U} = \dot{U}_R + \dot{U}_L + \dot{U}_C = R\dot{I} + \mathrm{j}X_L\dot{I} - \mathrm{j}X_C\dot{I} \tag{3-37}$$

由于前面已经设定电流为参考正弦量,所以 $\dot{I} = I\underline{/0°}$ 称为参考相量。因此可知:$\dot{U}_R$ 与 $\dot{I}$ 同相位,$\dot{U}_L$ 超前 $\dot{I}$ 90°,$\dot{U}_C$ 滞后 $\dot{I}$ 90°,相量图如图 3-22 所示。

由图 3-22 可见,$\dot{U}_L$ 和 $\dot{U}_C$ 是反相的,它们的相量和在实际大小上是相减的,如图 3-23 所示,有

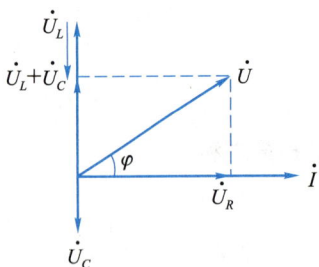

图 3-22 *RLC* 串联电路的相量图   图 3-23 电压三角形

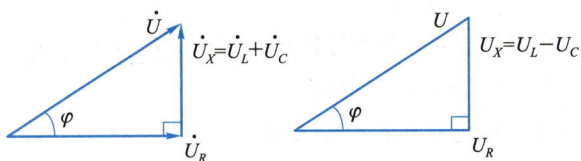

$$\dot{U}_X = \dot{U}_L + \dot{U}_C$$
$$U_X = U_L - U_C$$

$\dot{U}_R$、$\dot{U}_X$ 和 $\dot{U}$ 组成的直角三角形称为电压三角形,它可以帮助我们很好地理解和记忆各电压之间的关系。由电压三角形可知

$$U = \sqrt{U_R^2 + U_X^2} = \sqrt{U_R^2 + (U_L - U_C)^2}\,, \quad \varphi = \arctan\frac{U_X}{U_R} = \arctan\frac{U_L - U_C}{R} \tag{3-38}$$

由图 3-22 可知,φ 角实际上就是总电压 $\dot{U}$ 与电流 $\dot{I}$ 的相位差。

(2)阻抗

由式(3-37)可知

$$\dot{U} = \dot{U}_R + \dot{U}_L + \dot{U}_C = R\dot{I} + \mathrm{j}X_L\dot{I} - \mathrm{j}X_C\dot{I} = (R + \mathrm{j}X_L - \mathrm{j}X_C)\dot{I}$$

得到

$$\frac{\dot{U}}{\dot{I}} = R + \mathrm{j}X_L - \mathrm{j}X_C = R + \mathrm{j}(X_L - X_C) = Z = |Z|\underline{/\varphi} \tag{3-39}$$

Z 称为复阻抗,它是一个复数计算量,它不对应正弦量。

$$Z = \frac{\dot{U}}{\dot{I}} = \frac{U}{I}\underline{/\psi_u - \psi_i} = |Z|\underline{/\varphi}$$

$$|Z| = \frac{U}{I}\,, \quad \varphi = \psi_u - \psi_i \tag{3-40}$$

$$Z = R + \mathrm{j}(X_L - X_C) = R + \mathrm{j}\left(\omega L - \frac{1}{\omega C}\right) = \sqrt{R^2 + (X_L - X_C)^2} \Big/ \arctan \frac{X_L - X_C}{R} \tag{3-41}$$

令 $X = X_L - X_C$

$$|Z| = \sqrt{R^2 + (X_L - X_C)^2} = \sqrt{R^2 + X^2}, \quad \varphi = \arctan \frac{X_L - X_C}{R} = \arctan \frac{X}{R} \tag{3-42}$$

$|Z|$ 是阻抗的模，φ 称为阻抗角。可见，$|Z|$、R 和 X 之间也可以用一个直角三角形表示出它们之间的关系，这个直角三角形称为阻抗三角形，如图 3-24 所示。

式(3-39)既表示了 RLC、RL、RC、LC 串联的情况，也包括了单

一参数电路，例如 $Z_R = R$，$Z_L = \mathrm{j}X_L = \mathrm{j}\omega L$，$Z_C = -\mathrm{j}X_C = -\mathrm{j}\dfrac{1}{\omega C}$。

阻抗三角形和电压三角形是相似形，实际上阻抗三角形各边乘以 I，即为电压三角形。

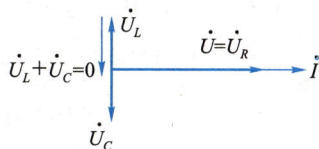

图 3-24　阻抗三角形

阻抗角可以表示为

$$\varphi = \arctan \frac{X_L - X_C}{R} = \arctan \frac{\omega L - \dfrac{1}{\omega C}}{R}$$

当 $X_L > X_C$ 时，即 $U_L > U_C$；则 $X_L - X_C > 0$，$U_L - U_C > 0$

$$\varphi = \arctan \frac{X_L - X_C}{R} > 0$$

$\dot{U}$ 超前 $\dot{I}$ φ 角，如图 3-25(a)所示，称为感性。

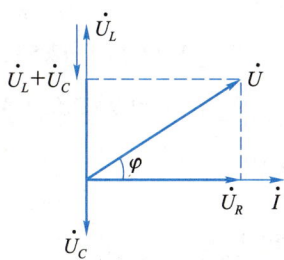　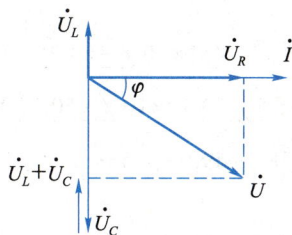

(a) $X_L > X_C$ 感性　　　　　(b) $X_L < X_C$ 容性　　　　　(c) $X_L = X_C$ 电阻性

图 3-25　阻抗角及阻抗的性质

当 $X_L < X_C$ 时，即 $U_L < U_C$；则 $X_L - X_C < 0$，$U_L - U_C < 0$

$$\varphi = \arctan \frac{X_L - X_C}{R} < 0$$

$\dot{U}$ 滞后 $\dot{I}$ $|\varphi|$ 角，如图 3-25(b)所示，称为容性。

当 $X_L = X_C$ 时，即 $U_L = U_C$；则 $X_L - X_C = 0$，$U_L - U_C = 0$

$$\varphi = \arctan \frac{X_L - X_C}{R} = 0$$

$\dot{U}$ 与 $\dot{I}$ 同相位，如图 3-25(c)所示，称为电阻性。

应该注意$:u=u_R+u_L+u_C$ 或 $\dot{U}=\dot{U}_R+\dot{U}_L+\dot{U}_C$,而一般 $U\neq U_R+U_L+U_C$(因为三个电压不同相)。同时 $Z\neq R+X_L-X_C$。

3. 阻抗的串并联

前面已经对简单的正弦交流电路进行了分析,在此基础上就可以对较为复杂的电路进行分析了。主要分析方法和步骤是:

① 作电路的相量模型,将 R、L、C 分别转换成对应的复阻抗 Z_R、Z_L、Z_C,将 u、i 转换成对应的相量 $\dot{U}$、$\dot{I}$(或 $\dot{U}_m$、$\dot{I}_m$)。

② 应用前面学到的电路定律、定理和分析方法进行分析和复数运算。

③ 将求得的 $\dot{U}$、$\dot{I}$ 转换成对应的 u、i 或所需要的形式。

④ 必要时可以画相量图辅助分析。

(1)阻抗的串联

电路如图 3-26 所示。Z_1、Z_2 串联,流过同一电流。据 KVL

$$\dot{U}=\dot{U}_1+\dot{U}_2, \quad \dot{U}_1=Z_1\dot{I}, \quad \dot{U}_2=Z_2\dot{I}$$

$$\dot{U}=Z_1\dot{I}+Z_2\dot{I}=(Z_1+Z_2)\dot{I}=Z\dot{I}$$

因此等效阻抗 $Z=Z_1+Z_2$ （3-43）

【例 3-11】 图 3-26 电路中,已知 $Z_1=(2+j2)\ \Omega$,$Z_2=(3+j4)\ \Omega$,电流 $\dot{I}=10\ \underline{/-50.2°}$ A。求 $\dot{U}$。

图 3-26 阻抗的串联

解:

$$\dot{U}_1=Z_1\dot{I}=(2+j2)\times 10\ \underline{/-50.2°}\ \text{V}=2\sqrt{2}\ \underline{/45°}\times 10\ \underline{/-50.2°}\ \text{V}=20\sqrt{2}\ \underline{/-5.2°}\ \text{V}=(28.1-j2.53)\ \text{V}$$

$$\dot{U}_2=Z_2\dot{I}=(3+j4)\times 10\ \underline{/-50.2°}\ \text{V}=5\ \underline{/53.1°}\times 10\ \underline{/-50.2°}\ \text{V}=50\ \underline{/2.9°}\ \text{V}=(49.9+j2.53)\ \text{V}$$

$$\dot{U}=\dot{U}_1+\dot{U}_2=(28.1+49.9-j2.53+j2.53)\ \text{V}=78\ \underline{/0°}\ \text{V}$$

或者

$$Z=Z_1+Z_2=(2+j2+3+j4)\ \Omega=(5+j6)\ \Omega=7.8\ \underline{/50.2°}\ \Omega$$

$$\dot{U}=Z\dot{I}=7.8\ \underline{/50.2°}\times 10\ \underline{/-50.2°}\ \text{V}=78\ \underline{/0°}\ \text{V}$$

(2)阻抗的并联

电路如图 3-27 所示。Z_1、Z_2 并联,接于同一电压,根据 KCL

$$\dot{I}=\dot{I}_1+\dot{I}_2, \quad \dot{I}_1=\frac{\dot{U}}{Z_1}, \quad \dot{I}_2=\frac{\dot{U}}{Z_2}$$

$$\dot{I}=\frac{\dot{U}}{Z_1}+\frac{\dot{U}}{Z_2}=\left(\frac{1}{Z_1}+\frac{1}{Z_2}\right)\dot{U}=\frac{1}{Z}\dot{U}$$

因此

$$\frac{1}{Z}=\frac{1}{Z_1}+\frac{1}{Z_2}$$

等效阻抗

$$Z=\frac{Z_1Z_2}{Z_1+Z_2}$$ （3-44）

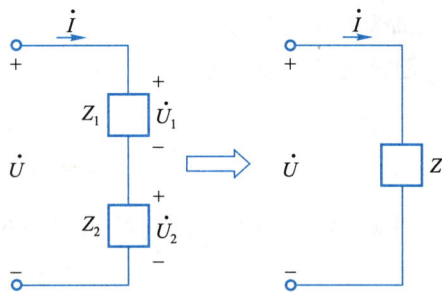

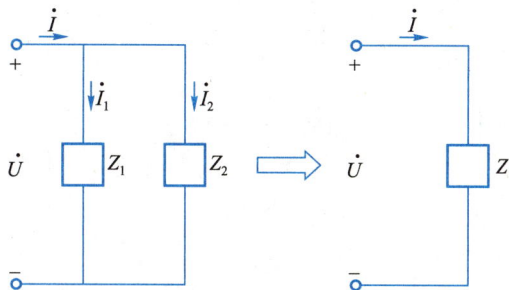

图 3-27　阻抗的并联

由于任何一个无源单口网络通过阻抗串并联等效，都可以最终化简为 $Z = R + \mathrm{j}X = |Z|\mathrm{e}^{\mathrm{j}\varphi} = |Z|\underline{/\varphi}$ 的形式，因此 RLC 串联电路的规律，无论是阻抗性质还是功率计算的公式对于无源单口网络的等效电路而言都是适用的。

【例 3-12】 图 3-27 电路中，已知 $Z_1 = 2\sqrt{2}\underline{/45°}\ \Omega$，$Z_2 = -\mathrm{j}2\ \Omega$，电压 $\dot{U} = 100\underline{/0°}\ \mathrm{A}$。求 $\dot{I}$ 和 $\dot{I}_1$、$\dot{I}_2$。

解：$Z = \dfrac{Z_1 Z_2}{Z_1 + Z_2} = \dfrac{2\sqrt{2}\underline{/45°} \times (-\mathrm{j}2)}{2 + \mathrm{j}2 - \mathrm{j}2}\ \Omega = \dfrac{4\sqrt{2}\underline{/-45°}}{2}\ \Omega = 2\sqrt{2}\underline{/-45°}\ \Omega$

$$\dot{I} = \frac{\dot{U}}{Z} = \frac{100\underline{/0°}}{2\sqrt{2}\underline{/-45°}}\ \mathrm{A} = 25\sqrt{2}\underline{/45°}\ \mathrm{A}$$

由分流公式

$$\dot{I}_1 = \frac{\dot{I}}{Z_1 + Z_2}Z_2 = \frac{25\sqrt{2}\underline{/45°}}{2\sqrt{2}\underline{/45°} - \mathrm{j}2}(-\mathrm{j}2)\ \mathrm{A} = \frac{25\sqrt{2}\underline{/45°}}{2 + \mathrm{j}2 - \mathrm{j}2}(-\mathrm{j}2)\ \mathrm{A} = 25\sqrt{2}\underline{/-45°}\ \mathrm{A}$$

$$\dot{I}_2 = \dot{I} - \dot{I}_1 = (25\sqrt{2}\underline{/45°} - 25\sqrt{2}\underline{/-45°})\ \mathrm{A} = [25 + \mathrm{j}25 - (25 - \mathrm{j}25)]\ \mathrm{A} = \mathrm{j}50\ \mathrm{A}$$

【例 3-13】 已知正弦交流电路如图 3-28(a)所示，电压表 V_1 的读数为 100 V，V_2 的读数为 100 V。求电路中电压表 V_0 的读数。

解：首先把电路转化为相量模型，如图 3-28(b)所示。设定参考方向，并设 $\dot{I} = I\underline{/0°}\ \mathrm{A}$

由于电阻上电压与电流同相位，所以 $\dot{U}_1 = 100\underline{/0°}\ \mathrm{V} = 100\ \mathrm{V}$。由于电感上电压超前电流 $90°$，所以 $\dot{U}_2 = 100\underline{/90°}\ \mathrm{V} = \mathrm{j}100\ \mathrm{V}$。

据 KVL，$\dot{U}_0 = \dot{U}_1 + \dot{U}_2 = (100 + \mathrm{j}100)\ \mathrm{V} = 100\sqrt{2}\underline{/45°}\ \mathrm{V} = 141\underline{/45°}\ \mathrm{V}$

$U_0 = 141\ \mathrm{V}$，电压表 V_0 的读数是 141 V。

相量图如图 3-28(c)所示。

【例 3-14】 电路如图 3-29(a)所示，已知 $u = 200\sqrt{2}\sin 100t\ \mathrm{V}$，$R = 30\ \Omega$，$L = 0.8\ \mathrm{H}$，$C = 250\ \mu\mathrm{F}$。求各电压表和电流表的读数，并画出相量图。

解：作相量模型如图 3-29(b)所示。

$$\dot{U} = 200\underline{/0°}\ \mathrm{V}, \quad Z_R = R = 30\ \Omega$$

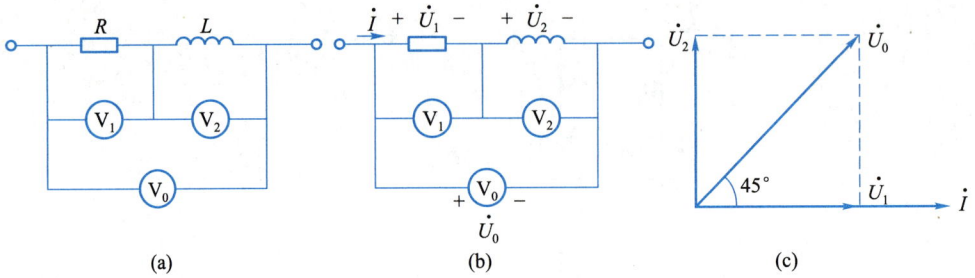

图 3-28　例 3-13 的图

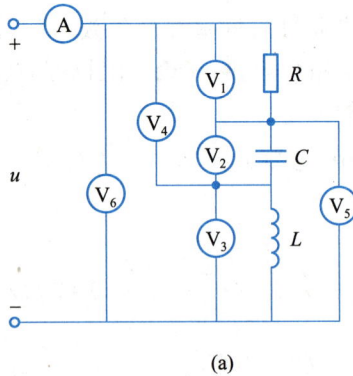

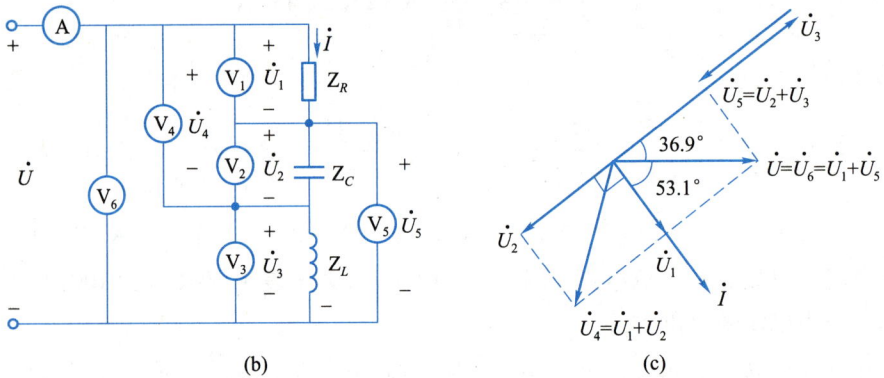

图 3-29　例 3-14 的图

$X_L = \omega L = 100 \times 0.8 \ \Omega = 80 \ \Omega, \quad Z_L = jX_L = j80$

$X_C = \dfrac{1}{\omega C} = \dfrac{1}{100 \times 250 \times 10^{-6}} \ \Omega = 40 \ \Omega, \quad Z_C = -jX_C = -j40 \ \Omega$

$Z = R + j(X_L - X_C) = [30 + j(80-40)] \ \Omega = (30 + j40) \ \Omega = 50 \ \underline{/53.1°} \ \Omega$

$\dot{I} = \dfrac{\dot{U}}{Z} = \dfrac{200 \ \underline{/0°}}{50 \ \underline{/53.1°}} \ \text{A} = 4 \ \underline{/-53.1°} \ \text{A}$

$I = 4$ A，电流表的读数为 4 A。

$\dot{U}_1 = Z_R \dot{I} = 30 \times 4 \ \underline{/-53.1°} \ \text{V} = 120 \ \underline{/-53.1°} \ \text{V}$

$U_1 = 120$ V，电压表 V_1 的读数为 120 V。

$\dot{U}_2 = Z_C \dot{I} = -\text{j}40 \times 4 \underline{/-53.1°}$ V $= 160 \underline{/-90°-53.1°}$ V $= 160 \underline{/-143.1°}$ V

$U_2 = 160$ V，电压表 V_2 的读数为 160 V。

$\dot{U}_3 = Z_L \dot{I} = \text{j}80 \times 4 \underline{/-53.1°}$ V $= 320 \underline{/90°-53.1°}$ V $= 320 \underline{/36.9°}$ V

$U_3 = 320$ V，电压表 V_3 的读数为 320 V。

$\dot{U}_4 = (Z_R + Z_C)\dot{I} = (30-\text{j}40) \times 4 \underline{/-53.1°}$ V $= 50 \underline{/-53.1°} \times 4 \underline{/-53.1°}$ V $= 200 \underline{/-106.2°}$ V

$U_4 = 200$ V，电压表 V_4 的读数为 200 V。

$\dot{U}_5 = \dot{U}_2 + \dot{U}_3 = (160 \underline{/-143.1°} + 320 \underline{/36.9°})$ V $= 160 \underline{/36.9°}$ V

$U_5 = 160$ V，电压表 V_5 的读数为 160 V。

$\dot{U}_6 = \dot{U} = 200 \underline{/0°}$ V

$U_6 = 200$ V，电压表 V_6 的读数为 200 V。

相量图如图 3-29(c)所示。

【例 3-15】 已知正弦交流电路如图 3-30(a)所示，电流表 A_1 的读数为 30 A，A_2 读数为 40 A。求电路中电流表 A_0 的读数。

解: 首先把电路转化为相量模型，如图 3-30(b)所示。设定参考方向，并设 $\dot{U} = U \underline{/0°}$ V。

由于电阻上电流与电压同相位，所以 $\dot{I}_1 = 30 \underline{/0°}$ A $= 30$ A。由于电容上电流超前电压 90°，所以 $\dot{I}_2 = 40 \underline{/90°}$ A $= \text{j}40$ A。

据 KCL， $\dot{I}_0 = \dot{I}_1 + \dot{I}_2 = (30+\text{j}40)$ A $= 50 \underline{/53.1°}$ A

$I_0 = 50$ A，电压表 A_0 的读数是 50 A。

相量图如图 3-30(c)所示。

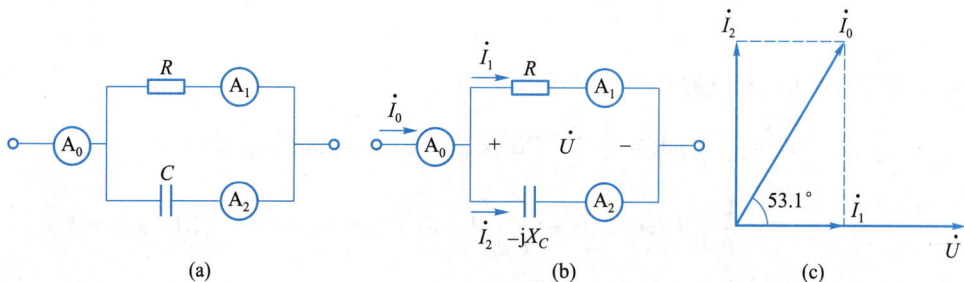

图 3-30　例 3-15 的图

由以上分析可见，阻抗串联的电路各阻抗流过同一电流，因此设电流为参考相量；阻抗并联的电路各阻抗上的电压相同，因此设电压为参考相量。这样分析起来比较方便。

3.4　正弦交流电路的功率

通过前面的分析可见,由于任何一个无源单口网络通过阻抗串并联等效,都可以最终化简为 $Z = R + \mathrm{j}X = |Z|\mathrm{e}^{\mathrm{j}\varphi} = |Z|\underline{/\varphi}$ 的形式,因此 RLC 串联电路的规律,无论是讨论阻抗性质还是对于功率的分析研究都是适用的,因此研究正弦交流电路的功率还是从 RLC 串联电路入手。

电路如图 3-20、3-21 所示。设 $i = I_\mathrm{m}\sin\omega t$,$u = U_\mathrm{m}\sin(\omega t + \varphi)$,二者为关联参考方向。

1. 瞬时功率

$$p = ui = U_\mathrm{m}I_\mathrm{m}\sin\omega t\sin(\omega t + \varphi)$$

$$= U_\mathrm{m}I_\mathrm{m}\left\{-\frac{1}{2}\left[\cos(\omega t + \omega t + \varphi) - \cos(\omega t - \omega t - \varphi)\right]\right\}$$

$$= \frac{U_\mathrm{m}I_\mathrm{m}}{2}\left[\cos\varphi - \cos(2\omega t + \varphi)\right]$$

$$= UI\cos\varphi - UI\cos(2\omega t + \varphi) \tag{3-45}$$

它的曲线如图 3-31 所示。

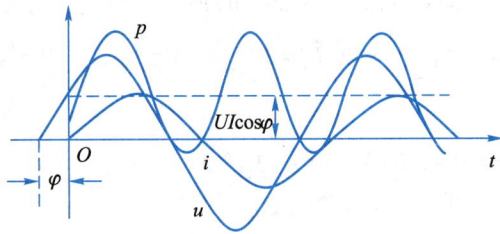

图 3-31　阻抗的功率

2. 有功功率

电阻上要消耗电能,相应的有功功率为

$$P = \frac{1}{T}\int_0^T p\,\mathrm{d}t = \frac{1}{T}\int_0^T\left[UI\cos\varphi - UI\cos(2\omega t + \varphi)\right]\mathrm{d}t$$

$$= \frac{1}{T}\int_0^T UI\cos\varphi\,\mathrm{d}t - \frac{1}{T}\int_0^T UI\cos(2\omega t + \varphi)\,\mathrm{d}t = \frac{1}{T}UI\cos\varphi \times T$$

$$P = UI\cos\varphi \tag{3-46}$$

式(3-46)中,$\cos\varphi = \lambda$ 称为功率因数。

由电压三角形可知 $\dfrac{U_R}{U} = \cos\varphi$,$U_R = U\cos\varphi$,所以 $P = U_R I = UI\cos\varphi$,此即电阻上消耗的功率。

3. 无功功率

L、C 与电源之间要进行能量互换,根据无功功率的定义可知

$$Q = IU_X = I(U_L - U_C) = I^2(X_L - X_C)$$

由电压三角形可知

$$\frac{U_L - U_C}{U} = \sin\varphi, \qquad U_L - U_C = U\sin\varphi$$

将它代入上式

$$Q = UI\sin\varphi \tag{3-47}$$

4. 视在功率

在交流电路中一般有功功率 $P \neq UI$，令

$$S = UI \tag{3-48}$$

称为视在功率。单位是伏安（V·A）。

交流电气设备为了安全使用，规定了额定电压 U_N、额定电流 I_N，二者的乘积就是额定视在功率 $S_N = U_N I_N$，它一般指变压器和发电机的容量。

由于有功功率 $P = UI\cos\varphi$，无功功率 $Q = UI\sin\varphi$，视在功率 $S = UI$。

$$\sqrt{P^2 + Q^2} = \sqrt{(UI\cos\varphi)^2 + (UI\sin\varphi)^2} = UI = S \tag{3-49}$$

即 $S^2 = P^2 + Q^2$，可见 P、Q、S 之间也是直角三角形三个边之间的关系，称为功率三角形，如图 3-32 所示。它和电压三角形、阻抗三角形为相似三角形。因为电压三角形每个边乘以 I，就得到了功率三角形。三个三角形的关系如图 3-33 所示。

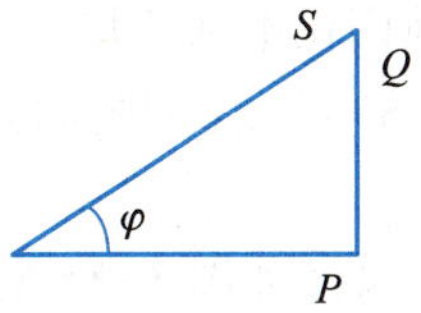

图 3-32 功率三角形

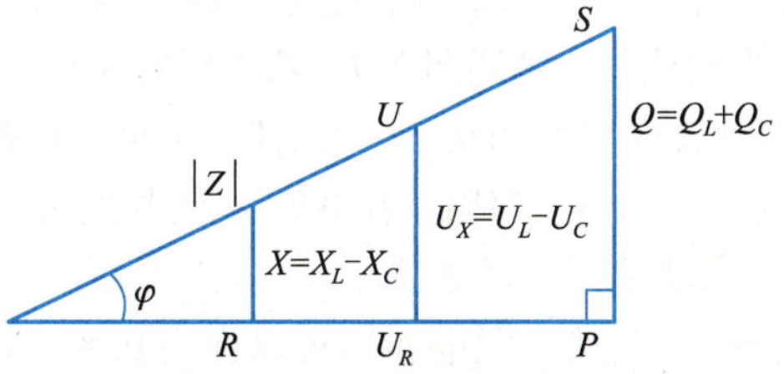

图 3-33 三个三角形之间的关系

【例 3-16】 已知正弦交流电路如图 3-34 所示，$\dot{U}_1 = \sqrt{2}\underline{/0°}$ V，$jX_{L1} = j2\ \Omega$，$jX_{L2} = j\Omega$，$-jX_C = -j\Omega$，$R = 1\ \Omega$。

求支路电流 $\dot{I}_1$、$\dot{I}_2$、$\dot{I}_3$ 及电路的有功功率 P、无功功率 Q、视在功率 S。

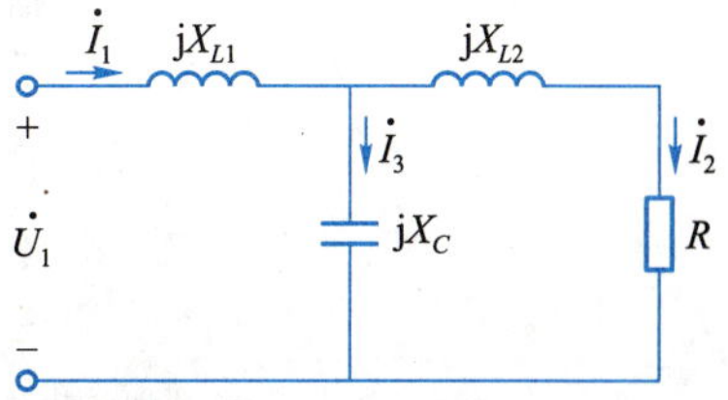

图 3-34 例 3-16 的电路

解： $Z = jX_{L1} + \dfrac{(R+jX_{L2})(-jX_C)}{R+jX_{L2}-jX_C} = \left[j2 + \dfrac{(1+j)(-j)}{1+j-j}\right]\ \Omega$

$= \left(j2 + \dfrac{1-j}{1}\right)\ \Omega = (1+j)\ \Omega = \sqrt{2}\underline{/45°}\ \Omega$

$$\dot{I}_1 = \frac{\dot{U}_1}{Z} = \frac{\sqrt{2}\underline{/0°}}{\sqrt{2}\underline{/45°}}\ \text{A} = 1\underline{/-45°}\ \text{A}$$

$$\dot{I}_2 = \frac{\dot{I}_1}{-jX_C + R + jX_{L2}}(-jX_C) = \frac{1\underline{/-45°}}{-j+1+j}(-j)\ \text{A} = 1\underline{/-135°}\ \text{A}$$

$$\dot{I}_3 = \frac{\dot{I}_1}{-jX_C + R + jX_{L2}}(R + jX_{L2}) = \frac{1\underline{/-45°}}{-j+1+j}(1+j)\ \text{A} = 1\underline{/-45°}\sqrt{2}\underline{/45°}\ \text{A} = \sqrt{2}\underline{/0°}\ \text{A}$$

电路的有功功率　$P = U_1 I_1 \cos \varphi = \sqrt{2} \times 1 \times \cos 45° \text{ W} = 1 \text{ W}$

电路的无功功率　$Q = U_1 I_1 \sin \varphi = \sqrt{2} \times 1 \times \sin 45° \text{ var} = 1 \text{ var}$

电路的视在功率　$S = \sqrt{P^2 + Q^2} = \sqrt{1^2 + 1^2} \text{ V·A} = \sqrt{2} \text{ V·A}$

5. 功率因数的提高

（1）提高功率因数的意义

在实际电路中,大量使用的是感性负载,例如工厂中大量使用的电动机,家用电器中的电风扇、空调机、电冰箱等都是感性负载。因此就造成了电压和电流不同相。电路的有功功率 $P = UI\cos \varphi$,它不仅与 UI 的乘积有关,还与功率因数 $\cos \varphi$ 有关,而 φ 就是阻抗角,也就是电路的电压、电流的相位差。一般电路中的电压 U 是一定的(规定了电压的额定值),如果负载需要输入的有功功率 P 是一定的,根据 $I = \dfrac{P}{U\cos \varphi}$,如果功率因数较低,可知传输导线中的电流就会比纯电阻性负载(u、i 同相,$\varphi = 0$)时有所增大,φ 越大,负载与电源间能量交换的规模越大。

电流的增大会产生两个方面的问题:一方面会使导线上的损耗增加,传输相同的有功功率,导线就需要增大截面积;另一方面,会使供电设备的容量不能充分利用。由于供电设备的容量 $S_N = U_N I_N$,而 I_N 是它允许输出的最大电流,只有电阻性负载时 $P = UI$ 才有可能在数值上与 S_N 相等。在电压一定时,电流最大被限制在 I_N,功率因数越低,供电设备提供给负载的有功功率也就越小。因此需要想办法改善电路的功率因数,使它尽可能地接近 1。为此我国供电部门规定:高压供电的工业用户必须保证用电功率因数在 0.9 以上,其他用户功率因数在 0.85 以上,否则将被罚款。

（2）提高功率因数的方法

一般给感性负载并联电容器可以提高功率因数,电路图和相量图如图 3-35 所示。

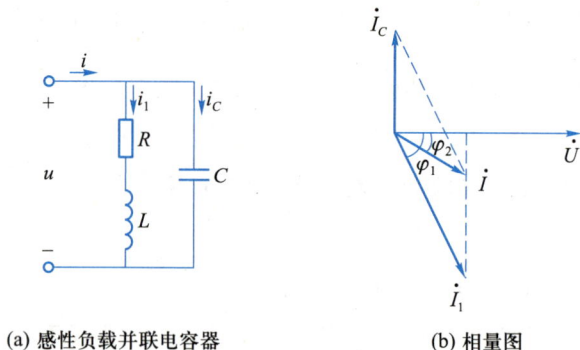

(a) 感性负载并联电容器　　　　　　(b) 相量图

图 3-35　提高功率因数

当感性负载没有并联电容器 C 时,$\dot{I}$ 就是 $\dot{I}_1$,I_1 的数值较大。并联 C 以后,增加了一个超前的电流 $\dot{I}_C$,由相量分析可知总电流 I 减小了。在感性负载上并联了电容器后,使整个电路感性变弱,减少了电源与负载间的能量互换,一部分能量互换在 L、C 之间进行。由图 3-35(b)可见

$$I_1 \sin \varphi_1 = I \sin \varphi_2 + I_C$$

$$I_C = I_1 \sin \varphi_1 - I \sin \varphi_2$$

因为

$$I_C = \omega C U, \quad I_1 = \frac{P}{U\cos\varphi_1}, \quad I = \frac{P}{U\cos\varphi_2} \text{(并联电容不会改变有功功率 } P \text{,负载电压 } U \text{ 也不变)}$$

所以

$$\omega C U = \frac{P}{U\cos\varphi_1}\sin\varphi_1 - \frac{P}{U\cos\varphi_2}\sin\varphi_2 = \frac{P}{U}(\tan\varphi_1 - \tan\varphi_2)$$

$$C = \frac{P}{\omega U^2}(\tan\varphi_1 - \tan\varphi_2) \tag{3-50}$$

这就是把功率因数角由 φ_1 变为 φ_2 所需给感性负载并联电容的值。

感性负载并联电容之后,感性负载本身的电压、电流及功率不变,而是提高了电源或电网的功率因数。

【例 3-17】 有一个感性负载额定电压 $U_N = 220$ V,电源频率 $f = 50$ Hz,额定功率 $P_N = 50$ kW,功率因数 $\cos\varphi_1 = 0.5$。(1) 求电源供给的电流 I 和无功功率 Q。(2) 若并联电容使 $\cos\varphi_2 = 1$,问需要并多大电容? 此时电流是多少?

解:(1)

$$P_N = U_N I \cos\varphi$$

$$I = \frac{P_N}{U_N\cos\varphi} = \frac{50\times10^3}{220\times0.5} \text{ A} = 455 \text{ A}$$

因为 $\cos\varphi_1 = 0.5$,所以 $\varphi_1 = 60°$

$$\sin\varphi_1 = \sin 60° = 0.866$$

$$Q = U_N I \sin\varphi_1 = 220\times455\times0.866 \text{ var} = 86\,700 \text{ var}$$

(2) $C = \dfrac{P_N}{\omega U_N^2}(\tan\varphi_1 - \tan\varphi_2) = \dfrac{50\times10^3}{314\times220^2}(\tan 60° - \tan 0°) \text{ F} = 5\,698 \text{ } \mu\text{F}$

可并联 $6\,000$ μF/600 V 的电容器。此时

$$I = \frac{P_N}{U_N\cos\varphi_2} = \frac{50\times10^3}{220\times1} \text{ A} = 227 \text{ A}$$

一般情况下只要求将功率因数提高到 $0.9 \sim 0.95$ 就可以了。

【例 3-18】 图 3-36 所示正弦交流电路中,已知 $\dot{U}_{S1} = 10 \underline{/0°}$ V,$\dot{U}_{S2} = 10 \underline{/90°}$ V,$R = 10$ Ω,$jX_L = j10$ Ω,$Z = -j10$ Ω。(1) 用支路电流法求电流 $\dot{I}$。(2) 用电源等效变换求电流 $\dot{I}$。(3) 用戴维宁定理求电流 $\dot{I}$。(4) 求负载 Z 吸收的有功功率 P、无功功率 Q 和视在功率 S。

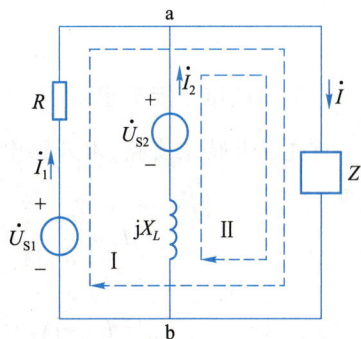

图 3-36 例 3-18 的电路

解:(1) 用支路电流法求解

根据 KCL,结点 a,$\dot{I}_1 + \dot{I}_2 - \dot{I} = 0$

根据 KVL,回路 I ,$R\dot{I}_1 + Z\dot{I} - \dot{U}_{S1} = 0$

根据 KVL,回路 II ,$jX_L\dot{I}_2 - \dot{U}_{S2} + Z\dot{I} = 0$

代人参数

$$
\left.
\begin{aligned}
\dot{I}_1 + \dot{I}_2 - \dot{I} &= 0 \\
10\dot{I}_1 + (-\mathrm{j}10)\dot{I} - 10\underline{/0^\circ} &= 0 \\
\mathrm{j}10\dot{I}_2 - 10\underline{/90^\circ} + (-\mathrm{j}10)\dot{I} &= 0
\end{aligned}
\right\}
$$

联立求解得 $\dot{I} = \mathrm{j}2\ \mathrm{A}$

（2）应用电源等效变换求解

求解步骤如图 3-37 所示。

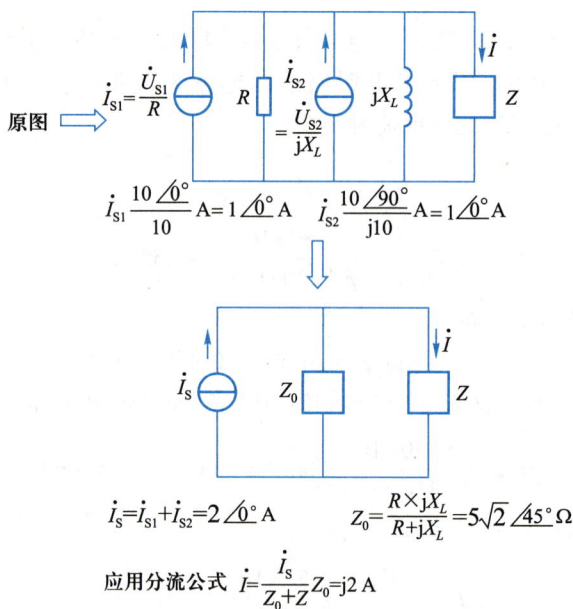

$$\dot{I}_{S1}\ \frac{10\underline{/0^\circ}}{10}\ \mathrm{A} = 1\underline{/0^\circ}\ \mathrm{A} \qquad \dot{I}_{S2}\ \frac{10\underline{/90^\circ}}{\mathrm{j}10}\ \mathrm{A} = 1\underline{/0^\circ}\ \mathrm{A}$$

$$\dot{I}_S = \dot{I}_{S1} + \dot{I}_{S2} = 2\underline{/0^\circ}\ \mathrm{A} \qquad Z_0 = \frac{R \times \mathrm{j}X_L}{R + \mathrm{j}X_L} = 5\sqrt{2}\ \underline{/45^\circ}\ \Omega$$

应用分流公式 $\dot{I} = \dfrac{\dot{I}_S}{Z_0 + Z} Z_0 = \mathrm{j}2\ \mathrm{A}$

图 3-37 例 3-18 用电源等效变换求解步骤

（3）用戴维宁定理求解

首先断开待求支路，求开路电压 $\dot{U}_{\mathrm{OC}}$，电路如图 3-38（a）所示。

$$\dot{I}' = \frac{\dot{U}_{S1} - \dot{U}_{S2}}{R + \mathrm{j}X_L} = \frac{10 - \mathrm{j}10}{10 + \mathrm{j}10}\ \mathrm{A} = \frac{10\sqrt{2}\ \underline{/-45^\circ}}{10\sqrt{2}\ \underline{/45^\circ}}\ \mathrm{A} = 1\ \underline{/-90^\circ}\ \mathrm{A}$$

$$\dot{U}_{\mathrm{OC}} = \dot{U}_{S2} + \mathrm{j}X_L\dot{I}' = (10\ \underline{/90^\circ} + \mathrm{j}10 \times 1\ \underline{/-90^\circ})\ \mathrm{V} = 10\sqrt{2}\ \underline{/45^\circ}\ \mathrm{V}$$

将单口网络内电源置零，求等效内阻抗 Z_{ab}，电路如图 3-38（b）所示。

$$Z_{\mathrm{ab}} = \frac{R \times \mathrm{j}X_L}{R + \mathrm{j}X_L} = \frac{10 \times \mathrm{j}10}{10 + \mathrm{j}10}\ \Omega = \frac{\mathrm{j}100}{10\sqrt{2}\ \underline{/45^\circ}}\ \Omega = 5\sqrt{2}\ \underline{/45^\circ}\ \Omega$$

作电压源模型，令 $\dot{U}_0 = \dot{U}_{\mathrm{OC}} = 10\sqrt{2}\ \underline{/45^\circ}\ \mathrm{V}$，则

$Z_0 = Z_{ab} = 5\sqrt{2}\underline{/45°}\ \Omega = (5+j5)\ \Omega$，接入待求支路 Z，电路如图 3-38(c)所示。

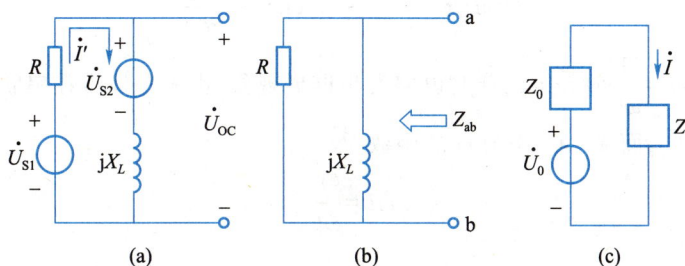

图 3-38　例 3-18 用戴维宁定理求解的电路

$$\dot{I} = \frac{\dot{U}_0}{Z_0 + Z} = \frac{10\sqrt{2}\underline{/45°}}{5+j5-j10}\ \text{A} = \frac{10\sqrt{2}\underline{/45°}}{5-j5}\ \text{A}$$

$$\dot{I} = j2\ \text{A}$$

（4） $\dot{U} = Z\dot{I} = -j10 \times j2\ \text{V} = 20\underline{/0°}\ \text{V}$

有功功率　　$P = UI\cos\varphi = 20 \times 2 \times \cos(-90°)\ \text{W} = 0\ \text{W}$

无功功率　　$Q = UI\sin\varphi = 20 \times 2 \times \sin(-90°)\ \text{var} = -40\ \text{var}$

视在功率　　$S = \sqrt{P^2 + Q^2} = 40\ \text{V} \cdot \text{A}$

3.5　交流电路的频率特性

前已分析，电阻 R 是与频率无关的参数，而电感 L、电容 C 在交流电路中的作用（无论是阻抗大小还是 u、i 的相位关系）均与频率有关。本节从谐振电路入手，研究交流电路的频率特性。

1. 电路的谐振

谐振是电路的一种特殊的物理现象，研究它的特征以便使人类更好地利用它和避免灾害的发生。

（1）串联谐振

1）串联谐振发生的条件

RLC 串联电路如图 3-20、图 3-21 所示，可知

$$Z = R + j(X_L - X_C) = R + j\left(\omega L - \frac{1}{\omega C}\right)$$

其中

$$|Z| = \sqrt{R^2 + (X_L - X_C)^2} = \sqrt{R^2 + \left(\omega L - \frac{1}{\omega C}\right)^2}$$

$$\varphi = \arctan\frac{X_L - X_C}{R} = \arctan\frac{\omega L - \dfrac{1}{\omega C}}{R}$$

当 $X_L = X_C$，即 $\omega L = \dfrac{1}{\omega C}$ 时，$\varphi = 0$，此时电路发生谐振现象，由于是发生在串联电路中，故称为串联谐振。此时 $X_L = X_C$，而 X_L、X_C 均为 ω 的函数

$$\omega L = \frac{1}{\omega C}$$

$$\omega^2 = \frac{1}{LC}$$

$$\omega = \omega_0 = \frac{1}{\sqrt{LC}}$$

$$f = f_0 = \frac{\omega_0}{2\pi} = \frac{1}{2\pi\sqrt{LC}} \tag{3-51}$$

f_0 即为谐振频率。要使电路发生谐振可以从两方面入手：当电路参数 L、C 一定时，改变电源（或信号源）频率；当信号源频率一定时，可以通过调整电路参数 L、C，产生谐振。

2）串联谐振的特征

谐振时电路的阻抗 $|Z| = \sqrt{R^2 + (X_L - X_C)^2} = R$ 最小。

当电源电压一定时，电流将达到最大值

$$I_0 = \frac{U}{|Z|} = \frac{U}{R} \tag{3-52}$$

阻抗和电流的曲线如图 3-39 所示。

由于谐振时 u、i 同相位（$\varphi = 0$），电路呈电阻性。电源（或信号源）供给的能量全部被电阻吸收，电源与电路之间不发生能量互换，能量互换只发生在 L、C 间（此时 $|Q_L| = |Q_C|$）。相量图如图 3-40 所示。

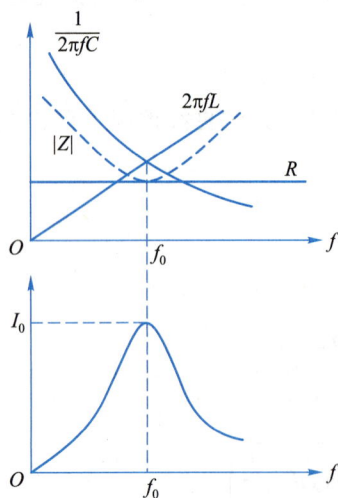

图 3-39　RLC 串联电路的频率特性　　　　图 3-40　串联谐振电路的相量图

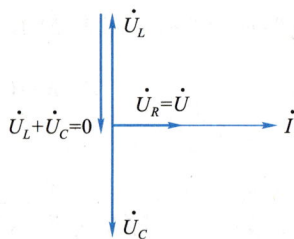

由图 3-40 可见,由于 $\dot{U}_L$ 与 $\dot{U}_C$ 大小相同、相位相反($\dot{U}_L + \dot{U}_C = 0$),互相抵消,因而电源电压 $\dot{U} = \dot{U}_R$。

虽然 $\dot{U}_L + \dot{U}_C = 0$,但是谐振时电感上的电压 U_L 和电容上的电压 U_C 本身不容忽视。因为

$$U_L = I_0 X_L = \frac{U}{R} X_L = \frac{X_L}{R} U$$

$$U_C = I_0 X_C = \frac{U}{R} X_C = \frac{X_C}{R} U$$

当 $X_L \gg R, X_C \gg R$ 时,$U_L \gg U, U_C \gg U$,若电压过高可能会造成电感线圈或电容器的绝缘被击穿,发生事故,产生危害。因此电力系统特别注意避免串联谐振的发生。通常把 $\dfrac{U_L}{U}$、$\dfrac{U_C}{U}$ 用 Q 表示,称为品质因数。

$$\left. \begin{array}{l} Q = \dfrac{U_L}{U} = \dfrac{\dfrac{X_L}{R} U}{U} = \dfrac{X_L}{R} = \dfrac{\omega_0 L}{R} \\[4mm] Q = \dfrac{U_C}{U} = \dfrac{\dfrac{X_C}{R} U}{U} = \dfrac{X_C}{R} = \dfrac{1}{\omega_0 C R} \end{array} \right\} \tag{3-53}$$

品质因数的意义是表示在发生串联谐振时电感上或电容上的电压是电源电压的 Q 倍。

3）串联谐振的应用

串联谐振在无线电工程中得到广泛应用,如图 3-41 所示的半导体收音机的输入电路就用它来选择信号,图 3-42 是它的等效电路。

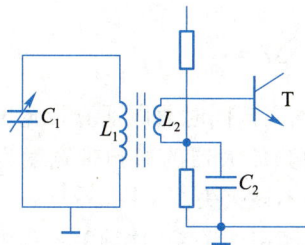

图 3-41　半导体收音机的输入电路　　　图 3-42　等效电路

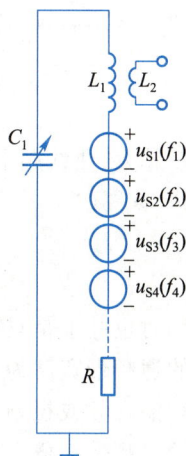

L_1 和 C_1 组成串联谐振电路,R 是线圈中的等效电阻。u_{S1}、u_{S2}、u_{S3}、u_{S4}、…是从天线接收到的或从磁棒中感应到 L_1 中的各种不同频率的无线电信号,分别对应频率 f_1、f_2、f_3、f_4、…。据公式

$f_0 = \dfrac{1}{2\pi\sqrt{L_1 C_1}}$，调节可变电容器 C_1，当 C_1 为某值，电路谐振于 f_1 时，电路对 u_{S1} 频率的信号阻抗最小，则频率为 f_1 的信号 u_{S1} 在回路中的电流最大，此频率的信号在 L_1 两端的电压也最高，信号再感应到 L_2 供给放大电路。而其他频率的信号由于未使电路谐振，因而电路的阻抗很大，电流很小，在 L_1 上感应的电压也很小，受到抑制。这样就起到了选择有用信号、抑制干扰的作用，这个作用称为选频特性。

4）谐振电路的选择性和通频带

谐振电路选频特性强弱称为选择性。在 RLC 串联电路中，L、C 可以是任意值组合的，只要参数乘积相同，电路即可确定一个相同的谐振频率 f_0。但不同的 L、C、R 值，使它的选频特性不相同。例如有的收音机选择性好，不串台；有的差，相近频率的电台信号搅在一起（串台），以致无法收听。此问题可通过频率特性曲线加以说明，如图 3-43 所示。曲线的尖锐与平坦是由品质因数决定的，当 Q（$Q_1 > Q_2$）值高时，相同电压信号产生的电流 I_0 就大，据式（3-52）、式（3-53）可知，减小回路电阻 R 是提高品质因数的方法之一。如图 3-44 所示，当曲线比较尖锐时，信号稍有偏离谐振频率 f_0，就被大大衰减，即曲线越尖锐，选择性就越强。同时在这里规定，在电路的电流 I 等于最大值 I_0 的 $\dfrac{1}{\sqrt{2}}$ 处所对应的上下限频率范围称为通频带宽度，即

$$\Delta f = f_2 - f_1 \quad \text{或者} \quad \Delta\omega = \omega_2 - \omega_1 \qquad (3\text{-}54)$$

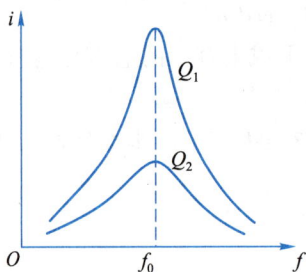

图 3-43　不同品质因数的特性曲线　　图 3-44　通频带的定义

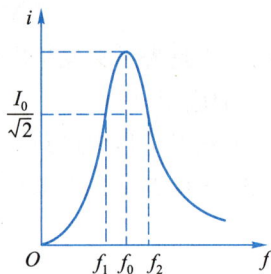

通频带宽度越大，曲线越平坦，选择性越差。而选择性与品质因数 Q 直接相关联，Δf 与 Q 的关系为

$$\Delta f = \dfrac{f_0}{Q} \quad \text{或者} \quad \Delta\omega = \dfrac{\omega_0}{Q} \qquad (3\text{-}55)$$

在实际应用时也并不是只追求高的品质因数，也应该同时兼顾通频带宽度，例如半导体收音机中频放大器的通频带宽度为 ±10 kHz，而电视机中频放大器的通频带宽度为 8 MHz，以保证中频信号上所承载的音频或视频信号的某些频率成分不被丢失。

前面介绍的通频带的概念牵涉信号输出幅度和频率的关系，这种关系称为幅频特性，可以表示为

$$H = g(f) \quad \text{或者} \quad H = g(\omega)$$

把图 3-44 的幅频特性理想化，可以得到如图 3-45（a）所示的被称为带通滤波器的理想幅频特性曲线。可以通过不同的电路组合设计出各种不同的滤波器，以满足各种需要，如图 3-45

(b)、图 3-45(c)、图 3-45(d)所示。

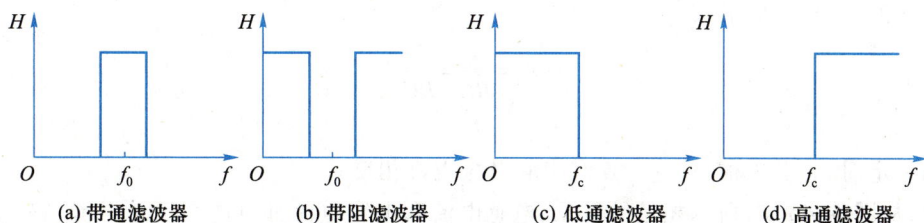

(a) 带通滤波器　　　(b) 带阻滤波器　　　(c) 低通滤波器　　　(d) 高通滤波器

图 3-45　几种理想滤波器的特性

（2）并联谐振

1）并联谐振发生的条件

图 3-46(a)所示为电感线圈与电容器并联的电路，R 是线圈的等效电阻，数值很小。等效阻抗为

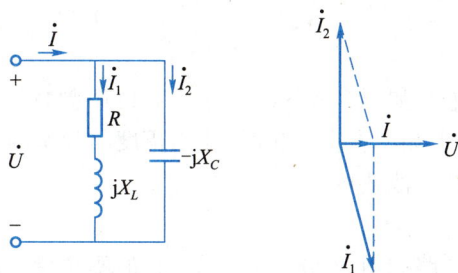

(a) 电路模型　　　　　　(b) 相量图

图 3-46　并联谐振

$$Z = \frac{(R+jX_L)(-jX_C)}{(R+jX_L)-jX_C} = \frac{(R+j\omega L)\dfrac{1}{j\omega C}}{(R+j\omega L)+\dfrac{1}{j\omega C}} = \frac{R+j\omega L}{j\omega CR - \omega^2 LC + 1}$$

如果忽略电阻 R，等效阻抗近似为

$$Z \approx \frac{j\omega L}{1-\omega^2 LC + j\omega CR} = \frac{1}{\dfrac{1}{j\omega L}+j\omega C+\dfrac{RC}{L}} = \frac{1}{\dfrac{RC}{L}+j\left(\omega C - \dfrac{1}{\omega L}\right)} \tag{3-56}$$

要使 $\dot{U}$、$\dot{I}$ 同相位，必须使 $\omega C = \dfrac{1}{\omega L}$，即

$$\omega_0 = \frac{1}{\sqrt{LC}}$$

得到

$$f_0 = \frac{1}{2\pi\sqrt{LC}}$$

2）并联谐振的特征

由于谐振时,总阻抗最大

$$Z_0 = \frac{1}{\dfrac{RC}{L}} = \frac{L}{RC} \qquad (3-57)$$

因此电压一定时,总电流很小,这一点和串联谐振正好相反。

另外,从图 3-46(b)所示相量图可见,电感电流和电容电流都可能大于总电流,它的品质因数可以对应定义为

$$Q = \frac{I_L}{I} = \frac{I_C}{I} \qquad (3-58)$$

并联谐振在无线电工程中也得到广泛应用,例如中频放大电路中晶体管或集成放大电路输出端可以看成是电流源,它的负载就是 LC 并联谐振电路,对于谐振频率,总阻抗最大,电流源电流乘以大的阻抗,就可以得到较高电压,这种放大器称为谐振放大器。

2. 滤波电路

（1）低通滤波电路

最简单的一阶低通滤波电路如图 3-47(a)所示。它的幅频特性曲线如图 3-47(b)所示,表示的是当输入电压幅度一定,但频率发生变化时,输出幅度与频率的关系。例如在整流电路后面的滤波电路就是一个典型的低通滤波器。

（2）高通滤波电路

最简单的一阶高通滤波电路如图 3-48(a)所示。它的幅频特性曲线如图 3-48(b)所示。

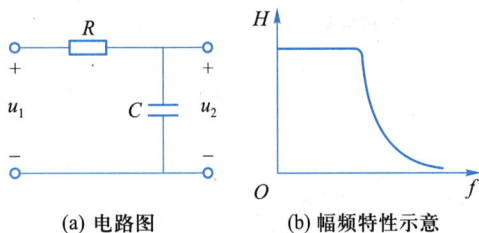

(a) 电路图　　　(b) 幅频特性示意　　　　(a) 电路图　　　(b) 幅频特性示意

图 3-47　低通滤波器　　　　　　　　图 3-48　高通滤波器

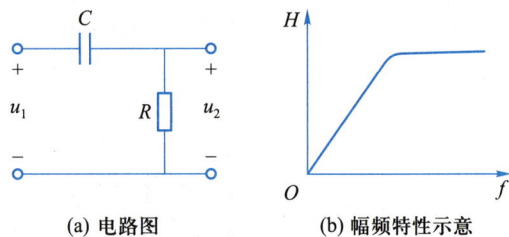

3.6　三相电路

现代发电和输配电都采用三相制,工业生产中使用得最多的是电动机,而电动机大多是三相的。民用电虽然大多使用单相交流电,但它也是取自三相中的一相。

1. 三相电源

（1）三相对称电压

由发电机发出或由三相变压器提供给电路的是三相对称电压。如图 3-49(a)所示,频率相同、幅值相同、相位互差 120°的三相电压称为三相对称电压。如果以 u_{s1} 为参考正弦量,则可以表示为

$$u_{s1} = U_{sm} \sin \omega t$$
$$u_{s2} = U_{sm} \sin (\omega t - 120°)$$
$$u_{s3} = U_{sm} \sin (\omega t - 240°) = U_{sm} \sin (\omega t + 120°)$$

(3-59)

三相对称电压波形如图 3-49(b)所示。

用相量可以表示为

$$\dot{U}_{s1} = U_s \underline{/0°}$$

$$\dot{U}_{s2} = U_s \underline{/-120°} = U_s[\cos(-120°) + j\sin(-120°)] = U_s\left(-\frac{1}{2} - j\frac{\sqrt{3}}{2}\right)$$

$$\dot{U}_{s3} = U_s \underline{/120°} = U_s(\cos 120° + j\sin 120°) = U_s\left(-\frac{1}{2} + j\frac{\sqrt{3}}{2}\right)$$

(3-60)

相量图如图 3-49(c)所示。三相交流电依次出现正幅值的顺序叫"相序",在此相序为 U-V-W。

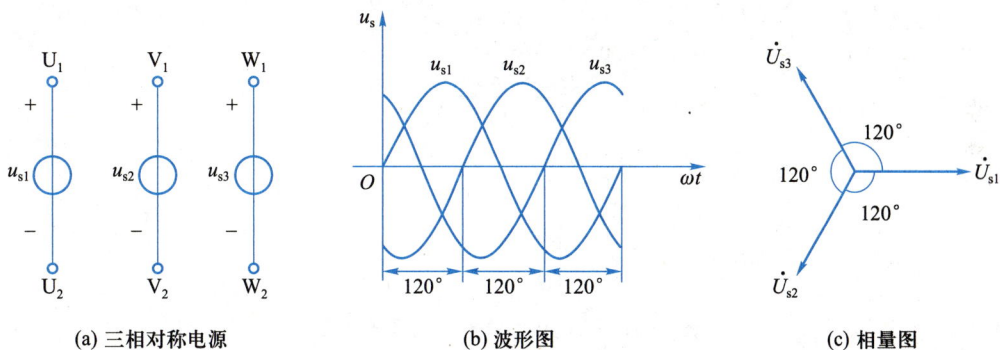

(a) 三相对称电源   (b) 波形图   (c) 相量图

图 3-49　三相对称电压

（2）三相四线制供电方式

在三相供电系统中,通常把三相电源连接成星形,如图 3-50 所示。即把三相电源的末端 U_2、V_2、W_2 连在一起,这个连接点称为中性点或零点,引出的导线 N 称为中性线或零线。从始端 U_1、V_1、W_1 引出的导线 L_1、L_2、L_3 称为相线或端线,俗称火线。

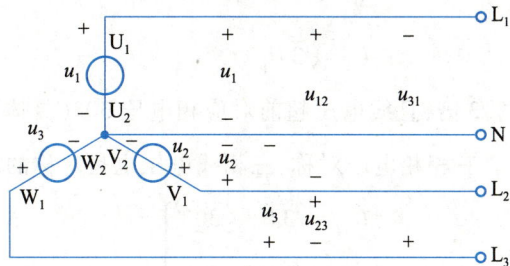

图 3-50　三相电源的星形联结

每一条相线与中性线之间的电压称为相电压,u_1、u_2、u_3 即为相电压,它们的有效值用 U_1、U_2、U_3 或用通用文字符号 U_P 表示。

相线与相线之间的电压称为线电压,u_{12}、u_{23}、u_{31}即为线电压,它们的有效值用 U_{12}、U_{23}、U_{31}或用通用文字符号 U_L 表示。

可见相电压和线电压是不相同的,由图 3-50 可见,线电压等于两条相线之间的电位差,即

$$u_{12} = u_1 - u_2$$
$$u_{23} = u_2 - u_3$$
$$u_{31} = u_3 - u_1$$

用相量表示

$$\dot{U}_{12} = \dot{U}_1 - \dot{U}_2$$
$$\dot{U}_{23} = \dot{U}_2 - \dot{U}_3$$
$$\dot{U}_{31} = \dot{U}_3 - \dot{U}_1$$

相量图如图 3-51 所示。

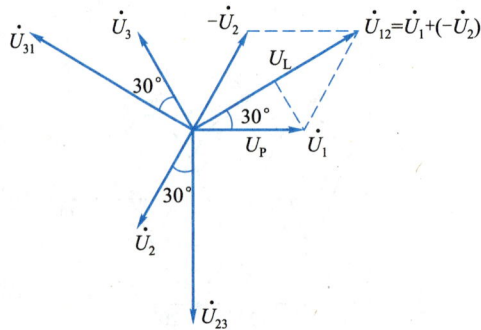

图 3-51 相电压和线电压关系相量图

由相量图可见

$$\frac{\frac{1}{2}U_L}{U_P} = \cos 30° = \frac{\sqrt{3}}{2}$$

$$\frac{1}{2}U_L = \frac{\sqrt{3}}{2}U_p$$

$$U_L = \sqrt{3}\,U_p \qquad (3-61)$$

可知线电压是相电压的$\sqrt{3}$倍,且线电压超前对应相电压 30°(具体而言就是 $\dot{U}_{12}$超前 $\dot{U}_1$、$\dot{U}_{23}$超前 $\dot{U}_2$、$\dot{U}_{31}$超前 $\dot{U}_3$30°角)。三相相电压对称,三相线电压也是对称的。这种关系可以表示为

$$\left.\begin{array}{l} \dot{U}_{12} = \sqrt{3}\,\dot{U}_1\ \underline{/30°} \\ \dot{U}_{23} = \sqrt{3}\,\dot{U}_2\ \underline{/30°} \\ \dot{U}_{31} = \sqrt{3}\,\dot{U}_3\ \underline{/30°} \end{array}\right\} \qquad (3-62)$$

这种三相四线制供电方式可以给予负载两种电压,例如通常单相用电器的额定电压为 220 V,可以把这些单相负载比较均匀地分配在各相上(相线-中性线之间)。而线电压 U_L =

$\sqrt{3}\,U_P = \sqrt{3} \times 220\ \text{V} = 380\ \text{V}$，它就是三相低压供电电压。

2. 三相负载电路分析

（1）星形联结的三相负载

三相负载星形联结如图 3-52 所示。

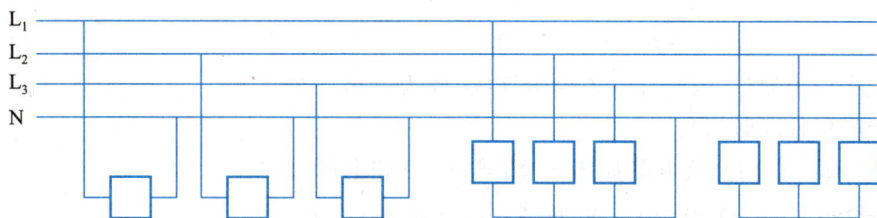

图 3-52 三相负载的星形联结示意图

为了便于分析，把电源和负载画完全，如图 3-53 所示。三相电路中，若忽略导线的阻抗，可知每相负载两端的电压即电源的相电压，每一相负载上的电流称为相电流，每一条相线上的电流称为线电流。星形联结时线电流和相电流相等，每一相负载即一个单相电路。

每相电流

$$\dot{I}_1 = \frac{\dot{U}_1}{Z_1}, \quad \dot{I}_2 = \frac{\dot{U}_2}{Z_2}, \quad \dot{I}_3 = \frac{\dot{U}_3}{Z_3} \tag{3-63}$$

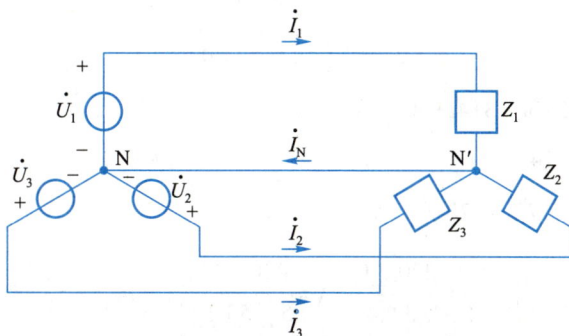

图 3-53 三相四线制电源和负载的星形联结

与单相负载电路的计算方法相同。

1）三相对称负载

当三相负载大小相等，性质相同，即 $Z_1 = Z_2 = Z_3 = Z = |Z| \underline{/\varphi}$ 时称为三相对称负载。此时

$$\dot{I}_1 = \frac{\dot{U}_1}{Z} = \frac{U}{|Z|} \underline{/\psi_1 - \varphi}$$

$$\dot{I}_2 = \frac{\dot{U}_2}{Z} = \frac{U}{|Z|} \underline{/\psi_2 - \varphi} \tag{3-64}$$

$$\dot{I}_3 = \frac{\dot{U}_3}{Z_3} = \frac{U}{|Z|} \underline{/\psi_3 - \varphi}$$

可见每相电流的大小相同,相位仍然互差 120°,所以电压对称、负载对称的三相电路线电流、相电流也是对称的。相量图如图 3-54 所示。

由于三相电流对称,故

$$\dot{I}_1 + \dot{I}_2 + \dot{I}_3 = 0, \quad \dot{I}_N = 0$$

中性线无电流通过,因此可以去掉中性线,成为三相三线制,分析方法与有中性线时相同。

【例 3-19】　三相交流电路如图 3-55 所示,三相电源对称,线电压 $u_{12} = 380\sqrt{2}\sin(314t + 30°)$ V,负载对称 $Z = (3+j4)$ Ω。求各线电流、相电流的瞬时值式。

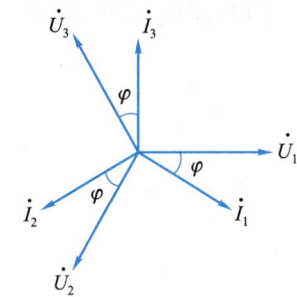
图 3-54　三相对称电流相量图

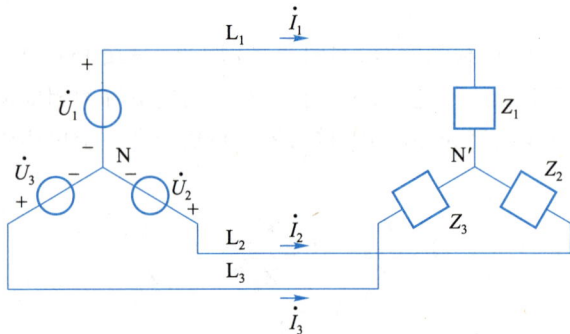
图 3-55　例 3-19 的电路

解:因为 $u_{12} = 380\sqrt{2}\sin(314t + 30°)$ V

所以 $u_1 = 220\sqrt{2}\sin 314t$ V

$$\dot{U}_1 = 220 \underline{/0°} \text{ V}$$

$$\dot{I}_1 = \frac{\dot{U}_1}{Z} = \frac{220\underline{/0°}}{3+j4} \text{ A} = \frac{220\underline{/0°}}{5\underline{/53.1°}} \text{ A} = 44\underline{/-53.1°} \text{ A}$$

根据对称性原理

$$\dot{I}_2 = 44\underline{/-173.1°} \text{ A} \qquad \dot{I}_3 = 44\underline{/66.9°} \text{ A}$$

相电流、线电流为

$$i_1 = 44\sqrt{2}\sin(314t - 53.1°) \text{ A}$$

$$i_2 = 44\sqrt{2}\sin(314t - 173.1°) \text{ A}$$

$$i_3 = 44\sqrt{2}\sin(314t + 66.9°) \text{ A}$$

2）三相不对称负载

单相负载接入三相对称电源时应该尽可能地均匀分布使之对称。但是实际上是不可能完全对称的。

有中性线时,由于各相阻抗不相同,各相电流就是不对称的,因此必须按照单相电路的求解方法逐相求出各相电流,而且此时 $\dot{I}_1+\dot{I}_2+\dot{I}_3=\dot{I}_N\neq0$,负载越不对称中性线电流越大。

【例 3-20】 三相电路如图 3-53 所示。已知电源对称,线电压 $u_{12}=380\sqrt{2}\sin\,(314t+30°)$ V,
$Z_1=5\ \Omega,Z_2=10\ \Omega,Z_3=20\ \Omega$。求负载相电压、相电流及中性线电流瞬时值式并画出相量图。

解:因为 $u_{12}=380\sqrt{2}\sin\,(314t+30°)$ V

所以相电压 $u_1=220\sqrt{2}\sin\,314t$ V

$$\dot{U}_1=220\ \underline{/0°}\ \text{V},\quad \dot{U}_2=220\ \underline{/-120°}\ \text{V},\quad \dot{U}_3=220\ \underline{/120°}\ \text{V}$$

$$\dot{I}_1=\frac{\dot{U}_1}{Z_1}=\frac{220\ \underline{/0°}}{5}\ \text{A}=44\ \underline{/0°}\ \text{A}$$

$$\dot{I}_2=\frac{\dot{U}_2}{Z_2}=\frac{220\ \underline{/-120°}}{10}\ \text{A}=22\ \underline{/-120°}\ \text{A}$$

$$\dot{I}_3=\frac{\dot{U}_3}{Z_3}=\frac{220\ \underline{/120°}}{20}\ \text{A}=11\ \underline{/120°}\ \text{A}$$

中线电流 $\dot{I}_N=\dot{I}_1+\dot{I}_2+\dot{I}_3=(44+22\ \underline{/-120°}+11\ \underline{/120°})$ A$=29.1\ \underline{/-19.1°}$ A

瞬时值式

$$i_1=44\sqrt{2}\sin\,314t\ \text{A}$$
$$i_2=22\sqrt{2}\sin\,(314t-120°)\ \text{A}$$
$$i_3=11\sqrt{2}\sin\,(314t+120°)\ \text{A}$$
$$i_N=29.1\sqrt{2}\sin\,(314t-19.1°)\ \text{A}$$

相量图如图 3-56 所示。

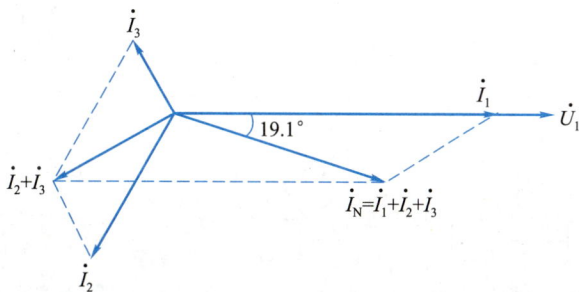

图 3-56 例 3-20 的相量图

由于有中性线,所以虽然负载不对称,每一相负载上的电压总与电源相电压保持一致,如果有的相发生故障,其他相负载仍然可以正常工作。

无中性线时,负载不对称的情况比较复杂,可以通过两个实例加以说明。

图 3-57(a)中,L$_1$ 开路,造成 Z_2、Z_3 串联接于 L$_2$、L$_3$ 之间的线电压 $\dot{U}_{23}$ 上。在 Z_2、Z_3 上的分压取决于它们阻抗的大小,阻抗越大,分压越高。如果 Z_2 和 Z_3 阻抗相差较大,就会造成一相分压过高,高于负载的额定电压,而另一相分压过低,低于负载的额定电压,工作都不正常,甚至会造成负载损坏。

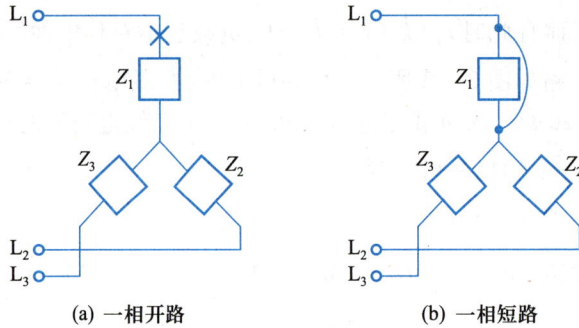

(a) 一相开路　　　　　　　(b) 一相短路

图 3-57　不对称负载无中性线时电路故障

图 3-57(b) 中,Z_1 短路,负载 Z_2 两端电压为线电压 U_{12},Z_3 两端电压为线电压 U_{13},都会超出它们的额定电压。没有中线时,即使没有开路、短路故障,由于负载不对称,也会造成各相负载电压的不对称,即有的相电压过高,高于负载的额定电压,有的相电压过低,低于负载的额定电压,这是不允许的。

综上所述,在三相不对称负载电路中,中性线的作用在于使星形联结的三相负载的相电压保持对称,因此中性线不能断开,中性线内不接入熔断器或开关。

(2) 三角形联结的三相负载

三相负载分别接于电源的相线之间称为三角形联结,如图 3-58 所示。

单独的一个三角形联结的三相负载如图 3-59 所示。

由于各相负载都直接接于电源的线电压上,所以负载两端的电压即为电源线电压,因此无论负载对称与否,负载相电压总是对称的,即

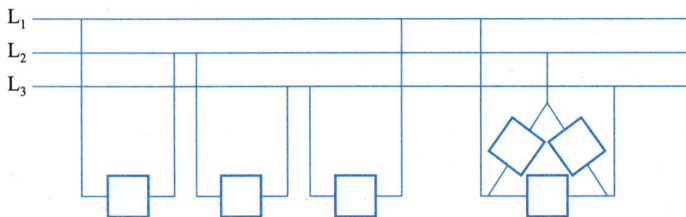

图 3-58　三相负载的三角形联结

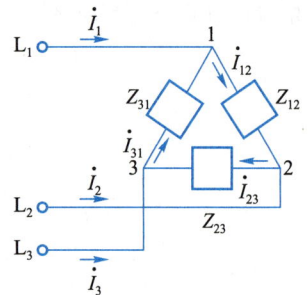

图 3-59　三角形联结的三相负载

$$U_{12} = U_{23} = U_{31} = U_L$$

每相负载上的电流 $\dot{I}_{12}$、$\dot{I}_{23}$、$\dot{I}_{31}$ 称为相电流。每条相线上的电流 $\dot{I}_1$、$\dot{I}_2$、$\dot{I}_3$ 称为线电流。显然线电流与相电流是不相同的。

负载相电流的计算和单相电路相同,即

$$\dot{I}_{12} = \frac{\dot{U}_{12}}{Z_{12}}, \quad \dot{I}_{23} = \frac{\dot{U}_{23}}{Z_{23}}, \quad \dot{I}_{31} = \frac{\dot{U}_{31}}{Z_{31}} \tag{3-65}$$

$$\dot{I}_{12} = \frac{U_{12}}{|Z_{12}|} \underline{/\psi_{12}-\varphi_{12}}, \quad \dot{I}_{23} = \frac{U_{23}}{|Z_{23}|} \underline{/\psi_{23}-\varphi_{23}}, \quad \dot{I}_{31} = \frac{U_{31}}{|Z_{31}|} \underline{/\psi_{31}-\varphi_{31}} \qquad (3-66)$$

无论负载对不对称,上式均可以用来计算各相电流。

当负载对称时

$$U_{12} = U_{23} = U_{31} = U_{\rm L}, \quad Z_{12} = Z_{23} = Z_{31} = Z$$

$$(\,|Z_{12}| = |Z_{23}| = |Z_{31}|\,, \quad \varphi_{12} = \varphi_{23} = \varphi_{31} = \varphi\,)$$

ψ_{12}、ψ_{23}、ψ_{31} 互差 120°,因此相电流 $\dot{I}_{12}$、$\dot{I}_{23}$、$\dot{I}_{31}$ 为对称电流。

根据 KCL,各线电流分别为

$$\dot{I}_1 = \dot{I}_{12} - \dot{I}_{31} = \dot{I}_{12} + (-\dot{I}_{31})$$

$$\dot{I}_2 = \dot{I}_{23} - \dot{I}_{12} = \dot{I}_{23} + (-\dot{I}_{12})$$

$$\dot{I}_3 = \dot{I}_{31} - \dot{I}_{23} = \dot{I}_{31} + (-\dot{I}_{23})$$

相量图如图 3-60 所示,可见

$$\frac{\frac{1}{2}I_{\rm L}}{I_{\rm P}} = \cos 30° = \frac{\sqrt{3}}{2}, \quad \frac{1}{2}I_{\rm L} = \frac{\sqrt{3}}{2}I_{\rm P}, \quad I_{\rm L} = \sqrt{3}\,I_{\rm P} \qquad (3-67)$$

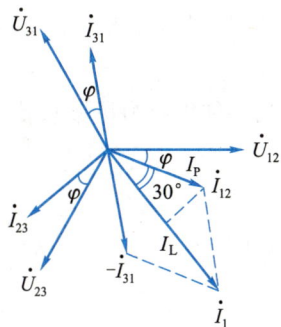

图 3-60 三角形联结的三相对称
负载线电流相电流关系相量图

可知线电流是相电流的 $\sqrt{3}$ 倍,且线电流滞后对应相电流 30°(具体而言就是 $\dot{I}_1$ 滞后 $\dot{I}_{12}$、$\dot{I}_2$ 滞后 $\dot{I}_{23}$、$\dot{I}_3$ 滞后 $\dot{I}_{31}$ 30°)。三相相电流对称,三相线电流也是对称的。这种关系可以表示为

$$\dot{I}_1 = \sqrt{3}\,\dot{I}_{12}\underline{/-30°}$$

$$\dot{I}_2 = \sqrt{3}\,\dot{I}_{23}\underline{/-30°} \qquad (3-68)$$

$$\dot{I}_3 = \sqrt{3}\,\dot{I}_{31}\underline{/-30°}$$

【例 3-21】 电路如图 3-59 所示,已知三相对称电源 $\dot{U}_{12} = 380\underline{/0°}$ V,电源频率 $f = 50$ Hz,负载 $Z_{12} = Z_{23} = Z_{31} = Z = (30+{\rm j}40)$ Ω。求线电流 i_1、i_2、i_3。

解: 先求相电流

$$\dot{I}_{12} = \frac{\dot{U}_{12}}{Z} = \frac{380\underline{/0°}}{30+{\rm j}40}\,{\rm A} = \frac{380\underline{/0°}}{50\underline{/53.1°}}\,{\rm A} = 7.6\underline{/-53.1°}\,{\rm A}$$

据对称性原理

$$\dot{I}_{23} = 7.6\underline{/-53.1°-120°}\,{\rm A} = 7.6\underline{/-173.1°}\,{\rm A}$$

$$\dot{I}_{31} = 7.6\underline{/-53.1°+120°}\,{\rm A} = 7.6\underline{/66.9°}\,{\rm A}$$

线电流为

$$\dot{I}_1 = 7.6\sqrt{3}\underline{/-53.1°-30°}\,{\rm A} = 7.6\sqrt{3}\underline{/-83.1°}\,{\rm A}$$

$$\dot{I}_2 = 7.6\sqrt{3}\underline{/-83.1°-120°}\,{\rm A} = 7.6\sqrt{3}\underline{/-203.1°}\,{\rm A} = 7.6\sqrt{3}\underline{/156.9°}\,{\rm A}$$

$$\dot{I}_3 = 7.6\sqrt{3}\underline{/-83.1°+120°}\,{\rm A} = 7.6\sqrt{3}\underline{/36.9°}\,{\rm A}$$

瞬时值式

$$i_1 = 7.6\sqrt{3}\sin\left(314t-83.1°\right)\ \text{A}$$

$$i_2 = 7.6\sqrt{3}\sin\left(314t+156.9°\right)\ \text{A}$$

$$i_3 = 7.6\sqrt{3}\sin\left(314t+36.9°\right)\ \text{A}$$

3. 三相功率

三相电路中,每一相的有功(平均)功率可以单独求得

$$P_1 = U_{P1}I_{P1}\cos\varphi_1, \quad P_2 = U_{P2}I_{P2}\cos\varphi_2, \quad P_3 = U_{P3}I_{P3}\cos\varphi_3$$

总平均功率 $P = P_1+P_2+P_3$

三相负载对称时 $P_1 = P_2 = P_3$,则

$$P = 3P_1 = 3U_P I_P\cos\varphi = 3I_P^2 R \qquad\qquad (3-69)$$

当对称负载为星形联结时

$$U_P = \frac{U_L}{\sqrt{3}}, \qquad I_P = I_L$$

代入式(3-69)

$$P = 3\times\frac{U_L}{\sqrt{3}}\times I_L\cos\varphi = \sqrt{3}\,U_L I_L\cos\varphi$$

当对称负载为三角形联结时

$$U_P = U_L, \qquad I_P = \frac{I_L}{\sqrt{3}}$$

代入式(3-69)

$$P = 3U_L\times\frac{I_L}{\sqrt{3}}\times\cos\varphi = \sqrt{3}\,U_L I_L\cos\varphi$$

可见,无论哪种联结方法,三相对称负载有功功率的表达式均为

$$P = \sqrt{3}\,U_L I_L\cos\varphi \qquad\qquad (3-70)$$

同理可得:

三相对称负载的无功功率为

$$Q = \sqrt{3}\,U_L I_L\sin\varphi \qquad\qquad (3-71)$$

三相对称负载的视在功率为

$$S = \sqrt{3}\,U_L I_L \qquad\qquad (3-72)$$

式中,φ 为每相负载的阻抗角。

【例 3-22】 求例 3-21 中三相电路的有功功率 P、无功功率 Q 和视在功率 S。

解:有功功率

$$P = \sqrt{3}\,U_L I_L\cos\varphi = \sqrt{3}\times U_{12}\times I_L\cos53.1°$$

$$= \sqrt{3}\times380\times7.6\sqrt{3}\times0.6\ \text{W} = 5\ 198.4\ \text{W}$$

也可以用另一种求法

$$P = 3I_P^2 R = 3\times I_{12}^2 R = 3\times7.6^2\times30\ \text{W} = 5\ 198.4\ \text{W}$$

无功功率

$$Q = \sqrt{3}\, U_L I_L \sin\varphi = \sqrt{3}\, U_{12} I_L \sin 53.1° = \sqrt{3} \times 380 \times 7.6\sqrt{3} \times 0.8 \text{ var} = 6\,931.2 \text{ var}$$

视在功率

$$S = \sqrt{3}\, U_L I_L = \sqrt{3}\, U_{12} I_L = \sqrt{3} \times 380 \times 7.6\sqrt{3} \text{ V·A} = 8\,664 \text{ V·A}$$

3.7 安全用电常识

随着社会的发展,电气设备在工农业生产及日常生活中的应用日益广泛,但是,随之而来的用电安全的矛盾越来越突出。由于对电气设备使用不合理、安装不规范、维修不及时或使用电气设备的人员缺乏必要的电气安全知识,不仅会浪费电能,而且会出现设备损坏、停电、触电等事故,造成严重后果。

1. 人体的电阻和安全电压

(1) 人体的电阻

在皮肤干燥和无伤口的情况下,人体电阻可达 400 kΩ。皮肤出汗时,约为 1 kΩ,如出现伤口,可降低到 800 Ω。

(2) 安全电压

加在人体上一定时间内不致造成伤害的电压叫安全电压。人体在通过 10 mA 以下工频交流电流时是较为安全的,因此,将 10 mA 以下的电流定为安全电流。为使通过人体的电流保证在 10 mA 以下,若取人体电阻为 1 200 Ω,则接触电压是

$$U = IR = (0.01 \times 1\,200)\text{ V} = 12 \text{ V}$$

也就是说,如果接触电压小于 12 V,则通过人体的电流就可以小于 10 mA。因此对人体电阻为 1 200 Ω 的人来说,这个 12 V 电压就是一个安全电压。显然,人体电阻不同,安全电压值也不同。为了保障人身安全,使触电者能够自行脱离电源,不致引起人身伤亡,各国都规定了安全电压。我国规定安全电压有 36 V、24 V、12 V、6 V 四个级别,供不同条件的场合使用。还规定安全电压在任何情况下均不得超过 50 V 有效值,当使用大于 24 V 的安全电压时,必须有防止人身直接触及带电体的保护措施。

2. 触电的种类和形式

(1) 触电的种类

1) 电击

电击是电流对人体内部组织造成的伤害,是最危险的触电伤害,绝大多数触电死亡事故都是由电击造成的。

2) 电伤

电伤是指触电后人体外表的局部创伤,分灼伤、电烙印和皮肤金属化三种。

(2) 影响触电危险程度的主要因素

① 通过人体的电流强度对电击伤害的程度有决定性作用:通过人体的电流越大,人体的生理反应越明显,感觉越强烈,从而引起心室颤动的时间越短,致命的危险就越大。

② 电流通过人体持续时间对人体的影响:时间越长,电流对人体组织的破坏越严重,对心脏的危险性越大。

③ 作用于人体的电压对人体的影响:随着作用于人体的电压升高,人体电阻急剧下降,致使电流迅速增加,从而对人体的伤害更为严重。

(3) 人体的触电方式

人体触电一般分与带电体直接接触触电、跨步电压触电、接近高电压触电等几种形式。

1) 人体与带电体接触触电

人体与电气设备的带电部分接触触电分为单相触电和两相触电。当人体的某一部分碰到相线(俗称火线),另一部分碰到中性线时构成单相触电,作用于人体上的电压为 220 V;若碰到两根相线时,构成两相触电,作用于人体上的电压为 380 V。

2) 接触电压触电

接触电压是指人站在发生接地短路故障设备或断线的附近,其手与故障设备直接接触,手、脚之间因承受的电压而发生触电。

3) 跨步电压触电

当电气设备或线路发生接地短路故障时,在地面上半径为 20 m 的范围内形成电位不同的同心圆(圆心为接地短路点),半径越小的圆周上,其电位越高。若人在这一区域里行走,其两脚之间有电位差从而发生跨步电压触电。

3. 触电的急救处理

首先应使触电者脱离电源,之后应立即进行现场紧急救护,同时赶快派人请医生前来抢救。

(1) 触电者的伤害并不严重

触电者神志尚清醒,应使其就地躺平,严密观察,暂时不要站立或走动。触电者如神志不清,应就地仰面躺平,且确保气道通畅,并用 5 s 时间,呼叫伤员或轻拍其肩部,以判定伤员是否意识丧失。禁止摇动伤员头部呼叫伤员。

(2) 触电者的伤害较严重

触电者如意识丧失,应在 10 s 内,用看、听、试的方法,判定伤员呼吸心跳情况。着重检查触电者的双目瞳孔是否放大,看伤员的胸部、腹部有无起伏动作;用耳贴近伤员的口鼻处,听有无呼气声音;试测口鼻有无呼气的气流。再用两手指轻试一侧(左或右)喉结旁凹陷处的颈动脉有无搏动。若看、听、试结果,既无呼吸又无颈动脉搏动,可判定呼吸和心跳停止。

(3) 触电者的呼吸和心跳均已停止

触电者完全失去知觉时,需采用口对口人工呼吸和人工胸外挤压心脏两种方法同时进行。若现场仅有一人抢救时,按照每按压 15 次后吹气 2 次(15∶2)的节奏,反复进行;若双人抢救时,每按压 5 次后由另一人吹气 1 次(5∶1),反复进行。

在上述急救中,应尽可能地在现场进行,只有在现场危及安全时,才允许将触电者转移到安全的地方进行急救,在运送医院的途中,这种急救也不应该间断。

(4) 人工呼吸法抢救

人工呼吸法有多种,通常采用口对口(或口对鼻)人工呼吸法。

(5) 人工胸外按压心脏法

① 正确的按压位置是保证胸外按压效果的重要前提。

② 正确的按压姿势是达到胸外按压效果的基本保证。

这种救护动作要求反复不停地对触电者的心脏进行按压和放松,每分钟约 100 次为宜,每次按压和放松的时间相等。挤压时定位要准确,用力要适当,既不能用力过猛,以免将胃中的食物挤压出来,堵塞气管,影响呼吸,或折断肋骨,损伤内脏;又不可用力太小,达不到挤压血液的作用。

在实行人工呼吸和心脏按压时,抢救者应密切观察触电者的反应。在按压吹气 1 min 后(相当于单人抢救时做了 4 个 15∶2 压吹循环),应用看、听、试方法在 5~7 s 内完成对伤员呼吸和心跳是否恢复的再判定。若判定颈动脉已有搏动但无呼吸,则暂停胸外按压,再进行 2 次口对口人工呼吸,接着每 5 s 吹气一次(即每 min 12 次)。如脉搏和呼吸均未恢复,则继续坚持心肺复苏法抢救。在抢救过程中,要每隔数分钟再判定一次,每次判定时间均不得超过 5~7 s。一旦发现触电者有苏醒特征,如眼皮闪动或嘴唇微动,就应中止操作几秒钟,以让其自行呼吸和心跳。在现场中,这种救护工作对抢救者来说,是非常疲劳的,往往长达数小时之久,对触电形成的假死,一定要坚持救护,直到触电者复苏或医务人员前来救治为止。在医务人员未接替抢救前,现场抢救人员不得放弃现场抢救。只有医生才有权宣布触电者真正死亡。

4. 接地和接零

(1) 保护接地

将设备或装置的金属外壳用导线与接地装置相连接。由于电气设备金属外壳接地电阻比人体电阻小得多,即使人体触及漏电设备的金属外壳而发生触电,其危险程度比电气设备未采取接地保护时人体触及漏电设备的金属外壳要小得多。

(2) 工作接地

为了保证电气设备能安全工作,必须把电力系统某一点接地,比如将变压器的中性点接地。这种接地可直接接地,也可经电阻、消弧线圈接地。

(3) 保护接零

1) 保护接零的作用

在三相四线制中性点直接接地的低压电网(即 380 V/220 V 低压电网)中,如果将电气设备在正常情况下不带电的金属外壳与低压系统中的零线相连接,当其中一相绝缘损坏而使外壳带电时,单相接地短路电流通过该相与中性线构成回路,该电流足以使熔断器和空气开关快速动作,从而避免人身触电伤亡事故。但是由于三相负载不平衡时和低压电网的零线过长且阻抗过大时,零线将有零序电流通过,过长的低压电网,由于环境恶化、导线老化、受潮等因素,导线的漏电电流通过零线形成闭合回路,致使零线也带一定的电位,这对安全运行十分不利。在零线断线的特殊情况下,断线以后的单相设备和所有保护接零的设备产生危险的电压,这是不允许的。

在三相五线制供电系统中,工作零线 N 和保护零线 PE 分别敷设。在三相负载不完全平衡的运行情况下,工作零线 N 是有电流通过且是带电的,而保护零线 PE 不带电,因而该供电方式的接地系统完全具备安全和可靠的基准电位。这样就有效隔离了三相四线制供电方式所造成的危险电压,使用电设备外壳上电位始终处在"地"电位,从而消除了设备产生危险电压的隐患。

2) 对接零装置的具体要求

① 当采用保护接零时,电源中性点必须有良好的接地,且接地电阻应在 4 Ω 以下,同时,必须对零线在规定地点采用重复接地。只有这样,万一零线断线,断线后的接零设备就成为经重复接地电阻的保护接地设备,否则在零线回路上的接零设备中,零线断线后,只要有一台设备的外壳带电,则同一零线上全部接零设备的金属外壳都会呈现出近似于相电压的对地电压,这是相当

危险的。

②当电气设备在任一点发生接地短路时,零线的截面在满足最小截面积的情况下应保证其短路电流大于熔断器的熔体额定电流的 4 倍或自动空气开关整定电流的 1.5 倍,以保证保护装置迅速动作,切除短路故障。

③零线在短路电流作用下不应断线,且零线上不得装设熔断器和开关设备。

④在使用三孔插座时,不准将插座上接电源中性线的孔与接保护线的孔串接在一起使用。因为这样一旦工作零线松脱断落,设备的金属外壳就会带电。而且当工作零线与相线接反时,也会使设备的金属外壳带电,从而造成触电伤亡事故。正确接法如图 3-61 所示。

⑤在同一低压电网(指同一台变压器或同一台发电机供电的低压电网)中,不允许将一部分电气设备采用保护接地,而另一部分电气设备采用保护接零,否则,当接地设备发生碰壳(即绝缘损坏)故障时,零线电位升高,从而使接零保护设备的金属外壳全部带电。

(4)重复接地

在中性点直接接地的低压系统中,零线除了在电源中性点实施接地外,还必须在规定处接地(该接地称为重复接地),这样既降低了漏电设备外壳的对地电压,又减轻了零线断线时的触电危险。

图 3-61　三孔插座的正确接法

(5)接地装置

接地电阻值的大小直接影响漏电设备金属外壳的对地电压,为了保证达到接地的目的,接地装置必须正确设置,并且连接可靠,否则,不但达不到接地保护的目的,而且还可能带来不利的影响。

接地装置由接地体和接地线组成。

1)接地体

接地体又称接地极,通常采用铜排、镀锌管或角钢、圆钢等制成,接地体可以水平埋设,亦可垂直埋设,通常以垂直埋设较普遍。在作垂直埋设时,一般将接地体垂直夯入土壤中 0.6 m 以下,因而要求材料有必要的机械强度。若用钢管作接地体,应选用直径 50 mm 以上、长 2.5 m 的厚壁钢管;若用角钢作接地体,应选用 50 mm×50 mm 的等边角钢,其长度为 2.5 m。

当接地体水平埋设时,其埋设深度不小于 0.6 m,一般用圆钢及扁钢。接地体的表面不应涂任何涂料。

2)接地线

接地体通常焊上镀锌扁钢作为引出线。引出线上焊上螺栓用以连接导线。接地线的最小截面积规定如下:绝缘铜线为 1.5 mm^2,裸铜线为 4 mm^2。

5. 安全操作技术措施

在全部停电或部分停电的电气设备上操作,必须严格采取停电、验电、装设接地线和悬挂指示牌等保证安全的技术措施,并应有监护人在场。

(1)停电

在工作地点,待检修的设备必须停电。

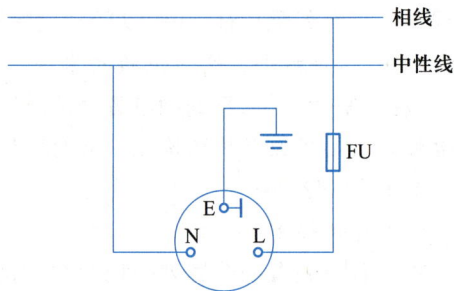

（2）验电

待检修的电气设备和线路停电后,在悬挂接地线之前必须用验电器验明该电气设备确无电压。验电时,必须用电压等级合适且合格的验电器。在检修设备的进出线两侧的各相上分别验电。线路的验电应逐相进行,且三相均验。

需要说明的是:表示设备断开和允许进入间隔的信号及经常接入的电压表的指示等,不能作为无电压的依据;但如果指示有电,则禁止在该设备上工作。

（3）装设接地线

为了防止已停电的工作地点因误操作或误动作突然来电,应将已验明的无电检修设备装设三相短路接地线,以保证工作人员的人身安全。

对于可能送电至停电设备的各部位或停电设备可能产生感应电压的部分都装设接地线,且保证所装接地线与带电部分符合规定的安全距离。

若检修部分为几个在电气上不相连的部分,则各段均应分别验电并装设接地线,并要求接地线与检修部分之间不得串接开关或熔断器。对于全部停电的降压变电所,应将各个可能来电侧三相短路接地,其余部分不必每段都装设接地线。

在室内配电装置上,接地线应装在该装置导电部分的规定地点,这些地点的油漆应刮去。在装设接地线时,先装接地端,当验明确无电压后,再将另一端接在待修设备或线路的导电部分上。

（4）悬挂标示牌

在工作地点和施工设备处,以及一经合闸即可送电至工作地点或施工设备的开关和刀闸的操作把手上,应悬挂"禁止合闸,有人工作"的标示牌。

小　　　结

1. 正弦交流电的三要素和相量表示法

（1）频率、角频率、周期,幅值、有效值,相位、初相位

（2）复数的四种表示法,相互转换,四则运算

（3）正弦量与相量的相互转换 $u \Leftrightarrow \dot{U}$ 或 $\dot{U}_m$, $i \Leftrightarrow \dot{I}$ 或 $\dot{I}_m$

（4）基尔霍夫定律的相量形式

2. R、L、C 元件的交流电路

伏安关系,功率(有功功率、无功功率)

3. RLC 串联电路

时域模型和相量模型,电压△、阻抗△和功率△

4. 阻抗的串并联,应用电路定律、定理和分析方法求解电路

5. 功率因数,提高功率因数的意义、方法和计算

6. 电路的频率特性

串联谐振、并联谐振的特点,简单滤波电路

7. 三相电路

三相对称电压和供电方式,星形联结的负载电路分析(以对称为主),三角形联结的负载电路分析(以对称为主),三相功率的计算

习 题

3.1 已知正弦交流电压 $U = 220$ V,$f = 50$ Hz,$\psi_u = 30°$。写出它的瞬时值式,并画出波形。

3.2 已知正弦交流电流 $I_m = 10$ A,$f = 50$ Hz,$\psi_i = 45°$。写出它的瞬时值式,并画出波形。

3.3 比较以下正弦量的相位

(1) $u_1 = 310\sin(\omega t + 90°)$ V,$u_2 = 537\sin(\omega t + 45°)$ V

(2) $u = 100\sqrt{2}\sin(\omega t + 30°)$ V,$i = 10\cos\omega t$ A

(3) $u = 310\sin(100t + 90°)$ V,$i = 10\sin 1\ 000t$ A

(4) $i_1 = 100\sin(314t + 90°)$ A,$i_2 = 50\sin(100\pi t + 135°)$ A

3.4 将以下正弦量转换为幅值相量和有效值相量,并用代数式、三角式、指数式和极坐标式表示,并分别画出相量图。

(1) $u = 310\sin(\omega t + 90°)$ V   (2) $i = 10\cos\omega t$ A

(3) $u = 100\sqrt{2}\sin(\omega t + 30°)$ V   (4) $i = 10\sqrt{2}\sin(\omega t + 60°)$ A

3.5 将以下相量转换为正弦量

(1) $\dot{U} = (50 + j50)$ V   (2) $\dot{I}_m = (-30 + j40)$ A

(3) $\dot{U}_m = 100\sqrt{2}\,e^{j30°}$ V   (4) $\dot{I} = 1\ \underline{/-30°}$ A

3.6 相量图如图 3-62(a)、图 3-62(b)所示,已知 $I = 10$ A,$U_1 = 100$ V,$U_2 = 80$ V,$U_m = 310$ V,$I_{1m} = 10$ A,$I_{2m} = 12$ A。频率 $f = 50$ Hz。写出它们对应的相量式和瞬时值式。

3.7 电路如图 3-63(a)、图 3-63(b)所示,电压 $u_1 = 310\sin(314t + 30°)$ V,$u_2 = 310\sin(3\ 140t + 60°)$ V,用相量法求每个电阻的电流和吸收的有功功率。

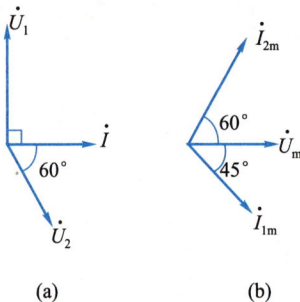

图 3-62 习题 3.6 的相量图

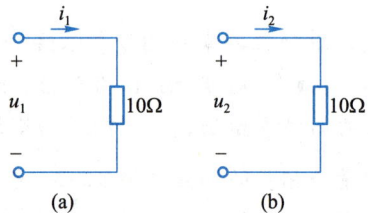

图 3-63 习题 3.7 的电路

3.8 电路如图 3-64(a)、图 3-64(b)所示,已知 $L = 10$ mH,$u_1 = 100\sin(100t + 30°)$ V,$u_2 = 100\sin(1\ 000t + 30°)$ V。求电流 i_1 和 i_2,并进行比较。

3.9 电路如图 3-65(a)、图 3-65(b)所示,已知 $C = 10$ μF,$u_1 = 100\sin(100t + 30°)$ V,$u_2 = 100\sin(1\ 000t + 30°)$ V。求电流 i_1 和 i_2,并进行比较。

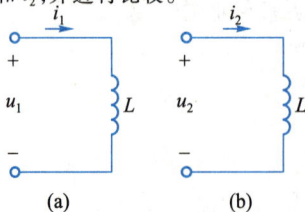

图 3-64 习题 3.8 的电路

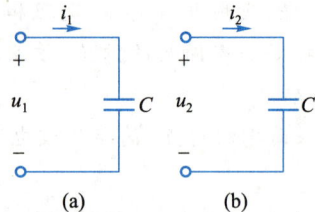

图 3-65 习题 3.9 的电路

3.10　求图 3-66 所示电路中未知电压表的读数。

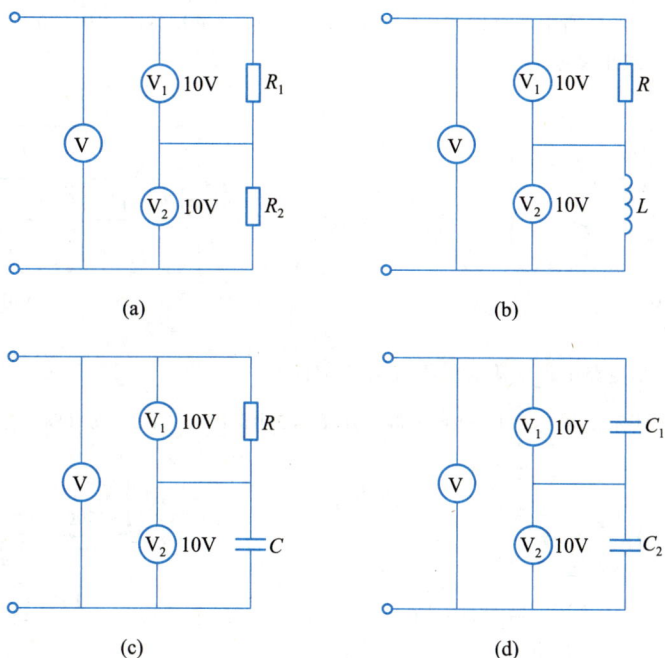

(a)　　　　　　　　　　(b)

(c)　　　　　　　　　　(d)

图 3-66　习题 3.10 的电路

3.11　电路如图 3-67 所示，已知 $R=10\ \Omega, L=100\ \text{mH}, C=1\ 000\ \mu\text{F}, u=141\ \sin\ 100t\ \text{V}$。

（1）求电压 u_R、u_L、u_C 和电流 i。

（2）求电路的有功功率 P、无功功率 Q 和视在功率 S。

（3）画出相量图。

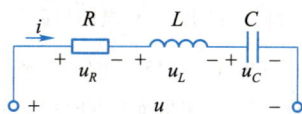

图 3-67　习题 3.11 的电路

3.12　求图 3-68 所示电路中未知电流表的读数。

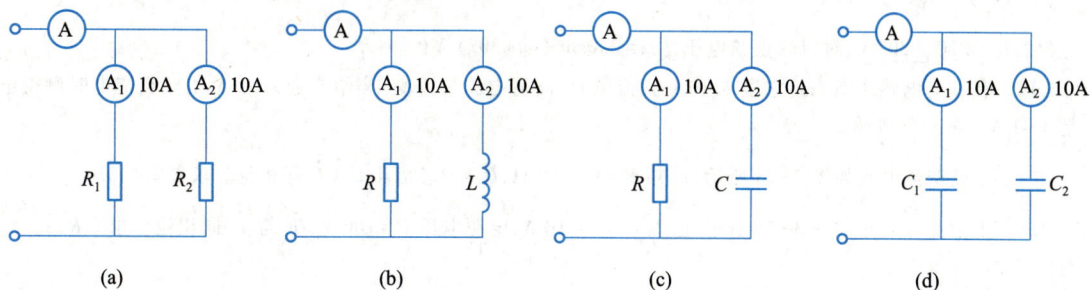

(a)　　　　　(b)　　　　　(c)　　　　　(d)

图 3-68　习题 3.12 的电路

3.13　已知图 3-69 所示电路中 $u = 120\sqrt{2}\sin(1\,000t + 90°)$ V，$R = 15\ \Omega$，$L = 30$ mH，$C = 83.3\ \mu\text{F}$。求电流 i。

3.14　已知图 3-70 所示电路中，$i_S = 50\sqrt{2}\sin(10t + 53.1°)$ A，$i_1 = 40\sqrt{2}\sin(10t + 90°)$ A，$u = 300\sqrt{2}\sin 10t$ A。试判断阻抗 Z_2 的性质，并求出参数。

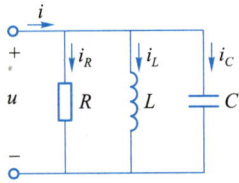

図 3-69　习题 3.13 的电路　　　　　　图 3-70　习题 3.14 的电路

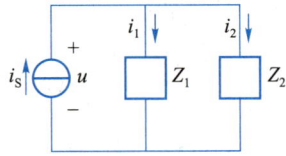

3.15　求图 3-71 所示电路中各未知电压表、电流表的读数。

3.16　已知图 3-72 所示正弦交流电路中，电源电压 $\dot{U} = 220\underline{/0°}$ V。（1）求电路的阻抗 Z；（2）求电流 $\dot{I}_1$、$\dot{I}_2$ 和 $\dot{I}$。

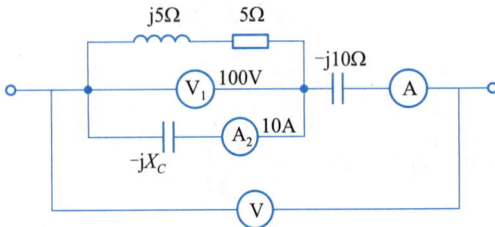

图 3-71　习题 3.15 的电路　　　　　　图 3-72　习题 3.16 的电路

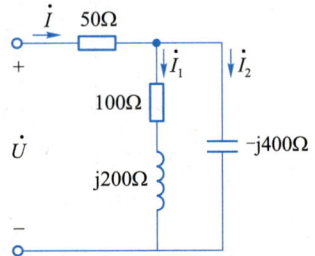

3.17　应用 Multisim 或 EWB 对图 3-72 所示电路进行仿真，设 u 的有效值为 220 V，频率为 159.24 Hz，电容 $C = 2.5\ \mu\text{F}$，电感 $L = 200$ mH，电阻值不变。用虚拟电流表测量 I、I_1、I_2，并和习题 3.16 的计算结果进行比较。

3.18　判别正误。在以下正确的表达式后面打上√，错误的后面打×。

（1）$\dot{U} = (100 + j100)$ V $= 100\sqrt{2}\,e^{j45°}$ V $= 200\sin(\omega t + 45°)$ V（　　）

（2）$200\sin(100t + 45°)$ V $+ 200\sin(100t + 45°)$ V $= 400\sin(100t + 45°)$ V（　　）

（3）因为 $u = u_1 + u_2$，所以 $U = U_1 + U_2$　（　　）

（4）因为 $i = i_1 + i_2$，所以 $\dot{I}_m = \dot{I}_{1m} + \dot{I}_{2m}$　（　　）

（5）因为 $i = i_1 + i_2$，所以 $\dot{I} = \dot{I}_1 + \dot{I}_2$　（　　）

（6）$\dot{U} = 220\underline{/30°}$ V，对应的正弦电压是 $u = 220\sin(\omega t + 30°)$ V（　　）

3.19　有一个电感线圈当给它通入 10 V 直流电时，测得电流是 2 A。当给它通入 10 V 工频交流电时测得电流是 1.41 A。求它的电感 L。

3.20　正弦交流电路如图 3-73 所示，已知 $R = X_C = 10\ \Omega$，$U_1 = U_2$，而且 $\dot{U}$、$\dot{I}$ 同相位。求复阻抗 Z。

3.21　正弦交流电路如图 3-74 所示，已知 $I_1 = I_2 = 10$ A，电源电压 $U = 100$ V，$\dot{U}$ 与 $\dot{I}$ 同相位。求 I、R、X_L、X_C 及总阻抗 Z。

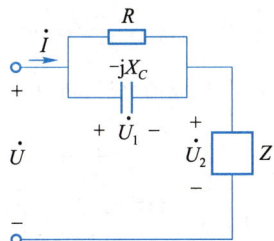

图 3-73　习题 3.20 的电路

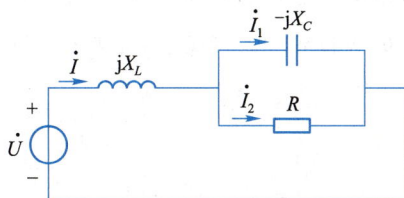

图 3-74　习题 3.21 的电路

3.22　电路如图 3-75 所示,当 $\omega = 1\,000$ rad/s 时,若 $R = 1\,000\ \Omega$,$R' = 500\ \Omega$,图 3-75(a)与图 3-75(b)等效。求 C 及 C' 各为多少?

3.23　正弦交流电路如图 3-76 所示,已知 $I_1 = 10$ A,$I_2 = 10\sqrt{2}$ A,$U = 200$ V,$R_1 = 5\ \Omega$,$R_2 = X_L$。求 I、R_2、X_L 及 X_C。

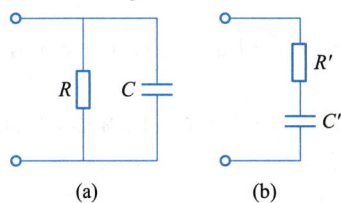

(a)　　　　(b)

图 3-75　习题 3.22 的电路

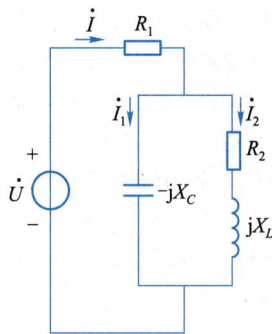

图 3-76　习题 3.23 的电路

3.24　用支路电流法求图 3-77 所示电路的各支路电流。

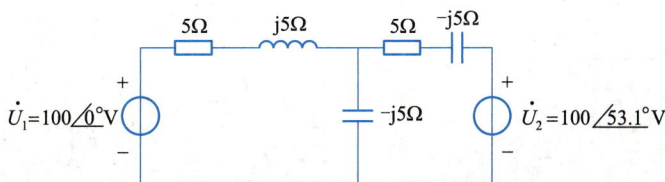

图 3-77　习题 3.24、习题 3.25 的电路

3.25　用叠加定理求图 3-77 所示电路的各支路电流。

3.26　电路如图 3-78 所示,用戴维宁定理求电流 $\dot{I}_L$。

3.27　电路如图 3-79 所示,已知 $\dot{U}_{S1} = 100\sqrt{2}\,\mathrm{e}^{-\mathrm{j}90°}$ V,$\dot{U}_{S2} = 100\sqrt{2}\,\mathrm{e}^{\mathrm{j}45°}$ V,$\mathrm{j}X_{L1} = \mathrm{j}\sqrt{2}\ \Omega$,$\mathrm{j}X_{L2} = \mathrm{j}\ \Omega$,$R_1 = \sqrt{2}\ \Omega$,$R_2 = 1\ \Omega$,$Z_L = 0.59 - \mathrm{j}0.59\ \Omega$。用支路电流法求各支路电流。

3.28　电路如图 3-79 所示,已知 $\dot{U}_{S1} = 100\sqrt{2}\,\mathrm{e}^{-\mathrm{j}90°}$ V,$\dot{U}_{S2} = 100\sqrt{2}\,\mathrm{e}^{\mathrm{j}45°}$ V,$\mathrm{j}X_{L1} = \mathrm{j}\sqrt{2}\ \Omega$,$\mathrm{j}X_{L2} = \mathrm{j}\ \Omega$,$R_1 = \sqrt{2}\ \Omega$,$R_2 = 1\ \Omega$,$Z_L = (0.59 - \mathrm{j}0.59)\ \Omega$。用叠加定理求各支路电流。

3.29　电路如图 3-79 所示,已知 $\dot U_{S1}=100\sqrt{2}\,\mathrm{e}^{-\mathrm{j}90°}$ V, $\dot U_{S2}=100\sqrt{2}\,\mathrm{e}^{\mathrm{j}45°}$ V, $\mathrm{j}X_{L1}=\mathrm{j}\sqrt{2}$ Ω, $\mathrm{j}X_{L2}=\mathrm{j}\Omega$, $R_1=\sqrt{2}$ Ω, $R_2=1$ Ω, $Z_L=(0.59-\mathrm{j}0.59)$ Ω。用戴维宁定理求负载支路电流 $\dot I_L$ 并求 Z_L 吸收的有功功率 P。

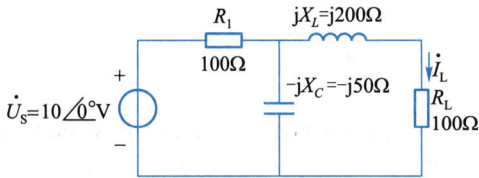

图 3-78　习题 3.26 的电路　　　　　图 3-79　习题 3.27、3.28、3.29 的电路

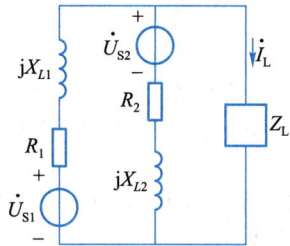

3.30　一个感性负载等效为 RL 串联电路如图 3-80 所示。测量得到 $U_R=122$ V, $U_L=184$ V,电流 $I=320$ mA,已知电源频率 $f=50$ Hz。

（1）计算它的功率因数;

（2）要使它的功率因数提高到 0.9,需要并联多大的电容? 电容器的耐压应该多少伏?

（3）功率因数提高到 0.9 以后电流 $I=$?

3.31　已知 RLC 串联电路在电源频率为 500 Hz 时发生谐振,谐振电流 $I_0=0.2$ A,电容的容抗 $X_C=314$ Ω,测得电容电压为电源电压的 20 倍。求电阻 R 和电感 L。

3.32　电路如图 3-81 所示,已知 $i_S=10\sin 1\,000t$ A, $R_1=R_2=R_3=1$ Ω, $L_1=3$ mH, $L_3=1$ mH, $C_3=1\,000$ μF, $i_1=0$。

（1）求电流 i_2、i_3、i_4。

（2）求电流源提供的有功功率 P_S。

（3）求电容 C_1。

3.33　有一台半导体收音机的输入电路电感 $L=0.5$ mH,电容器的可调范围是 10~270 pF。问它是否能满足收听中波段 535~1 605 kHz 的要求?

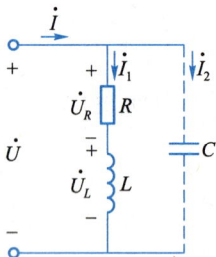

图 3-80　习题 3.30 的电路　　　　　图 3-81　习题 3.32 的电路

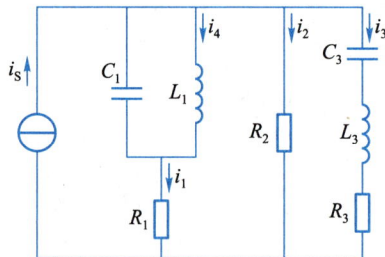

3.34　电路如图 3-82 所示,已知三相电源对称 $u_{12}=380\sqrt{2}\sin(314t+60°)$ V,三相对称负载 $Z_1=Z_2=Z_3=(5.5\sqrt{2}+\mathrm{j}5.5\sqrt{2})$ Ω。求各相电流的瞬时值式并画出相量图(含线电压 $\dot U_{12}$、相电压 $\dot U_1$ 和相电流 $\dot I_1$、$\dot I_2$、$\dot I_3$)。

3.35　图 3-82 电路如果连有中性线,中性线上有无电流? 为什么?

3.36　三个单相负载连接在三相对称电源上如图 3-83 所示。已知 $u_{12}=380\sqrt{2}\sin(314t+30°)$ V, $Z_1=5$ Ω, $Z_2=10$ Ω, $Z_3=20$ Ω,每相负载的额定电压均为 220 V。

（1）当连接成图 3-83(a)所示的三相四线制形式，L_1 开路时求各相电流 $\dot{I}_1$、$\dot{I}_2$、$\dot{I}_3$ 和中性线电流 $\dot{I}_N$。此时负载 Z_2、Z_3 的工作是否正常？

（2）当连接成图 3-83(b)所示的三相三线制形式，L_1 开路时求各相电流 $\dot{I}_1$、$\dot{I}_2$、$\dot{I}_3$。此时负载 Z_2、Z_3 的工作是否正常？

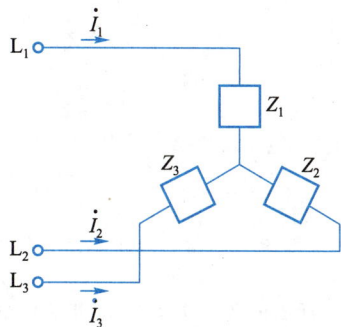

图 3-82　习题 3.34、3.35 的电路

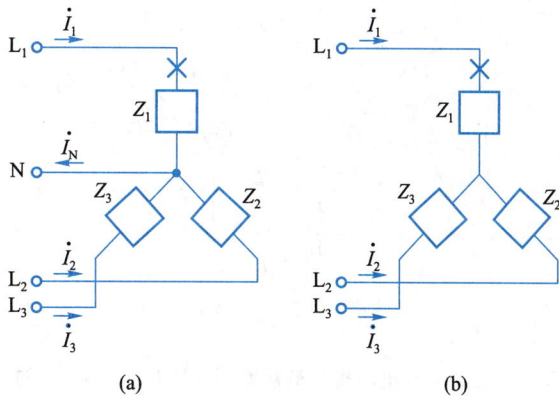

(a)　　　　　　　　(b)

图 3-83　习题 3.36 的电路

3.37　三个单相负载连接在三相对称电源如图 3-84 所示，已知 $u_{12}=380\sqrt{2}\sin(314t+30°)$ V，$Z_1=5\ \Omega$，$Z_2=10\ \Omega$，$Z_3=20\ \Omega$，每相负载的额定电压均为 220 V。

（1）当连接成图 3-84(a)的三相四线制形式（每相相线上均接有熔断器进行短路保护），负载 Z_1 短路时求相电流 $\dot{I}_2$、$\dot{I}_3$ 和中性线电流 $\dot{I}_N$。此时负载 Z_2、Z_3 的工作是否正常？

（2）当连接成图 3-84(b)的三相三线制形式，负载 Z_1 短路时求各相电流 $\dot{I}_1$、$\dot{I}_2$、$\dot{I}_3$。此时负载 Z_2、Z_3 的工作是否正常？

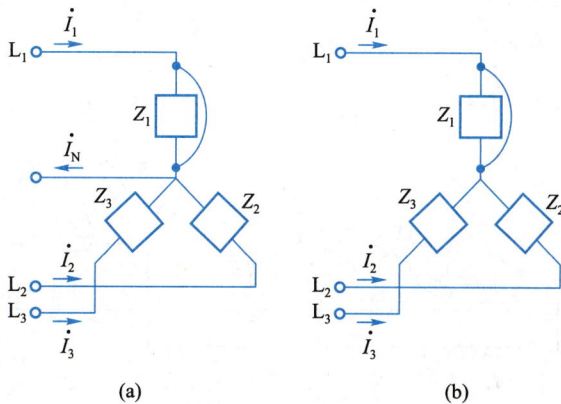

(a)　　　　　　　　(b)

图 3-84　习题 3.37 的电路

3.38　三相对称电路如图 3-85 所示，已知电源 $\dot{U}_1=220e^{-j30°}$ V，负载 $Z_{12}=Z_{23}=Z_{31}=3.8\ \Omega$。求各线电流和相电流。

3.39　求习题 3.34 负载吸收的有功功率 P。

3.40　求习题 3.38 负载吸收的有功功率 P。

3.41 已知三相对称电源接有感性对称负载,电路如图 3-86 所示,电源线电压 $U_L = 380$ V,三相有功功率 $P = 5.4$ kW,电流表读数为 9.6 A。

(1) 求负载相电流;

(2) 求每相负载的复阻抗。

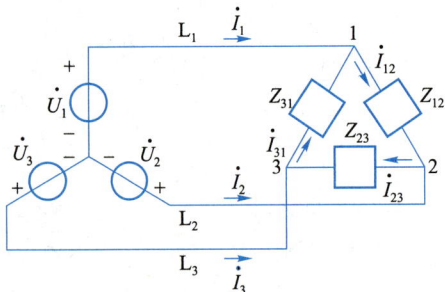

图 3-85　习题 3.38 的电路　　　　图 3-86　习题 3.41 的电路

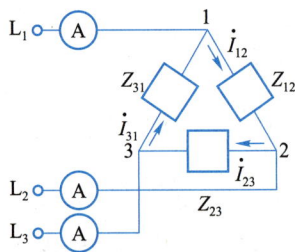

3.42 三相异步电动机是最常见的感性对称负载,它的产品手册中所标出的额定功率 P_N 是指它的额定机械功率值,电压、电流分别为额定线电压、额定线电流值。现有 1 台电动机,它的技术数据如下:

型号:Y90L-2,功率:$P_N = 2.2$ kW,效率:$\eta = 86\%$,电压:$U_N = 380$ V,接法:星形。

求它的额定线电流和相电流。(提示:首先计算出电功率)

3.43 现有 1 台电动机它的技术数据如下:

型号:Y132S-4,功率:$P_N = 5.5$ kW,效率:$\eta = 84\%$,电压 $U_N = 380$ V,接法:三角形。

求它的额定线电流和相电流。

3.44 电路如图 3-87 所示,已知三相对称电源 $u_{12} = 380\sqrt{2}\sin(314t + 30°)$ V,接有两组对称负载,$R = X_L = 11\sqrt{2}$ Ω,$R_{12} = R_{23} = R_{31} = 38$ Ω。

(1) 求线电流 i_1、i_2、i_3。

(2) 求三相有功功率 P。

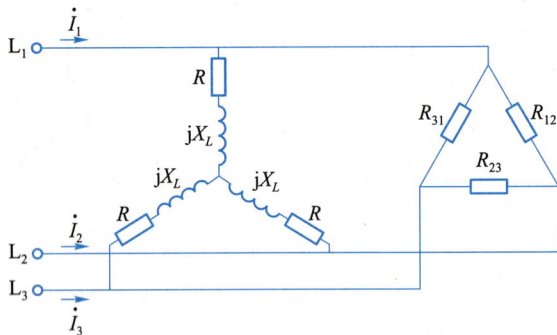

图 3-87　习题 3.44 的电路

第 **4** 章

电动机及其控制

能够实现机电能量转换的设备称为电机(Electric Machine)。将机械能或其他形式的能量转换为电能的电机称作发电机(Electric Generator);把电能转换为机械能的电机叫作电动机(Electric Motor)。本课程仅讨论电动机。

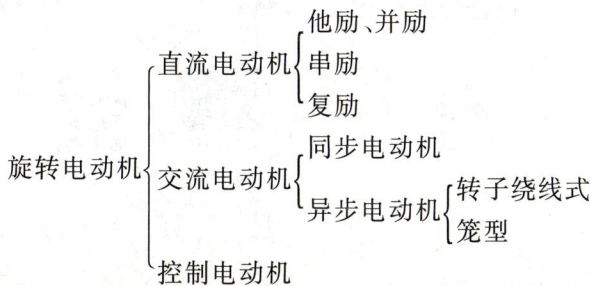

$$
\text{旋转电动机}
\begin{cases}
\text{直流电动机}
\begin{cases}
\text{他励、并励} \\
\text{串励} \\
\text{复励}
\end{cases} \\
\text{交流电动机}
\begin{cases}
\text{同步电动机} \\
\text{异步电动机}
\begin{cases}
\text{转子绕线式} \\
\text{笼型}
\end{cases}
\end{cases} \\
\text{控制电动机}
\end{cases}
$$

电动机的种类繁多,分类方法也很多,这里以介绍常用的交流异步电动机为主,并简单介绍直流电动机。在工农业生产和大功率的电动设备中以采用异步电动机为多,因为它具有结构简单、运行可靠、维护方便等优点,而且交流电源供电也很方便。磁悬浮高速列车用的直线异步电动机就是基于异步电动机的原理演变过来的。

直流电动机多用于对调速要求较高的生产机械(例如龙门刨床、轧钢机等)以及可移动的设备(电车、电瓶车,汽车上的起动机等)中。在一些小家电(扫地机器人、剃须刀、儿童玩具等)上用得比较多,电动自行车等用的无刷电动机就是从直流电动机发展过来的。

以上电动机都是作为动力来使用的,其主要任务是进行能量的转换。此外,还有一类电机叫作控制电机,它的主要作用是转换和传递控制信号,而能量转换居于次要地位。它们的容量和体积都比较小。目前常用的有:伺服电动机是将电压信号转换成角位移或角速度;步进电动机的作用是将电脉冲信号转换成输出轴的转角或转速;测速发电机的作用是把转速信号转换成对应的电压信号;自整角机可以实现角度的传输、变换和接收;旋转变压器的功能是将转角信号变换成与之成函数关系的电压信号等。它们用于各种类型的自动控制系统和计算装置。例如雷达的自动定位、舰船的自动操纵、飞机和汽车的自动驾驶、机床加工的自动控制等。

4.1　三相异步电动机的构造和转动原理

1. 三相异步电动机的构造

　　三相异步电动机由定子和转子两大部分组成。定子、转子之间留有气隙。另外还有端盖、轴承及风扇等部件。按其转子结构不同可以分为笼型电动机和绕线转子电动机两大类。图 4-1 为三相笼型异步电动机结构图。

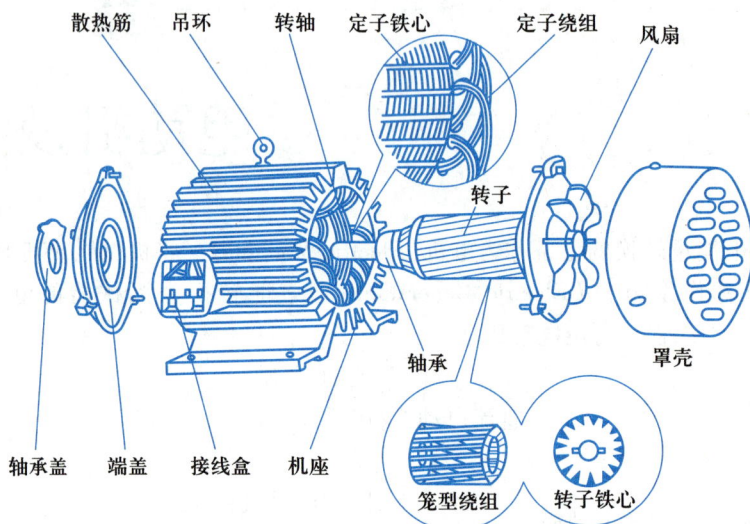

图 4-1　三相笼型异步电动机结构

（1）定子

　　定子由定子铁心、定子绕组和机座三部分组成。

　　定子铁心是电动机磁路的一部分,装在机座的内腔里,并在其上放有定子绕组。它一般是由表面涂有绝缘漆的 0.35~0.5 mm 厚的硅钢片冲制、叠压成圆筒状而成。

　　在定子铁心内圆上开有均匀分布的槽,齿槽均匀分布在铁心内圆表面,并与轴平行,齿槽内放置三相定子绕组。

　　定子绕组是定子的电路部分,由很多线圈连接而成,通入三相交流电后,可产生旋转磁场。每个线圈的两个有效边,分别放在两个槽内。导体与铁心之间有槽绝缘。如采用双层绕组,在上、下两层之间还放有层间绝缘。导线用槽楔固定在槽内。三相定子绕组的 6 个端头引到电动机机座的接线盒内,可按需要将三相绕组接成星形或三角形,如图 4-2 所示。

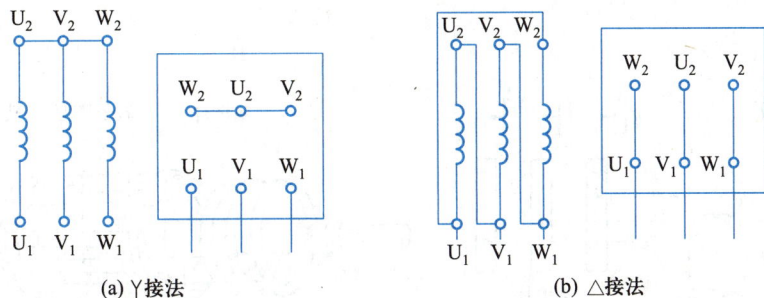

(a) Y接法   (b) △接法

图 4-2 三相定子绕组的接线方法

机座的主要作用是固定定子铁心和端盖,中、小型机座可采用铸铁制成;小型机座也可用铝合金压铸而成;大型机座则采用钢板焊接结构。

（2）转子

转子是由转轴、转子铁心和转子绕组所组成。

转轴用以传递转矩并支承转子的重量。一般由中碳钢或合金钢制成。

转子铁心的作用也是组成电动机磁路的一部分和安装转子绕组。它用 0.5 mm 厚的冲有转子槽形的硅钢片叠压而成。

转子绕组的作用是感应电动势、流过电流并产生电磁转矩。转子绕组分为笼型和绕线转子型两类。

1）笼型转子绕组

此种转子绕组是在铁心的每个槽内放入一根导体,在伸出铁心的两端槽口处,用两个导电端环把所有导体连接起来,形成一个自行闭合的短路绕组。如果去掉铁心,整个绕组的外形就像一个"笼",故称笼型转子。小型笼型转子一般采用铸铝,将导条、端环和风叶一次铸出,如图 4-3 所示。

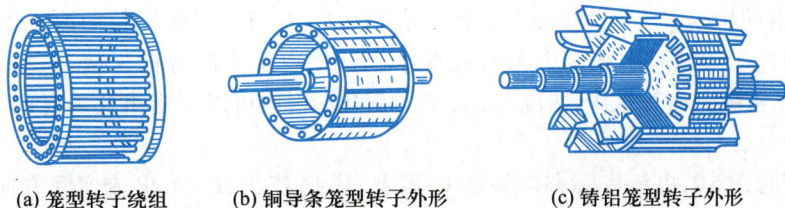

(a) 笼型转子绕组   (b) 铜导条笼型转子外形   (c) 铸铝笼型转子外形

图 4-3 笼型转子图

2）绕线转子异步电动机

它的定子绕组结构与笼型异步电动机完全一样。但其转子绕组与笼型异步电动机绝然不同,绕线转子绕组与定子绕组一样,也是一个对称三相绕组,它一般接成星形,其三根引出线分别接到轴上的三个滑环(称为集电环),再经电刷引出后与外部电路(一般是变阻器)接通,如图 4-4 所示。有些绕线转子异步电动机还装有提刷短路装置,当电动机起动完毕而又不需调速时,可扳动提刷装置到运转位置,将电刷提起同时使三只滑环短路,以减少电动机在运行中电刷磨损和摩擦损耗。

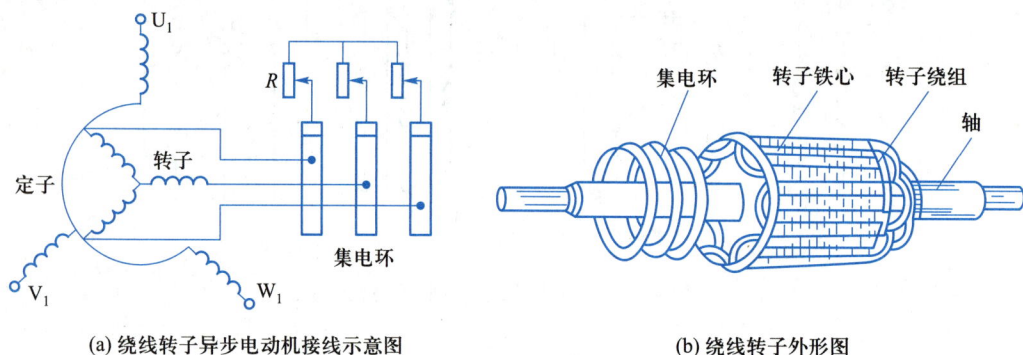

(a) 绕线转子异步电动机接线示意图   (b) 绕线转子外形图

图 4-4　绕线转子图

绕线转子异步电动机转子结构较复杂,价格较贵,一般用于对起动和调速性能有较高要求的场合。

2. 三相异步电动机的转动原理

（1）旋转磁场的产生

三相异步电动机是基于电磁感应原理工作的。在它的定子绕组上通入三相对称电流,就产生了旋转磁场,如图 4-5 所示。图 4-5(a)是通入三相对称绕组的三相对称电流,设

$$i_1 = I_m \sin\omega t \, A$$

$$i_2 = I_m \sin(\omega t - 120°) \, A$$

$$i_3 = I_m \sin(\omega t + 120°) \, A$$

根据所设各相电流参考方向(均设为流入),如果某一瞬时某相电流处于正半周时,电流实际上就从该相绕组始端流入,末端流出;否则就相反。流入电流,看到是箭尾,以 ⊕ 表示;流出电流,看到的是箭头,以 ⊙ 表示。然后根据右手螺旋法则就可以判定出该瞬时合成磁场的方向。

当三相绕组的始端 U_1、V_1、W_1 接入电源的相序为 L_1、L_2、L_3(正序)时,如图 4-5 (b)所示。

在 $\omega t = 0°$ 时,$i_1 = 0$,U_1、U_2 线圈中无电流通过。$i_3 > 0$,电流实际方向为从 W_1 端流入,从 W_2 端流出;$i_2 < 0$,电流实际方向为从 V_2 端流入,从 V_1 端流出。因而可以判定出此瞬时的合成磁场方向是向下的。

在 $\omega t = 60°$ 时,$i_1 > 0$,电流实际方向为从 U_1 流入、从 U_2 流出;$i_2 < 0$,电流实际方向为从 V_2 端流入,从 V_1 端流出。$i_3 = 0$,W_1、W_2 线圈中无电流通过。因而可以判定出此瞬时的合成磁场顺时针方向旋转了60°。

用同样方法可以继续分析出,在 $\omega t = 90°$ 时,合成磁场又顺时针旋转了30°。

综上所述可知:

① 当在定子绕组中通入三相对称电流时,可以产生在空间旋转的磁场。

② 旋转磁场的转速称为同步转速,与电流频率有关,在两极磁场中当电流变化一个周期时,磁场刚好旋转一周。当三相电流频率 $f_1 = 50$ Hz 时,两极旋转磁场的同步转速为 50 r/s,即 $60f_1 = 3\ 000$ r/min。

用同样的方法可以分析,当三相绕组的始端 U_1、V_1、W_1 接入电源的相序为 L_1、L_3、L_2(负序)

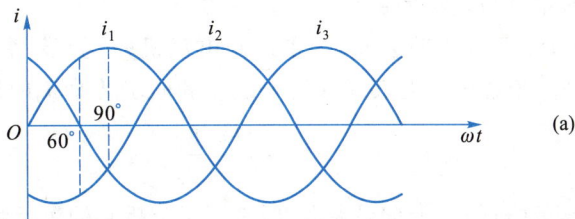

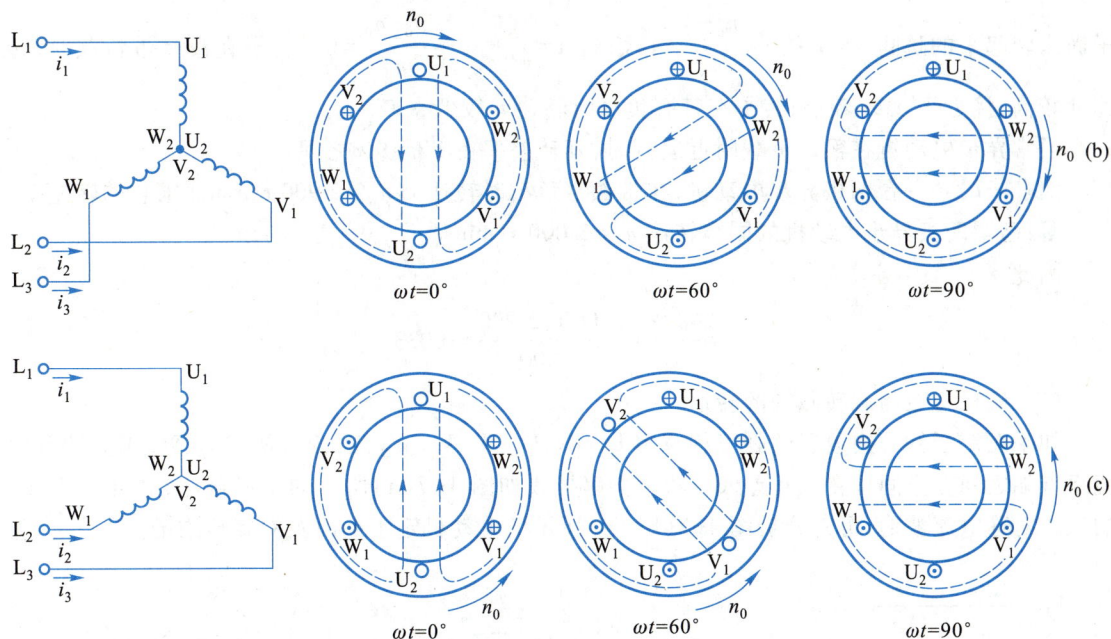

图 4-5 三相异步电动机的旋转磁场

时,如图 4-5(c)所示。可见,当电源相序改变时,旋转磁场的转向随之改变。

(2)转子的转向和转速

如图 4-6 所示是异步电动机转子转动原理的示意图。当 N、S 这一对磁极以顺时针方向旋转时,可以看成是转子导体反方向切割磁力线,在转子导体中就产生了感应电动势,电动势的方向可以由右手定则确定。由于转子导体是闭合状态的,因此就产生了感应电流,电流从高电位端流出。这个电流与旋转磁场相互作用,所产生的电磁力 F 的方向可以应用左手定则来确定,电磁力 F 使转子转动起来,可以看到转动方向与旋转磁场方向相同。如果改变三相电源接入的相序,旋转磁场的转向改变,转子的转向也就随之改变。因此,三相异步电动机常用改变电源相序的办法来实现反转。

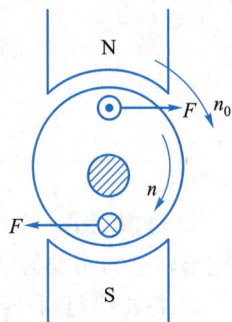

前面说到,磁极为一对时旋转磁场的转速即同步转速在电源频率为 50 Hz 时是 $n_0 = 3\ 000$ r/min,而转子转速 n 只能小于 n_0,因为当 $n = n_0$ 时转子与旋转磁场没有相对运动,转子不切割磁力线,不能产生感应电流,也就不能继续受电磁力作用。可见转子转速总是在低于同步转速下转

图 4-6 异步电动机转子
转动原理图

动的,这也就是异步电动机名称的由来。

由于转子转速 n 低于同步转速 n_0,为了反映电动机的"异步"程度,引入转差率的概念。转差率用 s 表示,它是同步转速 n_0 与转子转速 n 之差和同步转速 n_0 的比值,即

$$s = \frac{n_0 - n}{n_0} \qquad (4-1)$$

转差率是异步电动机的一个重要参数,经常用于分析它的运行状态。当定子绕组刚通电,转子尚未转起来的瞬间 $n = 0$,故 $s = \frac{n_0 - 0}{n_0} = 1$;而当 $n = n_0$ 时,$s = \frac{n_0 - n_0}{n_0} = 0$。转子在没有带负载时,转速 n 较高,接近于 n_0,s 较小;转子在带有负载时转速 n 较低,s 较大。

通常异步电动机在额定负载附近运行时,其转差率在 $1\% \sim 9\%$ 之间。

【例 4-1】 一台两极异步电动机,在带额定负载时转速为 $n_N = 2\,900$ r/min。求它的转差率。

解: 已知两极异步电动机的同步转速 $n_0 = 3\,000$ r/min

因此

$$s = \frac{n_0 - n}{n_0} = \frac{3\,000 - 2\,900}{3\,000} = 0.033$$

(3) 磁极对数与旋转磁场的转速

如果在定子铁心内放置两副三相绕组 U_1、U_2、U_3、U_4、V_1、V_2、V_3、V_4、W_1、W_2、W_3、W_4,即每副绕组首端之间在空间位置上互差60°,然后再串接成如图 4-7(a) 所示的星形接法,结合 4-5(a) 的三相对称电流波形,可以分析图 4-7(b)(c) 所示的电动机定子剖面图的旋转磁场。

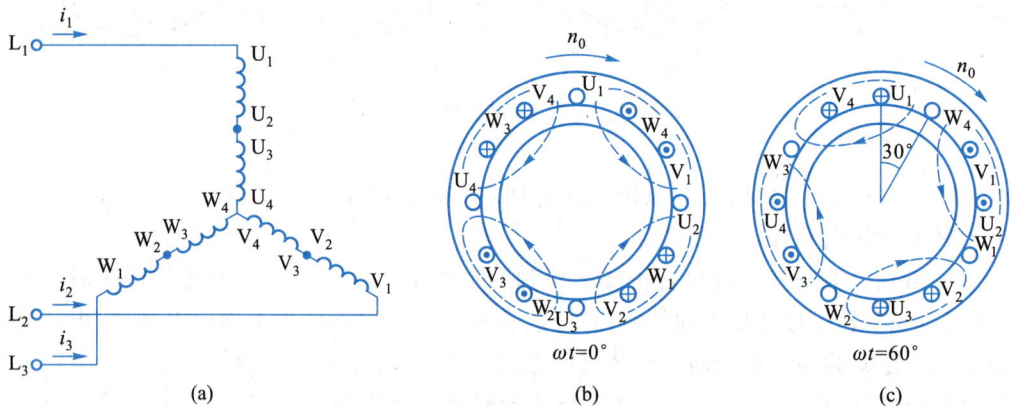

图 4-7 两对磁极的旋转磁场

可见:

① 每相绕组一个线圈,各相绕组的始端之间相差120°空间角,所产生的是一对磁极 $p = 1$,旋转磁场转过的角度与电流经过的电角度相同。

② 每相绕组两个线圈串联,各相绕组的始端之间相差60°空间角,所产生的是两对磁极 $p = 2$,旋转磁场转过的角度为电流经过的电角度的一半。

同理可知,当磁极对数为 p 时,同步转速为

$$n_0 = \frac{60f_1}{p} \quad\quad\quad (4-2)$$

当电流频率为 50 Hz 时,可以得到对应磁极对数的同步转速,如表 4-1 所示。

表 4-1 工频下对应不同磁极对数的同步转速

p	1	2	3	4	5	6
n_0(r/min)	3 000	1 500	1 000	750	600	500

【例 4-2】 一台三相异步电动机额定转速为 960 r/min,试判定它的磁极对数。

解:由于 $n_N = 960$ r/min,最接近的同步转速是 1 000 r/min

所以可判定磁极对数 $p = 3$

4.2 三相异步电动机的铭牌数据和使用

1. 三相异步电动机的铭牌数据

为了正确使用电动机,使之安全、高效率地运转,必须能够看懂铭牌,了解各数据的意义。某台三相异步电动机的铭牌如图 4-8 所示。以此实例说明其意义。

```
                    三相异步电动机

    型号  Y132M-4       功率   7.5kW       频率   50Hz

    电压  380V          电流   15.4A        接法    △

    转速  1440r/min     绝缘等级  B          工作方式  连续
              年      月        编号      ××电机厂
```

图 4-8 三相异步电动机铭牌示例

(1)型号

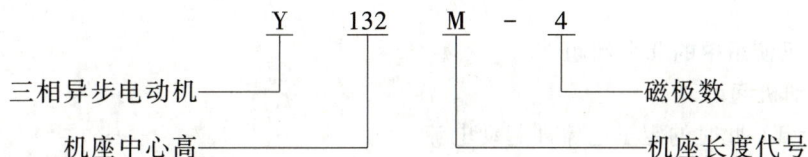

三相异步电动机————————————磁极数

机座中心高———————————机座长度代号

(Y—异步电动机;   (S—短机座;

YR—绕线转子异步电动机;   M—中机座;

YB—防爆型异步电动机;   L—长机座)

YQ—高起动转矩异步电动机)

(2)功率和效率

铭牌上的功率是指额定运行时,电动机轴上输出的机械功率值。三相异步电动机在额定状态下的效率一般在 $\eta = 75\% \sim 92\%$,此时消耗的电功率为

$$P = \frac{P_N}{\eta} \qquad (4-3)$$

（3）电压、电流与接法

铭牌上的电压是指电动机在额定运行时定子绕组按规定的接法所应该加的线电压值，电流是指额定运行时定子绕组的线电流值。本例中，该三相异步电动机定子绕组为 Δ 联结。应该接于线电压 380 V 的三相电源，轴上为额定负载时定子线电流 15.4 A。

（4）转速

转速与磁极数有关，与轴上负载大小有关。铭牌上给出的转速是定子绕组加额定电压、轴上为额定负载时的转速。

（5）转矩

三相异步电动机的机械特性曲线如图 4-9 所示。该曲线是表示电动机转速 n 与转矩 T 之间关系的曲线。

通常三相异步电动机运行在 BD 段。从曲线可以看出，当负载有较大变化时，电动机转速变化并不大，因此三相异步电动机具有"硬的机械特性"。图中 T_N 点是三相异步电动机在额定状态工作时的电磁转矩，称为额定转矩。额定转矩可以通过计算得到，计算公式为

$$T_N = 9\,550 \frac{P_N}{n_N} \qquad (4-4)$$

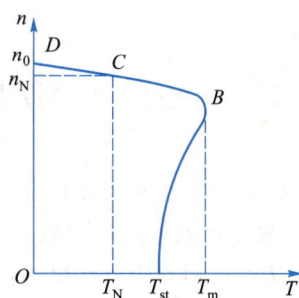

图 4-9　三相异步电动机的机械特性

式中，P_N 是额定功率，单位是 kW，n_N 是额定转速，单位是 r/min，T_N 是额定转矩，单位是 N·m。

如果电动机的工作电流超过它的额定值，这种工作状态称为过载。为了避免电动机过热，不允许它长期过载运行。但在一定范围内可以短时过载。但这时的负载转矩不允许超过最大转矩 T_m，否则就发生"堵转"而烧毁电动机。所以最大转矩 T_m 反映了三相异步电动机短时过载的能力，用 λ 表示

$$\lambda = \frac{T_m}{T_N} \qquad (4-5)$$

2. 三相异步电动机使用中的几个问题

（1）三相异步电动机起动

起动瞬间 $n=0, s=1$。此时的定子电流即起动电流

$$I_{st} = (5 \sim 7) I_N \qquad (4-6)$$

直接起动设备简单，投资少，操作方便。对于容量在 10 kW 以下，且小于供电变压器容量 20% 的异步电动机，一般尽可能地采用直接起动；对于中、大型电动机需要采取措施限制起动电流。常用的方法有：

① Y-Δ 换接起动。仅适用于正常工作时 Δ 接法的异步电动机，Y-Δ 换接起动的电路如图 4-10 所示。由于起动时每相定子绕组上的电压是直接起动时的 $\frac{1}{\sqrt{3}}$，而电磁转矩与电压的平方成

正比,因此起动转矩是直接起动时的 $\frac{1}{3}$。起动时通过手柄把 Y 动触点与静触点连接,起动后切换到 Δ 动触点与静触点连接。

② 自耦变压器减压起动。起动电路如图 4-11 所示。起动时,先闭合 Q_1,Q_2 投向下方使电源和电动机与自耦变压器连接。电动机起动以后 Q_2 投向上方,切除自耦变压器,电动机全压运行。由于起动时电压降低,因此起动转矩也变小。

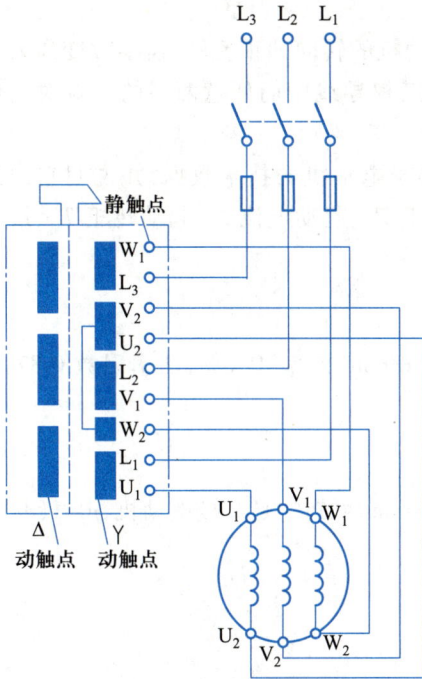

图 4-10 Y-Δ 换接起动

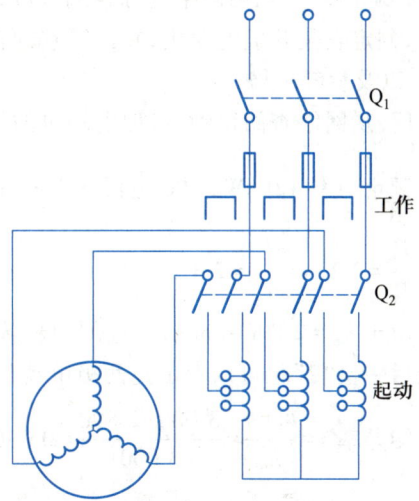

图 4-11 自耦变压器减压起动

以上两种起动方式都只适用于轻载或空载运行。

③ 绕线转子异步电动机转子串接电阻起动。电路如图 4-12 所示。

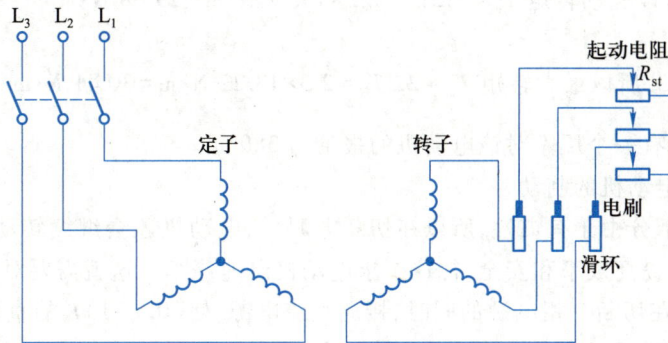

图 4-12 转子串接电阻起动

（2）三相异步电动机的调速和正反转

① 变极调速。即通过改变定子绕组的接线,改变磁极对数,因而改变了旋转磁场的转速,进而改变转子转速。此种调速需要用特制的多速电动机,为有级调速。

② 变频调速。采用变频器将工频电源频率改变,从而将转速改变,为无级调速。变频调速的应用日益广泛。

③ 变转差率调速。在绕线转子异步电动机转子电路中接入调速电阻;改变电阻的大小,就可以得到平滑调速。此种调速方法广泛用于起重设备中。

④ 三相异步电动机的正反转。要改变三相异步电动机的转向即正反转,需要改变通入三相绕组的电流相序。具体的做法是:将与三相电源连接的三根导线中的任意两根的一端对调位置即可。

【例 4-3】 利用网络资源查阅 Y112M-2 型三相异步电动机的技术数据,并说明它的同步转速,判定它是几极电动机,并计算它的转差率、额定转矩 T_N、起动电流 I_{st}、起动转矩 T_{st}、最大转矩 T_m 以及参考价格。

解:从网络查阅得到,该型电动机的技术数据如下:

额定功率 4.0 kW,额定电流 8.2 A,额定转速 2 890 r/min,效率 85.5%,功率因数 0.87,$\dfrac{I_{st}}{I_N} = 7.0$,$\dfrac{T_{st}}{T_N} = 2.2$,$\lambda = \dfrac{T_m}{T_N} = 2.3$。

由于 $n_N = 2\ 890$ r/min,接近的同步转速 $n_0 = 3\ 000$ r/min,可知它是 2 极电动机,$p = 1$（从型号的最后一位"2"也可以看出是两极电动机）。

转差率 $s = \dfrac{n_0 - n}{n_0} = \dfrac{3\ 000 - 2\ 890}{3\ 000} = 0.036\ 7$

额定转矩 $T_N = 9\ 550\dfrac{P_N}{n_N} = 9\ 550 \times \dfrac{4}{2\ 890}$ N·m $= 13.22$ N·m

因为 $\dfrac{I_{st}}{I_N} = 7.0$,所以起动电流 $I_{st} = 7.0 I_N = 7.0 \times 8.2$ A $= 57.4$ A

因为 $\dfrac{T_{st}}{T_N} = 2.2$,所以起动转矩 $T_{st} = 2.2 T_N = 2.2 \times 13.22$ N·m $= 29.08$ N·m

因为 $\lambda = \dfrac{T_m}{T_N} = 2.3$,所以最大转矩 $T_m = 2.3 T_N = 2.3 \times 13.22$ N·m $= 30.41$ N·m

通过网上查询,有一个厂家对该电动机的报价为 380 元。

（3）三相异步电动机的制动

电动机的转动部分由于有惯性,所以在切断电源后,电动机还会继续转动一定时间才停止。为了缩短辅助工时,提高效率和安全,往往要求电动机迅速停车。这就需要对电动机制动。

① 能耗制动。在切断三相电源的同时,接通直流电源,使 $(0.5 \sim 1) I_N$ 的直流电流通入定子绕组,此时产生的固定磁场对由于惯性转动的转子产生阻转矩,消耗转子动能而迅速停转。能耗制动的电路如图 4-13 所示。

② 反接制动。在电动机停车时,可以将接到电源的三根导线中的任意两根的一端对调位

置,即改变了引入电源的相序,产生和原转动方向相反的转矩,从而迅速停车。当转速接近零时立即切断电源,否则电动机将要反转。反接制动的电路如图 4-14 所示。

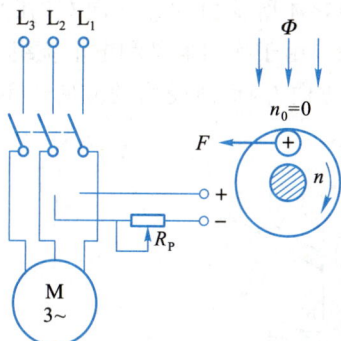

图 4-13 能耗制动

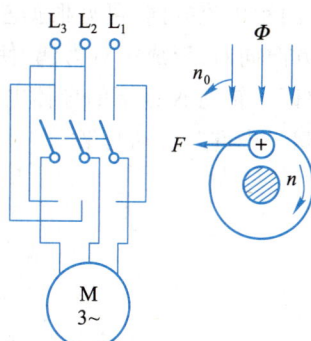

图 4-14 反接制动

4.3 直流电动机的原理和使用

1. 直流电动机的构造

直流电动机主要由三部分组成,如图 4-15 所示。

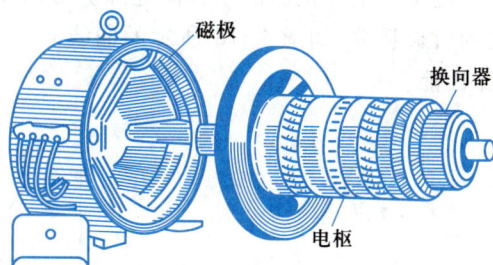

图 4-15 直流电动机

（1）磁极

直流电动机的磁极是用硅钢片叠成,固定在机座上,机座通常用铸钢制成,机座也是磁路的一部分。一般通过在磁极上绕制的线圈通入直流电流产生磁场,也有的小型直流电动机是用永久磁铁做磁极的。

（2）电枢

电枢包括绕组和铁心,铁心由硅钢片叠成,电枢绕组通入直流电流,受到磁极的作用从而使电动机转动起来。

（3）换向器

换向器又称整流子,它和电枢绕组的端线相连接,在外部通过和碳刷接触连接直流电源。

2. 直流电动机的转动原理

如图 4-16 所示是直流电动机转动原理的示意图。将直流电源通过电刷和换向器接入到电枢绕组，按图示电流方向，可见根据左手定则，在 N 极下的导体所受力的方向向左，在 S 极下的导体受力方向向右，形成一对力偶，使电枢逆时针方向转动。由于换向器是和电枢绕组一起转动的，因此保证了转到 N 极下的导体电流总是朝一个相同的方向，因而所受力的方向也不变，电动机就一直朝一个方向转动起来。

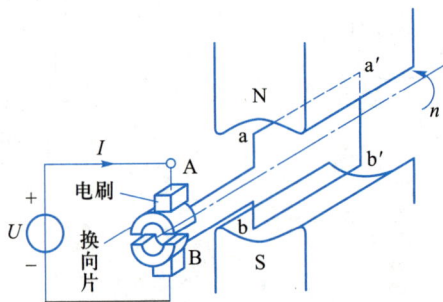

图 4-16 直流电动机转动原理的示意图

3. 直流电动机的分类和使用

按照励磁方式直流电动机分为以下几种类型。

（1）他励电动机

他励电动机的励磁绕组和电枢绕组分别由两个直流电源供给，如图 4-17 所示。

他励直流电动机具有硬的机械特性，如图 4-18 所示的曲线 a。可见，它的转速随转矩的增加略有下降，具有很好的工作性能。

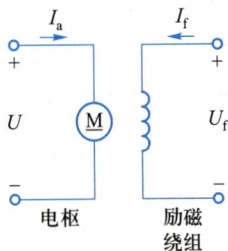

图 4-17 他励直流电动机

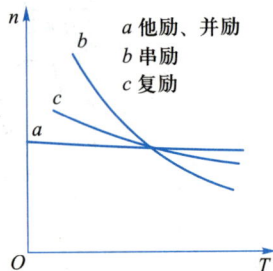

图 4-18 几种直流电动机的机械特性曲线

（2）并励电动机

励磁绕组和电枢绕组并联后由一个直流电源供电称作并励电动机，如图 4-19 所示。并励电动机和他励电动机没有本质区别，两者可以通用。因此二者的特性、用法基本相同。并励直流电动机的机械特性如图 4-18 所示的曲线 a。

他励或并励电动机在起动时电流很大，为了限制过大的起动电流，通常在电枢电路中串接起动电阻，待起动完成后再把它切除。直

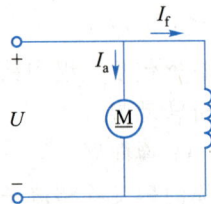

图 4-19 并励直流电动机

流电动机在运转过程中励磁电路不能开路。

他励或并励电动机具有良好的调速性能,调节电枢电压或励磁电流就能在很宽范围内平滑地进行调速,这也是在某些场合(例如起重机等)选用它的主要原因。

(3)串励电动机

如图 4-20 所示为串励直流电动机的电路图。磁极绕组和电枢绕组串联,接于直流电源。

它的机械特性曲线如图 4-18 所示的曲线 b,为软特性。它的起动转矩和过载能力都比较大,常用于起重设备、运输设备等。

(4)复励电动机

复励电动机有两个励磁绕组,一个和电枢绕组串联,另一个并联,由一个直流电源供电,如图 4-21 所示。

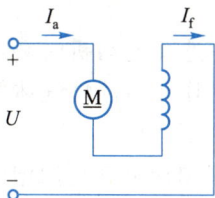

图 4-20 串励直流电动机

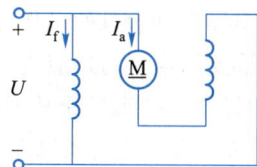

图 4-21 复励直流电动机

它的机械特性曲线如图 4-18 所示的曲线 c。由于两个励磁绕组一个串励,一个并励,因此其机械特性介于串励和并励电动机之间。它既可以像串励电动机一样适用于负载转矩变化较大,需要机械特性比较软的设备中,又可以像并励电动机那样在轻载或空载下运行。它在船舶、机床、采矿和起重等设备中都有应用。

4.4 电动机的选用

各种各样的生产机械和传动方式,使得电动机的选用有不同的思路和侧重点。这里介绍一般选用原则和方法。

(1)电动机种类选择

根据机械负载特性、生产工艺、电网要求、建设费用、运行费用等综合指标,合理选择电动机的类型。一般情况下优先选用三相笼型异步电动机,有特殊要求时可选择其他类型电动机。

(2)功率的选择

根据机械负载所要求的过载能力、起动转矩、工作制及工况条件,合理选择电动机的功率,使功率匹配合理,并具有适当的备用功率,力求运行安全、可靠而经济。需要避免大马拉小车,选用的功率过大,将因负载较小而降低电动机的效率和功率因数,以致造成不必要的损失。反之,若电动机的功率选择得比负载功率小,又会产生"小马拉大车"的现象。这势必使电动机超载运转而致绕组严重发热,如长期运行,电动机绕组有烧毁的危险。

(3)电压的选择

三相异步电动机的电源均为三相工频 50 Hz 交流电,用户的高压电源有 6 000 V、10 000 V,低压电源有 380 V、660 V。因此,在选择电动机时应清楚其额定电压是否与电源电压相同。若电源电压高于电动机额定电压过多时,将会使电动机绕组因电流过大而严重发热烧毁。所以,在选择异步电动机时,还应根据供电电源电压和电动机铭牌的电压数据正确选用。

(4) 转速的选择

根据传动方式和生产机械的转速综合考虑确定电动机的转速。若负载机械有转速调节要求,如有级变速、无级变速等,可根据调速范围和调速平滑程度选择异步电动机。例如有级变速的小功率机械只要求具有几种转速,就可选用变极调速电动机(有双速、三速、四速等几种);调速范围不大且调整平滑程度要求不高的负载机械,可选用三相绕线转子异步电动机;如调速范围较大并需要连续稳定平滑调速的负载机械,可以选用一对或两对磁极的异步电动机配以变频调速器。

(5) 结构形式的选择

由于三相异步电动机的工作环境复杂多样且差异很大,因此在选配电动机时必须考虑其工作环境这一重要因素。为适应电动机工作场所高温、粉尘、滴水、爆炸或腐蚀性气体等不同情况的需要,三相异步电动机机壳常采用以下各种防护型式。

① 开启式机壳。开启式机壳设计有通风孔,它借助冷却用通风扇使电动机周围的空气自由地与电动机内部空气流通以散发热量。这种防护型式的冷却效果比较好,因此与全封闭型式相比它具有体积小和经济实用的优点。若电动机工作条件允许,应尽可能使用开启式电动机。

② 防护式机壳。防护式机壳电动机的内部转动部分及带电部分有保护罩,以防止外部与其意外的接触,但并不明显妨碍通风。如电动机的通风口用带孔的遮盖物盖起来,使电动机的转动及带电部分不能与外界接触,这种结构称为网罩式;若电动机通风口结构可防止垂直下落的液体或固体直接进入电动机内部,这种结构称为防滴式;当电动机通风口结构的可防止与垂直线成100°角范围内任何方向的液体或固体进入电动机内部,这种结构即为防溅式。

③ 封闭式机壳。封闭式结构的机壳能够阻止电机内、外空气的自由交换,因而这种结构的防护性能好,但散热性较差。

④ 防爆式机壳。这种结构的机壳将电动机内部与外部易燃、易爆气体隔开,使外部易燃、易爆气体不能进入机内,多用于易燃性、易爆性气体较多的场所,是全封闭式电动机。

此外,还有防水式、水密式和潜水式等不同程度在水中工作的电动机机壳结构型式,以及其他特殊环境下工作的机壳结构型式。综上所述,当选择三相异步电动机时,应根据电动机使用环境的不同,选择型式合适的电动机。例如,在气温干燥、尘土较少的车间安置机械加工机床,可考虑使用防护式三相异步电动机,因为这种防护型式的电动机价格较为便宜,并且通风散热性能良好。若在潮湿多尘的场所可选择封闭式电动机,它的防护性能十分可靠。如电动机需要在水中工作,可考虑选用水密式或潜水式结构。具有易燃、易爆气体的车间和工厂应选用防爆式电动机。

(6) 绝缘等级和安装方式的选择

根据使用的环境温度,维护检查方便、安全可靠等要求,选择电动机的绝缘等级和安装方式。

电动机的绝缘等级是按照采用的绝缘材料的耐热等级来分的,一般分为 5 级:A 级 105 度,E 级 120 度,B 级 130 度,F 级 155 度,H 级 180 度。

电动机的安装方式主要分卧式和立式,另外还要考虑机座中心高即电动机的机座安装平面到转动轴的中心的高度,以达到安装要求。

4.5　步进电动机

步进电动机(stepping motor)是把电脉冲信号变换成角位移以控制转子转动的微特电机。在自动控制装置中作为执行元件。每输入一个脉冲信号,步进电动机前进一步,故又称脉冲电动机。步进电动机多用于数控技术、自动记录设备以及计算机的外部设备如打印机、绘图机和磁盘等。

步进电动机的驱动电源由变频脉冲信号源、脉冲分配器及脉冲放大器组成,由此驱动电源向电动机绕组提供脉冲电流。步进电动机的运行性能决定于电动机与驱动电源间的良好配合。

步进电动机按其工作原理可以分为反应式、永磁式和永磁感应式等;按照定子相数的不同,又分为三相、四相、五相和六相等几种。

1. 步进电动机的工作原理

这里以三相单三拍为例,如图 4-22 所示。转子和定子由硅钢片叠成,三相绕组 U_1U_2、V_1V_2、W_1W_2 的接法如图 4-22(a)中所示,转子上没有绕组,但均匀分布很多齿,这里仅画了 4 个。

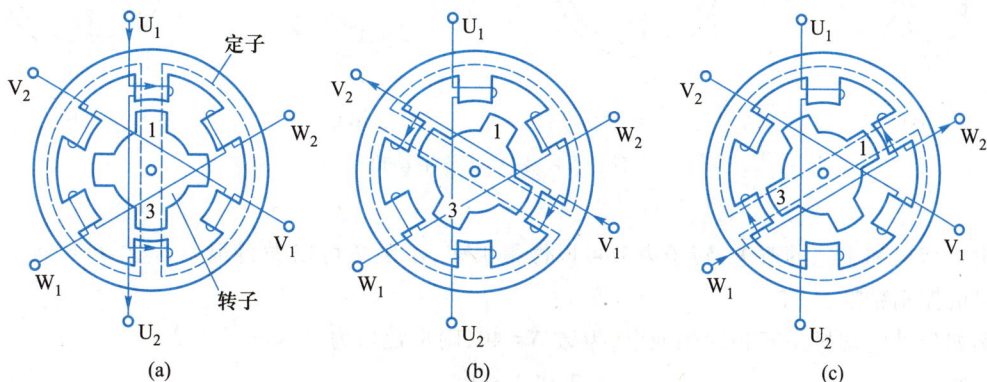

图 4-22　三相反应式步进电动机

工作时定子各相绕组轮流输入脉冲电压,从一次通电到另一次通电为一拍,每一拍转子绕过的角度称为步距角,步距角的大小和通电方式有关。这里通电顺序为 U-V-W-U,每次通电时该相定子磁极吸引转子相应的齿,使转子转过一个相应的角度。对照 4-22(a)、(b)、(c)可见其步距角为 30°。若改变通电顺序,按 U-W-V-U 顺序通电,则转子反向转动。三相单三拍通电方式的波形如图 4-23 所示。

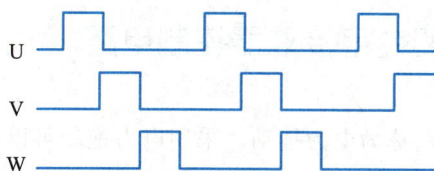

图 4-23　三相单三拍信号波形

如果通电顺序为 U–UV–V–VW–W–WU–U,则为三相六拍(这里转子齿数为 4 个),每通电 6 次完成一个循环,步距角就是 15°。

2. 步距角和转速

无论采取何种通电方式,步距角 θ 与转子齿数 Z 和拍数 N 之间的关系为

$$\theta = \frac{360°}{ZN} \tag{4-7}$$

转子每分钟的转速为

$$n = \frac{60f}{ZN} \tag{4-8}$$

可以用同样的办法分析两相或四相步进电动机的工作情况。两相步进电动机的示意如图 4-24 所示,通电顺序为:A_1–B_1–A_2–B_2。

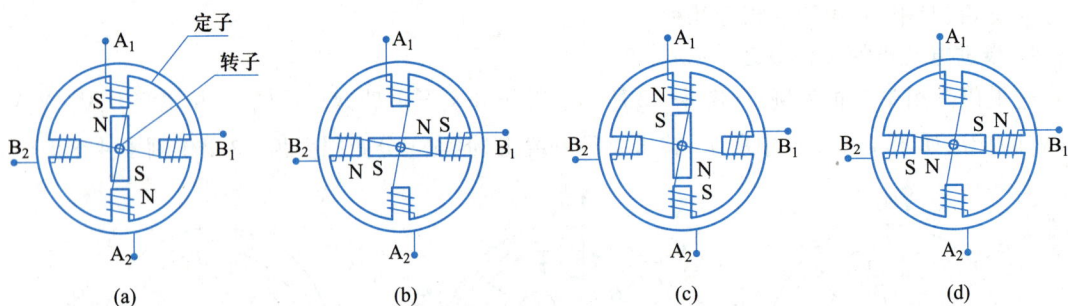

图 4-24　两相步进电动机

由于结构和工艺的改进,转子齿数可以做得很多,步距角可以做得很小,这样可以提高步进电动机的控制精度。

例如步进电动机是三相六拍通电,齿数 $N=40$,则步距角为

$$\theta = \frac{360°}{ZN} = \frac{360°}{40\times6} = 1.5°$$

当 $f=1000$ Hz 时,转子转速为

$$n = \frac{60f}{ZN} = \frac{60\times1000}{40\times6}\ \mathrm{r/min} = 250\ \mathrm{r/min}$$

步进电动机在使用时必须配备专用的驱动电路,它由脉冲分配器和功率放大电路组成,这里不再赘述。

4.6　常用低压电器和继电接触器控制电路

应用电动机拖动生产机械,称为电力拖动。采用电力拖动可以简化机械结构,还较易于实现远程与自动化控制。对电动机和生产设备进行控制和保护的电气元件称为控制电器。控制电器分为有触点和无触点两类,继电接触器控制系统属于前者。还有一种无触点的可编程控制器

（PLC）发展很快,运用越来越广泛。PLC 是在传统的继电接触器控制的基础上,结合先进的微机技术发展起来的工业控制器。PLC 的梯形图是一种编程语言,就是从继电接触器控制电路基础上演变而来的。

1. 常用低压电器

工作电压在交流 1 kV 或直流 1.2 kV 以下的各种电器为低压电器,在该值以上的各种电器为高压电器。

（1）刀开关

1）瓷底胶盖刀开关（又称开启式负荷开关）

刀开关在低压电路中,作为不频繁接通和分断电路用,或用来将电路与电源隔离。如图 4-25(a)所示。

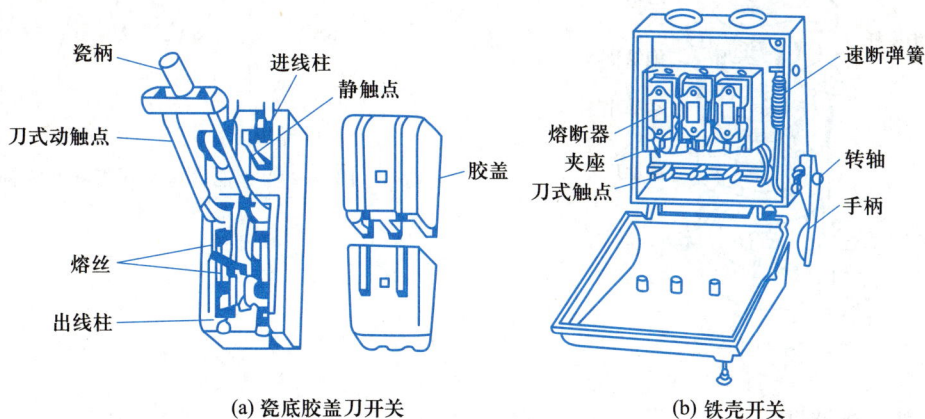

(a) 瓷底胶盖刀开关　　　　　(b) 铁壳开关

图 4-25　刀开关

2）铁壳开关（又称封闭式负荷开关）

这种开关装有速断弹簧,且外壳为铁壳,故称为铁壳开关。如图 4-25(b)所示。

为了保证用电安全,铁壳上装有机械联锁装置,当箱盖打开时,不能合闸;闸刀合闸后,箱盖不能打开。

3）刀开关的选用

用于照明电路时可选用额定电压为 250 V,额定电流等于或大于电路最大工作电流的二极开关;用于电动机的直接起动时,可选用额定电压为 380 V 或 500 V,额定电流等于或大于电动机额定电流 3 倍的三极开关。

4）使用刀开关注意事项

① 胶木壳闸刀开关用来直接控制电动机时,只能控制 5.5 kW 以下的电动机。

② 没有胶木壳的闸刀开关不能使用。

③ 铁壳开关的外壳应保护接地。

④ 开关接线时,电源线应接在刀座上端,熔断器接在负荷侧。

⑤ 安装时,合闸位手柄要向上,不得倒装。开关距地面的高度为 1.3~1.5 m。

⑥ 刀开关在接、拆线时,应首先断电。

（2）组合开关

组合开关又称为转换开关,是一种结构更为紧凑的手动电器,如图 4-26 所示。它是由装在同一根转轴上的多个单极旋转开关叠装在一起组成的。当转动手柄时,每一动触片即插入相应的静触片中,使电路接通。

在机床电气设备中,组合开关主要作为电源引入开关,也可用来直接控制小容量异步电动机非频繁起动和停止。组合开关的图形和文字符号如图 4-27 所示。

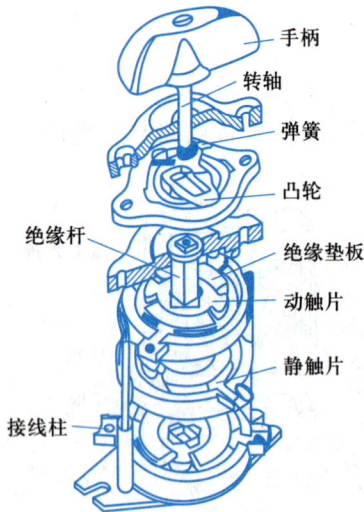

图 4-26 组合开关

手柄
转轴
弹簧
凸轮
绝缘杆
绝缘垫板
动触片
静触片
接线柱

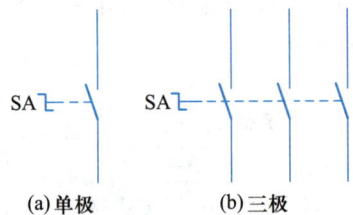

(a) 单极　　　　(b) 三极

图 4-27 组合开关的图形和文字符号

（3）低压断路器

低压断路器用于交流 1200 V、直流 1500 V 及以下电路中,主要用于保护交、直流电网内电气设备,使之免受过电流、短路、欠电压等不正常情况的危害,同时也可用于不频繁起动的电动机操作或转换电路。低压断路器有好多种类型,这里介绍一种常用的自动空气断路器。

自动空气断路器也叫自动开关,它的外观、一般原理和图形文字符号如图 4-28 所示。

主触点通常由手动操作机构来闭合,主触点闭合后被脱扣机构的锁钩锁住。当电路发生故障时脱扣机构就在有关脱扣器的作用下将锁钩脱开,于是主触点就在释放弹簧的作用下迅速分断。脱扣器有过载(过流)和欠电压脱扣等,为电磁铁(也有双金属片的)。正常情况下,电磁铁线圈通过的电流产生的吸力很小,衔铁是释放着的,而当发生严重过载或短路故障时,脱扣器线圈吸力大增,把衔铁吸合而顶开锁钩,使主触点断开(此处只表示出了一相)。欠电压脱扣器电磁铁在电压正常时吸住衔铁,主触点才得以闭合;一旦电压下降或断电时,衔铁释放往上顶起锁钩而使主触点断开。当电源电压恢复正常后必须重新合闸才能工作,实现了欠电压保护。

断路器的选择:

① 断路器的额定电流和额定电压应不小于电路正常工作时的电流和电压。

② 热脱扣器的整定电流应为所控制电动机的额定电流或负载额定电流的 1.1~1.5 倍。

③ 电磁脱扣器的瞬时脱扣整定电流 I_s 应大于负载电流值,其值可按下式计算

$$I_s = KI_{st} \tag{4-9}$$

式中,K 为安全系数,可取 1.7;I_{st} 为电动机的起动电流。

DZ15L系列

过电流脱扣器

按钮

自由脱扣器

动触点

静触点

DZ5系列

热脱扣器　接线端子

S2505S系列

DW10系列

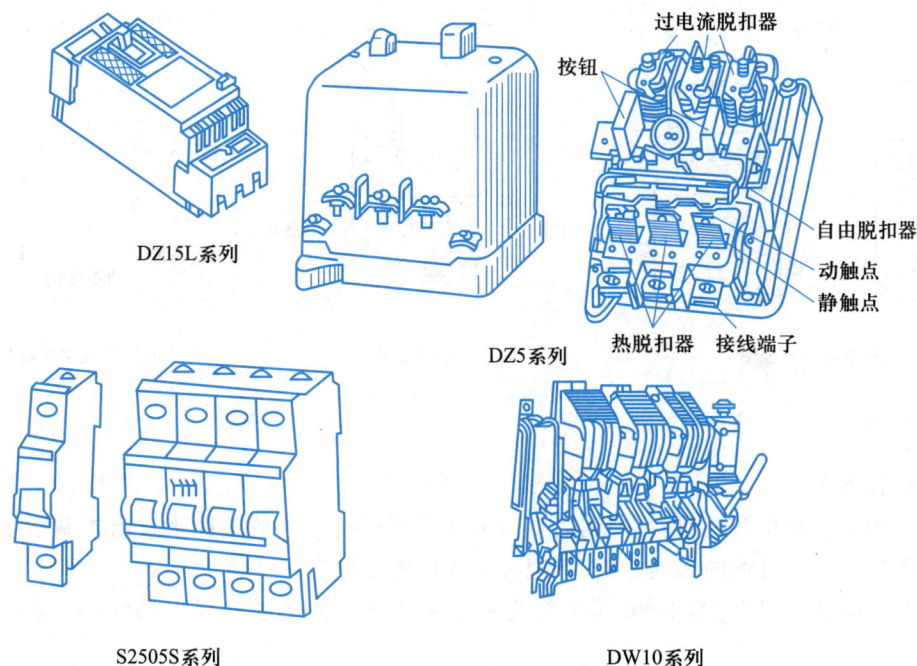

(a) 几种断路器的外观

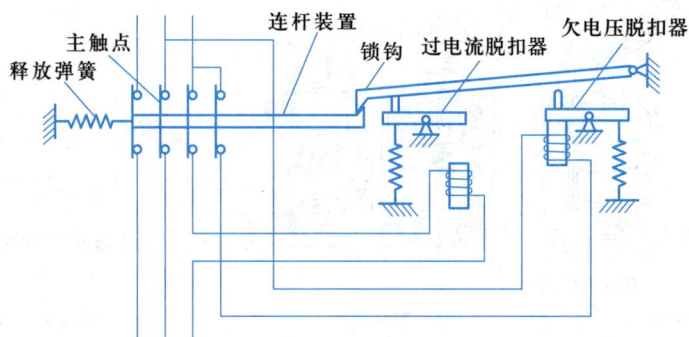

主触点

释放弹簧

连杆装置

锁钩　过电流脱扣器

欠电压脱扣器

QS

单极　　三极

(b) 一般原理

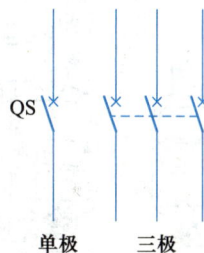

(c) 图形及文字符号

图 4-28　自动空气断路器

④ 断路器的类型应根据使用场合和保护类型来选用。短路电流不太大的可选用塑料外壳式断路器。短路电流相当大的可选用限流式断路器。额定电流比较大或有选择性保护时应选择框架式断路器。对控制和保护含半导体器件的直流电路应选择直流快速断路器等。

（4）按钮

按钮是用来接通或断开控制电路，从而控制电动机或电气设备运行的电器。

按钮外观、结构、图形及文字符号如图 4-29 所示。

在没有操作，即没有按下按钮帽时，下面一对静触点是断开的，称为常开动合触点；上面一对静触点是闭合的，称为常闭动断触点。按下按钮帽以后，常开触点闭合，常闭触点断开。松开按钮帽，各触点恢复原态。

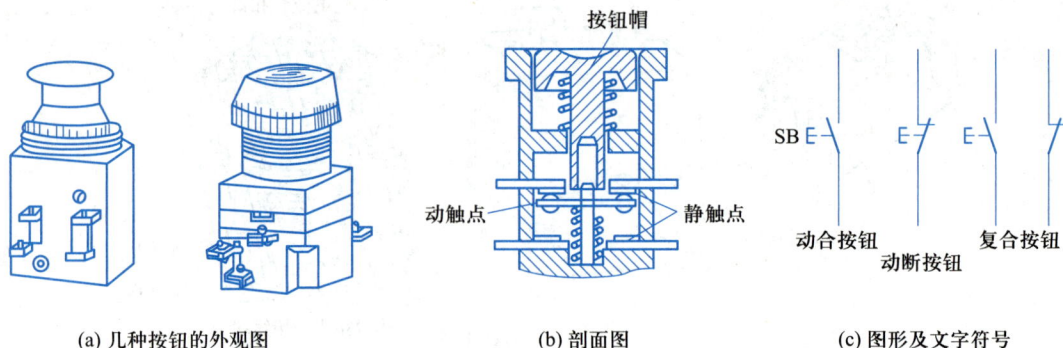

按钮帽

动触点　　　　　　静触点

SB

动合按钮　　　　　　复合按钮
动断按钮

(a) 几种按钮的外观图　　　　　(b) 剖面图　　　　　(c) 图形及文字符号

图 4-29　按钮

（5）行程开关

行程开关又名限位开关，是一种利用生产机械某些运动部件的碰撞来发出控制指令的主令电器。用于控制生产机械的运动方向、行程大小或位置保护。

行程开关的种类很多，图 4-30 所示是几种常见的行程开关的外观、一般结构、图形及文字符号。

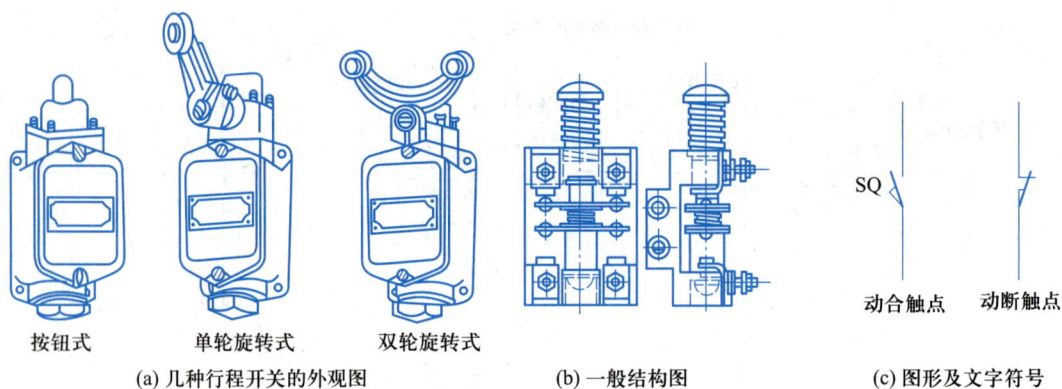

SQ

按钮式　　　单轮旋转式　　　双轮旋转式　　　　　　　　　　　　　　动合触点　　动断触点

(a) 几种行程开关的外观图　　　　　(b) 一般结构图　　　　　(c) 图形及文字符号

图 4-30　行程开关

行程开关和按钮一样，也有动合、动断触点，只不过它是靠装在运动部件上的挡块撞动它而变化状态的。

（6）熔断器

熔断器串联在线路中，当线路或电气设备短路时，熔断器中的熔体首先熔断，使线路或电气设备脱离电源，起到保护作用。熔断器的外观、图形及文字符号如图 4-31 所示。

1）熔断器的类型

① 瓷插式熔断器：用于 500V 以下小容量电路，多用于机床配电电路。

② 螺旋式熔断器、塑壳导轨式熔断器：用于 500V 以下中小容量电路。

③ 封闭管式熔断器：分为有填料和无填料两种，主要用于大电流的配电装置中。

④ 快速熔断器：主要作为硅整流管及成套设备的短路保护。

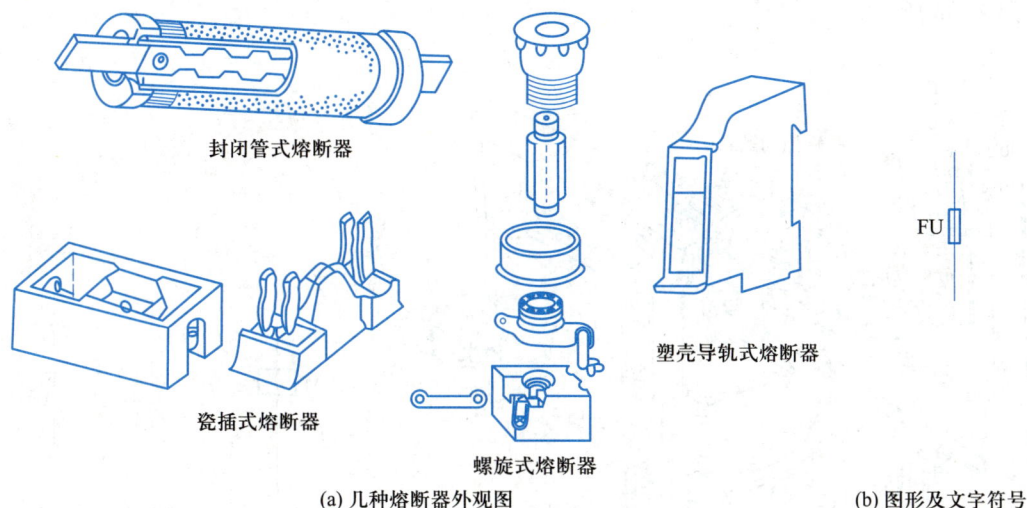

(a) 几种熔断器外观图   (b) 图形及文字符号

图 4-31 熔断器

2) 熔断体的选择

① 对于电阻性负载

$$I_{FN} = 1.1I_N \qquad\qquad (4-10)$$

式中,I_{FN} 为熔断体额定电流,I_N 为负载额定电流。

② 单台电动机

$$I_{FN} \geqslant (1.5 \sim 2.5)I_N \qquad\qquad (4-11)$$

式中,I_{FN} 为熔断体额定电流,I_N 为负载额定电流。

③ 多台电动机

$$I_{FN} \geqslant (1.5 \sim 2.5)I_{Nmax} + \sum I_N \qquad\qquad (4-12)$$

式中,I_{FN} 为熔断体额定电流,I_{Nmax} 为最大一台电动机额定电流,$\sum I_N$ 为其余小容量电动机额定电流之和。

3) 使用熔断器注意事项

① 铭牌不清的熔丝不能使用。

② 不能用铜丝或铁丝代替熔丝。

③ 熔断器的插片接触要保持良好。如发现插口处过热或触点变色,则说明插口处接触不良,应及时修复。

④ 更换熔体或熔管时,必须将电源断开,以免发生电弧烧伤。

⑤ 安装熔丝时,不要把它碰伤,也不要将螺钉拧得太紧,使熔丝压伤。熔丝应顺时针方向弯过来,这样在拧紧螺钉时就会越拧越紧。熔丝只需弯一圈就可以,不要多弯。

⑥ 如果连接处的螺钉损坏拧不紧,则应换新的螺钉。

⑦ 对于有指示器的熔断器,应经常注意检查。若发现熔体已烧断,应及时更换。

(7) 接触器

交流接触器常用来接通或断开电动机或其他电气设备的主电路。它的结构、图形及文字符号如图 4-32 所示。

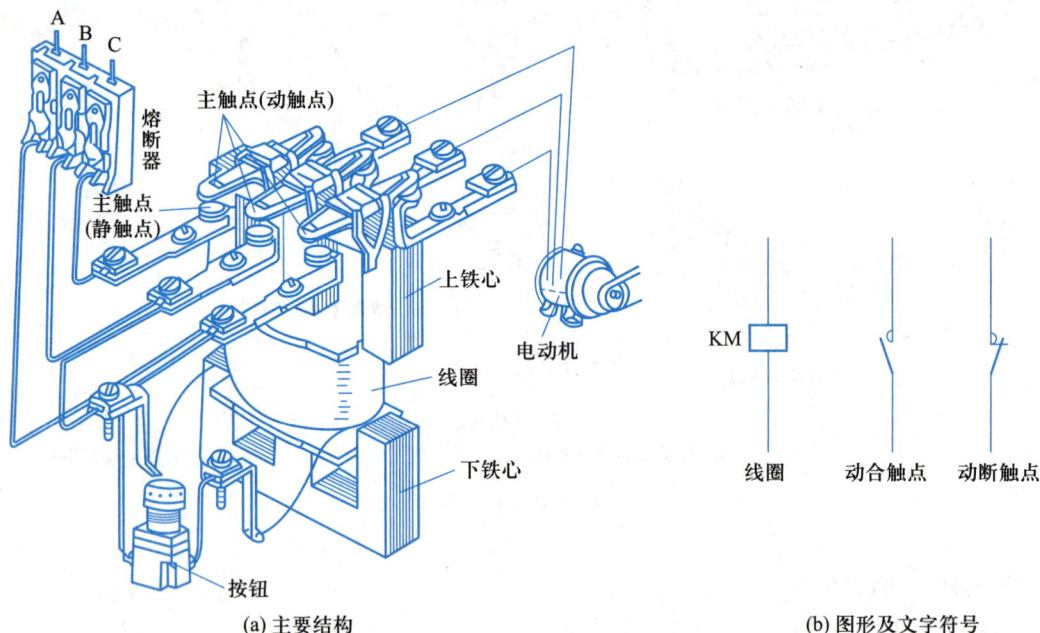

(a) 主要结构   (b) 图形及文字符号

图 4-32   交流接触器

接触器主要由电磁铁和触点两部分组成,比较大的接触器还有灭弧装置。线圈没有通电时断开的触点称为常开动合触点,此时已经闭合的触点称为常闭动断触点。当线圈通电后,电磁铁产生吸力,吸引山字形衔铁,使常开触点闭合,常闭触点断开。线圈失电后,各触点恢复原态。

1)接触器的主要类型和技术参数

接触器分为直流和交流两种。

① 额定电压:指主触点的额定电压。交流有 220 V、380 V、660 V;直流有 110 V、220 V、440 V。

② 额定电流:指主触点的额定电流。范围为 10 ~800 A。

③ 吸引线圈的额定电压:交流有 36 V、127 V、220 V 和 380 V;直流有 24 V、48 V、220 V 和 440 V。

④ 电气寿命和机械寿命:以万次表示。

⑤ 额定操作频率:以次/h 表示。一般为 300 次/h、600 次/h 和 1200 次/h。

⑥ 动作值:规定接触器的吸合电压大于线圈额定电压 80% 是可靠吸合,释放电压不高于线圈额定电压的 70%。

2)接触器的选择

① 额定电压的选择:接触器的额定电压应大于或等于负载回路电压。

② 额定电流的选择:接触器的额定电流是指主触点的额定电流,它应大于或等于被控回路的额定电流。

③ 吸引线圈的额定电压的选择:吸引线圈的额定电压应与所接控制电路的电压一致。

④ 接触器的触点数量、种类选择：其触点数量和种类应满足主电路和控制电路的要求。常用交流接触器型号及技术数据可查阅相关手册和网络资源。

（8）继电器

1）电磁式继电器

继电器是一种根据电量或非电量（热、时间等）的变化接通或断开控制电路，以完成控制或保护任务的电器。继电器一般由感测机构、中间机构和执行机构三个基本部分组成。虽然继电器与接触器都用于自动接通或断开电路，但是它们仍有很多不同之处，其区别如下：

继电器一般用于小电流的电路，触点额定电流不大于 5 A，所以不加灭弧装置，而接触器一般用于控制大电流的电路，有灭弧装置。

其次，接触器一般只能对电压的变化做出反映，而各种继电器可以在相应的各种电量或非电量作用下动作。

再次，继电器一般用于控制和保护目的，接触器用于通断主电路。

① 电流继电器：电流继电器的线圈与被测量电路串联，以反映电路电流的变化。为不影响电路工作，其线圈匝数较少，导线粗，线圈阻抗小。

电流继电器有欠电流和过电流之分。

② 电压继电器：电压继电器的线圈并联在电路中，线圈匝数多，导线细，阻抗大。电压继电器有过电压、欠电压继电器之分。

③ 中间继电器：触点多，一般用于控制回路。

以上是电磁式继电器。电磁式继电器的一般图形符号如图 4-33 示。电流继电器的文字符号为 KI，电压继电器的文字符号为 KV，而中间继电器的文字符号为 KA 。

2）时间继电器

时间继电器是一种利用电磁原理、机械装置或电子线路实现触点延时接通或断开的自动控制电器，其种类很多，常用的有电磁式、电动式、空气阻尼式和晶体管式等。电磁式时间继电器结构简单，价格低廉，但延时短；电动式时间继电器的延时精度高，延时可调范围大（有的可达到几小时），但价格较贵；空

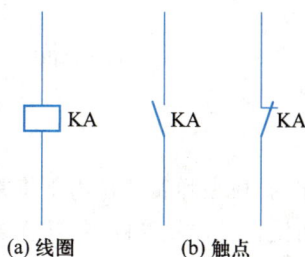

(a) 线圈　　　　(b) 触点

图 4-33　电磁式继电器一般
图形符号

气阻尼式时间继电器的结构简单，价格低，延时范围较大（0.4~180 s），有通电延时和断电延时两种，但延时误差较大；晶体管式时间继电器的延时为几分钟到几十分钟，比空气阻尼式长，比电动式短，延时精度比空气阻尼式高，比电动式略差。随着电子技术的发展，它的应用日益广泛。时间继电器图形符号如图 4-34 所示，文字符号为 KT。

（9）热继电器

当电动机工作于过载状态时，电流比较大，但熔断器又没有熔断，时间一长，发热过多，对电动机是有危害的。因此采用热继电器进行过载保护。

热继电器是利用电流的热效应而动作的，它的原理如图 4-35 所示。

热元件是一段电阻不大的电阻丝，串接在电动机的主电路中，流过电动机的全部电流，正常时发热不多。双金属片是由两种热膨胀系数不同的金属碾压而成。图 4-35（a）中，下层金属的膨胀系数大，上层的小。当主电路中电流超过容许值而使双金属片受热时，它便向上弯曲，因而

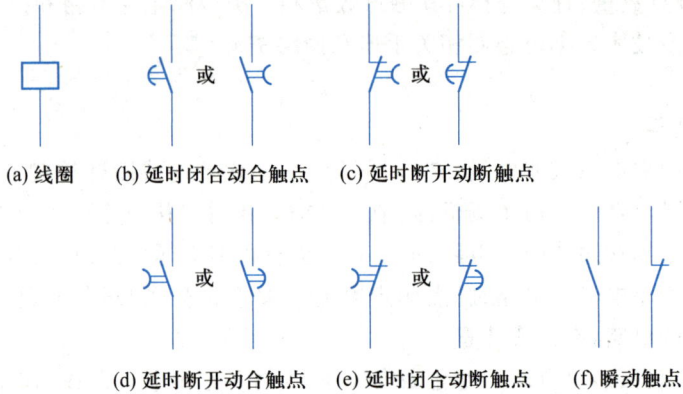

图 4-34　时间继电器

(a) 线圈　(b) 延时闭合动合触点　(c) 延时断开动断触点

(d) 延时断开动合触点　(e) 延时闭合动断触点　(f) 瞬动触点

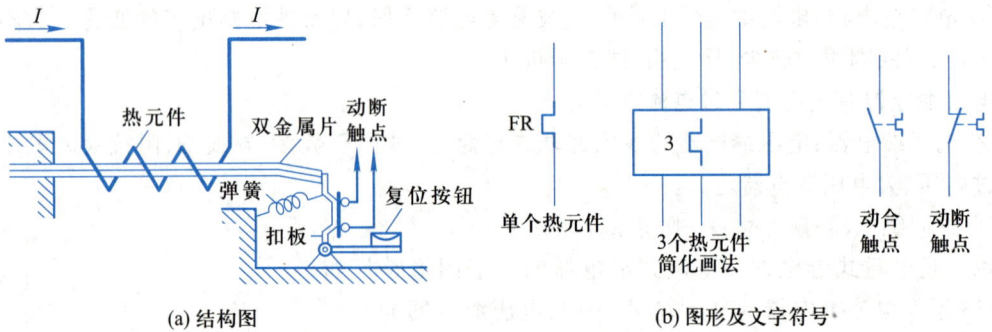

(a) 结构图　　　　　　(b) 图形及文字符号

图 4-35　热继电器

脱扣,扣板在弹簧的拉力下将常闭触点断开。该触点是接在电动机的控制电路中的,控制电路断开而使接触器线圈断电,从而断开了电动机的主电路,起到了保护作用。热继电器有两相结构的,也有三相结构的。

热继电器的主要技术数据是额定电流和整定电流。

应根据电动机或负载的额定电流选择热继电器和热元件的额定电流,一般应等于或稍大于电动机的额定电流。

整定电流应与电动机的额定电流相等。但当电动机拖动的是冲击性负载或不允许设备停电时,热继电器的整定电流可比电动机的额定电流高 1.1~1.5 倍。

2. 继电接触器控制电路

这里以控制异步电动机为例介绍继电接触器控制电路,实际上它可以控制很多其他的控制对象。

(1) 直接起动的三相异步电动机控制电路

电路结构示意如图 4-36 所示。动合(常开)按钮 SB$_2$ 为起动按钮。起动过程为:首先闭合组合开关 SA,按下 SB$_2$,电流由 1→SB$_1$(动断、常闭)→按下 SB$_2$→接触器 KM 的线圈经热继电器 FR 常闭触点到 2 形成通路。KM 吸合,三副主触点闭合,电动机运转。

KM 的一副动合辅助触点与 SB$_2$ 并联,此时也被吸合,可以经过它形成通路继续给 KM 线圈

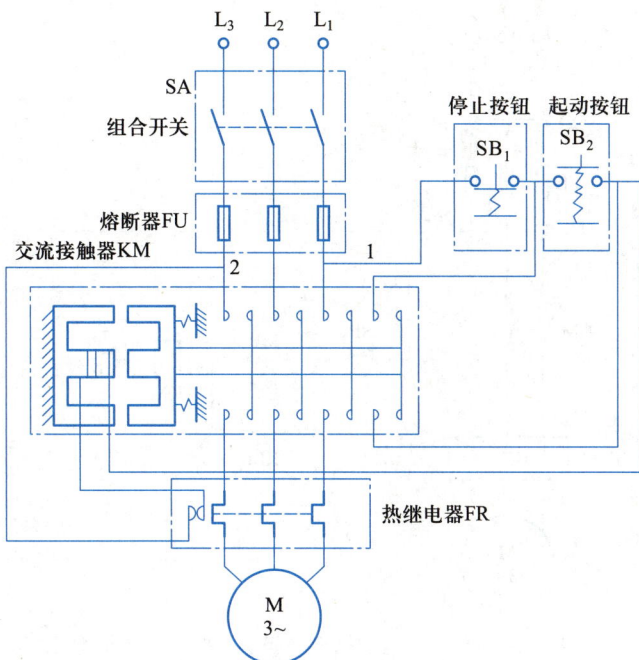

图 4-36 直接动的三相异步电动机控制电路结构示意图

供电。即使松开 SB$_2$,仍然保持 KM 吸合,电动机连续运转。这副触点的作用称为"自锁"。如果没有自锁触点,则在松开按钮后,电动机立即停转。此时称为"点动"。

为了设计电路的方便,控制电路常根据原理,按照统一规定的图形符号绘制,这样的图称为原理图。原理图中,同一电器的各功能部件(譬如接触器的线圈和触点)有可能不画在一起,为了识别,把它们用同一文字符号标注。三相异步电动机直接起动的控制电路原理图如图 4-37 所示。

电路的保护环节:

1)短路保护

采用熔断器进行短路保护。熔断器串联在电路中,当电路或电气设备短路时,熔断器中的熔体首先熔断,使电路或电气设备脱离电源,起到保护作用。

2)零压(或欠电压)保护

接触器具有零压(或欠电压)保护功能。当电动机暂时断电或电压严重下降时,接触器动铁心释放,主触点断开,自锁触点亦已断开。当电源恢复正常时,如果不重按起动按钮,电动机就不能自行起动。如果不是采用继电接触控制而是直接用刀开关或组合开关进行手动控制时,由于在停电时未及时断开开关,当电源电压恢复时,电动机会自行起动,可能造成事故。

3)过载保护

采用热继电器进行过载保护,它的热元件串接在主电路中。当电动机过载时,过大的定子电流使热元件发热过多,而使双金属片变形动作,从而自动断开控制电路,起到保护作用。

(2)顺序控制

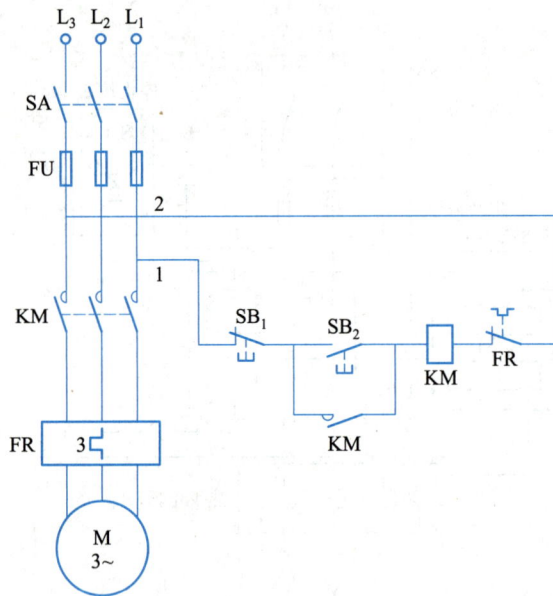

图 4-37　三相异步电动机直接起动的控制电路原理图

在某些电路中,要求某一电动机先运行,另一电动机后运行,于是对控制线路提出了按顺序工作的要求。

例如车床主轴转动前,要求油泵电动机先运行,即给齿轮箱供足润滑油后才允许主轴电动机转动。控制电路如图 4-38 所示。

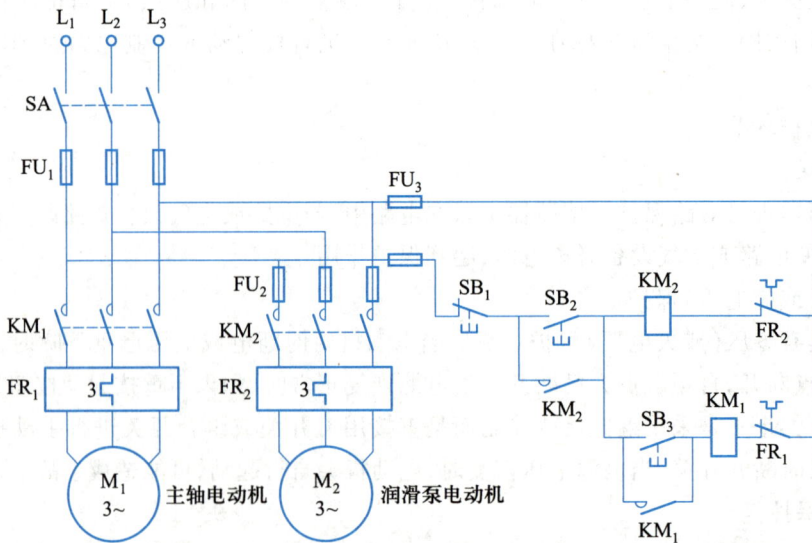

图 4-38　主轴电动机与润滑泵电动机的联锁控制

① 闭合开关 SA。

② 按下 SB$_2$，KM$_2$ 线圈得电，KM$_2$ 主、辅触点闭合，润滑泵电动机 M$_2$ 运转。松开 SB$_2$，因 KM$_2$ 线圈自锁而保持得电。

③ 按动 SB$_3$，KM$_1$ 通过 SB$_1$、KM$_2$ 的已闭合的辅助触点、SB$_3$ 而得电，主轴电动机 M$_1$ 运行，松开 SB$_3$，KM$_1$ 自锁保持得电。

④ 按下 SB$_1$，整个系统失电，主轴电动机和润滑泵电动机同时停止运转。

本电路中，若 SB$_2$ 未被按下，按动 SB$_3$ 主轴电动机不能得电运行，只有按下 SB$_2$ 后，再按 SB$_3$，主轴电动机才能运行，从而实现润滑泵电动机和主轴电动机顺序工作的要求，即实现两者间的联锁。

（3）电动机的正反转控制

许多生产机械中要求电动机具有正反转功能。电动机的正反转是通过改变三相电源的相序来实现的（对调电动机任意两根与电源的接线）。控制电路如图 4-39 所示。

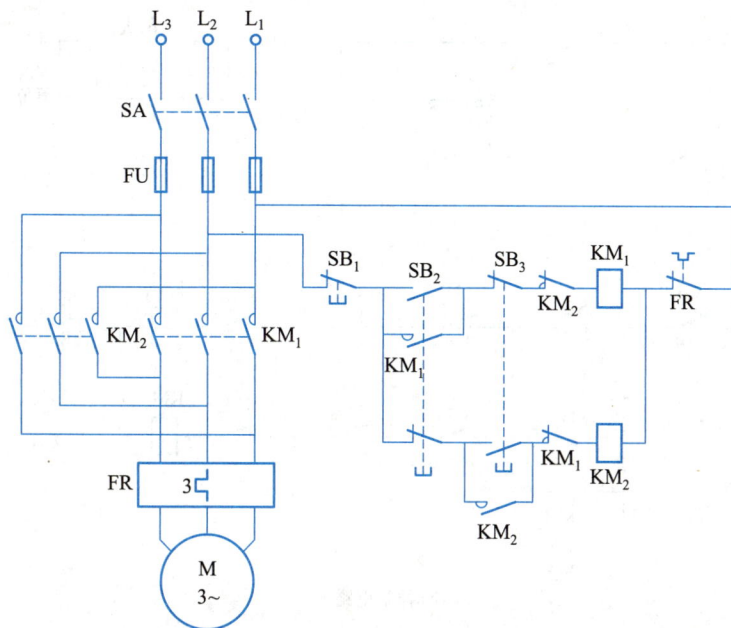

图 4-39　三相异步电动机的正反转控制

主电路是通过 KM$_1$ 或 KM$_2$ 主触点使电动机引入电源的相序改变来实现的。这样，控制 KM$_1$ 和 KM$_2$ 就需要两个相同的线路。但正反转电路不能同时运转，必须保证正反转要互相锁定，从而防止相间短路。这里，利用接触器 KM$_1$、KM$_2$ 的常闭触点串入对方支路，起相互控制作用，即利用一个接触器通电时，其常闭辅助触点的断开来锁住对方线圈的电路。这种利用两个接触器的常闭辅助触点互相控制的方法叫作"互锁"。这两对起互锁作用的触点叫作互锁触点，也叫电气互锁。图中同时还采用复合按钮 SB$_1$、SB$_2$ 进行互锁，这叫作机械互锁。双重互锁保证了电路可靠地工作。

工作过程简述为：

① 合上开关 SA。

② 按 SB_2 ——→ KM_1^+ (动断触点同时断开 KM_2 电路,即互锁)——→ M 正转。

③ 按 SB_3 ——→ KM_1^- ——→ M 停止正转 ——→ KM_2^+ (动断触点同时断开 KM_1 电路,即互锁)——→M 反转。

（注:KM^+ 表示接触器线圈得电,对应动合触点闭合、动断触点同时断开;KM^- 表示接触器线圈失电,动合触点断开、动断触点同时闭合。继电器也同样表示。）

（4）行程控制

简单的行程控制电路如图 4-40 所示,在一台电动机正反转控制的电路中,如果正转(KM_1 吸合)对应工作台前进,那么反转(KM_2 吸合)对应工作台后退。当前进到终点,挡铁撞动终点行程开关 SQ_b,KM_1 断电,电动机停转;在终点 SQ_b 的动合触点闭合,接通 KM_2 线圈,自动起动反转,工作台后退。后退到原位时,挡铁撞动安装在原位的行程开关 SQ_a,使 KM_2 断电,停止后退,完成一个半自动循环。

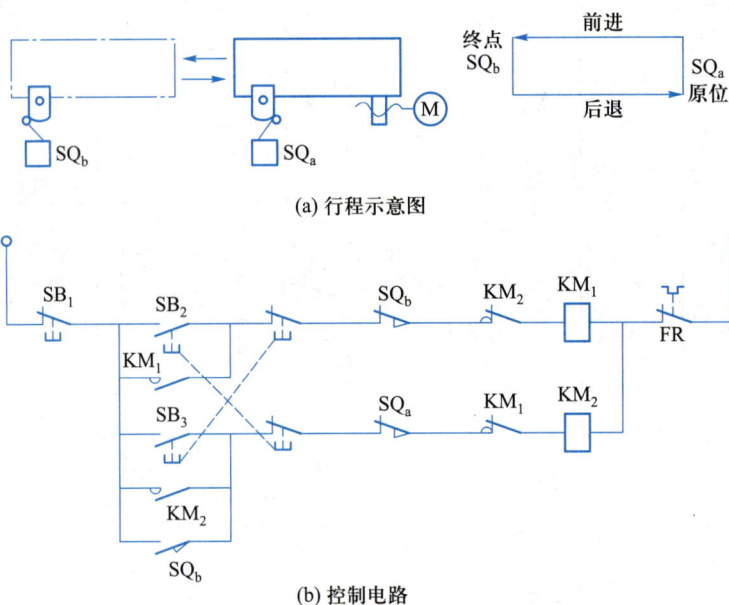

(a) 行程示意图

(b) 控制电路

图 4-40　行程开关控制的半自动循环电路

行程开关还可以实现终端保护、自动循环等功能。

（5）丫-△换接起动的控制电路

丫-△换接起动是将正常工作时 △联结的电动机在起动时改接为 丫联结来降低起动电压。这种起动装置结构比较简单。丫-△起动用在起动转矩要求不高的空载或轻载的情况下,是控制起动电流的一种经济有效的方法。图 4-41 是 13kW 以下电动机常用的可自动切换的 丫-△起动电路图。

按下起动按钮 SB_2 使 $KM_丫$、KM、KT 的吸引线圈接通,$KM_丫$、KM 的常开触点闭合,电动机在 丫联结下起动。过一段时间(转速基本上稳定),时间继电器 KT 的延时断开触点、延时闭合触点同时动作,使 $KM_丫$ 线圈断电,$KM_△$ 线圈得电并自锁,$KM_△$ 的动合主触点闭合,使电动机在 △联结

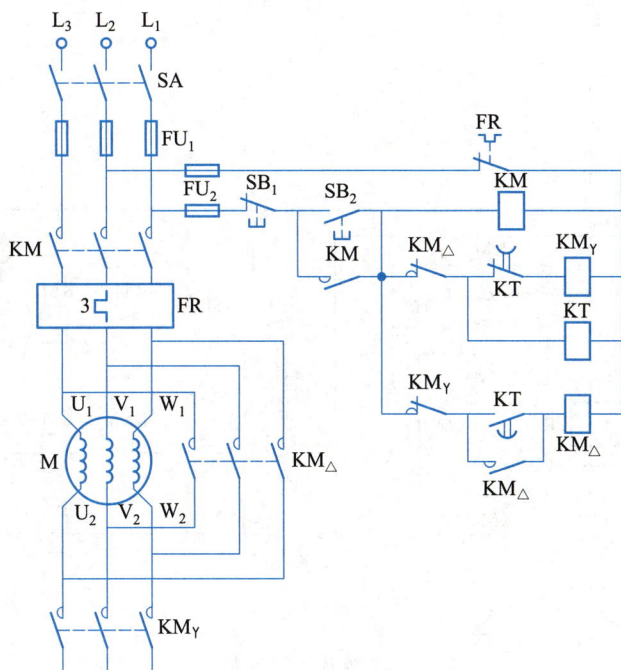

图 4-41　Y-△换接起动控制电路

下运行。此电路有热继电器作过载保护。$KM_\triangle$ 和 KM_Y 有互锁可防止 $KM_\triangle$、KM_Y 同时得电而造成三相电源短路的危险。

工作过程简述为

按 $SB_2 \longrightarrow KM_Y^+$、$KM^+$、$KT^+ \longrightarrow M$（星形起动，经延时）$\longrightarrow KM_Y^-$（解除互锁）$\longrightarrow KM_\triangle^+ \longrightarrow M$（三角形运行）。

（6）三相异步电动机的制动控制电路

在定子绕组中任意两相通入直流电流,形成固定磁场,它与旋转的转子中的电流相互作用,从而产生制动转矩,实现能耗制动。制动时间的控制由时间继电器来完成。能耗制动控制电路如图 4-42 所示。

控制过程：

① 按下 SB_2,KM_1 得电且自保持,电动机运转。

② 欲使电动机停止,可按下 SB_1,则 KM_1 失电,同时 KM_2 得电,然后 KT 得电,KM_2 的主触点闭合,经整流后的直流电压通过限流电阻 R 加到电动机两绕组上,使电动机制动。制动结束,时间继电器 KT 延时触点动作,使 KM_2 与 KT 线圈相继失电,整个线路停止工作,电动机停车。

工作过程简述为

按 $SB_1 \longrightarrow KM_1^- \longrightarrow KM_2^+$、$KT^+ \longrightarrow M$ 能耗制动（延时一会儿）$\longrightarrow KM_2^-$、$KT^- \longrightarrow M$ 停车。

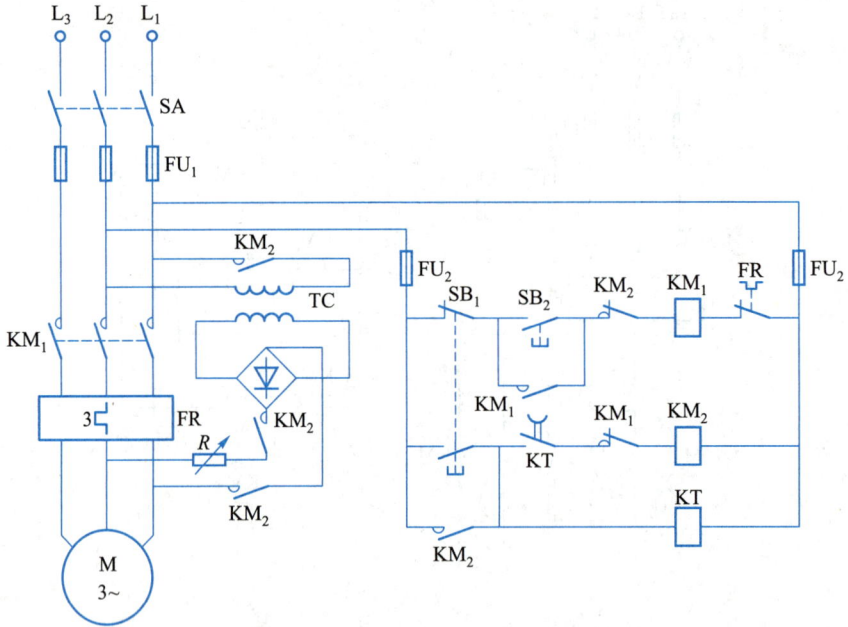

图 4-42　能耗制动控制电路

小　　结

1. 三相异步电动机在定子对称绕组通入三相对称电流而产生了旋转磁场,旋转磁场对转子闭合导体作用使转子旋转。旋转磁场的转速称为同步转速 n_0,它和磁极对数 p、电源频率 f_1 有关,即 $n_0 = \dfrac{60f_1}{p}$。

2. 三相异步电动机在使用时特别要关注它的铭牌数据,主要有:型号、接法、电压、电流、功率和效率、功率因数、转速等。对相关数据的计算。

3. 三相异步电动机在使用时要注意:① 直接起动时起动电流比较大,$I_{st} = 5 \sim 7 I_N$。因此大功率电动机可以采用 Y-△ 换接起动或自耦变压器降压起动等。② 三相异步电动机的调速:可以采用变极调速,它为有级调速,需要采用多速电动机;变频调速为无级调速,使用变频器调速;转子绕线式电动机可以采用转子串电阻调速。③ 三相异步电动机改变转向,只需对调三条电源接线中的两条,即改变电源接入的相序即可实现。④ 三相异步电动机要尽快制动,可以采用的办法有:能耗制动、反接制动等。

4. 直流电动机的 4 种励磁方式:他励、并励、串励、复励及其特点。

5. 继电接触器控制电路的基本控制环节:① 起动、停止、自锁、互锁。② 顺序控制。③ 正反转控制。④ 行程控制。⑤ 时间控制。

6. 控制系统的保护环节:短路保护、过载保护、零压和欠压保护

习   题

4.1 简述三相小型异步电动机主要结构。

4.2 转子绕线式异步电动机的转子和笼型异步电动机的转子有什么不同?

4.3 三相异步电动机转子转速为什么和同步转速不一致?

4.4 转差率和转速在一个坐标系中关系是怎样的?

4.5 查阅网络上有关三相异步电动机名牌数据,讲解它们的实际意义。

4.6 三相异步电动机常用起动方法有哪几种? 各有何特点?

4.7 什么叫反接制动和能耗制动,各有何特点?

4.8 转子绕线式异步电动机可以采用什么起动方法?

4.9 异步电动机有哪些调速方法?

4.10 利用网络资源查阅 Y132S-4 型三相异步电动机的技术数据,并说明它的同步转速,判定它是几极电动机,并计算它的转差率、额定转矩 T_N、起动电流 I_{st}、起动转矩 T_{st}、最大转矩 T_{max}。

4.11 一台机床的主轴三相异步电动机参数如下:$P_N = 5.5$ kW,$U_N = 380$ V,$I_N = 11.6$ A,$n_N = 1440$ r/min。照明灯为 36 V,40 W。绘制直接起动的控制电路,并选用电器元件(确定接触器、熔断器、热继电器参数)。

4.12 绘制三相异步电动机直接起动的控制电路,要求有:(1)连续运转起动和停止。(2)可以切换为点动控制。(3)短路保护。(4)过载保护。(5)零压和欠压保护。

4.13 绘制三相异步电动机正反转控制的电路图,要求有:(1)起动、停止控制。(2)互锁保护。(3)短路保护。(4)过载保护。(5)零压和欠压保护。

4.14 绘制三相异步电动机控制电路,要求:(1)起动后拖动设备无限循环往复运动。(2)可以控制停止。(3)可以点动复位。(4)短路保护。(5)过载保护。(6)零压和欠压保护。

4.15 绘制两台异步电动机顺序起动的控制电路,要求第一台电动机起动后,第二台电动机才能起动运转,并要有短路保护、过载保护和零压保护。

4.16 步进电动机的步距角与通电拍数、转子齿数有何关系? 步距角越小转速会怎样?

第 **5** 章

模拟电子电路基础

随时间连续变化并且可以在一定范围内任意取值的电信号称为模拟信号,变换和处理模拟信号的电子电路称为模拟电路;时间上和数值上是离散的电信号称为数字信号,处理、变换或存储数字信号的电路称为数字电路。

本书前 4 章是电工技术基础知识,从第 5 章开始介绍电子技术。电子技术以半导体器件为主体,管、路结合分析半导体器件的特性及其组成电路的功能。第 5 章和第 6 章介绍模拟电子技术,第 7 章和第 8 章介绍数字电子技术。

5.1 PN 结的构成及其单向导电性

1. N 型半导体和 P 型半导体

（1）本征半导体

制作电子器件用的半导体材料主要是四价元素硅和锗。纯净的半导体称为本征半导体,具有规则的原子排列和晶体结构,电阻率介于导体和绝缘体之间。它们最外层的 4 个价电子与原子核之间有较强的束缚力,并与相邻原子的价电子之间组成共价键结构。在受到外界能量激发（光照、升温）时,少量的价电子会脱离原子核的束缚成为自由电子,同时在共价键上留下一个空位,称为空穴。电子带负电,失去了电子的空穴带正电[1],它们都可以参与导电,自由电子和空穴称为载流子。在这种条件下,半导体导电能力可以增强,但作为一个整体,材料本身正、负电荷平

---

[1] 空穴相当于带正电荷的粒子,需要深入了解其产生机制及作用原理的请查询相关文献,此处不做详细介绍。

衡,对外不显示带电。

在制作器件时,为了改善半导体材料的导电性能,需要掺入微量的某些有用杂质。

（2）N 型半导体

若在四价硅材料中掺入少量五价元素磷,组成共价键后,多余的一个电子便成为自由电子,导电能力大大增强。由于参与导电的主要是带负电的电子,故这类半导体称为电子型半导体,又称为 N 型半导体。

（3）P 型半导体

如果在四价硅材料中掺入少量三价元素硼,组成共价键时因为缺少一个电子而产生一个空位即空穴。空穴就是带正电的主要载流子,由于参与导电的主要是带正电的空穴,这类半导体称为空穴型半导体,又称为 P 型半导体。

2. PN 结及其单向导电性

（1）PN 结

在一块半导体材料上使一部分成为 P 型区,另一部分成为 N 型区,在交界面上就形成了一个特殊的薄层,称为 PN 结（PN Junction）,如图 5-1 所示。

P 型区空穴浓度远大于 N 型区,因此带正电荷的空穴就向 N 型区扩散,扩散结果在边界处 P 型区一侧形成了不能移动的带负电荷的离子。同样 N 型区自由电子浓度也远大于 P 型区,它也要向 P 型区扩散,在边界处 N 型区一侧也产生了不能移动的带正电荷的离子。这个带正负电荷的区域是很薄的空间电荷区,称为 PN 结。空间电荷区内电场的方向是从带正电荷的离子指向带负电荷的离子。

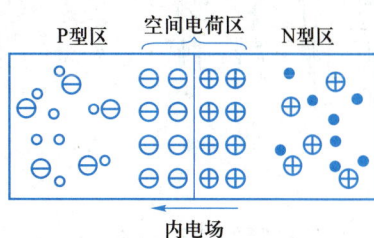

图 5-1 PN 结的空间电荷区

（2）PN 结加正向电压

如图 5-2（a）所示,如果 P 型区与电源高电位端相接,N 型区接低电位端,称为正向偏置。外电场和内电场方向相反,使空间电荷区变窄,这时 PN 结呈现低电阻,可以通过比较大的（正向）电流,其数值由外电路决定,PN 结处于导通状态。

（3）PN 结加反向电压

如图 5-2（b）所示,如果 N 型区与电源高电位端相接,P 型区接低电位端,称为反向偏置。外电场和内电场方向相同,使空间电荷区变宽,这时 PN 结呈现高电阻,通过的（反向）电流极小,PN 结处于截止状态。

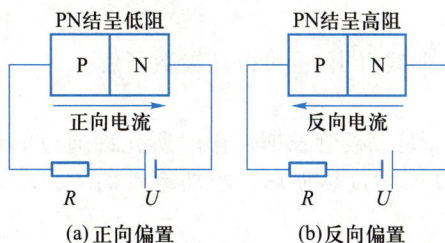

图 5-2 PN 结的单向导电性

PN 结正向偏置导通,反向偏置截止的这种特性称为单向导电性(Unidirectinal Conductivity)。

5.2   二极管的结构、主要参数及应用

1. 二极管的结构和符号

将具有 PN 结的半导体加上引线,封装上管壳就成了二极管。其中由 P 型区引出的是正极(阳极),由 N 型区引出的是负极(阴极)。几种常用二极管的外观如图 5-3 所示。二极管的符号如图 5-4 所示,在图形符号旁标注的 VD 是它的文字符号。

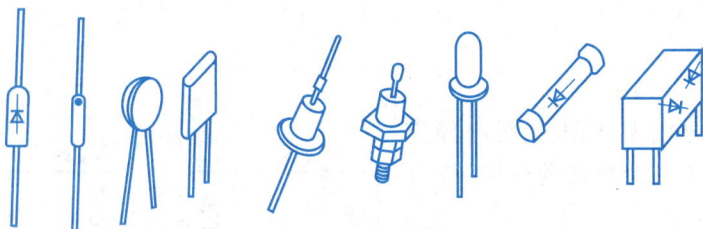

图 5-3   几种常用二极管的外观图

图 5-4   二极管的符号

2. 二极管的伏安特性

不同的二极管伏安特性曲线是有差异的,但基本形状相似。如图 5-5 所示为硅二极管和锗二极管的伏安特性曲线。图中二极管上标的是电压的实际极性。

二极管正向偏置时,当电压小于某一数值,正向电流非常小;超过这一数值正向电流会随着正向电压的增大而很快增加,这个电压称为死区电压。锗管约为 0.2 V,硅管约为 0.5 V。二极管导通时,正向电流在比较大的范围内变化时,二极管的电压变化不大,锗管为 0.2~0.3 V,硅管为 0.6~0.7 V。

二极管反向偏置时,反向电流非常小。反向电流越小说明单向导电性能越好。如果反向电压增大到某一数值,反向电流会突然增大,这种现象称为击穿。此时二极管已经失去单向导

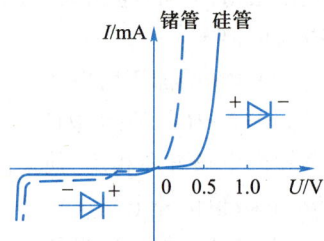

图 5-5   二极管的伏安特性曲线

电性,将会产生很大热量,使二极管烧坏。产生击穿时的电压称为反向击穿电压,不同型号的二极管反向击穿电压是不同的,范围在几十伏~几千伏之间,需要根据情况选择使用。

3. 二极管的主要参数

二极管的性能可以从特性曲线看出,也可以从参数了解。

(1)最大整流电流 I_{OM}

二极管的最大整流电流 I_{OM} 是二极管长期使用时所允许通过的最大正向平均电流。使用时不准超过这一数值,否则会使 PN 结过热损坏。小功率管的 I_{OM} 仅为几十毫安,大功率管可以达到十几安培甚至数千安培。

(2)反向工作峰值电压 U_{RWM}

反向工作峰值电压 U_{RWM} 是指允许加在二极管上反向电压的最大值。通常它是反向击穿电

压的 50%,以保证二极管安全可靠地工作。

此外还有反向电流、截止频率等参数。

4. 二极管的主要应用

二极管的应用非常广泛,可以用于检波、限幅、开关、钳位、保护等电路,更多的是用于整流。

（1）整流电路

所谓整流,就是把交流电流变换为直流电流,现在使用直流电的场合,除了使用蓄电池或干电池以外,绝大多数采用整流电路。

1）单相桥式整流电路

桥式整流应用非常广泛,电路如图 5-6(a)所示。电源提供的交流电压 u_1 经过变压器 Tr 变换为所需要的 $u_2=\sqrt{2}\,U_2\sin\omega t$,正半周时 a 为高电位端,电流由 a→$VD_1$→$R_L$→$VD_3$→b(最低电位端);负半周时 b 为高电位端,电流由 b→VD_2→R_L→VD_4→a(最低电位端)。可见,在 R_L 上流过的电流始终是单一方向的脉动电流。电压、电流波形如图 5-6(b)所示。此外电路还有一种常用画法,如图 5-6(c)所示,简化画法如图 5-6(d)所示。

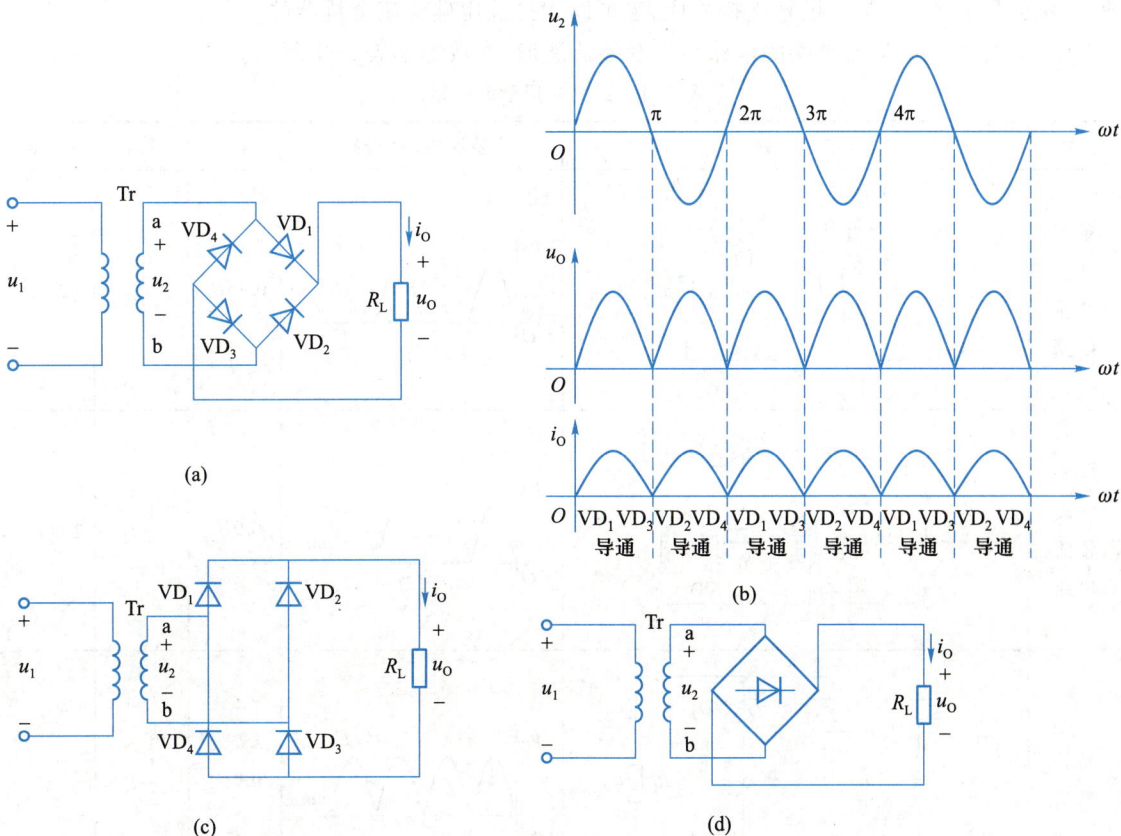

图 5-6　单相桥式整流

单相桥式整流电路输出电压平均值②为

$$U_0 = \frac{1}{\pi} \int_0^\pi \sqrt{2}\, U_2 \sin \omega t \, d(\omega t) = \frac{2\sqrt{2}}{\pi} U_2 = 0.9 U_2 \tag{5-1}$$

输出电流平均值为

$$I_0 = \frac{0.9 U_2}{R_L} \tag{5-2}$$

由于在桥式整流电路中 4 个二极管两两轮流导通,如图 5-6(b)所示,所以流经每一个二极管的平均电流为

$$I_{VD} = \frac{1}{2} I_0 = \frac{0.45 U_2}{R_L} \tag{5-3}$$

每个二极管承受的最大反向电压为

$$U_{DRM} = \sqrt{2}\, U_2 \tag{5-4}$$

式中 U_2 为变压器二次电压有效值。式(5-1)~式(5-4)就是设计整流电路选择元器件参数的依据。整流桥可以用 4 个二极管连接构成,也可以直接选用硅整流全桥器件。

2)几种常见的整流电路的电路图以及整流波形、参数等如表 5-1 所示。

表 5-1 部分常用整流电路

类型	电 路	整流电压波形	U_0	I_{VD}	U_{DRM}
单相半波整流电路	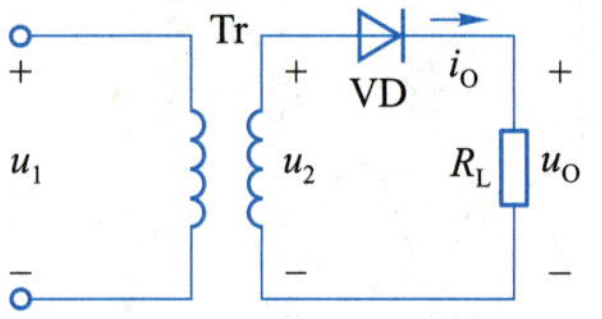		$0.45 U_2$	I_0	$\sqrt{2}\, U_2$
单相全波整流电路	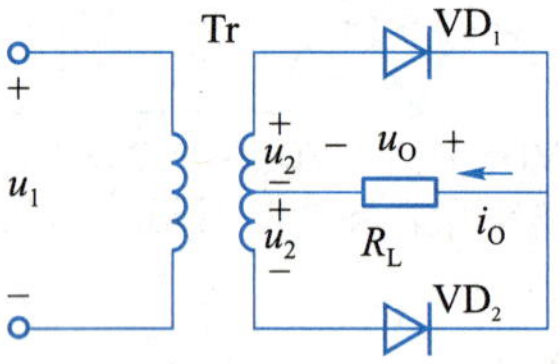	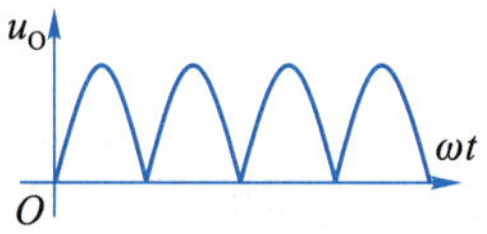	$0.9 U_2$	$\frac{1}{2} I_0$	$2\sqrt{2}\, U_2$
单相桥式整流电路	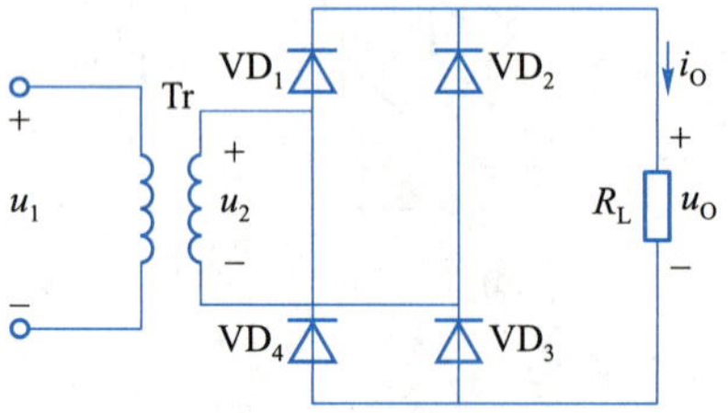		$0.9 U_2$	$\frac{1}{2} I_0$	$\sqrt{2}\, U_2$

---

② 电压 u_0、u_L 等表示含有交流分量的电压,而 U_0、U_L 表示它们的平均值。

续表

类型	电 路	整流电压波形	U_O	I_{VD}	U_{DRM}
正负电源整流电路	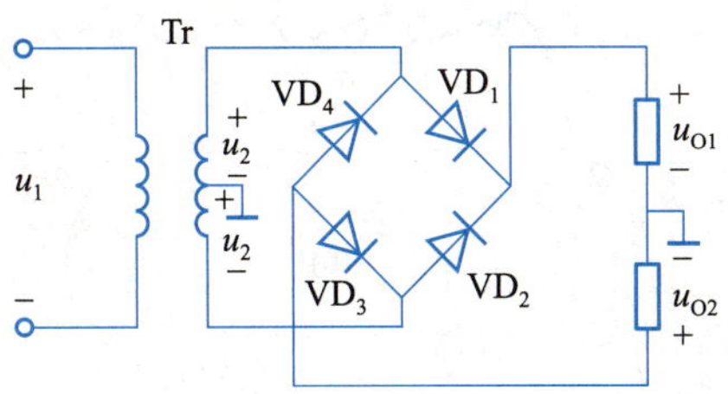	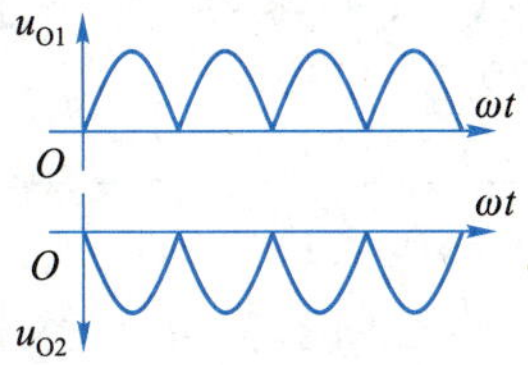	$0.9U_2$	$\dfrac{1}{2}I_0$	$\sqrt{2}\,U_2$
三相半波整流电路	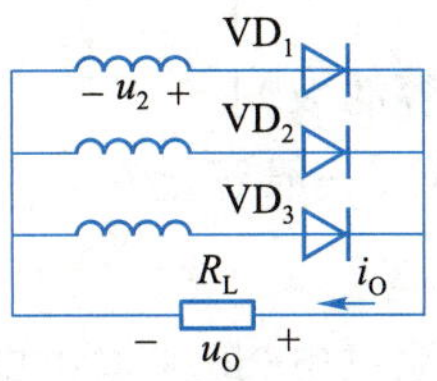	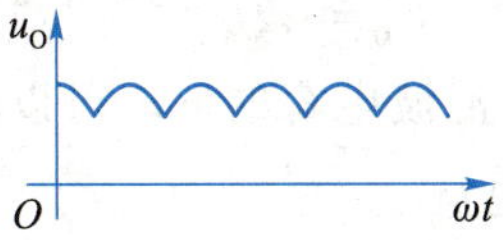	$1.17U_2$	$\dfrac{1}{3}I_0$	$\sqrt{6}\,U_2$
三相桥式整流电路	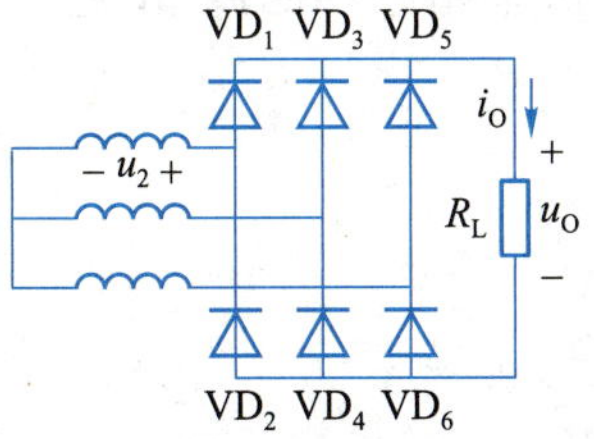	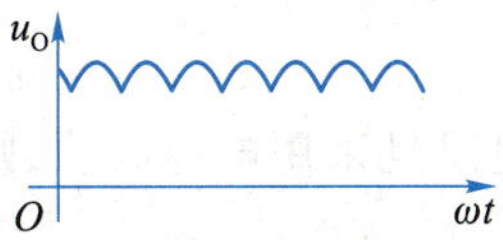	$2.34U_2$	$\dfrac{1}{3}I_0$	$\sqrt{6}\,U_2$

注：U_2——变压器二次电压有效值，U_O——整流输出电压平均值，I_{VD}——每个二极管流过的电流，U_{DRM}——每个二极管承受的最大反向电压。

表中的正负电源整流电路采用的是两个全波整流电路，而不是桥式整流电路。变压器二次绕组中间头必须接地。其工作原理可以自行分析。

3）滤波电路

整流后的直流电压脉动很大，需要通过滤波电路滤除其中的交流分量以减小纹波。常用的滤波电路有电容滤波、电感滤波和复式滤波等。

① 电容滤波

电容滤波是通过电容器的充放电滤除整流电压中的交流分量，使之趋于平直。电容滤波电路和输出电压的波形如图 5-7 所示。

滤波电容器 C 选用电解电容或钽电容，它们是有极性电容，接入电路时要把带有"+"号的引线连接到高电位端。

由图 5-7（b）可见，加电容滤波后，输出电压平均值明显增大，当然它也和负载有关。在一般情况下如果满足

$$R_L C \geqslant (3\sim5)\frac{T}{2} \tag{5-5}$$

即电流较小、负载变动不大情况下，输出电压平均值可以按照以下公式近似估算

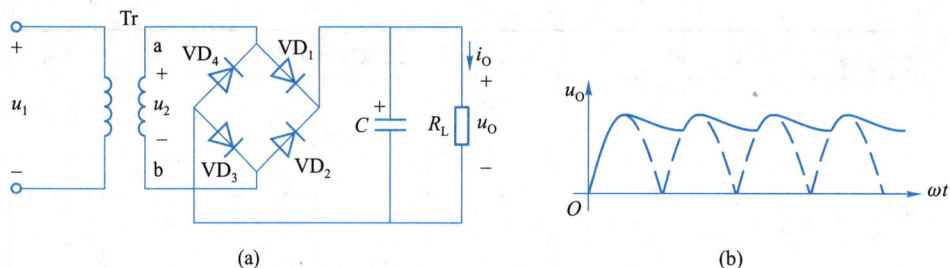

图 5-7 桥式整流电容滤波电路和波形

$$U_0 = U_2(\text{半波整流电容滤波})$$
$$U_0 = 1.2U_2(\text{桥式或全波整流电容滤波})$$

$$(5-6)$$

T 为交流电的周期。滤波电容的选取可以依照式(5-5),一般容量在几十微法到几千微法,电容器的耐压应该大于 $\sqrt{2}\,U_2$。

【例 5-1】 一台半导体收音机原来使用 4 节 1.5 V 电池供电,最大输出电流为 80 mA,现在想改为用 220 V 交流电源供电。设计一个整流电路,要求采用电容滤波,试选择整流元件、滤波电容,并确定变压器二次侧电压 U_2。

解:据已知条件 $U_0 = 6$ V

如果采用桥式整流电路且采用电容滤波,则

$$U_0 = 1.2U_2, \quad U_2 = \frac{U_0}{1.2} = \frac{6}{1.2}\ \text{V} = 5\ \text{V}$$

$$I_{\text{VD}} = \frac{80}{2} = 40\ \text{mA}, \quad U_{\text{DRM}} = \sqrt{2}\,U_2 = \sqrt{2} \times 5\ \text{V} = 7.07\ \text{V}$$

通过查手册或上网查询,选用 1N4001 型二极管 4 只(参数:1 A,50 V)。

$$R_L = \frac{6\ \text{V}}{0.08\ \text{A}} = 75\ \Omega, \quad C \geqslant 5 \times \frac{T}{2R_L} = 5 \times \frac{0.02}{2 \times 75}\ \text{F} \approx 670\ \mu\text{F}(50\ \text{Hz 交流电周期}\ T = 0.02\ \text{s})$$

选用 1000 μF,耐压 16 V 的电解电容器 1 只。

② 电感滤波

电感元件中电流发生变化时,产生的感应电动势总是阻碍电流的变化,电感滤波就是利用的这一原理。因此在需要减小电流波动的电路中可以串接大电感,又称为平波电抗器。电感滤波电路如图 5-8 所示。

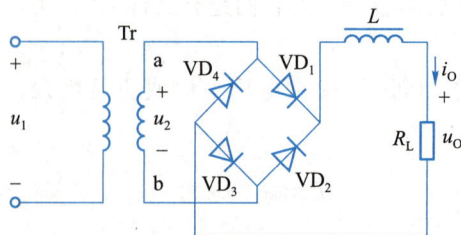

图 5-8 电感滤波电路

滤波用的线圈为了增大电感,一般都有铁心。电感滤波一般用于负载变动较大以及负载电流较大的场合。

忽略线圈的电阻,负载的平均电压为

$$U_O = 0.9U_2 \tag{5-7}$$

③ 复式滤波电路

为了进一步减小输出电压中的脉动成分,有时需要将几种滤波电路组合使用,常见的几种复式滤波电路如图 5-9 所示。图中 u_O 为整流后的电压,u_L 是滤波后的电压。

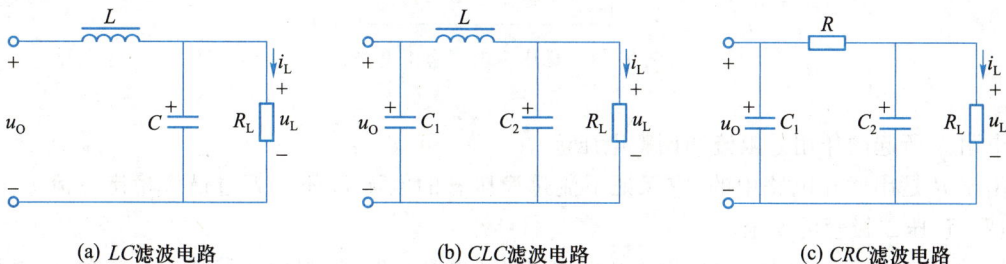

(a) LC滤波电路　　　　(b) CLC滤波电路　　　　(c) CRC滤波电路

图 5-9　几种常见的复式滤波电路

(2) 稳压二极管及其稳压电路

经过整流、滤波后的电压,虽然脉动减小,但有时还不能完全满足要求。如果要求输出电压的稳定性更高,脉动成分更小,就需要增加稳压电路。

1) 稳压二极管

稳压二极管是一种用特殊工艺制造的硅二极管,它的伏安特性曲线和符号如图 5-10 所示。普通二极管在外加反向电压达到击穿电压时,将会击穿损坏。而稳压二极管在反向击穿时只要电流限制在 I_{max} 以内,就不会造成损坏。

稳压二极管正常工作是在伏安特性的反向击穿区的 AC 段,在这个区域内电流在较大范围内变化而电压 U_Z 基本恒定,具有稳压特性。

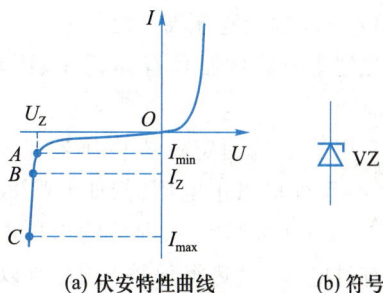

(a) 伏安特性曲线　　(b) 符号

图 5-10　稳压二极管的伏安特性和符号

稳压二极管的参数主要有:

① 稳定电压 U_Z:在简单稳压电路中,由于稳压管是与负载并联的,因此负载需要几伏的稳定电压,就选 U_Z 是多少伏的稳压二极管。但是同一型号的稳压管的稳压值有微小差异。

② 动态电阻 r_Z:在稳压状态下,稳压二极管两端电压变化量与相应电流变化量之比,即

$$r_Z = \frac{\Delta U_Z}{\Delta I_Z} \tag{5-8}$$

r_Z 愈小,则反向伏安特性曲线愈陡,稳压性能愈好。

③ 最大稳定电流 I_{Zmax}:稳压二极管允许通过的最大反向电流。正常工作时应该小于这个电流,否则管子将因过热而损坏。

2) 稳压二极管稳压电路

稳压二极管稳压电路如图 5-11 所示。经过整流和电容滤波,得到直流电压 U_0,再经过电阻 R 和稳压二极管 VZ 组成的稳压电路,负载上得到比较稳定的电压 U_L,显然 $U_L = U_Z$。

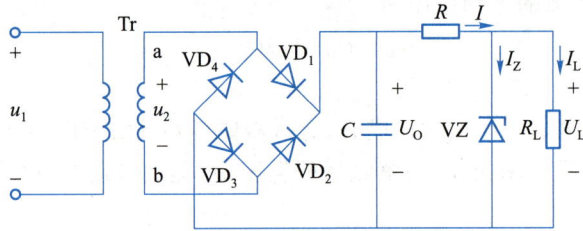

图 5-11   稳压二极管稳压电路

电阻 R 所起的作用是限流和调整电压。

由于 R 是串联在电路中的,它保证了流过稳压管的电流 I_Z 不会超过最大稳定电流 I_{Zmax},从而保证了稳压二极管的安全。

流过 R 的电流 $I = I_Z + I_L$,当电网电压升高使 U_0 也升高时,这将引起稳压管的电流 I_Z 显著增加,流过 R 的电流也增加,致使 R 上的电压增加,从而使输出电压 U_L 基本保持不变。

若电网电压稳定,而负载电流变化时,流过稳压二极管的电流 I_Z 将与负载电流作相反变化,进行调整,从而保持负载电压保持基本稳定。

稳压二极管稳压电路所用元器件少,但是稳定电流有限,通常应用在输出电流较小的电路中。

3)三端集成稳压器电路

三端集成稳压器具有体积小、可靠性高、价格低廉,使用方便灵活等优点,因此得到广泛使用。

常用的三端固定集成稳压器是 CW78××、CW79×× 系列。CW78×× 系列输出正电压,例如 CW7805 输出 +5 V,CW7812 输出 +12 V;而 CW79×× 系列是输出负电压的稳压器。集成稳压器具有过电流、过热等保护功能,所以使用安全可靠。三端稳压器外观和管脚如图 5-12 所示。

三端集成稳压器有三个端子:输入端接整流滤波电路,输出端接负载,公共端 COM 接电路的公共连接点(地)。

典型应用电路如图 5-13 所示。图中 C_1 是滤波电容,采用电解电容;C_2 用以滤除高频成分;C_3 是为了改善输出的瞬态特性,一般采用 $0.1 \sim 0.5$ μF 的瓷片电容。使用时要注意 CW78×

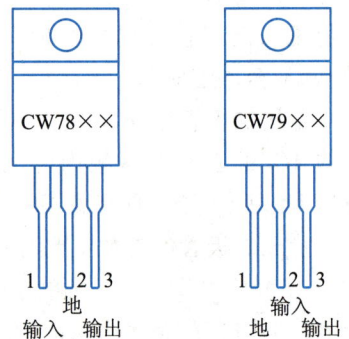

图 5-12   三端稳压器外观和管脚

×、CW79×× 系列管脚接线是不同的。三端稳压器正常工作时,输出、输入的电压差一般在 $2 \sim 3$ V 之间,太小则可调整范围受限,过大则稳压器功率损耗大,发热多,需要增大散热片。

在电子电路中经常要用到正负电源,这里以 ±5 V 电源为例,它的典型电路如图 5-14 所示。注意:这个电路中变压器副边(二次侧)中间抽头要接地(变压器容量视所带负载而定,如果只给少量芯片供电则选 3 VA 即可),4 个二极管组成的是两组全波整流,而不是桥式整流。该电路的元器件参数见表 5-2,读者可以参照其规律,试确定其他输出电压的稳压电路参数。

(a) 正电压输出

(b) 负电压输出

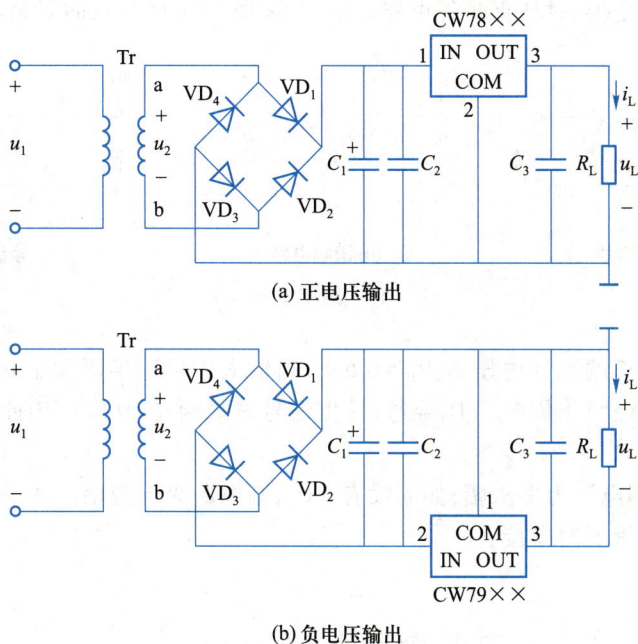

图 5-13 三端稳压器典型应用电路

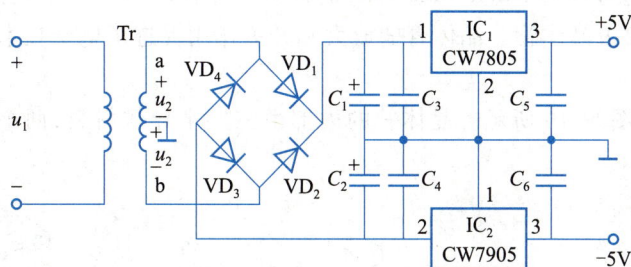

图 5-14 输出 ±5 V 的稳压电路

表 5-2 输出 ±5 V 的稳压电路元器件参数表

序号	代号	名称	型号或规格	数量	序号	代号	名 称	型号或规格	数量
1	Tr	变压器	220/7+7 V（3～10 VA）	1	5	C_1、C_2	电解电容	1000 μF/10V	2
2	VD_1~VD_4	二极管	1N4004	4	6	C_3、C_4	电容器	0.1 μF 瓷片电容	2
3	IC_1	三端稳压器	7805	1	7	C_5、C_6	电容器	0.5 μF 瓷片电容	2
4	IC_2	三端稳压器	7905	1					

（3）二极管限幅电路

所谓限幅电路是限制信号输出幅度的电路，又称限幅器、削波器等。限幅电路应用非常广泛,常用于整形、波形变换、过压保护等电路。如图 5-15 所示即为双向限幅电路。

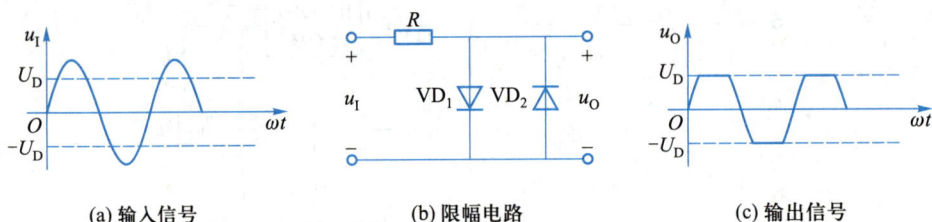

(a) 输入信号　　　　　　　(b) 限幅电路　　　　　　　(c) 输出信号

图 5-15　限幅电路实例

若某型号硅二极管的死区电压为 $U_D = 0.5$ V,当输入信号正半周大于 0.5 V 时 VD$_1$ 导通,输出电压被限制在 0.5 V;负半周时,VD$_2$ 导通,输出信号被限制在 -0.5 V,因此输出信号限幅在 ±0.5 V。

如果没有 VD$_2$,则电路为上限幅;如果没有 VD$_1$,则电路为下限幅。如果需要限幅 1 V 左右,则可以把两个硅二极管顺向串接。

5.3　晶体管的结构、放大作用及主要参数

半导体三极管(Bipolar Junction Transistor)简称为晶体管(BJT),由于它内部有两种载流子参与导电,所以又称为双极晶体管。晶体管的放大和开关作用促进了电子技术的应用和发展。

1. 晶体管的结构

晶体管的外观如图 5-16 所示。晶体管的内部由三层半导体材料,两个 PN 结构成,其结构和符号如图 5-17 所示。

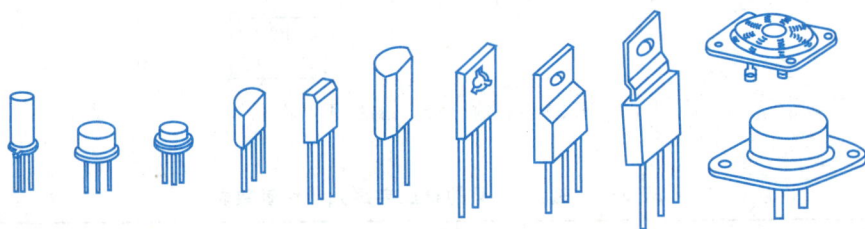

图 5-16　一些常用的晶体管外观

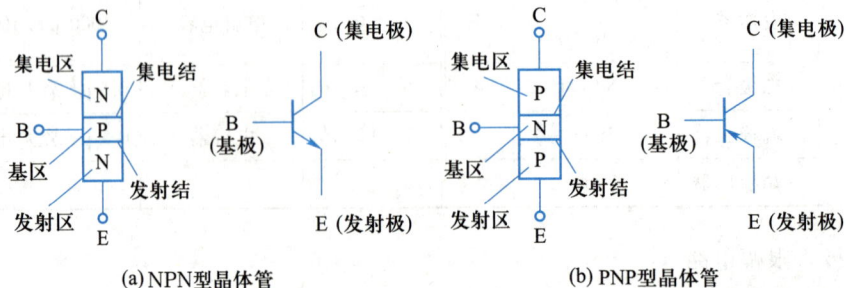

(a) NPN 型晶体管　　　　　　　　　　　　(b) PNP 型晶体管

图 5-17　晶体管的结构和符号

晶体管在制造时把基区做得很薄。通过加入杂质浓度的不同,使发射区的载流子浓度远高于集电区,这样使晶体管具备了放大作用的内部条件,发射极和集电极是不可互换的,否则就失去了放大作用。

晶体管除了分为 NPN、PNP 型之外,根据材料又分为硅管和锗管;根据工艺不同还可分为平面型和合金型;除了用于模拟放大之外,还有专用的开关管;此外根据安装方式不同还分为插装和表面贴装(片状)晶体管等。国内外晶体管型号的命名法是不同的,可查询相关文献资料了解。

晶体管的应用十分广泛,首先它是集成电路的重要组成部分,集成电路中制造二极管、晶体管比制造电阻容易,因此很多场合电阻就用二极管、晶体管代替。晶体管在模拟电路中用于放大和信号处理,在数字电路中用作开关,在电力电子电路中用于控制等。

2. 晶体管的电流放大作用和特性曲线

通过实验可说明晶体管的电流放大作用。如图 5-18 所示,要使晶体管 VT(这里选用 3DG6,NPN 型管)能够起到放大作用,必须使发射结正向偏置,集电结反向偏置。这里电源 U_{BB} 正极通过 R_P 接于 VT 发射结的基极(P 型区),U_{BB} 负极接于发射极(N 型区),发射结正偏。分析可知,若 $U_{CC} > U_{BB}$,则集电结反向偏置。

这里有两个回路:基极回路和集电极回路。

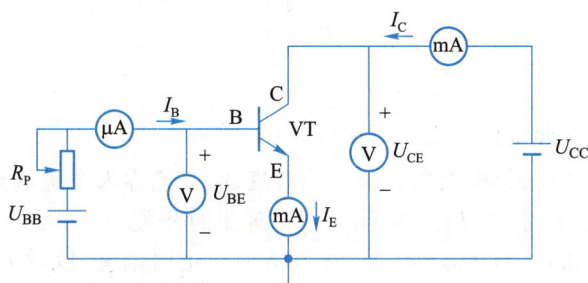

图 5-18 晶体管电流放大作用的实验原理图

通过调节电位器 R_P,改变基极的输入电流 I_B,可以测出对应的电压 U_{BE},将所有测试点连接起来,得到一条曲线,该曲线描述了当 U_{CE} 为某一数值时,输入电流 I_B 与输入电压 U_{BE} 之间的关系,即 $I_B = f(U_{BE})\big|_{U_{CE}=常数}$。改变 U_{CE} 值,重复测试步骤,可得到另一条曲线。图 5-19 给出了 U_{CE} 分别为 0 V、1 V 两种情况下的输入特性曲线。可以看出,这些曲线和二极管的正向特性曲线相似。当 $U_{BE} \geq 1$ V 时,曲线右移,基本重合。输入回路的伏安关系曲线 $I_B = f(U_{BE})$ 称为晶体管的输入特性曲线。

晶体管的输出特性曲线是指当基极电流 I_B 为常数时,集电极回路中集电极电流 I_C 与集-射极电压 U_{CE} 之间的关系曲线 $I_C = f(U_{CE})\big|_{I_B=常数}$。调节电位器 R_P,使基极回路的电流表读数为 20 μA,再调节 U_{CC},使它在 0~12 V 之间变化,每对应一个 U_{CC} 值,可以记录下一个对应的 I_C 值,就可以在坐标系中找到一个点,把它们连成一条曲线,即图 5-20 中所示 $I_B = 20$ μA 的那条曲线。依此类推,就可以分别绘出 $I_B = 40$ μA、60 μA、80 μA 的一组曲线。

由输出特性曲线可以看出,当基极电流从 40 μA 变化到 60 μA 时,基极电流的变化量 $\Delta I_B = 20$ μA,而集电极电流 I_C 却从 2 mA 变化到 3 mA,即变化量 $\Delta I_C = 1$ mA。这表明晶体管基极电流

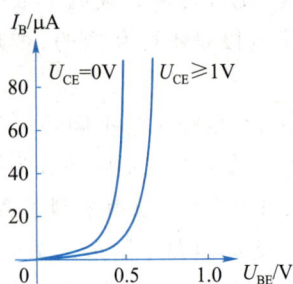

图 5-19 晶体管的输入特性曲线

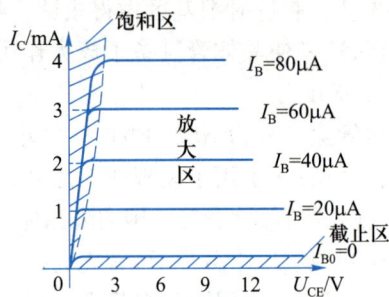

图 5-20 晶体管的输出特性曲线

的微小变化会引起集电极电流的较大变化,这就是电流放大作用。

ΔI_C 与 ΔI_B 的比值称为动态电流(交流)放大系数 β,即

$$\beta = \frac{\Delta I_C}{\Delta I_B} \tag{5-9}$$

如果用 I_C 与 I_B 的比值,则称为静态电流(直流)放大系数 $\bar{\beta}$,即

$$\bar{\beta} = \frac{I_C}{I_B} \tag{5-10}$$

β 与 $\bar{\beta}$ 近似相等。

晶体管的输出特性曲线可以分为三个区域。

① 截止区。当 $I_B = 0$ 时,集电极仍有很小的电流,此电流称为穿透电流 I_{CEO}。这时晶体管相当于一个开关断开的状态。如果 $I_{CEO} = 0$,则是一个理想的开关。

② 饱和区。当 U_{CE} 很小,且 $U_{CE} < U_{BE}$ 时,集电结处于正向偏置,以致 I_C 不随 I_B 的增大而成比例增大,即 I_C 处于饱和状态。硅管的饱和压降 U_{CES} 约为 0.3 V,可以忽略不计,此时晶体管相当于一个开关的接通状态。

如果晶体管工作于以上两个区域就是工作在开关状态。

③ 放大区。在截止区和饱和区之间是放大区。在此区域内有两个特点:一是 I_C 与 I_B 成正比,即 $I_C = \beta I_B$。另一个是当 I_B 一定时,与之对应的 I_C 不随 U_{CE} 变化,具有恒流特性。

以上实验电路中输入回路(基极回路)和输出回路(集电极回路)的公共端是发射极,所以称为共射(极)电路。

【例 5-2】 图 5-20 所示为晶体管的输出特性曲线,试分析它的电流放大系数。

解:由输出特性曲线可知,当 I_B 从 20 μA 变化到 60 μA,即 $\Delta I_B = (60-20)$ μA = 40 μA = 0.04 mA。

此时对应的集电极电流由 1 mA 变化为 3 mA,即 $\Delta I_C = (3-1)$ mA = 2 mA。

$$\beta = \frac{\Delta I_C}{\Delta I_B} = \frac{2}{0.04} = 50$$

即电流放大系数为 50。

3. 晶体管的主要参数

(1)电流放大系数 β 与 $\bar{\beta}$

共射极电路的交流、直流放大系数比较接近,常用晶体管的 β 一般为 20~200。有时手册上或网上查询的资料上标注为 h_{FE}。选择使用晶体管时不是 β 愈大愈好,β 过大将会使工作不稳定。

（2）穿透电流 I_{CEO}

I_{CEO} 是在基极开路($I_B=0$)的情况下,在外加电源 U_{CC} 作用下流经集电极和发射极的电流。I_{CEO} 愈小愈好。I_{CEO} 受温度影响比较大,所以 I_{CEO} 大的管子工作稳定性差。此项参数硅管性能优于锗管。

（3）集电极最大允许电流 I_{CM}

集电极电流超过一定数值时,晶体管的 β 值将下降,一般将使 β 值下降到额定值 $\dfrac{2}{3}$ 时的集电极电流称为集电极最大允许电流。使用时如果 $I_C>I_{CM}$,晶体管也可能不会损坏,但 β 值已经显著下降。

（4）集-射极反向击穿电压 $U_{(BR)CEO}$

$U_{(BR)CEO}$ 是基极开路,加在集电极和发射极之间的最大允许电压值。当 $U_{CE}>U_{(BR)CEO}$ 时,I_{CEO} 大幅度上升,晶体管击穿。

（5）集电极最大允许耗散功率 P_{CM}

P_{CM} 是集电极电流和电压乘积的最大值。如果集电极耗散功率超过 P_{CM},将使晶体管性能变差,甚至烧坏。

β 和 I_{CEO} 是晶体管的性能指标,它表明了晶体管的优劣。I_{CM}、$U_{(BR)CEO}$ 和 P_{CM} 是晶体管的极限参数,是使用限制指标。

5.4 晶体管放大电路

1. 共发射极基本放大电路的组成和工作原理

（1）电路组成

要使晶体管具有放大作用,必须使发射结正向偏置,集电结反向偏置。图 5-21 所示是满足以上条件的共发射极（简称共射极）基本放大电路。

图 5-21 中,U_{BB} 和 U_{CC} 分别是基极回路和集电极回路的直流电源,一般为几伏到几十伏,直流电源可以为晶体管提供工作于放大区的偏置条件,使发射结正向偏置,集电结反向偏置。通常情况下,通过选择合适的 R_B 和 R_C 的值,可以将两个电源合二为一（例如检测电路、收音机电路中有多个放大电路,但是只有一个直流电源）,如图 5-22 所示。

R_B 为基极回路电阻,在电源 U_{BB} 的作用下,可为晶体管提供一个合适的基极电流,这个电流称为偏置电流,R_B 称为偏置电阻,一般取值为几十千欧到几百千欧。

R_C 为集电极电阻,可将集电极电流的变化转变成电压的变化送到输出端,以实现电压放大。R_C 一般取值为几千欧到几十千欧。R_C 很重要,若没有 R_C,晶体管集电极的电位始终是直流电源电压值,不会随输入信号的变化而变化,也不会有输出电压信号。

电容 C_1、C_2 称为耦合电容,起到隔直流通交流的作用,一般取值为几微法到几十微法,容量

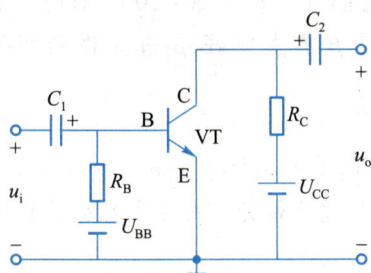

图 5-21　共射极基本放大电路

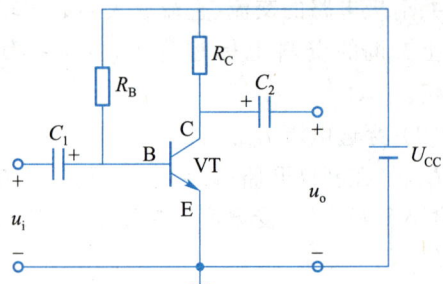

图 5-22　简化共射极基本放大电路

较大,通常采用电解电容,在电路连接时要注意极性,否则晶体管电路不能正常工作。

图 5-23 所示的是共射极放大电路的习惯画法,如果改用 PNP 管,只需将电源 $+U_{CC}$ 改为 $-U_{CC}$,耦合电容 C_1、C_2 极性颠倒即可。

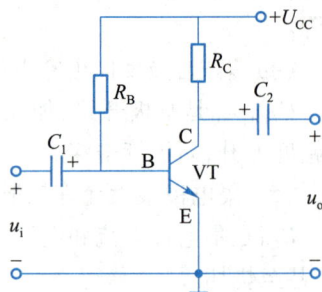

图 5-23　共射极放大电路的习惯画法

共射极基本放大电路可以看成是有两个电源的电路:直流电源和交流信号源。因此电路电量的求取就可以分为两部分,直流分量部分和交流分量部分,最后可以用叠加定理进行分析。

当没有输入信号时,即交流信号源 $u_i = 0$ 时,电路中各结点间的电压和各支路电流完全由直流电源 U_{CC} 作用的电路决定,此时电路的状态称为**静态**。规定静态直流分量用大写字母加大写下标表示,如 I_B、I_C 和 U_{CE}。

当有输入信号时,通常设 $u_i = \sqrt{2} U_i \sin \omega t \mathrm{V}$,电路的状态称为**动态**。纯动态交流分量的瞬时值用小写字母加小写下标表示,如 i_b、i_c 和 u_{ce}。总电压和总电流的交直流叠加量用小写字母加大写下标表示,如 i_B、i_C 和 u_{CE}。

(2)电路的静态分析

当 $u_i = 0$ 时,电路中只有直流电源形成的直流分量,由于电容 C_1、C_2 的隔直作用,直流分量仅存在于 C_1、C_2 之间的电路,这部分电路称为放大电路的直流通路,如图 5-24 所示。由直流通路可以计算出 I_B、I_C 和 U_{CE} 等直流分量,称为静态值,静态工作点通常表示为 $Q(I_B, I_C, U_{CE})$。静态值是决定晶体管放大电路能否正常工作的重要电量。

静态工作点的求取方法有两种:估算法和图解法。

1)估算法

估算法是根据放大电路的直流通路进行计算的一种方法。

由图 5-24 的直流通路求得:

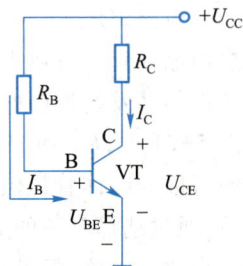

图 5-24　基本放大电路的直流通路

基极电流
$$I_B = \frac{U_{CC} - U_{BE}}{R_B} \approx \frac{U_{CC}}{R_B} \tag{5-11}$$

式中,当 $U_{CC} \gg U_{BE}$ 时,U_{BE} 可以忽略不计,在工程计算中,硅管 U_{BE} 为 $0.6 \sim 0.8\ \mathrm{V}$,常取 $0.7\ \mathrm{V}$;锗管

U_{BE}为 0.2~0.3 V。估算法可以满足工程计算精度的要求。

由 I_B 得
$$I_C = \beta I_B \tag{5-12}$$
$$U_{CE} = U_{CC} - I_C R_C \tag{5-13}$$

图 5-25 给出静态时共射极基本放大电路各点的电压和电流波形。由图 5-25 可以得到，晶体管各点的电压电流都是直流，交流量(u_i、u_o)的值为零。

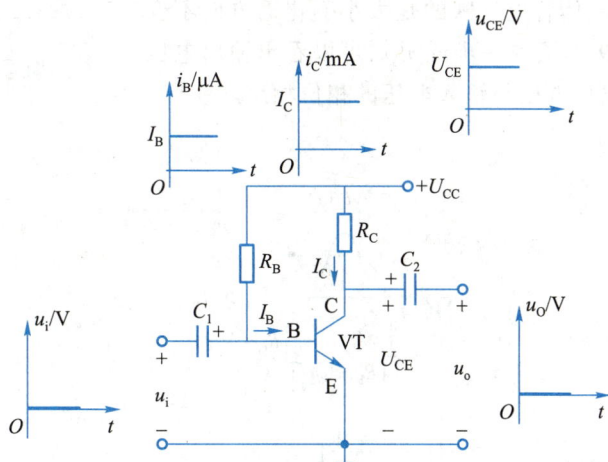

图 5-25　共射极基本放大电路静态时各点工作波形

2）图解法

图解法是在给定晶体管的输入、输出特性曲线的条件下，根据输入、输出回路方程在输入、输出特性曲线上做出相应曲线得到。

根据式(5-13)，可以得到

$$I_C = -\frac{U_{CE}}{R_C} + \frac{U_{CC}}{R_C} \tag{5-14}$$

如图 5-26 所示，当 $U_{CE}=0$ 时，$I_C = \frac{U_{CC}}{R_C}$，确定 M 点；当 $I_C=0$ 时 $U_{CE}=U_{CC}$，确定 N 点。过 M 点、N 点作直线得到图 5-26 中所示的直线 MN，称为直流负载线，其斜率为 $-\frac{1}{R_C}$。将它与晶体管输出特性曲线画于同一坐标系内，直流负载线与估算法得到的 I_B 所对应的输出特性曲线的交点 Q 称为静态工作点，Q 点对应的静态值坐标应该与上述估算法计算出的 I_B、I_C 和 U_{CE} 一致。对应不同的 I_B，同一条直流负载线会有不同的工作点 Q。

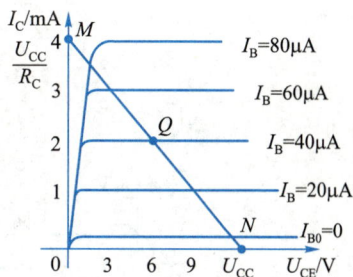

图 5-26　直流负载线和静态工作点图解

（3）电路的动态分析

1）图解法

当 $u_i = \sqrt{2}\,U_i \sin \omega t$ 时，电路中的电压和电流就处于变化状态，工作点的位置也就发生了变

化,此时电路处于动态工作情况。根据叠加定理,如果只分析
交流输入信号对电路的作用,把直流电压源置零,电容相对于
正弦交流信号短路,可以得到如图 5-27 所示的电路,此电路称
为基本放大电路的交流通路。图 5-28 给出有输入信号时,各
点纯交流工作电压和交流电流原理图(这些交流信号是叠加在
静态直流量之上的,在晶体管上反映的是大小变化而方向不变
的电压和电流,图 5-29 作了进一步说明),可以看出输出电压
u_o 和电压 u_{ce} 相等,而输出电压与输入电压的相位相反。

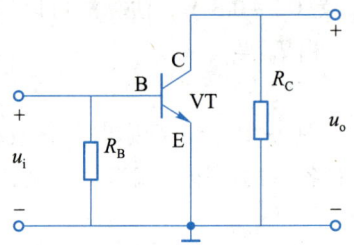

图 5-27　交流通路

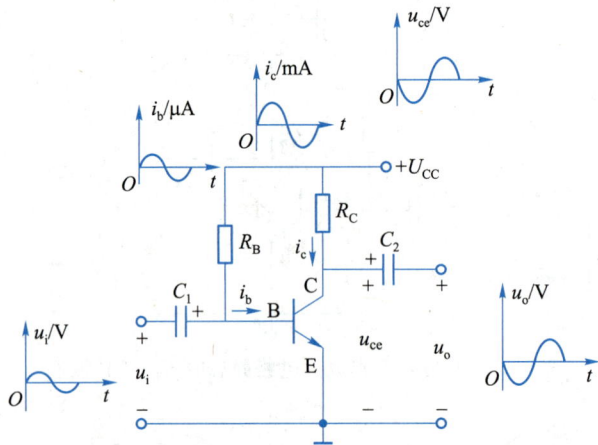

图 5-28　共射极基本放大电路纯交流输入时各点工作波形

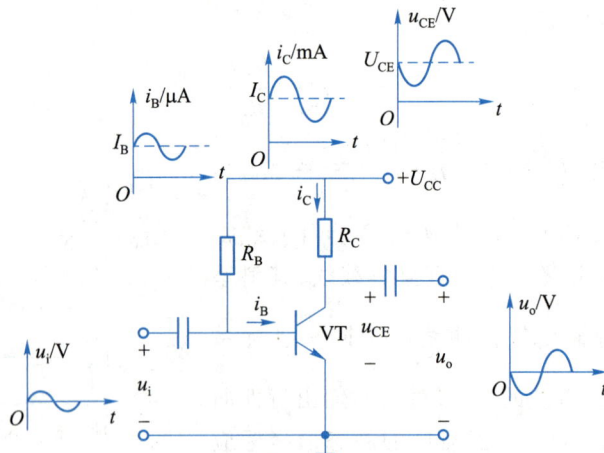

图 5-29　共射极基本放大电路总的工作波形

根据图 5-25 和图 5-28,经过叠加,得到放大电路在有交流输入信号时总的工作原理图,如
图 5-29 所示。其中

$$i_B = i_b + I_B \tag{5-15}$$

$$i_{\mathrm{C}} = i_{\mathrm{c}} + I_{\mathrm{C}} \tag{5-16}$$

$$u_{\mathrm{CE}} = u_{\mathrm{ce}} + U_{\mathrm{CE}} = U_{\mathrm{CC}} - i_{\mathrm{C}} R_{\mathrm{C}} \tag{5-17}$$

用图解法可以较直观地分析电路中各点电压、电流,以及放大电路的动态工作范围。

由式(5-17)可以看出,集-射极的总电压 u_{CE} 与集电极总电流 i_{C} 之间的关系仍然是线性的,在晶体管的输出特性曲线上画出式(5-17)所表示的直线,这条直线称为交流负载线,空载时它与直流负载线重合,如图 5-30 所示。当 i_{B} 在 I_{B1} 和 I_{B2} 之间变化时,交流负载线与输出特性曲线的交点 Q 也在 Q_1 和 Q_2 之间沿着交流负载线变动。

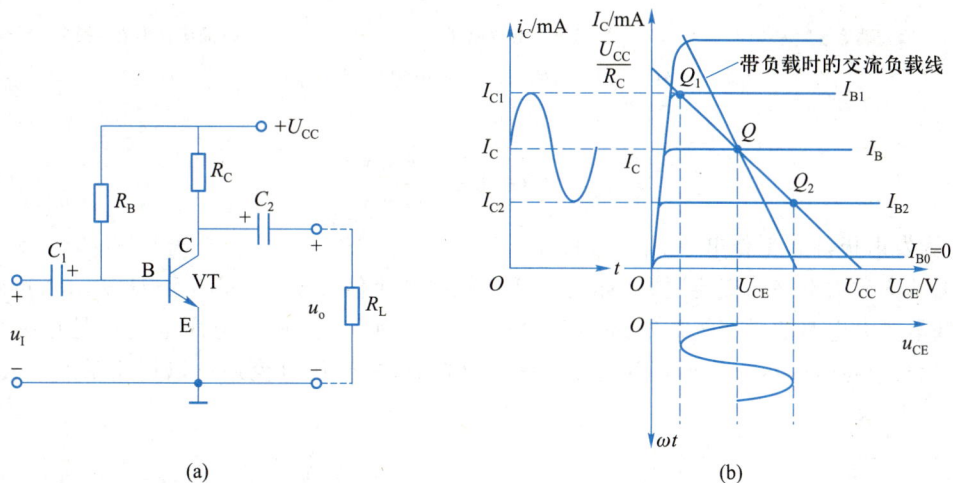

图 5-30

2) 微变等效电路分析法(小信号模型分析法)

晶体管是非线性元件,但是在分析放大电路的动态工作情况时,主要是分析电路对交流小信号的放大作用。当放大电路的输入信号很小,又选择了合适的静态工作点时,可近似认为晶体管工作在线性状态,电流变量与电压变量之间存在线性正比关系。因此,可以将晶体管等效成一个线性电路模型,然后按线性电路的一般分析方法对等效电路进行分析,利用晶体管的线性等效电路来分析放大电路的动态工作情况,这种方法称为晶体管的小信号模型法。小信号模型法(又称为微变等效电路法)是动态分析的主要方法。

以共发射极放大电路为例,当输入为交流小信号时,根据输入特性曲线中电压和电流的微变关系,如图 5-31(a)所示,晶体管的输入端可以等效为一个动态电阻 $r = \dfrac{\Delta u}{\Delta i}$;根据图 5-31(b)所示输出特性曲线可以看出,在放大区,输出端电流 $i_{\mathrm{C}} = \beta i_{\mathrm{B}}$,输出端可以等效为一个受基极电流控制的受控电流源。

晶体管的基极和发射极之间的等效电阻记为 r_{be},集电极和发射极之间等效的受控电流源记为 βi_{b}。由于集电极和基极之间只有很小的反向电流,可以忽略不计,认为基极与集电极之间处于开路状态。由此得到如图 5-31(c)所示的晶体管小信号模型。

r_{be} 称为晶体管的输入电阻,一般为几百到几千欧姆。低频小功率管的 r_{be} 可以用以下公式计算:

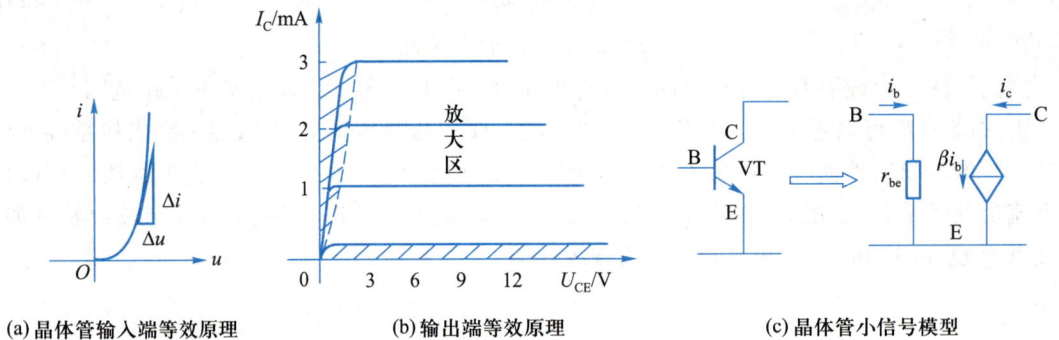

(a)晶体管输入端等效原理   (b)输出端等效原理   (c)晶体管小信号模型

图 5-31   晶体管小信号模型等效过程

$$r_{be} = 200 + (1+\beta)\frac{26 \text{ mV}}{I_E \text{ mA}} \tag{5-18}$$

式中,I_E 为发射极静态工作电流,$I_E \approx I_C$。

根据基本放大电路的交流通路(如图 5-27 所示)和小信号模型(如图 5-31 所示),可以画出共射极基本放大电路的微变等效电路,如图 5-32(a)所示,电路中的电压电流都是正弦交流分量,都用瞬时值符号表示。根据正弦交流电路的分析方法,电压电流还可以用相量形式表示,如图5-32(b)所示。

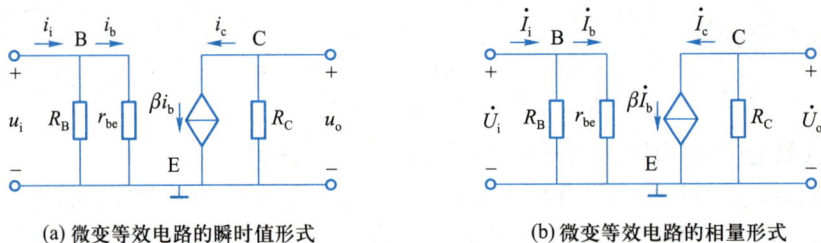

(a) 微变等效电路的瞬时值形式   (b) 微变等效电路的相量形式

图 5-32   基本放大电路的微变等效电路

根据放大电路的微变等效电路可以分析并计算放大电路的性能指标。放大电路的主要性能指标包括:电路的电压放大倍数、输入电阻和输出电阻等。

① 电压放大倍数A_u

晶体管放大电路的电压放大倍数,是衡量放大电路放大能力的指标。电压放大倍数定义为输出电压与输入电压之比,用A_u 表示。

$$A_u = \frac{\dot{U}_o}{\dot{U}_i} \tag{5-19}$$

由图 5-32 可得

$$\dot{U}_i = \dot{I}_b \cdot r_{be}$$

$$\dot{U}_o = -\dot{I}_c \cdot R_C = -\beta \dot{I}_b \cdot R_C$$

则由电压放大倍数的定义得到:

$$A_u = \frac{\dot{U}_o}{\dot{U}_i} = -\frac{\beta \, \dot{I}_b \cdot R_C}{\dot{I}_b \cdot r_{be}} = -\frac{\beta R_C}{r_{be}} \qquad (5\text{-}20)$$

式中,负号表明输出电压与输入电压信号相位相反。从式(5-20)中可以看出,A_u除了与晶体管的参数 β 和 r_{be} 有关外,还与参数 R_C 有关。

电压放大倍数常用分贝(dB)表示,称为电压增益,定义为 $20\lg|A_u|$(dB)。

② 输入电阻 R_i

对于信号源来说,放大电路相当于它的负载。放大电路输入端口内的等效电阻称为放大电路的输入电阻 R_i,定义为

$$R_i = \frac{\dot{U}_i}{\dot{I}_i} \qquad (5\text{-}21)$$

式中 $\dot{U}_i$ 和 $\dot{I}_i$ 为放大电路的输入电压和输入电流。由图 5-32(b)可得

$$R_i = \frac{\dot{U}_i}{\dot{I}_i} = R_B \mathbin{/\mkern-5mu/} r_{be} \qquad (5\text{-}22)$$

通常由于 $R_B \gg r_{be}$,放大电路的输入电阻主要由晶体管的输入电阻 r_{be} 决定。R_i 越大,放大电路从信号源获得的电压越大,信号源提供的电流越小,信号源内阻上分压越小。因此,为了减小信号源在内阻上的损失,一般要求放大电路的输入电阻大一些好。

③ 输出电阻 R_o

对于放大电路的负载 R_L 而言,放大电路相当于一个电源,当负载变化时,放大电路的输出电压 u_o 也随之变化,相当于该电源有一个内电阻,放大电路输出端口等效的内电阻就是放大电路的输出电阻 R_o。

求放大电路的输出电阻的条件是:电路中所有的电源置零(和前面章节中求电路的等效电阻的方法相同),输出端空载,电路如图 5-33 所示。当 $\dot{U}_i = 0$ 时,$\dot{I}_b = 0$,则 $\beta\dot{I}_b = 0$,受控电流源电流为零,则输出电阻为

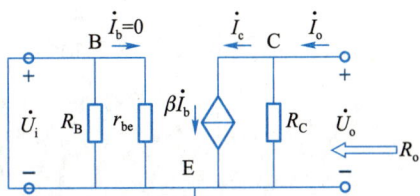

图 5-33 输出电阻

$$R_o = \frac{\dot{U}_o}{\dot{I}_o} = R_C \qquad (5\text{-}23)$$

R_o 越小,带负载能力越强,所以要求输出电阻 R_o 越小越好。

【例 5-3】 电路如图 5-34(a)所示,其中 $U_{CC} = 12$ V,$\beta = 50$,$R_B = 300$ kΩ,$R_C = 4$ kΩ,$R_L = 4$ kΩ,U_{BE} 可忽略不计,试求:

(1) 电路的静态值;

(2) 画出电路的小信号模型;

(3) 电路的电压放大倍数 A_u,输入电阻 R_i,输出电阻 R_o;

（4）分析负载对哪些量有影响。

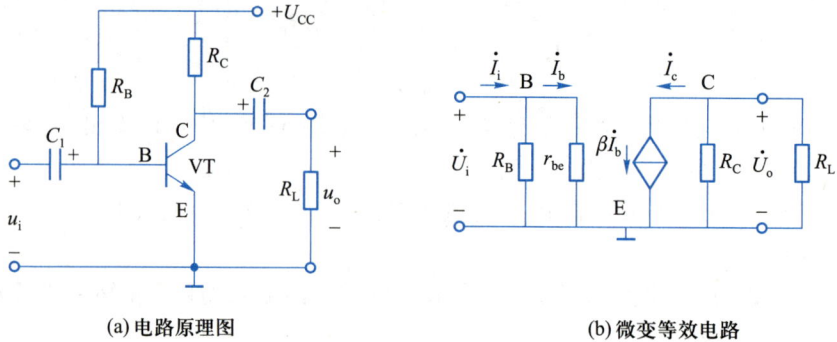

(a) 电路原理图　　　　　　　　　(b) 微变等效电路

图 5-34　例 5-3 的图

解：（1）图 5-34 的直流通路与图 5-24 的直流通路相同，因此静态工作点的计算如下：

$$I_B = \frac{U_{CC} - U_{BE}}{R_B} \approx \frac{U_{CC}}{R_B} = \frac{12\ \text{V}}{300\ \text{k}\Omega} = 40\ \mu\text{A}$$

$$I_E \approx I_C = \beta I_B = 50 \times 40\ \mu\text{A} = 2000\ \mu\text{A} = 2\ \text{mA}$$

$$U_{CE} = U_{CC} - I_C R_C = (12 - 2 \times 3.9)\ \text{V} = 4.2\ \text{V}$$

（2）电路的微变等效电路如图 5-34（b）所示，由于电路带有负载 R_L，在微变等效电路中，当电容 C_2 短路后，R_L 与 R_C 形成并联结构。

（3）从电路的微变等效电路来计算电路的电压放大倍数 A_u，输入电阻 R_i，输出电阻 R_o。

$$r_{be} = 200 + (1 + \beta)\frac{26\ \text{mV}}{I_E\ \text{mA}} = 863\ \Omega$$

$$A_u = \frac{\dot{U}_o}{\dot{U}_i} = -\frac{\beta \dot{I}_b \cdot R_C /\!/ R_L}{\dot{I}_b \cdot r_{be}} = -\frac{\beta R_L'}{r_{be}} = -116$$

从式中可以看出，电压放大倍数 A_u 不但和 R_C 有关，还和负载 R_L 有关。

$$R_i = \frac{\dot{U}_i}{\dot{I}_i} = R_B /\!/ r_{be} \approx r_{be} = 863\ \Omega$$

$$R_o = \frac{\dot{U}_o}{\dot{I}_o} = R_C = 3.9\ \text{k}\Omega$$

注意，计算输出电阻时，要把负载电阻断开，因为输出电阻考虑的是放大电路输出回路内的电阻，和负载无关。

（4）从以上分析可知，电路带负载 R_L 时，不影响电路的静态工作点，只改变电压放大倍数的大小。

2. 分压式偏置共射极放大电路

共射极基本放大电路存在着静态工作点不稳定问题。影响静态工作点的因素很多，尤其以温度的影响最大。如果温度上升,晶体管参数发生变化(如 I_{CEO}、β 上升),会导致输出电流 I_C 增加。当 I_C 增加时,将会导致晶体管的静态工作点上移,进入饱和区,产生饱和失真。因此稳定静态工作点的关键就在于稳定集电极电流 I_C。当温度变化时,要使 I_C 维持近似不变,通常采用分压式偏置共射极放大电路。

(1) 电路组成及工作原理

分压式偏置共射极放大电路如图 5-35 所示,由于电容的"隔直通交"作用,电容相对于直流来说相当于断路状态,从而得到它的直流通路,如图 5-36 所示。R_{B1} 和 R_{B2} 构成分压电路,设置参数使电路满足 $I_1 \gg I_B$,一般 $I_1 = (5 \sim 10)I_B$,忽略 I_B,从而基极电位 V_B 为

$$V_B \approx \frac{R_{B2}}{R_{B1}+R_{B2}} U_{CC} \tag{5-24}$$

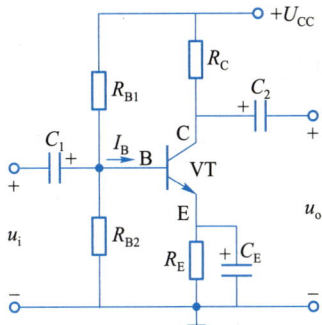

图 5-35　分压式偏置共射极放大电路

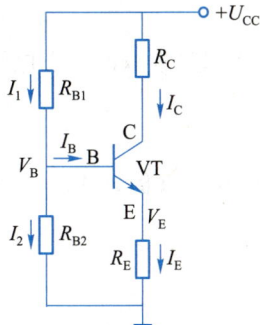

图 5-36　分压式共射极放大电路的直流通路

发射极串联电阻 R_E 后,由直流通路的输入回路可以列出

$$V_B = U_{BE} + V_E = U_{BE} + I_E R_E$$

如果满足 $V_B \gg U_{BE}$,一般 $V_B = (5 \sim 10)U_{BE}$,则有

$$I_C \approx I_E = \frac{V_B - U_{BE}}{R_E} \approx \frac{V_B}{R_E} \tag{5-25}$$

由式(5-24)和式(5-25)可以看出,在满足一定的条件下,可以近似认为 I_C 只和直流电源 U_{CC} 与线性电阻 R_{B1}、R_{B2}、R_E 有关,与非线性元件晶体管的参数无关,也就是说 I_C 不受温度影响,静态工作点基本稳定。当 I_C 因温度升高而增加时,稳定静态工作点的过程如下:

温度 $T \uparrow \rightarrow I_C \uparrow \rightarrow I_E \uparrow \rightarrow V_E(I_E R_E) \uparrow \rightarrow U_{BE} \downarrow$(因 V_B 不变)$\rightarrow I_B \downarrow \rightarrow I_C \downarrow$

这个过程就是第 5 章将要讲述的负反馈调节过程。发射极电阻 R_E 上反映被控量 I_C 的变化,通过调节 E 点电位和分压电阻控制 U_{BE};通过 U_{BE} 控制 I_B 以抑制 I_C 的变化,从而稳定了静态工作点。

(2) 电路静态分析

根据图 5-35 所示的分压式偏置共射极放大电路的直流通路,结合公式(5-24)、(5-25)可得

$$U_{CE} = U_{CC} - I_C R_C - I_E R_E \approx U_{CC} - I_C(R_C + R_E) \tag{5-26}$$

$$I_B = \frac{I_C}{\beta} \tag{5-27}$$

（3）电路的动态分析

分析分压式偏置电路的动态性能指标，也要先画出电路的微变等效电路。图 5-37 是分压式偏置电路的微变等效电路。由于发射极电阻 R_E 和电容 C_E 并联，电容对于交流信号短路，因此 R_E 被电容 C_E 短路，R_E 对交流参数无影响，C_E 称为旁路电容。

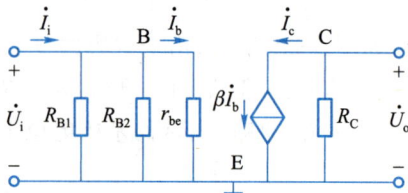

图 5-37   分压式偏置电路的微变等效电路

根据式（5-25）求取的静态电流 I_E，可求出晶体管输入电阻 r_{be}

$$r_{be} = 200 + (1+\beta)\frac{26 \text{ mV}}{I_E \text{ mA}}$$

电路的电压放大倍数 A_u

$$A_u = \frac{\dot{U}_o}{\dot{U}_i} = -\frac{\beta \dot{I}_b \cdot R_C}{\dot{I}_b \cdot r_{be}} = -\frac{\beta R_C}{r_{be}}$$

由上式可以看出，分压式放大电路的电压放大倍数和共发射极基本放大电路的放大倍数相同，这是由于旁路电容 C_E 的作用。

求输入电阻 R_i

$$R_i = \frac{\dot{U}_i}{\dot{I}_i} = R_{B1} /\!/ R_{B2} /\!/ r_{be} \approx r_{be} \tag{5-28}$$

求输出电阻 R_o

根据求取输出电阻的定义，得到输出电阻为

$$R_o = \frac{\dot{U}_o}{\dot{I}_o} = R_C$$

从以上分析可以看出，图 5-35 所示的分压式放大电路的动态参数和共射极基本放大电路的动态参数的计算方法相同。

【例 5-4】   电路如图 5-38 所示，其中 $U_{CC} = 12$ V，$\beta = 80$，$R_{B1} = 82$ kΩ，$R_{B2} = 39$ kΩ，$R_E = 2$ kΩ，$R_C = 2$ kΩ，$R_S = 500$ Ω，$R_L = 2$ kΩ，U_{BE} 可忽略不计，

（1）求电路的静态工作点；

（2）画出电路的微变等效电路；

（3）求电路的电压放大倍数 A_u，输入电阻 R_i 和输出电阻 R_o。

解：首先分析电路，从图 5-38 所示电路图可以看出，此电路接有信号源和负载，并且发射极没有旁路电容 C_E，这些元件对静态工作点没有影响，但是会影响微变等效电路和动态交流参数。

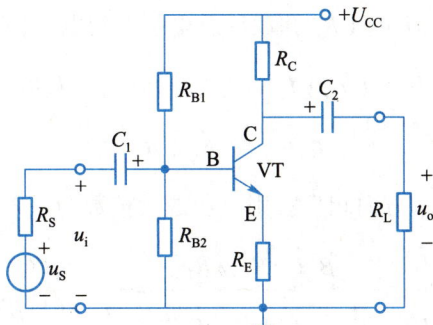

图 5-38 例 5-4 的电路图

（1）电路的静态工作点 $Q(I_B \text{、} I_C \text{、} U_{CE})$

分析可知，直流通路与前述图 5-36 分压式偏置电路的直流通路相同。可得静态工作点为

$$V_B \approx \frac{R_{B2}}{R_{B1}+R_{B2}} U_{CC} = 3.87 \text{ V}$$

$$I_C \approx I_E = \frac{V_B - U_{BE}}{R_E} \approx \frac{V_B}{R_E} = 1.935 \text{ mA}$$

$$U_{CE} = U_{CC} - I_C R_C - I_E R_E \approx U_{CC} - I_C(R_C + R_E) = (12-7.74) \text{ V} = 4.26 \text{ V}$$

$$I_B = \frac{I_C}{\beta} = 24 \text{ } \mu A$$

即 $Q(24 \text{ } \mu A, 1.935 \text{ mA}, 4.26 \text{ V})$

（2）由于电路中没有旁路电容，电阻 R_E 要保留在发射极和公共地之间，将晶体管线性化后得到图 5-39 所示的交流微变等效电路。

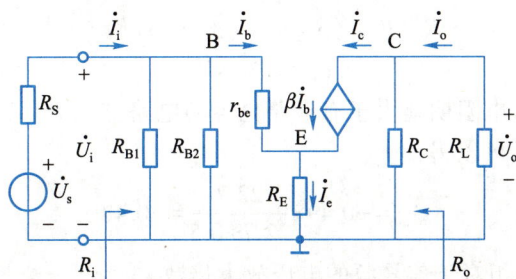

图 5-39 例 5-4 的微变等效电路

（3）根据图 5-39，按照电路分析的方法求取动态参数。

$$r_{be} = \left[200 + (1+\beta) \frac{26 \text{ mV}}{I_E \text{ mA}} \right] \Omega = 1 \text{ } 288 \text{ } \Omega$$

1）电压放大倍数 A_u

因为输入电压 $\dot{U}_i$ 可以表示为晶体管输入电阻 r_{be} 上电压和发射极电阻 R_E 上电压的和，输出

电压 $\dot{U}_{\text{o}}$ 是集电极电阻 R_{C} 和负载电阻 R_{L} 并联后总电阻上的电压,所以

$$\dot{U}_{\text{i}} = \dot{I}_{\text{b}} r_{\text{be}} + \dot{I}_{\text{e}} R_{\text{E}} = \dot{I}_{\text{b}} r_{\text{be}} + (1+\beta)\,\dot{I}_{\text{b}} R_{\text{E}}$$

$$\dot{U}_{\text{o}} = -\,\dot{I}_{\text{c}}(R_{\text{C}}\,/\!/\,R_{\text{L}})$$

式中负号表示电流 $\dot{I}_{\text{c}}$ 和电压 $\dot{U}_{\text{o}}$ 方向相反。则电压放大倍数为

$$A_u = \frac{\dot{U}_{\text{o}}}{\dot{U}_{\text{i}}} = -\frac{\beta\,\dot{I}_{\text{b}}\cdot R_{\text{C}}\,/\!/\,R_{\text{L}}}{\dot{I}_{\text{b}}\cdot r_{\text{be}} + (1+\beta)\,\dot{I}_{\text{b}} R_{\text{E}}} = -\frac{\beta R_{\text{L}}'}{r_{\text{be}} + (1+\beta)\,R_{\text{E}}} \tag{5-29}$$

得到

$$A_u = -\frac{80\times1}{1.288 + 81\times2} \approx -0.49$$

可见,没有旁路电容会导致放大电路的放大倍数减小,所以,为了保证一定的放大倍数,并且还能有稳定的合适的静态工作点,需要在发射极并联旁路电容。

2)输入电阻 R_{i}

根据求等效电阻的定义

$$R_{\text{i}} = \frac{\dot{U}_{\text{i}}}{\dot{I}_{\text{i}}}$$

可知 $\dot{I}_{\text{i}}$ 是 $\dot{I}_{\text{b}}$ 与 R_{B1}、R_{B2} 并联电阻上电流的和,把 $\dot{I}_{\text{i}}$ 用输入电压 $\dot{U}_{\text{i}}$ 表示如下

$$\dot{I}_{\text{i}} = \frac{\dot{U}_{\text{i}}}{R_{\text{B1}}\,/\!/\,R_{\text{B2}}} + \dot{I}_{\text{b}} = \frac{\dot{U}_{\text{i}}}{R_{\text{B1}}\,/\!/\,R_{\text{B2}}} + \frac{\dot{U}_{\text{i}}}{r_{\text{be}} + (1+\beta)\,R_{\text{E}}}$$

则

$$R_{\text{i}} = R_{\text{B1}}\,/\!/\,R_{\text{B2}}\,/\!/\,\left[\,r_{\text{be}} + (1+\beta)\,R_{\text{E}}\,\right] \tag{5-30}$$

$$R_{\text{i}} = 22.7\ \text{k}\Omega$$

从上式可以看出,输入电阻明显大于有旁路电容的电路。

根据求得的输入电阻,可以得到 A_{us}

$$A_{us} = -0.49\times\frac{22.7}{22.7+0.5} = -0.48$$

注意:Aus 是输出电压相对于信号源的电压放大倍数。

如果本例电路中发射极电阻上并联了电容 C_{E},则微变等效电路就与图 5-37 相同,此时电压放大倍数为

$$A_u = \frac{\dot{U}_{\text{o}}}{\dot{U}_{\text{i}}} = -\frac{\beta R_{\text{L}}'}{r_{\text{be}}} = -\frac{80\times1}{1.288} = -62$$

可见发射极电阻上并联电容 C_{E} 后,可使放大倍数大大增加。

3)输出电阻 R_{o}

根据求输出电阻的条件,首先把信号电压源短路,这样电流 $\dot{I}_{\text{b}} = 0$,从而 $\dot{I}_{\text{c}} = 0$,受控电流源相

当于开路,把负载开路后,得到输出电阻为

$$R_o = R_C = 2 \text{ k}\Omega$$

由上例可见,共发射极电路的发射极电阻 R_E 如果未并联旁路电容 C_E,将使电路的放大倍数下降,R_E 的存在实际上是引入了负反馈(反馈的概念将在第 6 章介绍),它是以牺牲放大倍数为代价,换取了稳定静态工作点、稳定放大倍数、高输入电阻等优点。但是也可以利用改变发射极电阻的办法来调节电压放大倍数。

3. 射极输出器

根据输入、输出回路公共端的不同,晶体管电路可以分为共发射极电路、共集电极电路和共基极电路,前面介绍的两种电路都属于共发射极电路,下面介绍共集电极电路。

图 5-40 为共集电极电路,从图中可以看出,共集电极电路是从基极输入信号,从发射极输出信号,所以,共集电极电路又称为射极输出器。图 5-41(b)是射极输出器的交流通路,可以看出集电极是输入信号和输出信号的公共端。

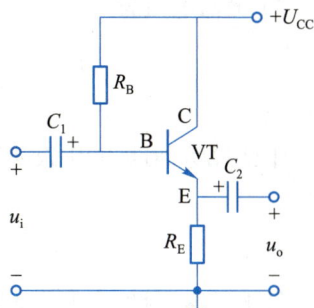

图 5-40 射极输出器

(1)静态分析

图 5-41(a)是图 5-40 所示射极输出器的直流通路。由于电阻 R_E 对静态工作点的自动调节作用,该电路的静态工作点基本稳定。由直流通路可得

$$I_B R_B + U_{BE} + I_E R_E = U_{CC}$$

又由于 $I_E = (1+\beta)I_B$,可得

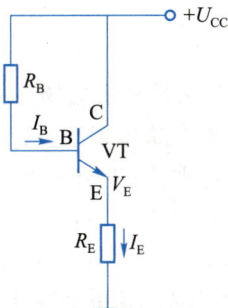

(a) 直流通路

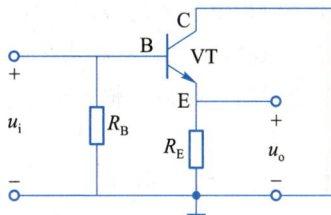

(b) 交流通路

图 5-41 射极输出器的直流通路和交流通路

$$I_B = \frac{U_{CC} - U_{BE}}{R_B + (1+\beta)R_E} \tag{5-31}$$

$$I_E \approx I_C = \beta I_B \tag{5-32}$$

$$U_{CE} = U_{CC} - I_E R_E \tag{5-33}$$

(2)射极输出器的特点及动态分析

射极输出器的微变等效电路如图 5-42 所示,分析可知

1)电压放大倍数 A_u 的表达式为

$$A_u = \frac{(1+\beta) R_E}{r_{be} + (1+\beta) R_E} \qquad (5-34)$$

从以上式子可以看出,射极输出器的电压放大倍数 $A_u < 1$,没有电压放大作用。输出电压 u_o 和输入电压 u_i 相位相同。当 $(1+\beta) R_E \gg r_{be}$ 时,$A_u \approx 1$,即输出电压 u_o 和输入电压 u_i 大小近似相等,因此射极输出器又称为射极电压跟随器。

2)输入电阻为

$$R_i = R_B \,/\!/\, [\, r_{be} + (1+\beta) R_E \,] \qquad (5-35)$$

输入电阻较高。

3)输出电阻为

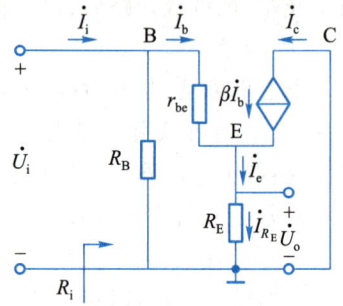

图 5-42　射极输出器的
微变等效电路

$$R_o = R_E \,/\!/\, \frac{r_{be}}{1+\beta} \qquad (5-36)$$

上式说明,射极电压跟随器的输出电阻比较小,一般 $R_E \gg \dfrac{r_{be}}{1+\beta}$,所以

$$R_o \approx \frac{r_{be}}{1+\beta} \qquad (5-37)$$

综上所述,射极输出器的特点是:电压放大倍数小于 1 而接近于 1,通常取 1;输出电压与输入电压同相位;输入电阻高 $R_i = R_B \,/\!/\, [\, r_{be} + (1+\beta) R_E \,]$,输出电阻低 $R_o \approx \dfrac{r_{be}}{1+\beta}$。

4. 场效晶体管及共源极放大电路简介

(1)场效晶体管(Field Effect Transistor)

场效晶体管是 20 世纪 60 年代才出现的半导体器件,它是利用电场效应来控制电流的,而前面讲到的晶体管是电流控制器件,二者有很大的不同。场效晶体管按其结构可分为结型和绝缘栅型两大类。其中绝缘栅型场效晶体管输入电阻大,功耗小,适于组成大规模集成电路,这里做一简要介绍。

绝缘栅型场效晶体管是由金属(Metal)-氧化物(Oxide)-半导体(Semiconductor)构成,故称 MOS 管(Metal Oxide Semiconductor)。由于场效晶体管工作时,导电沟道中只有一种极性的载流子参与导电,所以场效晶体管是一种单极型晶体管。

根据导电沟道不同,MOS 管分为 N 型沟道和 P 型沟道;按照其工作状态又分为增强型和耗尽型,因此 MOS 管共有四种,它们的图形符号如图 5-43 所示。

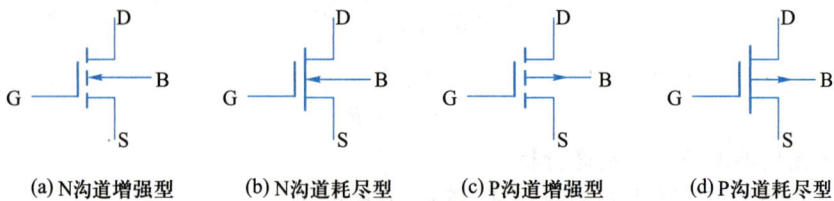

(a)N沟道增强型　　(b)N沟道耗尽型　　(c)P沟道增强型　　(d)P沟道耗尽型

图 5-43　MOS 管的符号

其中,D 为漏极,S 为源极,G 为栅极,它们分别与晶体管的集电极、发射极和基极相对应。另外 B 是衬底引线,使用时一般 B 和 S 连在一起。

(2)共源极放大电路

场效晶体管具有放大作用,以绝缘栅型 N 沟道增强型场效晶体管为例,它的三个极与双极型晶体管的三个极存在着对应关系,即:栅极 G 对应基极 B,源极 S 对应发射极 E,漏极 D 对应集电极 C。所以根据双极型晶体管放大电路,可组成相应的场效晶体管放大电路。但由于场效晶体管是电压控制器件,它需要有合适的栅极-源极电压,故不能将双极型晶体管放大电路的晶体管简单地用场效晶体管取代。如图 5-44 所示是简单的共源极放大电路。该图和晶体管共射极基本放大电路相比较,可以看出,场效晶体管放大电路栅极-源极电压由电阻 R_{G2} 和 R_{G1} 分压得到。

对场效晶体管进行分析,也可以参照晶体管电路的分析方法,根据直流通路分析电路的静态工作情况,根据小信号模型等效电路分析电路的动态特性。一般场效晶体管共源极放大电路比晶体管共射极电路的输入电阻大,因此比较有利于从信号源获得较大的输入电压信号。

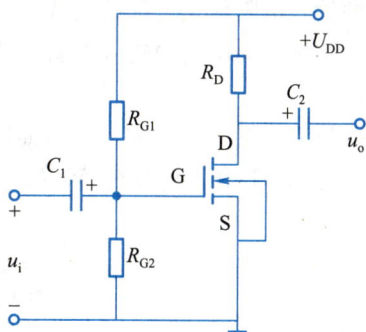

图 5-44　共源极放大电路

5.5　多级放大电路和功率放大电路

放大器的输入信号一般为毫伏或微伏级,比较微弱,输入功率通常在 1 mW 以下。而单级放大电路的电压放大倍数一般也就是几十倍到几百倍,往往不能满足实际应用的要求。为了驱动负载工作,实用放大电路通常由多个单级放大电路级联而成,称为多级放大电路。

多级放大电路的前一级和后一级之间通过一定的方式相连,使前一级的输出信号作为后一级的输入信号,这种级与级之间的连接称为耦合。对耦合方式的基本要求是:信号的损失尽可能的小,各级放大电路都有合适的静态工作点。多级放大电路的耦合方式主要有:阻容耦合、直接耦合和变压器耦合。

1. 阻容耦合多级放大电路

阻容耦合又称为电容耦合,前一级和后一级之间通过电容连接,如图 5-45、5-46 所示。这种耦合方式的优点是电路各级之间有相互独立的静态工作点,可以分别计算,方法和单级放大电路一样。不足之处是这种耦合方式不能传递直流信号或者是变化比较缓慢的信号,并且在集成电路中大容量电容器很难制造。

2. 直接耦合多级放大电路

直接耦合是把前一级的输出端直接接到下一级电路的输入端,如图 5-47 所示。这种耦合方式电路简单,易于实现,便于集成化。但是直接耦合后电路前级和后级之间存在直流通路,前后级之间静态工作点互相影响,不能独立。在分析具体电路时,一般要先找出最容易确定的环节,然后再分析其他各级的静态电压和电流。

另外,还有一种是变压器耦合多级放大电路。但因为变压器比较笨重,无法实现集成,而且也不能传输缓慢变化的信号,因此,变压器耦合方式目前已较少采用。

　　分析多级放大电路的动态性能时,无论是直接耦合还是阻容耦合,只要将各级的微变等效电路连接起来,就是多级放大电路的微变等效电路。因此,多级放大电路的电压放大倍数 A_u 等于各级电压放大倍数的乘积。即

$$A_u = A_{u1} \times A_{u2} \times \cdots \times A_{un} \tag{5-38}$$

　　但是,在计算各级电压放大倍数时,必须考虑到后级的输入电阻对前级的负载效应,因为后级的输入电阻就是前级的负载。

　　多级放大电路的输入电阻一般是输入级(第一级)的输入电阻,输出电阻是输出级(末级)的输出电阻。

　　【例 5-5】　多级放大电路如图 5-45 所示。试求电压放大倍数 A_u,输入电阻 R_i 和输出电阻 R_o。已知 VT_1 和 VT_2 的 $\beta = 50$,$U_{BE2} = 0.7$ V。

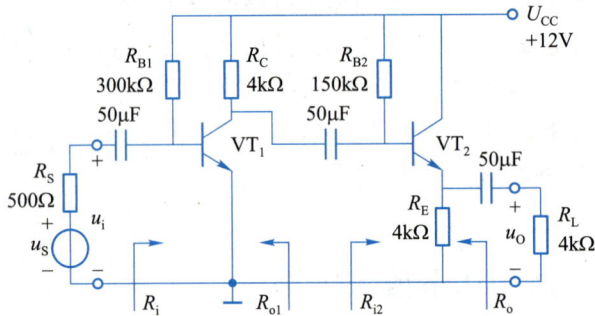

图 5-45　例 5.6 的图

　　解:图 5-45 所示电路为阻容耦合电路,第一级为共发射极基本放大电路,与例 5-3 电路相同,第二级为射极电压跟随器。两级间为阻容耦合,因此两级具有独立的静态工作点。

　　第一级静态工作点

$$I_{B1} = \frac{U_{CC} - U_{BE}}{R_{B1}} = \frac{12 - 0.7}{300} = 38 \ \mu A$$

$$I_{E1} \approx I_{C1} = \beta I_{B1} = 1.9 \ mA$$

$$U_{CE1} = U_{CC} - I_{C1}R_C = (12 - 7.6) \ V = 4.4 \ V$$

求得:$r_{be1} = 200 \ \Omega + (1+\beta)\frac{26(mV)}{I_{E1}} = (200 + 698) \ \Omega = 898 \ \Omega$

　　第二级静态工作点

$$I_{B2} = \frac{U_{CC} - 0.7}{R_{B2} + (1+\beta)R_E} \approx 31.9 \ \mu A$$

$$I_{E2} = I_{C2} = \beta \cdot I_{B2} = 1.59 \ mA$$

求得

$$r_{be2} \approx 200 \ \Omega + (1+\beta)\frac{26(mV)}{I_{E2}} = 984.6 \ \Omega$$

　　第二级输入电阻作为第一级的负载,求得

$$R_{i2} = 150 /\!/ [r_{be2} + (1+\beta)(4/\!/4)] = 61 \text{ k}\Omega$$

$$A_{u1} = \frac{\dot{U}_{o1}}{\dot{U}_i} = -\frac{\beta(R_C/\!/R_L)}{r_{be1}} = -217.5$$

$$A_{u2} = \frac{\dot{U}_o}{\dot{U}_i} \approx 1$$

$$A_u = \frac{\dot{U}_o}{\dot{U}_i} = \frac{\dot{U}_{o1}}{\dot{U}_i} \cdot \frac{\dot{U}_o}{\dot{U}_{o1}} = A_{u1} \cdot A_{u2} = -217.5$$

而例 5-4 求得的单级放大倍数 $A_u = -116$，两者比较可看出增益明显提高。

输入电阻

$$R_i = R_{B1} /\!/ r_{be1} \approx r_{be1} = 863 \ \Omega$$

输出电阻

$$R_o = \frac{r_{be}}{1+\beta} = \frac{984.6}{51}\Omega = 19.3 \ \Omega$$

多级放大电路一般用于构成集成电路，集成电路有很多优良的性能，可以满足现代电子技术设计和实现的要求。

【例 5-6】 试分析图 5-46 所示多级放大电路每一级是何种电路，并说明它有何优点？

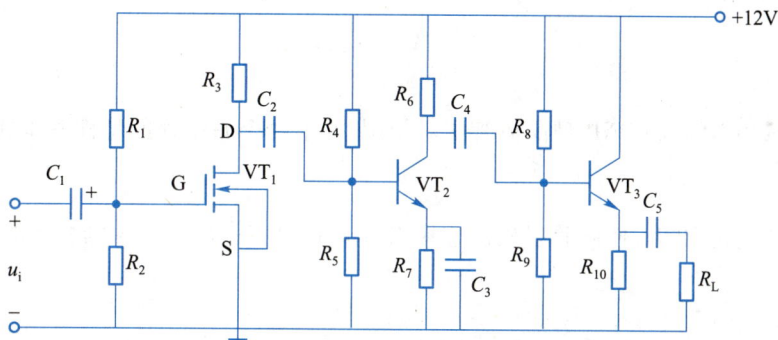

图 5-46 多级放大电路举例

解： 图 5-46 所示电路中，由场效晶体管 VT_1 组成的第一级放大电路属于共源极放大电路，它的主要优点是输入电阻大，可以减小信号源输出电流，获得尽可能大的电压信号。第二级是由晶体管 VT_2 组成的分压式偏置共射极放大电路。末级是射极输出器，具有输出电阻小的优点，带负载能力强。

3. 功率放大电路

前面所研究的电路主要用于对电压或电流信号的放大，因此称之为电压放大器或电流放大器。在经过多级放大以后，输出信号总要输送给负载，来驱动一定的装置。例如扩音机的扬声器、电动机的绕组或电磁线圈等。这就要求输出级能够输出具有一定功率的信号。这类主要用于向负载提供功率的放大电路称为功率放大电路,如图 5-47 所示。功率放大电路通常是在大信号下工作,与电压放大器相比具有以下特点:① 要求输出功率尽可能大,管子往往在接近极限状态下工作;② 效率要高;③ 非线性失真要小;④ 要特别注意解决散热问题等。近年来集成功率放大器发展迅速,在很大程度上取代了分立元件组成的功放电路。

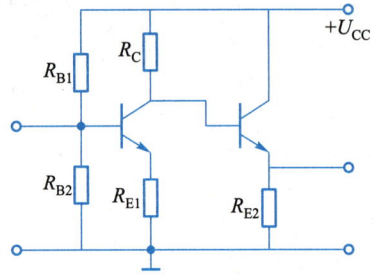

图 5-47   直接耦合多级放大电路

(1) OTL 电路

早期的功率放大电路大多采用输出变压器与负载相连,由于变压器效率低、频率响应差且不便于集成,故采用不用变压器的功率放大电路,称为无输出变压器功率放大电路,或称 OTL(Output Transformerless)电路,如图 5-48 所示。

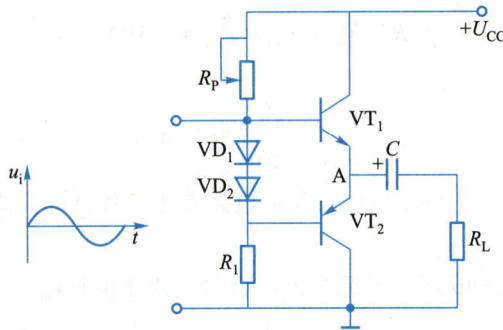

图 5-48   OTL 电路

OTL 电路选用 NPN 和 PNP 型晶体管配对使用,要求两个晶体管的特性基本相同,称为互补对称。

静态时调节电位器 R_P,使两管射极的连接点 A 电位等于 $\frac{1}{2}U_{CC}$,同时电容上的电压也充电到 $\frac{1}{2}U_{CC}$。

当输入信号 u_i 在正半周时,VT_1 发射结正偏,VT_1 导通,VT_2 截止,此时电流的路径是 $+U_{CC} \rightarrow VT_1 \rightarrow C \rightarrow R_L \rightarrow$ 地

u_i 负半周时,VT_1 截止,VT_2 导通,电容 C 通过 VT_2 放电,放电路径是 $C \rightarrow A \rightarrow VT_2 \rightarrow R_L \rightarrow C$。

这样就在 R_L 上形成了一个完整的正弦波输出。

(2) OCL 电路

在 OTL 电路中,要使用大容量的极性电容和负载 R_L 耦合,大容量的电容器难以在集成电路中制作,而且低频特性也差。为此将电容舍去,采用直接耦合方式,但是需要用正、负两个电源,这种电路称为 OCL(Output Capacitorless)电路,如图 5-49 所示。

静态时通过调节 R_P,使 A 点电位为零,R_L 上没有电流通过;当有信号时 T_1、T_2 轮流导通,其工作情况和 OTL 电路基本相同。

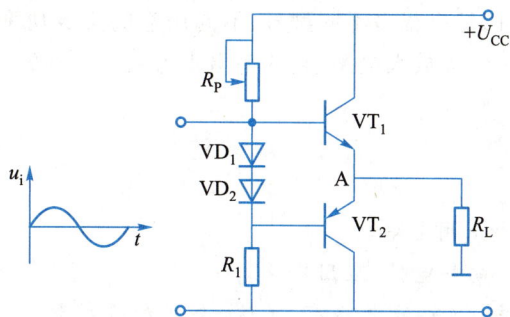

图 5-49 OCL 电路

（3）采用复合管的功率放大电路

互补电路中有时难以找到一对特性很相近的 NPN 和 PNP 型大功率晶体管,因此采用复合管形式加以解决。图 5-50 所示为两种类型的复合管。

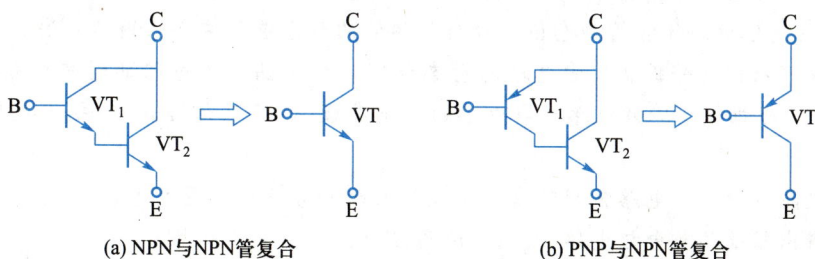

(a) NPN与NPN管复合　　　　　　　　(b) PNP与NPN管复合

图 5-50 复合管

复合管有以下两个特点:

1）复合管的类型取决于前面的晶体管 VT_1,而与输出管 VT_2 无关。

2）复合管的电流放大系数 β 大约是两个管子的电流放大系数 β_1 和 β_2 的乘积,即

$$\beta \approx \beta_1 \times \beta_2 \tag{5-39}$$

图 5-51 是用复合管组成的 OCL 电路,其中 VT_1、VT_2 是小功率管,VT_3、VT_4 是大功率管,其工作原理与图 5-49 相同。

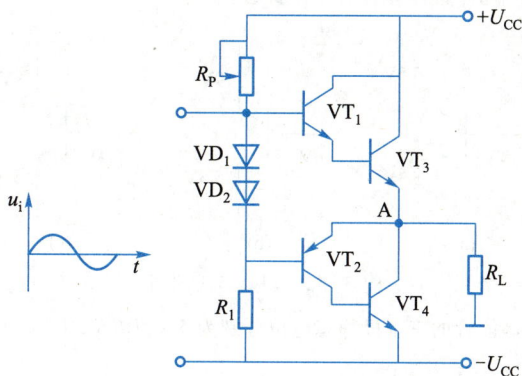

图 5-51 复合管组成的 OCL 电路

随着科学技术的进步,已经有很多不同型号、不同用途的集成功率放大电路芯片可供选用,集成功率放大电路就是一个多级放大电路,它的输出级为互补对称放大电路。

小　　结

1. 二极管的伏安特性和应用电路。

二极管的主要特性是单向导电性,应用广泛。

主要应用在整流电路中。(整流电路有:半波、全波和桥式整流。小功率采用单相整流电路,较大功率采用三相整流电路。)

2. 晶体管的伏安特性和应用电路。晶体管的特性分为输入特性和输出特性。

3. 二极管和晶体管都是非线性元件,晶体管是电流控制器件。

4. 晶体管放大电路有三种组态,共射极、共集电极和共基极电路。

5. 晶体管是有源元件。晶体管电路需要直流电源提供静态电压和静态电流,因此分析晶体管电路时,需要先分析晶体管的静态值。分析晶体管的静态电路主要采用估算法。

6. 图解法可以辅助分析晶体管电路的动态范围。分析晶体管电路的动态电路主要采用微变等效电路法。根据微变等效电路求取电路的动态参数:电压放大倍数 A_u、输入电阻 R_i 和输出电阻 R_o。

7. 共射极晶体管放大电路常用的有固定偏置电路和分压式偏置电路。

8. 射极输出器是共集电极电路,$A_u \le 1$,R_i 高,R_o 低。

9. 场效晶体管也是非线性元件,与晶体管不同,它是电压控制器件。

10. 多级放大电路由多个单级放大电路级联组成,一般多级放大电路可以提高电压放大倍数。

习　　题

5.1　(1) 二极管的主要特性是什么? 利用此种特性,二极管主要应用于何种电路?

(2) 晶体管工作在放大状态、截止状态和饱和状态的条件分别是什么?

5.2　共集电极放大电路与共发射极放大电路相比,动态参数有哪些不同?

5.3　判断如图 5-52 所示电路中硅晶体管的工作状态。

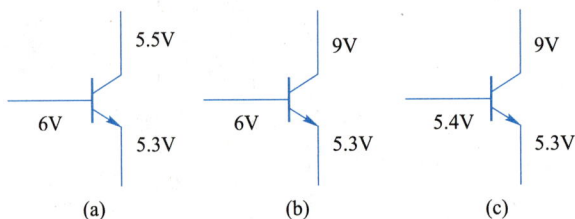

图 5-52　习题 5.3 的图

5.4　某放大电路中,测得晶体管的三个极静态电位分别为 5 V,1.6 V, 1 V,判断晶体管是硅管还是锗管,是 PNP 型还是 NPN 型。

5.5　在电子电路中,放大的实质是什么? 放大的对象是什么? 负载上获得的电压或功率来自哪里?

5.6　判断图 5-53 各电路能否正常地放大正弦交流信号？若不能，指出其中的错误，并加以改正。

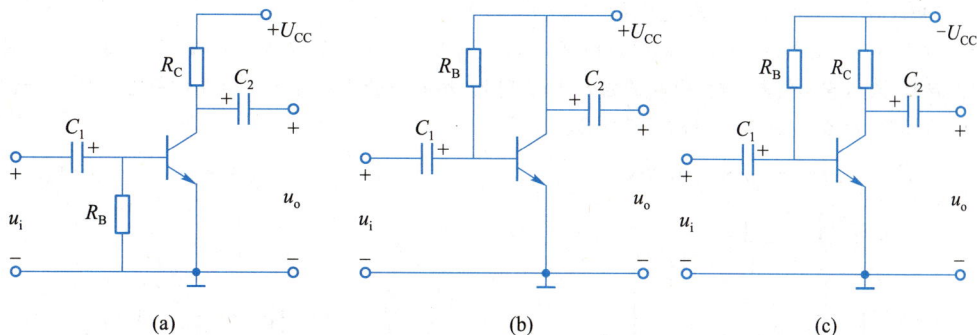

$$（a） \qquad\qquad （b） \qquad\qquad （c）$$

图 5-53　习题 5.6 的图

5.7　用估算法计算放大电路的静态工作点的思路是什么？为什么要设置静态工作点？

5.8　晶体管的小信号模型是在什么条件下建立的？受控源是何种类型的？

5.9　若用万用表的"欧姆"挡测量 b、e 两极之间的电阻，是否为 r_{be}？

5.10　电路如图 5-54 所示，已知 $U_{CC} = 24$ V，$R_C = 3.3$ kΩ，$R_E = 1.5$ kΩ，$R_{B1} = 33$ kΩ，$R_{B2} = 10$ kΩ，带负载时 $R_L =$ 5.1 kΩ，$\beta = 66$。试求：

（1）静态值 I_B、I_C 和 U_{CC}。

（2）带负载时的电压放大倍数 A_u'。

（3）空载时的电压放大倍数 A_u。

（4）估算放大电路的输入电阻和输出电阻。

5.11　已知电路如图 5-55 所示，晶体管的 $\beta = 100$，$U_{BEQ} = 0.7$ V，$U_{CC} = 12$ V，$R_{B1} = 25$ kΩ，$R_{B2} = 5$ kΩ，$R_{E1} =$ 300 Ω，$R_{E2} = 1$ kΩ，$R_C = 5$ kΩ，$R_s = 500$ Ω，$R_L = 5$ kΩ。计算静态工作点，画出微变等效电路，计算电压放大倍数、输入电阻和输出电阻。

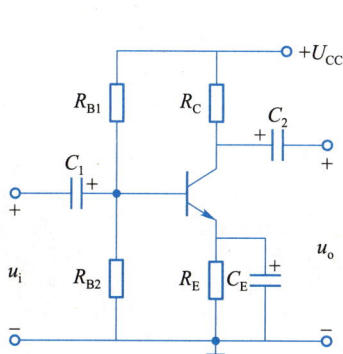

图 5-54　习题 5.10 的图

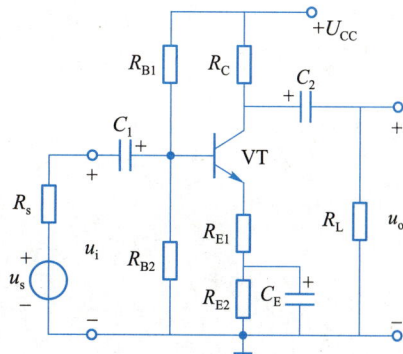

图 5-55　习题 5.11 的图

5.12　用 Multisim 对图 5-54、5-55 的电路进行仿真，当输入有效值为 100 mV，频率为 1000 Hz 的正弦波信号时，观察输入、输出波形，读出放大倍数；测量电路的输入、输出电阻；用静态分析功能分析电路的静态工作点，比较这些仿真值与计算值是否吻合。

5.13　电路如图 5-56 所示，已知晶体管的 $\beta = 100$，$U_{BEQ} = -0.7$ V。画出微变等效电路；试计算该电路的静态工作点、电压增益 A_u，输入电阻 R_i，输出电阻 R_o。

5.14　电路如图 5-57 所示,已知 $\beta = 100$,$U_{CC} = 12$ V,$U_{BE} = 0.6$ V,$R_s = 500$ Ω,$R_B = 300$ kΩ,$R_C = 1$ kΩ,$R_E = 2$ kΩ,$R_L = 2$ kΩ,$u_s = 10 \sin \omega t$ mV。求:(1) I_{CQ};(2) U_{CEQ};(3)A_u,R_i,R_o。

5.15　用 Multisim 对图 5-57 的电路进行仿真,当输入有效值为 1 V,频率为 1000 Hz 的正弦波信号时,观察输入、输出波形,读出放大倍数;测量电路的输入、输出电阻;用静态分析功能分析电路的静态工作点,比较这些仿真值与计算值是否吻合,如有不同,请分析原因。

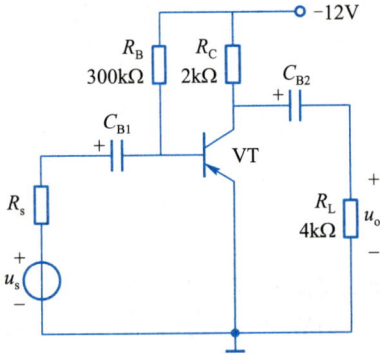

图 5-56　习题 5.13 的图　　　　　图 5-57　习题 5.14 的图

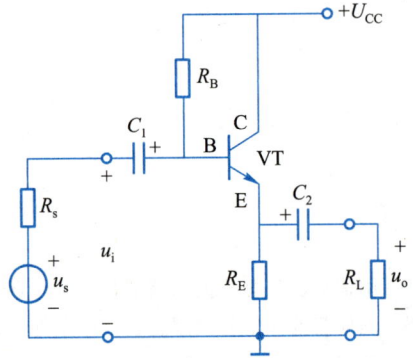

5.16　为什么称射极输出器为电压跟随器?

5.17　温度变化时,图 5-57 所示电路的静态工作点是否稳定? 为什么?

5.18　怎样确定放大电路的最大动态工作范围? 怎样选择静态工作点可以使电路的动态范围最大?

5.19　利用网络资源查阅相关资料,了解晶体管 3DG130C,3AX51A、3AG54A、3DG12C、9013、2SC502A、Tip31C 的主要参数。

第 6 章

集成放大电路

    集成电路是相对于分立电路而言的,由各种单个元件连接起来的电路称为分立电路,第5章介绍的就是分立电路。而将各种元器件和连线制造在一块半导体芯片上,这种电路称为集成电路。半导体集成电路(IC)具有体积小、重量轻、功耗低及高可靠性等特点,按功能半导体集成电路可分为模拟集成电路和数字集成电路,本章介绍模拟集成运算放大器和集成功率放大器及其应用。

    如图 6-1 所示是几种常见的集成电路外观,图中标示出它们的引脚排列,图 6-1(a)是金属管壳封装;图 6-1(b)、(c)、(d)是双列直插塑封;图 6-1(e)、(f)是单列直插塑封;图 6-1(g)、(h)、(i)是片状小型集成电路,专用于表面贴装工艺的电路中。

6.1 集成运算放大器概述

1. 集成运算放大器的基本组成

    集成运算放大器(integrated operational amplifier)简称集成运放(integrated OPA),是一种放大倍数很大的直接耦合的多级放大电路。由于它早期在模拟计算机中实现某些数学运算,故名运算放大器。集成运算放大器通常由输入级、中间放大级、输出级和偏置电路四个基本部分组成,图 6-2 点画线框内所示为运算放大器的基本结构,一般输入级前接信号源或前一级电路,输出级接负载。供电电源通常接成对地为正或对地为负的形式,以地作为输入、输出和电源的公共端。

    输入级是提高集成运算放大器性能的关键部分,通常要求有高输入电阻、低漂移和高抗干扰能力等,一般采用能有效抑制零点漂移和干扰信号的差分放大电路(所谓零点漂移是指在输入

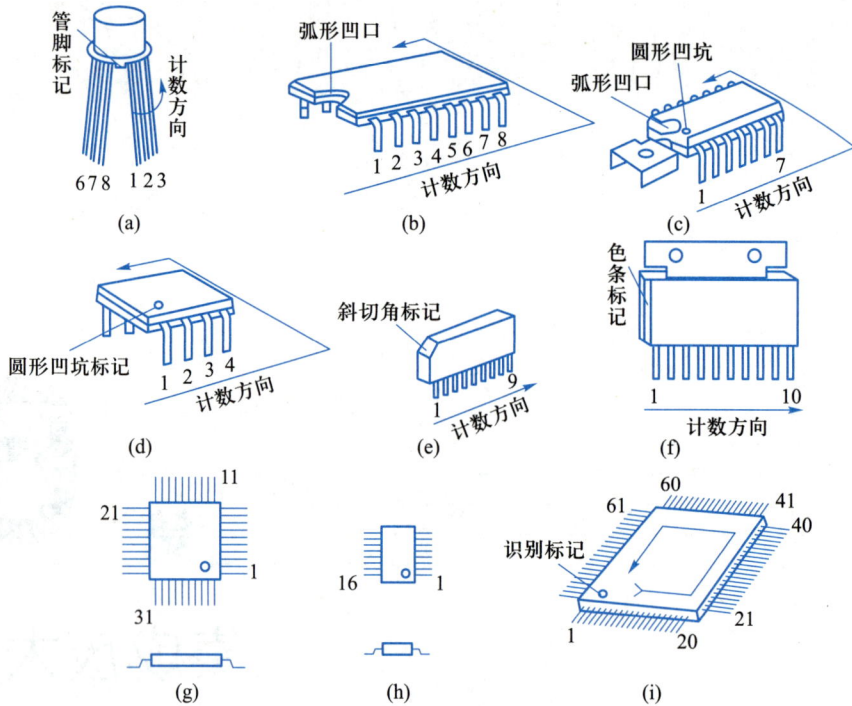

图 6-1　半导体集成电路外观和管脚

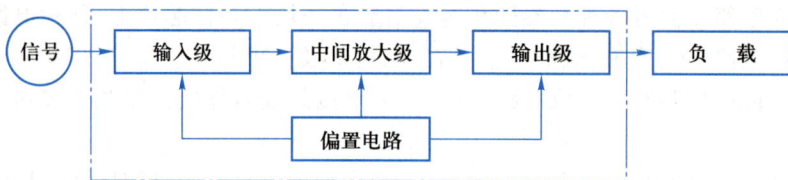

图 6-2　集成运算放大器的框图

端没有输入信号时,由于温度、电路参数等变化在输出端也会产生一个缓慢变化的电压信号,直接耦合电路会把前级的漂移信号逐级放大,严重时会把输入信号淹没,因此它是一个干扰信号,应该加以抑制)。差分放大电路的输入电阻可高达10^6 Ω 甚至更高,最低也可达到10^4 Ω,较高的输入阻抗可以减小对输入信号的衰减,得到更大的有效输入信号。

中间放大级主要进行电压放大,一般采用直接耦合多级放大电路,保证集成运算放大器具有较高的电压放大倍数。一般集成运放的电压放大倍数可高达10^7。

输出级通常采用互补对称电路或共集电极放大电路,其输出电阻很小,只有几十欧姆到几百欧姆,保证集成运算放大器具有较强的带负载能力,提供满足负载要求的输出电压和输出电流。

偏置电路的作用是为上述各级电路提供合适的和稳定的偏置电流,确定各级放大电路的静态工作点,一般由各种恒流源电路提供。

2. 集成运算放大器的主要参数和特性

(1) 集成运算放大器的符号和电压传输特性

　　集成运算放大器的产品型号较多,但工作原理相似,其图形符号如图 6-3 所示。它有两个输入端和一个输出端,其中"+"端称为同相输入端,"−"端称为反相输入端。这里"同相"是指输出电压和同相输入端的输入电压相位相同,"反相"是指输出电压和反相输入端的输入电压相位相反。

　　在运算放大器的两个输入端加上大小相等、极性相反的电压信号,这种输入方式称为差模输入方式,这种信号称为差模输入信号,差模输入信号是需要被放大的有用信号。如果运算放大器两个输入端加入大小相等、极性相同的电压信号,则称为共模输入方式,这种信号称为共模信号,共模输入信号是干扰信号,是需要被抑制的。

　　集成运算放大器有三种工作状态:开环状态、正反馈状态和负反馈状态,带有反馈的工作状态统称为闭环工作状态。集成运放的电压传输特性曲线是指开环工作时输出电压 u_o 与输入电压 $u_{id} = (u_+ - u_-)$ 的关系曲线,即 $u_O = f(u_{id})$。集成运放的电压传输特性曲线如图 6-4 所示,它包括一个线性区和两个饱和区。

　　在线性区,输出电压与输入电压为线性关系,即

$$u_O = A_u u_{id} = A_u (u_+ - u_-) \tag{6-1}$$

式中,u_+ 和 u_- 分别是同相输入端和反相输入端对地的电压,A_u 是开环差模电压放大倍数。通常 A_u 很大,可见线性区曲线愈陡,A_u 的值愈大。由于输出电压是有限值,所以,集成运放的线性区很窄。

　　在正向饱和区和负向饱和区,输出电压和输入电压是非线性关系,所以饱和区也称为非线性区。其中,$+U_{om}$ 和 $-U_{om}$ 分别是输出正饱和电压和负饱和电压,理想情况下,它们分别等于正、负电源的电压值。集成运放在开环情况下很容易进入非线性区,通常为避免这种情况出现,都要引入负反馈,使其工作在闭环工作状态。

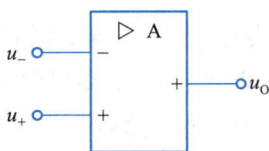

图 6-3　集成运放的图形符号　　　　图 6-4　集成运放的电压传输特性曲线

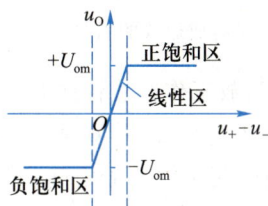

　　(2)集成运算放大器的主要参数

　　要合理选用和正确使用集成运放,必须了解它的主要参数。表征集成运算放大器性能的参数有 30 多个,这里只介绍常用的几个。

　　1)开环电压放大倍数 A_u 或 A_{od}(称为电压增益)

　　开环电压放大倍数是指集成运算放大器开环工作时的差模电压放大倍数,即

$$A_u = \frac{u_O}{u_{id}} \tag{6-2}$$

　　在工程上,常用分贝(dB)表示,定义为:

$$A_{od} = 20 \lg \left| \frac{u_O}{u_{id}} \right| = 20 \lg \left| A_u \right| \quad (\text{dB}) \tag{6-3}$$

由于集成运放开环电压放大倍数 A_u 在 $10^5 \sim 10^7$ (A_{od} 为 $100 \sim 140$ dB) 甚至更高,所以,在理想条件下,开环电压放大倍数可看成是无穷大,即 $A_u \to \infty$。

2) 输入电阻 R_i

集成运放的输入电阻很高,在理想情况下,集成运放的输入电阻 $R_i \to \infty$。较高的输入阻抗可以减小对输入信号的衰减,得到更多的有效输入信号。

3) 输出电阻 R_o

集成运放的输出电阻很低,在理想条件下,集成运放的输出电阻 $R_o \to 0$。输出电阻低可以提高带负载能力。

另外还有共模抑制比 K_{CMR}、最大共模输入电压 U_{ICM}、输入偏置电流 I_{IB}、输入失调电压 U_{IO} 和最大差模输入电压 U_{IDM} 等参数,这些参数,在相关的产品手册中都有说明,可在使用过程中自行查阅。

（3）理想集成运放的特点分析

由于集成运放的参数 $A_u \to \infty$,$R_i \to \infty$,$R_o \to 0$,在应用过程中可以将集成运放理想化,即看作是理想集成运算放大器来分析。在以后的分析计算中,集成运放都是按照理想运放来考虑。图 6-5 和图 6-6 所示为理想运放的符号和电压传输特性曲线。

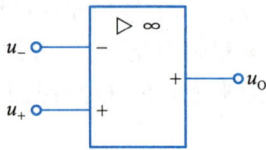

图 6-5 理想集成运放的符号   图 6-6 理想运放的电压传输特性曲线

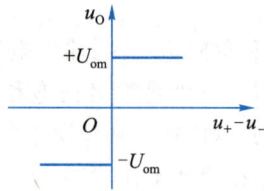

1) 虚短:理想运放工作在线性区时,由于开环电压放大倍数 $A_u \to \infty$,而输出电压 u_O 有限,根据 $u_O = A_u u_{id}$ 可知,输入电压 u_{id} 取值很小,即 $u_{id} = u_+ - u_- \to 0$,也就是说,运放两个输入端的电位相等,即 $u_+ \approx u_-$,这说明两个输入端之间相当于短路,但又不是真正直接用导线相连的短路,故称为虚短。

2) 虚断:理想运放工作在线性区时,输入电压 $u_{id} = u_+ - u_- \to 0$,而输入电阻 $R_i \to \infty$,因此输入电流 $i_i = \dfrac{u_{id}}{R_i}$ 很小,可认为 $i_i \to 0$,故通常可把运放的两输入端视为开路,但是又没有真正断开,故称为虚断。

3) 由于理想运放的输出电阻 $R_o \to 0$,所以当负载变化时,输出电压 u_O 不变,相当于一个恒压源。

4) 理想运放工作在非线性区时,输出电压取值只有两种可能

$$u_O = +U_{om} \qquad \text{当} \ u_+ > u_- \tag{6-4}$$

$$u_O = -U_{om} \qquad \text{当} \ u_+ < u_- \tag{6-5}$$

理想运放工作在线性区和非线性区的特点不同,因此,在分析各种应用电路时,首先判断其中的理想运放工作在哪个区。

【例 6-1】　电路如图 6-7(a)所示,集成运放认为是理想的,由 ±12 V 电源供电,在同相输入端输入信号。分析:当 $u_+ = +100$ mV、-100 mV、1 V、$2\sin\omega t$ V时的输出电压,并绘制相应波形。

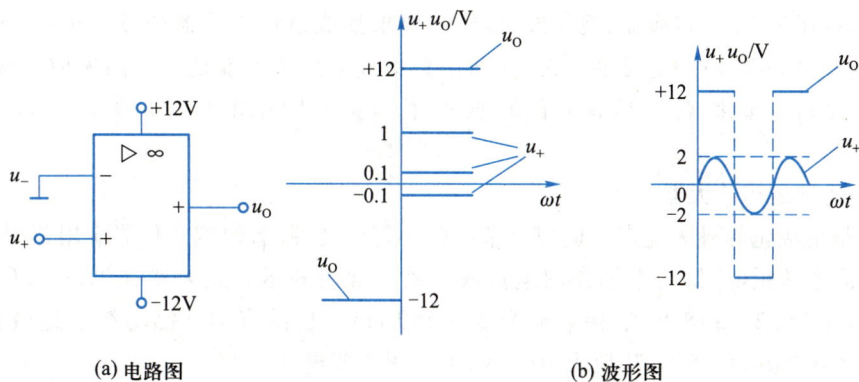

图 6-7　例 6-1 电路图和波形图

解: 由图 6-7 可知,集成运放处于开环状态,则其工作在非线性区,且 $u_- = 0$。

当 $u_+ = +100$ mV 时,$u_+ > u_-$,$u_0 = +U_{om} = +12$ V

当 $u_+ = -100$ mV 时,$u_+ < u_-$,$u_0 = -U_{om} = -12$ V

当 $u_+ = +1$ V 时,$u_+ > u_-$,$u_0 = +U_{om} = +12$ V

当 $u_+ = 2\sin\omega t$ V 时,分成两种情况

$u_+ = 2\sin\omega t$ V<0,$\omega t \in [n\pi,(2n+1)\pi]$,则 $u_+ > u_- = 0$,$u_0 = +U_{om} = +12$ V

$u_+ = 2\sin\omega t$ V>0,$\omega t \in [(2n+1)\pi,2n\pi]$,$u_+ < u_-$,$u_0 = -U_{om} = -12$ V。

其中 $n = 0,1,2,\cdots$。

画出相应波形如图 6-7(b)所示。

(4) 集成运算放大器的分类

1) 按照集成运算放大器的参数分类

① 通用型运算放大器

通用型运算放大器是以通用为目的而设计的。这类器件的主要特点是价格低廉、产品量大面广,其性能指标能适合于一般性使用。例 μA741(单运放)、LM358(双运放)、LM324(四运放)及以场效晶体管为输入级的 LF356 都属于此种。它们是目前应用最为广泛的集成运算放大器。

② 高阻型运算放大器

这类集成运算放大器的特点是差模输入阻抗非常高,输入偏置电流非常小。实现这些指标的主要措施是利用场效晶体管高输入阻抗的特点,用场效晶体管组成运算放大器的差分输入级。用 FET 作输入级,不仅输入阻抗高,输入偏置电流低,而且具有高速、宽带和低噪声等优点,但输入失调电压较大。常见的集成器件有 LF356、LF355、LF347(四运放)及更高输入阻抗的CA3130、CA3140 等。

③ 低温漂型运算放大器

在精密仪器、微弱信号检测等自动控制仪表中,总是希望运算放大器的失调电压小且不随温

度变化而变化。低温漂型运算放大器就是为此而设计的。目前常用的高精度、低温漂运算放大器有 OP-07、OP-27、AD508 及由 MOSFET 组成的斩波稳零型低漂移器件 ICL7650 等。

④ 高速型运算放大器

在快速 A/D 和 D/A 转换器、视频放大器中,要求集成运算放大器的转换速率(SR)一定要高,单位增益带宽(BWG)一定要足够大,像通用型集成运放是不能适合于高速应用场合的。高速型运算放大器主要特点是具有高的转换速率和宽的频率响应。常见的运放有 LM318、μA715 等。

⑤ 低功耗型运算放大器

电子电路集成化的最大优点是能使复杂电路小型轻便,随着便携式仪器应用范围的扩大,必须使用低电源电压供电、低功率消耗的运算放大器。常用的运算放大器有 TL-022C、TL-060C 等,其工作电压为 ±2~±18 V,消耗电流为 50~250 mA。目前有的产品功耗已达微瓦级,例如 ICL7600 的供电电源为 1.5 V,功耗为 10 mW,可采用单节电池供电。

⑥ 高压大功率型运算放大器

运算放大器的输出电压主要受供电电源的限制。在普通的运算放大器中,输出电压的最大值一般仅几十伏,输出电流仅几十毫安。若要提高输出电压或增大输出电流,集成运放外部必须要加辅助电路。高压大电流集成运算放大器外部不需附加任何电路,即可输出高电压和大电流。例如 D41 集成运放的电源电压可达 ±150V,μA791 集成运放的输出电流可达 1 A。

2) 按外型的封装方式分类

集成运放的封装方式有:金属管壳封装、双列直插塑封、单列直插塑封以及片状或扁平式小型集成电路等。它的外观如图 6-1 所示。

3. 几种常用集成运算放大器

集成运算放大器种类繁多,下面介绍两种常用的集成运放。

1) 集成运放 LM324

LM324 为四运放集成电路,采用 14 脚双列直插塑料封装,外观如图 6-8 (a)所示。内部有四个运算放大器,有相位补偿电路,它的内部结构和管脚排列如图 6-8(b)所示。电路功耗很小,LM324 工作电压范围宽,可用单电源 3~30 V 供电,或用双电源 ±1.5~±15 V 供电。它的内部包含四组形式完全相同的运算放大器。除电源共用外,四组运放相互独立,每组分别有 3 个引出脚,其中两个信号输入端,一个输出端。V+、V- 为共用的正、负电源端,采用单电源供电时 V- 接供电电源负极即可。

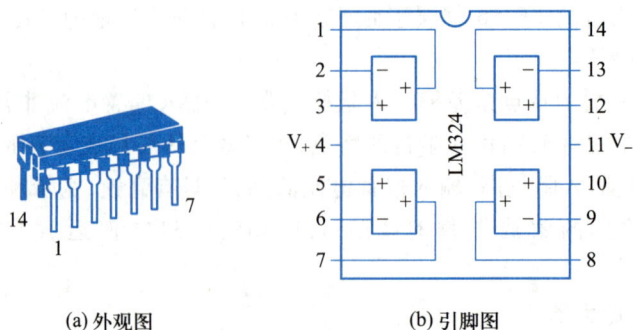

(a) 外观图　　　　(b) 引脚图

图 6-8　LM324 外观和引脚图

LM124、LM224 和 LM324 引脚功能及内部电路完全一致。LM124 是军品;LM224 为工业品;而 LM324 为民品。由于 LM324 四运放电路具有电源电压范围宽,静态功耗小,可单电源使用,价格低廉等特点,因此被非常广泛地应用在各种电路中。

2)集成运放 LM741、μA741

LM741 和 μA741 内部电路基本相同,区别只在它们是由不同厂家生产的。它是高增益单运算放大器芯片,引脚如图 6-9(a)所示,电路符号如图 6-9(b)所示。

741 芯片引脚和工作说明:1 和 5 为偏置(调零端),2 为反相输入端,3 为同相输入端,4 接负电源,6 为输出,7 接正电源,8 接地。

741 放大器为运算放大器中最常被使用的一种。放大器需要一对同样大小的正负电源,其值在±12 V 至±18 V。

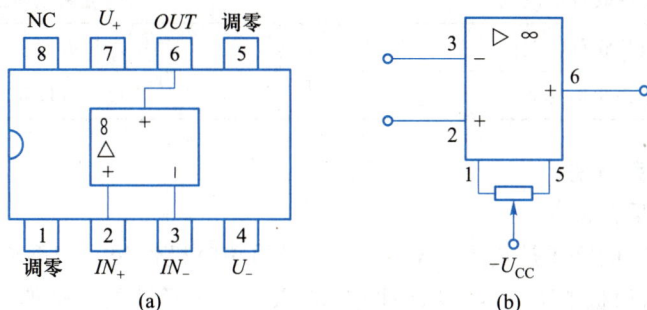

图 6-9 741 芯片引脚和符号

6.2 放大电路中的反馈

1. 反馈的定义

所谓反馈就是将放大电路(或某个系统)的输出信号 x_o(电压或者电流)的一部分或者全部通过某种电路(反馈电路)引回到输入回路。将这部分引回的信号称为反馈信号 x_f,反馈信号 x_f 与输入信号 x_i 叠加,产生净输入信号 x_d,实现输出对输入的控制。图 6-10 所示为反馈放大电路的框图。

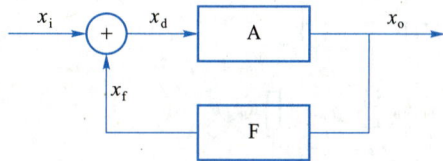

图 6-10 反馈放大电路框图

2. 反馈的类型

(1)按反馈极性可把反馈分为正反馈和负反馈两种

若反馈信号 x_f 使净输入信号 x_d 增大,称为正反馈。

若反馈信号 x_f 使净输入信号 x_d 减小,称为负反馈。负反馈可以使运算放大器工作在线性区。负反馈有自动调节的作用,在 4.4 节介绍的分压式偏置电路就是通过发射极电阻的负反馈调节作用,稳定静态工作点的。

正反馈和负反馈电路都是由放大电路和反馈电路构成闭合环路,都是闭环电路。

(2)按反馈信号的取向可分为电压反馈和电流反馈

若反馈信号的大小与输出电压成比例即为电压反馈。

若反馈信号的大小与输出电流成比例即为电流反馈。

（3）按反馈到输入端的信号类别可分为串联反馈和并联反馈

若反馈到输入端的信号是以电压形式与输入信号叠加，即为串联反馈。

若反馈到输入端的信号是以电流形式与输入信号叠加，即为并联反馈。

因此负反馈和正反馈都有四种反馈形式，如表 6-1 所示。

表 6-1　反馈的类型

负反馈	正反馈
电压串联负反馈	电压串联正反馈
电流串联负反馈	电流串联正反馈
电压并联负反馈	电压并联正反馈
电流并联负反馈	电流并联正反馈

3. 反馈类型的判别方法

（1）判别电路的反馈极性

判断电路是正反馈电路还是负反馈电路，一般采用瞬时极性法。如图 6-11 所示是共射级分压式偏置电路，其发射极电阻上未并联旁路电容 C_E。反馈极性的判别如下：首先找出反馈元件（即与输入输出回路都有关系的元件）R_E。当输出信号增大时，输出回路 i_C、i_E 都增大，从而使 v_E 上升。设基极信号 u_i 为稳定值，而 $u_{BE} = u_i - v_E$，而使 u_{BE} 下降，减小了净输入信号，因而它是一个负反馈。

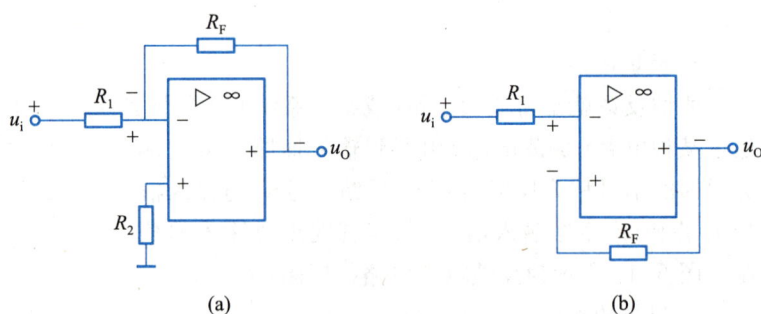

用瞬时极性法判别反馈极性的集成运放电路实例如图6-12所示。可见与输入、输出回路均有联系的元件 R_F 是反馈元件。

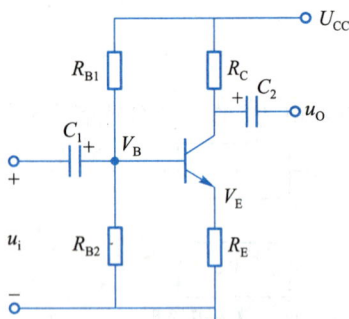

图 6-11　反馈电路举例　　　　图 6-12　用瞬时极性法判别集成运放电路实例

图 6-12（a）电路中，假设输入信号 u_i 瞬时极性为+，由于信号是从反相输入端输入的，所以输出端的信号瞬时极性为-，经过反馈电阻 R_F 反馈的信号极性就为-，在输入端与正极性的 u_i 叠加，削弱了净输入电压信号，所以电路引入的是负反馈。图 6-12（b）所示的电路也可以用同样的办法判别出它引入的是正反馈。

（2）判别电压反馈或电流反馈

也就是判别反馈信号是与输出电压成比例还是与输出电流成比例，一般用负载短路法。如果把输出电压信号短路后,反馈信号消失,则说明反馈信号与输出电压成比例,输出电压信号反馈到了输入回路,因此就是电压反馈,否则即为电流反馈。图 6-12 的两个电路就是电压反馈,而图 6-11 电路引入的是电流反馈。

（3）判别串联反馈或并联反馈

由输入回路判断是串联反馈还是并联反馈,也就是说反馈信号如果在输入端和输入信号是以电压形式叠加就是串联反馈,如果以电流形式叠加则为并联反馈。图 6-11 所示电路就是串联反馈,因此它的全称是电流串联负反馈。

负反馈通常用于放大电路,而正反馈通常用于振荡电路或信号产生电路中。6.3 节主要介绍负反馈电路的应用,6.4 节主要介绍正反馈电路的应用。

4. 负反馈对放大电路性能的影响

放大电路引入负反馈后,提高了放大电路闭环增益的稳定性,减小了非线性失真,展宽了频带,改变了输出电阻和输入电阻(电压负反馈稳定输出电压,输出相当于一个电压源,减小输出电阻;电流负反馈稳定输出电流,输出相当于一个电流源,增大输出电阻;串联反馈增大输入电阻,有利于电压信号源输入;并联反馈减小输入电阻,有利于电流信号源输入),使放大电路的许多性能得到了改善,但降低了闭环增益。

6.3　集成运放在模拟信号运算中的应用

集成运算放大器的一个重要的应用就是构成对输入信号的各种运算电路,其中包括比例、加法、减法、积分、微分、对数、反对数以及乘除法等多种运算,下面简单介绍其中的几种运算电路。

1. 比例运算

（1）反相比例运算

输入信号从运算放大器的反相输入端引入的运算称为反相运算。

图 6-13 所示电路是反相比例运算电路。输入信号 u_i 经电阻 R_1 送到运算放大器的反相输入端,同相输入端通过电阻 R_2 接"地",反馈电阻 R_F 跨接在输出端和反相输入端之间,由于引入的反馈信号和输入信号极性相反,使净输入信号被削弱,因此引入的是负反馈。

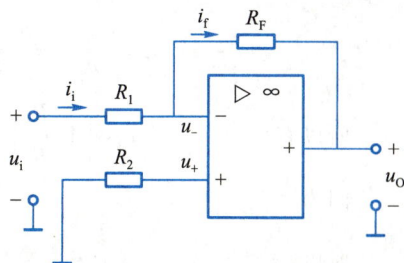

图 6-13　反相比例运算电路

根据运算放大器工作在线性区时"虚短"和"虚断"两条分析依据可得

$$i_i \approx i_f, u_+ \approx u_- = 0$$

由图 6-13 可列出

$$i_i = \frac{u_i - u_-}{R_1} = \frac{u_i}{R_1}$$

$$i_f = \frac{u_- - u_O}{R_F} = -\frac{u_O}{R_F}$$

由此得出
$$u_0 = -\frac{R_F}{R_1}u_i \tag{6-6}$$

闭环电压放大倍数则为
$$A_{uf} = \frac{u_0}{u_i} = -\frac{R_F}{R_1} \tag{6-7}$$

由式(6-6)可知,输出电压的大小与输入电压的大小成比例变化,或者说是比例运算关系,输入电压通过该电路成比例地得到了放大,式(6-6)中的负号表示输出电压与输入电压的相位相反,此种运算关系简称为反相比例运算。所以,在 R_1 和 R_F 的阻值足够精确,运算放大器的开环电压放大倍数很大的条件下,就可以认为 u_0 与 u_i 间的关系只取决于 R_F 与 R_1 的比值而与运算放大器本身的参数无关,从而保证了比例运算的精度和稳定性。

图 6-13 中的电阻 R_2 称为平衡电阻,一般 $R_2 = R_1 // R_F$。

当 $R_F = R_1$ 时,则由式(6-6)和(6-7)可得
$$u_0 = -u_i$$
$$A_{uf} = \frac{u_0}{u_i} = -1 \tag{6-8}$$

称此种运算电路为反相器。

(2)同相比例运算

输入信号从同相输入端引入的运算称为同相运算。图 6-14 所示是同相比例运算电路。同样根据理想运算放大器工作在线性区时的分析依据可得
$$i_i = i_f, u_+ = u_-$$

由图 6-14 可列出
$$i_i = -\frac{u_-}{R_1} = -\frac{u_+}{R_1}$$

$$i_f = \frac{u_- - u_0}{R_F} = \frac{u_+ - u_0}{R_F}$$

所以有
$$u_0 = \left(1 + \frac{R_F}{R_1}\right)u_+$$

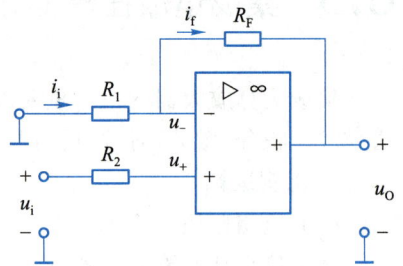

图 6-14　同相比例运算电路

因为
$$u_+ = u_i$$

所以
$$u_0 = \left(1 + \frac{R_F}{R_1}\right)u_i \tag{6-9}$$

闭环电压放大倍数则为
$$A_{uf} = \frac{u_0}{u_i} = 1 + \frac{R_F}{R_1} \tag{6-10}$$

可见 u_0 与 u_i 间的比例关系仍然与运算放大器本身的参数无关,运算精度和稳定性都很高。式(6-9)中 A_{uf} 为正值,表示输出电压与输入电压同相位,并且电压放大倍数 A_{uf} 总是大于或等于 1,不会小于 1,这与反相比例运算不同。

当 $R_1 = \infty$(断开)或 $R_F = 0$ 时,由式(6-8)及式(6-9)可得
$$u_0 = u_i, A_{uf} = \frac{u_0}{u_i} = 1 \tag{6-11}$$

称此种运算电路为电压跟随器。电压跟随器虽然放大倍数只有 1,但放大电路的输入电阻趋于

无穷大,且输出电阻很小,可以提高带负载能力。

【**例 6-2**】 试计算图 6-15 中 u_0 的大小。

解:在图 6-15 中,$R_1 = \infty$,$R_F = 7.5$ kΩ,所以 $A_{uf} = 1$,该运算电路是一电压跟随器,+15 V 电源经两个 15 kΩ 的电阻分压后在同相输入端得到 7.5 V 的输入电压,即 $u_i = 7.5$ V,所以有 $u_0 = u_i = 7.5$ V。

由本例可知,由图 6-15 构成的电压跟随器,输出电压 u_0 只与电源电压和分压电阻有关,其精度和稳定性较高,可作为基准电压使用。

图 6-15 例 6-2 的图

【**例 6-3**】 电路如图 6-16 所示。
(1)计算开关 S 断开时的电压放大倍数 A_{uf}。
(2)计算开关 S 闭合时的电压放大倍数 A_{uf}。
(3)设输入信号 $u_i = 200\ \sin 1000t$ mV,求当 S 断开时电路的输出电压 u_0。

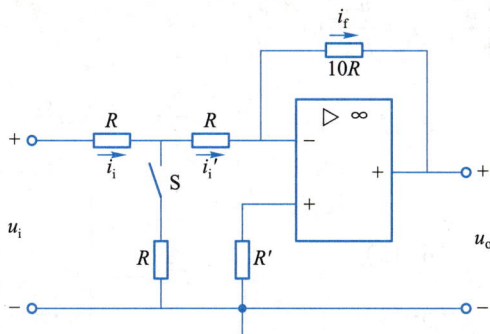

图 6-16 例 6-3 的图

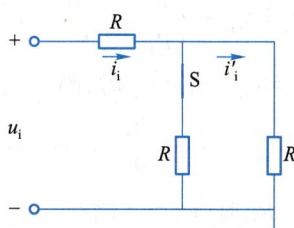

图 6-17 开关 S 闭合时输入端等效电路

解:(1)当 S 断开时,该电路构成反相比例运算电路,所以电压放大倍数为

$$A_{uf} = -\frac{10R}{R+R} = -\frac{10}{2} = -5$$

(2)当 S 闭合时,根据运算放大器工作在线性区时的两条分析依据可得 $u_+ \approx u_- = 0$;$i_i' = i_f$,所以在计算时电阻 R_1 与 R_2 可以看作是并联的。计算 i_i 的等效电路如图 6-17 所示,于是得

$$i_i = \frac{u_i}{R + \dfrac{R}{2}} = \frac{2}{3}\frac{u_i}{R}$$

$$i_i' = \frac{1}{2}i_i = \frac{1}{3}\frac{u_i}{R}$$

$$i_f = \frac{u_- - u_0}{10R} = -\frac{u_0}{10R}$$

因为 $i_i' = i_f$,所以有

$$\frac{1}{3}\frac{u_i}{R} = -\frac{u_0}{R}$$

$$A_{uf} = \frac{u_0}{u_i} = \frac{-10R}{3R} = -3.33$$

上面的计算是从电位 $u_+ \approx u_- = 0$ 考虑,计算 i_1 时将电阻 R_1 与 R_2 看作并联,即用并联来等效,从而简化计算。

(3)因为当 S 断开时 $A_{uf} = -5$

所以　　　　$u_0 = -5u_i = -5 \times 200 \sin 1000t = -1000 \sin 1000t$ mV $= \sin(1000t + \pi)$ V

运算放大器用于放大交流信号时,如果信号频率为低频,当接入信号的耦合电容容抗很小且可以忽略时(如本例题中耦合电容即被忽略,图中没有画出),闭环交流放大倍数与放大直流信号时相同。但是如果耦合电容容抗不可忽略,则要考虑它的分压作用。另外还应考虑芯片的工作频率等。

2. 加减法运算

(1)加法运算

如果在反相输入端增加若干输入电路,则构成反相加法运算电路,如图 6-18 所示。据运算放大器工作在线性区时的两条分析依据 $u_+ \approx u_- = 0$,$i_{i1} + i_{i2} + i_{i3} = i_f$,可列出

$$i_{i1} = \frac{u_{i1}}{R_{11}}; \quad i_{i2} = \frac{u_{i2}}{R_{12}}; \quad i_{i3} = \frac{u_{i3}}{R_{13}}; i_f = -\frac{u_o}{R_F}$$

所以有　　$u_0 = -\left(\dfrac{R_F}{R_{11}}u_{i1} + \dfrac{R_F}{R_{12}}u_{i2} + \dfrac{R_F}{R_{13}}u_{i3}\right)$　　　(6-12)

当 $R_{11} = R_{12} = R_{13} = R_1$ 时,则上式为

$$u_0 = -\frac{R_F}{R_1}(u_{i1} + u_{i2} + u_{i3}) \qquad (6-13)$$

当 $R_F = R_1$ 时　$u_0 = -(u_{i1} + u_{i2} + u_{i3})$　　　(6-14)

另外,也可以根据叠加定理直接写出输出电压 u_o 的表达式。

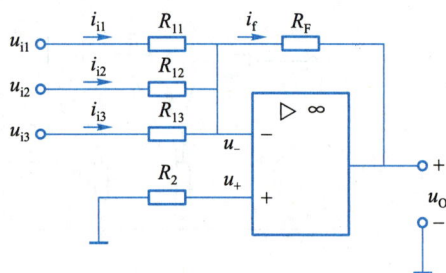

图 6-18　反相加法运算电路

由上列三式可见,加法运算电路也与运算放大器本身的参数无关,只要外接电阻阻值足够精确,就可保证加法运算的精度和稳定性。

平衡电阻 $R_2 = R_{11} /\!/ R_{12} /\!/ R_{13} /\!/ R_F$。

【例 6-4】　一个运算电路的输出电压与输入电压之间的关系为 $u_0 = -(8u_{i1} + 4u_{i2} + u_{i3})$,试选出图 6-18 中各输入电路的电阻和平衡电阻 R_2 的阻值。设 $R_F = 200$ kΩ

解:由式(6-11)可得　　　　　　　$\dfrac{R_F}{R_{11}} = 8$

所以有　　　　　　$R_{11} = \dfrac{R_F}{8} = \dfrac{200 \times 10^3}{8}$ Ω $= 25 \times 10^3$ Ω $= 25$ kΩ

同理可得　　　　　　$R_{12} = \dfrac{R_F}{4} = \dfrac{200 \times 10^3}{4}$ Ω $= 50$ kΩ

$$R_{13} = \frac{R_F}{1} = \frac{200 \times 10^3}{1} \text{ Ω} = 200 \text{ kΩ}$$

平衡电阻 R_2 的阻值为　　　　$R_2 = R_{11}//R_{12}//R_{13}//R_F = 13.3\ \text{k}\Omega$

（2）减法运算

如果运算放大器的两个输入端都有信号输入，则称为差分输入，此时实现的运算称为差分运算，减法运算是差分运算的特例。差分运算在测量和控制系统中应用较多，其运算电路如图6-19所示。

由图6-19根据叠加定理及运算放大器工作在线性区时的两条分析依据可列出

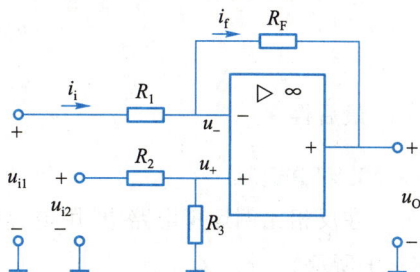

图6-19　差分减法运算电路

$$u_{O1} = -\frac{R_F}{R_1}u_{i1}$$

$$u_{O2} = \left(1+\frac{R_F}{R_1}\right)u_- = \left(1+\frac{R_F}{R_1}\right)u_+$$

$$u_+ = \frac{u_{i2}}{R_2+R_3}R_3 = \frac{R_3}{R_2+R_3}u_{i2}$$

$$u_O = u_{O1} + u_{O2} = \left(1+\frac{R_F}{R_1}\right)\frac{R_3}{R_3+R_2}u_{i2} - \frac{R_F}{R_1}u_{i1} \tag{6-15}$$

当 $R_1 = R_2, R_F = R_3$ 时

$$u_O = \frac{R_F}{R_1}(u_{i2}-u_{i1}) \tag{6-16}$$

当 $R_1 = R_F$ 时　　　　$$u_O = u_{i2}-u_{i1} \tag{6-17}$$

由式（6-16）和式（6-17）可见，在一定条件下，输出电压 u_O 与两个输入电压的差值成正比，所以差分运算电路可以进行减法运算。

由式（5-16）可得出 $R_1 = R_2, R_F = R_3$ 时的电压放大倍数

$$A_{uf} = \frac{u_O}{u_{i2}-u_{i1}} = \frac{R_F}{R_1} \tag{6-18}$$

由于电路存在共模输入电压，为了保证运算精度，应当选用共模抑制比较高的运算放大器或选用阻值合适的电阻。

【例6-5】　试写出图6-20中输出电压 u_O 的表达式。

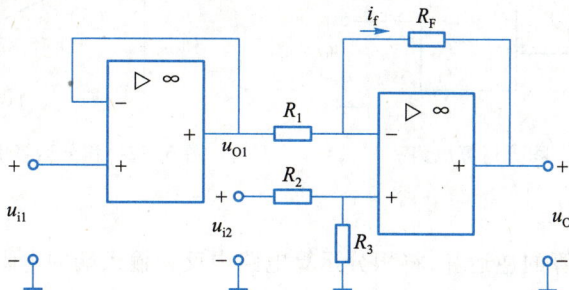

图6-20　例6-5的图

解：第一级运算电路是电压跟随器，所以有 $u_{O1}=u_{i1}$。它的输入电阻很大，可以起到减轻输入信号源负担的作用。

第二级运算电路是差分减法运算电路，由式(6-15)可得

$$u_0 = \left(1+\frac{R_F}{R_1}\right)\frac{R_3}{R_3+R_2}u_{i2} - \frac{R_F}{R_1}u_{O1}$$

最后得

$$u_0 = \left(1+\frac{R_F}{R_1}\right)\frac{R_3}{R_3+R_2}u_{i2} - \frac{R_F}{R_1}u_{i1}$$

3. 积分运算

在反相比例运算电路中，用电容 C_F 代替电阻 R_F 作为反馈元件，就得到积分运算电路，如图 6-21 所示。

根据运算放大器工作在线性区时的两条分析依据可列出 $u_+ \approx u_- = 0$；$i_1 = i_f$，故

$$i_1 = i_f = \frac{u_i}{R_1}$$

$$u_0 = -u_c = -\frac{1}{C_F}\int i_f \mathrm{d}t = -\frac{1}{R_1 C_F}\int u_i \mathrm{d}t \tag{6-19}$$

由式(6-19)可以看出：输出电压 u_0 与输入电压 u_i 积分成比例，式中的负号表示 u_0 与 u_i 相位相反。称 $R_1 C_F$ 为积分时间常数。

当 u_i 为如图 6-22(a)所示的阶跃电压[①]时，则有

$$u_0 = \frac{u_i}{R_1 C_F}t \tag{6-20}$$

其波形如图 6-22(b)所示，输出电压最后达到负饱和值 $-U_{o(sat)}$。

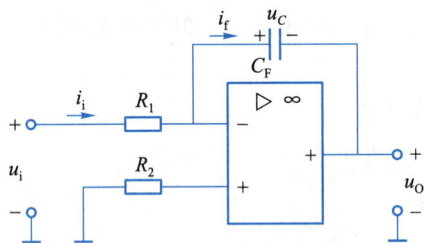

图 6-21 积分运算电路

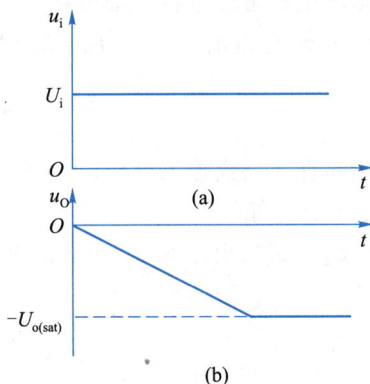

图 6-22 积分运算电路的阶跃响应

4. 微分运算

微分运算是积分运算的逆运算，将积分运算电路中反相输入端的电阻和反馈电容调换位置，

---

① 图 6-22(a)和图 6-24(a)所示的阶跃电压定义为：

$$u=\begin{cases}0 & t\leqslant 0\\ 1 & t\geqslant 0\end{cases}$$

就成为微分运算电路,如图 6-23 所示。由图 6-23 可列出

$$i_{\mathrm{i}} = C \frac{\mathrm{d}u_C}{\mathrm{d}t} = C_{\mathrm{I}} \frac{\mathrm{d}u_{\mathrm{i}}}{\mathrm{d}t}$$

$$u_{\mathrm{O}} = -R_{\mathrm{F}} i_{\mathrm{F}} = -R_{\mathrm{F}} i_{\mathrm{i}}$$

所以有
$$u_{\mathrm{O}} = -R_{\mathrm{F}} C \frac{\mathrm{d}u_{\mathrm{i}}}{\mathrm{d}t} \tag{6-21}$$

即输出电压 u_{O} 与输入电压 u_{i} 的微分成比例,且 u_{O} 与 u_{i} 相位相反。

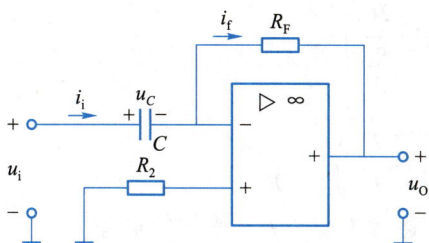

图 6-23 微分运算电路   图 6-24 微分运算电路的阶跃响应

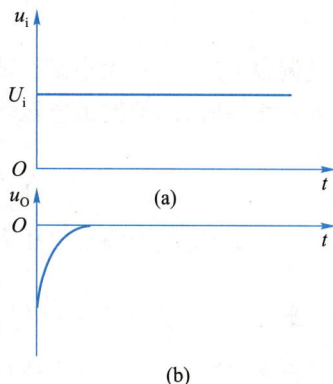

当 u_{i} 为阶跃电压时,u_{O} 为尖脉冲电压,如图 6-24(b)所示。由于此电路工作时稳定性不高,所以应用较少。

5. 运算电路应用实例

仪用放大器是常见的一种运算电路,具有很高的输入电阻和较强的抗干扰能力,如图 6-25 中电桥电路以右的部分电路。

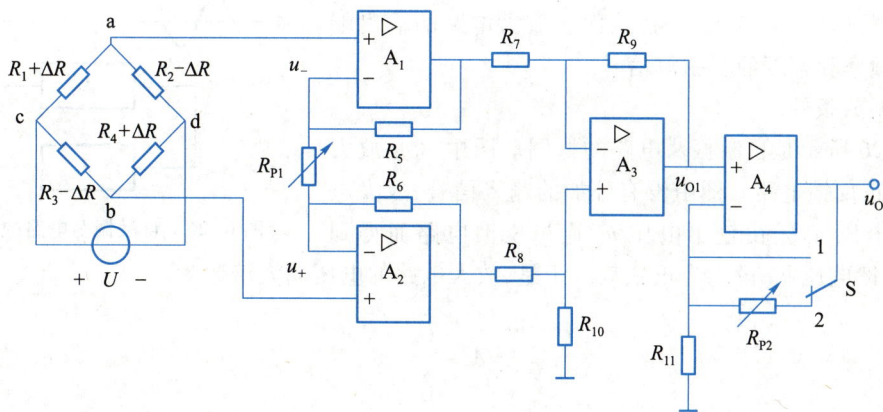

图 6-25 仪用放大器构成的信号放大电路

电桥电路中的桥臂电阻可以是电阻应变片、热电阻传感器或光敏电阻传感器等,用来实现对非电量的检测,在电桥电路中的 a、b 端可以输出与非电量的变化相对应的微弱的电压信号 u_{ab},将该电压信号接至仪用放大器的输入端,经仪用放大器放大后输出给负载。A_1 和 A_2 具有很高的输入电阻,均构成同相比例输入电路。A_1 和 A_2 的输出作为减法电路 A_3 的两个输入。当 $R_5 = R_6$,$R_7 = R_8$ 时,A_3 的输出电压表达式为

$$u_{01} = \frac{R_9}{R_7}\left(1+\frac{2R_5}{R_{P1}}\right)(u_+ - u_-) = \frac{R_9}{R_7}\left(1+\frac{2R_5}{R_{P1}}\right)u_{ab}$$

$$A_u = \frac{R_9}{R_7}\left(1+\frac{2R_5}{R_{P1}}\right)$$

可以通过调整电阻 R_{P1} 的大小来调节电压放大倍数,从而能满足不同电路的需要。

当开关 S 在 1 端时,A_4 的输出电压表达式为

$$u_0 = u_{01} = \frac{R_9}{R_7}\left(1+\frac{2R_5}{R_{P1}}\right)u_{ab}$$

当开关 S 在 2 端时,A_4 的输出电压表达式为

$$u_0 = u_{01} \times \left(1+\frac{R_{P2}}{R_{11}}\right) = \frac{R_9}{R_7}\left(1+\frac{2R_5}{R_{P1}}\right)\left(1+\frac{R_{P2}}{R_{11}}\right)u_{ab}$$

可以通过调整电阻 R_{P2} 来调整电压放大倍数,通过拨动开关 S 来切换量程。

这个电路可以应用到数字电子秤电路中,放大电路可由通用放大芯片 LM324 来实现。

6.4 正弦波振荡器

1. 自激振荡

(1)定义:放大电路中无外加输入电压,而在输出端就有一定频率和幅度的信号输出,这种现象就是电路的自激振荡。引入正反馈的放大电路在一定条件下就可以产生自激振荡,从而在放大电路的输出端得到一定频率和幅度的正弦波信号。

(2)振荡条件

图 6-26 所示是自激振荡电路的框图。图中 A 是放大电路,F 是正反馈电路。图中没有外加的输入信号,放大电路的输入电压 u_i 是由输出电压 u_o 通过反馈电路而得到的,即为反馈电压 u_f,设均为正弦量。于是,放大电路的电压放大倍数为

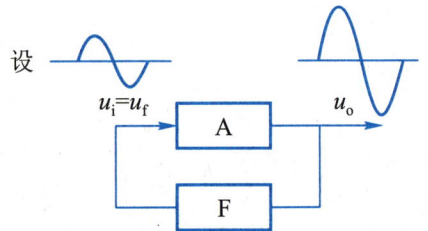

图 6-26   自激振荡电路的框图

$$A_u = \frac{\dot{U}_o}{\dot{U}_i}$$

反馈电路的反馈系数为

$$F = \frac{\dot{U}_f}{\dot{U}_o}$$

即
$$A_u F = \frac{\dot{U}_f}{\dot{U}_i} = 1$$

所以,振荡电路维持自激振荡的条件是:

① 电路中引入的反馈必须是正反馈,即输入电压 u_i 与输出电压 u_o 同相(相位平衡条件)。

② 要有足够的反馈量,使 $A_u F = 1$,即反馈电压要等于所需的输入电压(幅值平衡条件)。

振荡电路的起振条件是:

① 电路中引入的反馈必须是正反馈,即输入电压 u_i 与输出电压 u_o 同相。

② 为了得到足够的反馈量,起振时应当使 $A_u F > 1$。

(3)两个需要说明的问题

① 起始信号从何而来?

当将振荡电路与电源接通时,在电路中激起一个微小的扰动信号,这就是起始信号。通过正反馈电路反馈到输入端。只要满足起振的两个条件,反馈信号经放大电路放大后就会有更大的输出。这样,经过反馈→放大,再反馈→再放大的多次循环过程,最后利用非线性元件使输出电压的幅度自动稳定在一个数值上。

② 起始信号往往是非正弦的,含有一系列不同频率的正弦分量,那么如何能得到单一频率的正弦输出电压?

正弦波振荡电路中除了放大电路和正反馈电路外,还必须有选频电路,就是从微小扰动信号的不同频率的正弦信号分量中,选出能满足自激振荡条件的某一个特定频率的信号。

2. RC 正弦波振荡电路

振荡电路如图 6-27 所示。放大电路是由同相比例运算电路构成的,RC 串并联电路既是正反馈电路,又是选频电路。对 RC 选频电路来说,振荡电路的输出电压 u_o 是它的输入电压,它的输出电压 u_i 送到放大电路的同相输入端,作为同相比例运算电路的输入电压。由此可得反馈系数 F 为

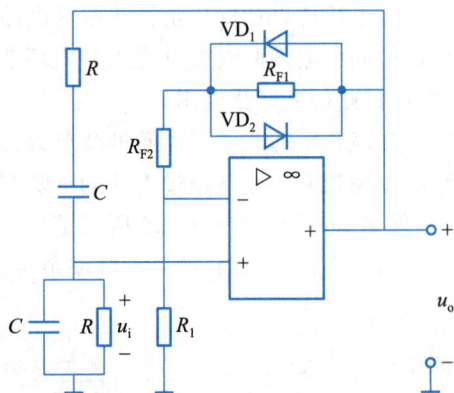

图 6-27 RC 正弦波振荡电路

$$F = \frac{\dot{U}_f}{\dot{U}_o} = \frac{\dfrac{-jRX_C}{R-jX_C}}{R-jX_C + \dfrac{-jRX_C}{R-jX_C}} = \frac{1}{3+j\left(\dfrac{R^2-X_C^2}{RX_C}\right)}$$

由振荡条件可知上式分母的虚部必须为零,即
$$R^2 - X_C^2 = 0$$

所以有
$$R = X_C = \frac{1}{2\pi f C}$$

$$f = f_0 = \frac{1}{2\pi RC} \qquad (6-22)$$

此时 $|F| = \dfrac{U_\text{i}}{U_\text{o}} = \dfrac{1}{3}$

而同相比例运算电路的电压放大倍数为

$$A_u = \frac{U_\text{o}}{U_\text{i}} = 1 + \frac{R_\text{F}}{R_1}$$

所以,当 $R_\text{F} = 2R_1$ 时,$|A_u| = 3$,$|A_uF| = 1$。

在特定频率 $f = f_0 = \dfrac{1}{2\pi RC}$ 时,u_o 与 u_i 同相,所以 RC 串并联电路同时具有正反馈和选频作用,u_o 与 u_i 都是正弦波电压。

在刚刚起振时,应使 $A_uF > 1$,即 $A_u > 3$。随着振荡幅度的增大,A_u 应当能够自动减小,直到满足 $A_u = 3$ 或 $A_uF = 1$ 时,振幅达到稳定,并能够自动稳幅。

在图 6-27 中,振荡电路是利用二极管正向伏安特性的非线性来自动稳幅的。图中 R_F 分为 R_F1 和 R_F2 两部分。在 R_F1 上正、反向并联两只二极管,它们在输出电压 u_o 的正负半周内分别导通。刚起振时,由于 u_o 幅度很小,不足以使二极管导通,正向二极管近于开路,此时 $R_\text{F} > 2R_1$。此后,随着振荡幅度的增大,正向二极管导通,其正向电阻逐渐减小,直到 $R_\text{F} = 2R_1$ 时,振荡稳定。这个电路如果不考虑两个稳幅二极管的作用,$R_\text{F} = R_\text{F1} + R_\text{F2}$ 和 R_1 构成电压串联负反馈电路,同相输入电压放大倍数为 $A_u = 1 + \dfrac{R_\text{F1} + R_\text{F2}}{R_1} \geqslant 3$。

综上所述,RC 桥式正弦波振荡电路是以 RC 串并联网络为选频和正反馈网络,以电压串联负反馈同相输入的放大电路为放大环节,具有振荡频率稳定、带负载能力强、输出电压失真小等优点,因此得到广泛应用。

振荡频率的改变可以通过调节 R 或 C 的数值来实现。由集成运算放大器构成的 RC 振荡电路的振荡频率一般不超过 1 MHz。要产生更高频率的正弦波,可以采用 LC 振荡电路。

【例 6-6】　如图 6-28 所示是一台频率可调的正弦波振荡器,通过双联同轴电位器 R_P 来调节振荡频率,试计算它的可调频率范围以及电路的放大倍数。

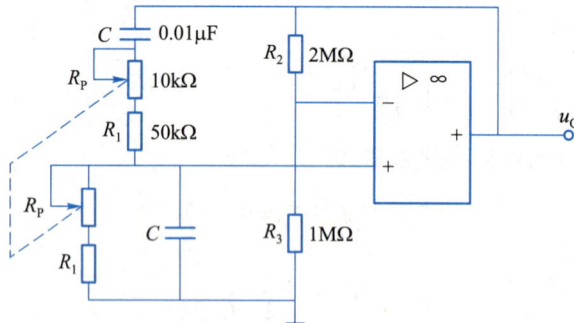

图 6-28　频率可调的 RC 桥式振荡器实例

解:因为$f_0 = \dfrac{1}{2\pi RC}$，$R = R_P + R_1$，所以，当R_P滑动触点在最上方时，RC选频网络中R最大，对应的频率最低，为

$$f_{01} = \frac{1}{2\times 3.14 \times (10\times 10^3 + 50)\times 0.01\times 10^{-6}}\ \text{Hz} \approx 1\,584\ \text{Hz}$$

当R_P滑动触点在最下方时，对应的频率为

$$f_{02} = \frac{1}{2\times 3.14 \times 50 \times 0.01 \times 10^{-6}} \approx 318\,000\ \text{Hz} = 318\ \text{kHz}$$

可调频率范围是 1 584~318 000 Hz

由于运算放大器是同相输入，所以

$$A_u = 1 + \frac{R_2}{R_3} = 1 + \frac{2}{1} = 3$$

6.5 集成功率放大器

1. 集成功率放大器的特点和主要性能指标

（1）集成功率放大器的结构和特点

集成功率放大器由集成运算放大器发展而来。其内部电路一般也由前置级、中间级、输出级及偏置电路等组成，不过集成功放的输出功率大、效率高。另外，为了保证器件在大功率状态下安全可靠工作，集成功放中常设有过流、过压、过热保护电路等。

（2）集成功率放大器的主要性能指标

① 最大输出功率：不同型号的芯片其输出功率是大不相同的，可以从相关手册和产品说明书中查到。使用时应该配备标准散热器。

② 电源电压范围：使用者可以根据实际供电电源的情况而确定，为使用者提供了方便。如果供电电压过低，则放大器动态范围受限。

③ 输入偏置电流：输出电压为零时，两个输入端静态电流的平均值定义为输入偏置电流。

其他性能指标还包括：电源静态电流、电压增益、频带宽度、输入阻抗、总谐波失真等。

2. 集成功率放大器的应用

集成功率放大电路具有输出功率大、外围连接元件少、使用方便等优点，目前使用越来越广泛。选用集成功率放大器时，对其指标应注意留有足够的安全余量，对大功率器件为保证器件使用安全，应按规定外接散热装置。构成集成功放应用电路时，可选用其典型应用电路，并结合电路系统的电源情况来确定是选用 OCL 还是 OTL 接法。若采用双电源供电，输出即构成 OCL 电路。若采用单电源供电，输出即构成 OTL 电路，这时必须在输出端串接大容量电容，另外还需注意给电路提供大小合适的激励信号。集成功放应用电路的最大不失真功率通常可利用 OCL 或 OTL 电路的相应公式进行估算，最大不失真输出时所需的激励电压由最大不失真输出电压除以功放电路的电压放大倍数得到。

集成功放种类很多，常用的有：如低频通用型小功率功放 LM386、TDA7269 和 CD4100、高性

能大功率双通道音频功放 TDA1521 等。这里以 175 功放为例介绍集成功放的应用。

175、275 集成功放又称为傻瓜 IC,它与普通功放电路相比,除了免外接任何元器件、免安装调试外,还有以下特点:首先其内部采用较先进的、具有电子管特性的 N 沟道及 P 沟道绝缘栅场效应管作推动输出,动态频率响应宽。还具有较宽的不失真工作电压范围,以适应不同工作环境。当工作电压超过标称极限值时,能自身保护,自动停止工作。175 是单通道集成功放电路,而 275 是双通道集成功效电路。由 175 组成的功放电路如图 6-29 所示。

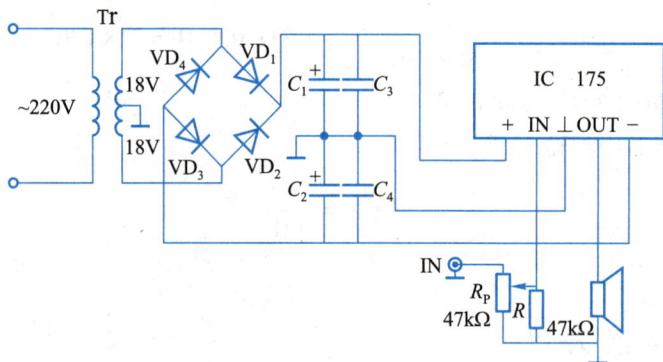

图 6-29 由 175 组成的功放电路

由图 6-29 可见,电路原理图非常简单,需要的正负电源采用整流电路、电容滤波电路直接供电即可。175 芯片只有 5 个引脚,在使用时不需要知道它的内部电路,按标识接线即可。IN 为输入端,OUT 为输出端,R_P 是音量调节电位器。如果扬声器有交流声,可以把变压器 Tr 的屏蔽隔离层接地。如果要求再高,可以考虑在整流、滤波电路后接三端稳压器 7815 或 7915,再给175 供电。

6.6 模拟集成电路的应用实例

模拟集成电路应用十分广泛,这里以一台立体声有源音箱为例介绍它们的应用。它使用通用双运算放大器 RC4558D 作为电压放大,音频功放集成电路 TDA7269 作为功率放大。

1. 主要半导体器件

(1) 通用双运算放大器 RC4558D

RC4558D 是双列直插集成电路,它内部包含两个运算放大器,管脚功能如图 6-30 所示。

(2) 音频功放集成电路 TDA7269

TDA7269 是双声道的集成电路芯片,它的外观和引脚功能如图 6-31 所示。

RC4558D 的引脚说明:

引脚 1:OUT,运放 1 输出;

引脚 2:IN-,运放 1 反相输入端;

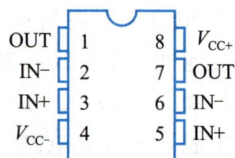

图 6-30 RC4558D 的管脚功能

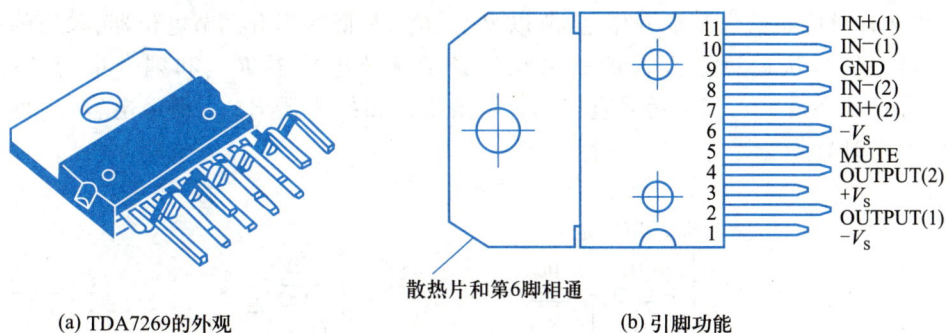

11	IN+(1)
10	IN−(1)
9	GND
8	IN−(2)
7	IN+(2)
6	−V_s
5	MUTE
4	OUTPUT(2)
3	+V_s
2	OUTPUT(1)
1	−V_s

散热片和第6脚相通

(a) TDA7269的外观　　　　　　　　　(b) 引脚功能

图 6-31　TDA7269 的外观和引脚功能

引脚 3:IN+,运放 1 同相输入端;

引脚 4:$V_{\text{CC-}}$,接负电源;

引脚 5:IN+,运放 2 同相输入端;

引脚 6:IN−,运放 2 反相输入端;

引脚 7:OUT,运放 2 输出;

引脚 8:$V_{\text{CC+}}$,接正电源。

TDA7269 的引脚说明:

引脚 3:+V_s,接正电源;

引脚 1、引脚 6:−V_s,接负电源;

引脚 7:IN+(2),功放 2 左声道输入端;引脚 11:IN+(1):功放 1 右声道输入端;

引脚 8:IN−(2),左声道反馈;

引脚 10:IN−(1),功放 1 右声道反馈;

引脚 4:OUTPUT(2),功放 2 左声道输出端;

引脚 2:OUTPUT(1),功放 1 右声道输出端;

引脚 5:MUTE,静噪控制;

引脚 9:GND,接地端。

2. 电路工作原理

应用 RC4558D 和 TDA7269 组成音响系统,可用于电脑的多媒体信号播放,也可用于其他信号源(如 CD 机、单放机)的信号放大和卡拉 OK 功能。应用实例的基本电路如图 6-32 所示。这里采用了±15 V 双电源供电。

一个双声道的放大器,左右声道对称,电路原理完全一致,这里以左声道为例简述其工作原理。左声道(L)的两路信号从 RC4558D 输入端以反相加法的形式输入。负反馈网络是由 R_7、R_{P1A} 和 C_5 组成(C_7 为高频反馈电容,可以防止发生自激现象,如果没有自激发生也可以不接入。由于它的容量很小,可以忽略)。电位器 R_{P1A} 滑动触点在最右侧时,(C_5 被短路)反馈电阻最小(只有 R_7),放大器放大倍数最小。R_{P1A} 滑动触点在最左侧时,R_{P1A} 和 C_5 并联与 R_7 串联,由于对低频信号的负反馈电阻是 $R_F = R_{P1A}+R_7$,而对高频信号的负反馈电阻是 $R_F = R_7$(C_5 对高频信号阻抗很小,可视为短路),而运算放大器的电压放大倍数为 $A = -\dfrac{R_F}{R_1}$,R_F 愈大,放大倍数愈大,因此这时对低频信号有提升作用,所以 R_{P1A}、R_{P1B} 是低音提升调节电位器,采用的是双联同轴电位器。信号从运算放大器的输出端经音量调节电位器 R_{P2A} 和耦合电容 C_9 输送给 TDA7269 进行功率放大。其中信号直接耦合输出给低频扬声器 HA_{L1},而经电容 C_{12} 耦合输出给高音扬声器 HA_{L2}。

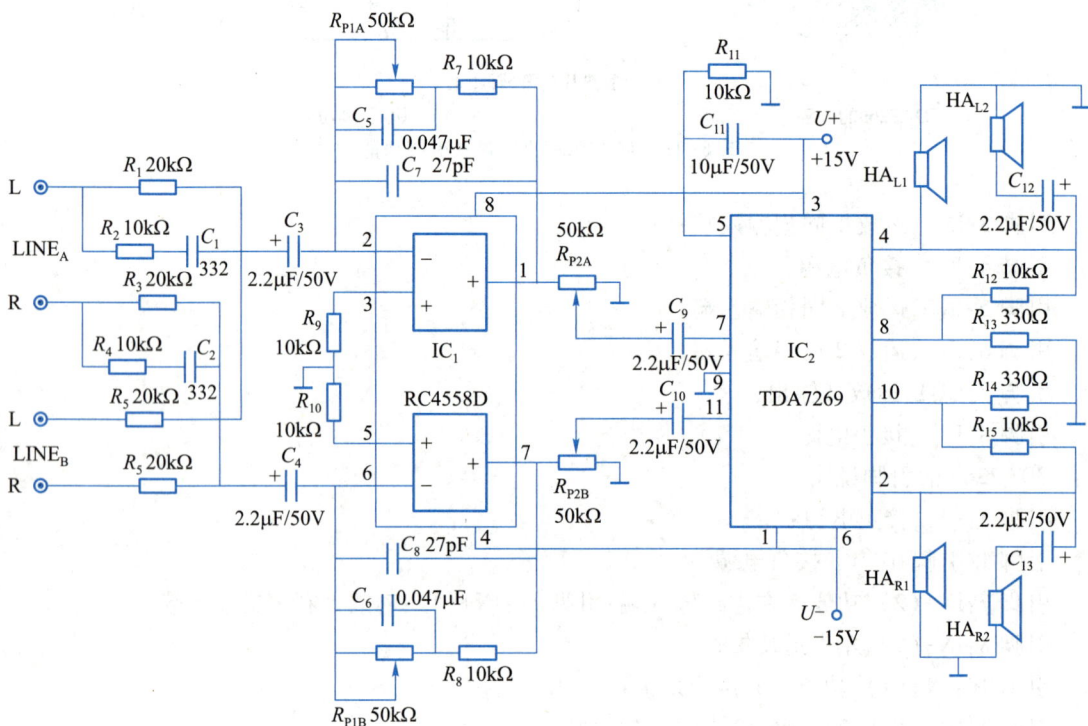

图 6-32 双声道有源音箱电路原理图

由以上分析可以看出,无论是集成运算放大器还是集成功率放大器,在使用时都不必深究其内部的电路结构,只需首先选好所需要的芯片,按照产品样本给出的管脚功能说明和接线图,外接较少的元器件,一般也不需进行调整,电路就可以正常工作了(有少量集成电路需要进行电路调试,例如消振或调零电路等)。这是现代电子技术给人们提供的极大方便之处,大大提高了设计和电路组装效率,也是当今进行电路设计的新理念。

小 结

1. 集成运算放大器是一种高增益放大器,理想情况下 $A_u \to \infty$,$R_i \to \infty$,$R_o \to 0$。

2. 在分析运算放大器组成的电路时,在线性区工作时,引入"虚短"、"虚断"两个重要概念,在此基础上可以求出输出与输入的函数关系。

3. 反相及同相比例运算电路是两种最基本的线性应用电路,由此可推广到求和、求差、积分和微分等运算电路。

4. 振荡电路是由负反馈放大电路和正反馈电路组成的,正反馈应该满足振荡所需的振幅和相位平衡条件。

5. 集成功率放大器一般工作在较大信号下,因此在使用时要注意它的工作电压范围、最大输出功率和散热等问题。

习　　题

6.1　在图 6-33 中,正常情况下四个桥臂电阻均为 R。当桥臂中某只电阻因受温度或应变等非电量的影响而变化 ΔR 时,电桥平衡即被破坏,输出电压 u_0 可以反映此变化量的大小,试写出 u_0 的表达式。

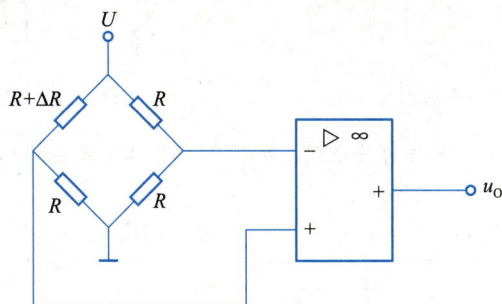

图 6-33　习题 6.1 的图

6.2　在图 6-34 的反相比例运算电路中,设 $R_1 = 1\ \text{k}\Omega$,$R_F = 50\ \text{k}\Omega$。(1)试求闭环电压放大倍数 A_{uf} 和平衡电阻 R_2。(2)若 $u_i = 5\ \text{mV}$(直流),则 u_0 为多少?(3)如果 $u_i = 100\sin \omega t$ mV,求 $u_0 = ?$

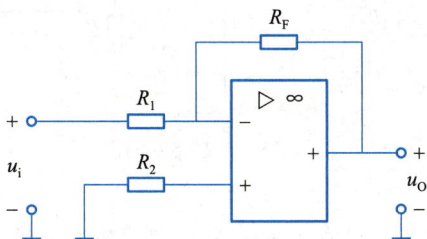

图 6-34　习题 6.2 的图

6.3　在图 6-35(a)及(b)的同相比例运算电路中,已知 $R_1 = 20\ \text{k}\Omega$,$R_F = 100\ \text{k}\Omega$,$R_2 = 20\ \text{k}\Omega$,$R_3 = 20\ \text{k}\Omega$,$u_i = 2\ \text{V}$,求 u_0,由此可以得出什么结论?

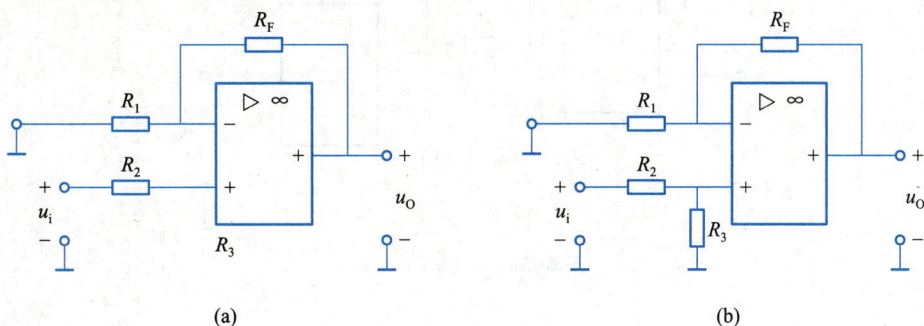

(a)　　　　　　　　　　　(b)

图 6-35　习题 6.3 的图

6.4 有一个两信号相加的反相加法运算电路如图 6-36 所示,其电阻 $R_{11}=R_{12}=R_F$。试写出输出电压 u_0 的表达式。

6.5 在图 6-37 所示的差分运算电路中,$R_1=R_2=4\ \text{k}\Omega$,$R_F=R_3=20\ \text{k}\Omega$,$u_{i1}=1.5\text{V}$,$u_{i2}=1\ \text{V}$,试求输出电压 u_0。

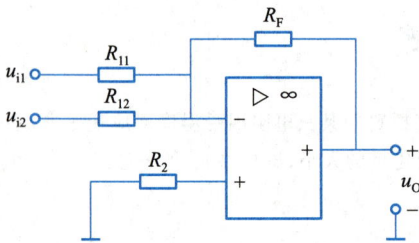

图 6-36　习题 6.4 的图　　　　　　图 6-37　习题 6.5 的图

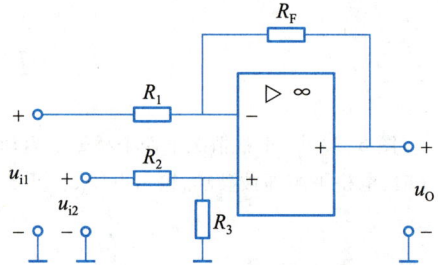

6.6 求图 6-38 所示电路的 u_0 的运算关系式。如果 $R_1=100\ \text{k}\Omega$,$R_F=800\ \text{k}\Omega$,$R_2=89\ \text{k}\Omega$,$R=1\ \text{M}\Omega$,$u_i=10\ \text{mV}$。求 u_0。

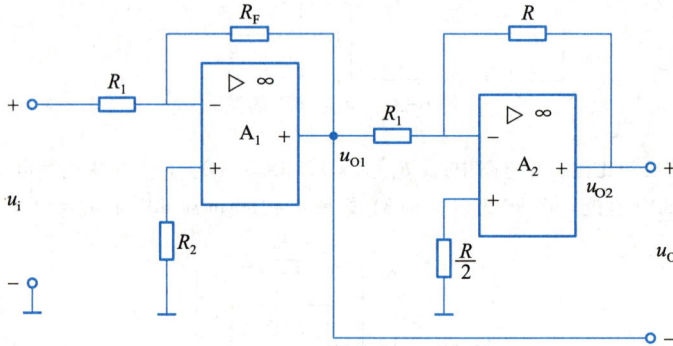

图 6-38　习题 6.6 的图

6.7 在图 6-39 中,已知 $R_F=2R_1$,(1)当 $u_{i1}=-2\ \text{V}$ 时,试求输出电压 u_0。(2)当 $u_{I1}=2\cos 100\pi t\ \text{V}$ 时,求 u_0。

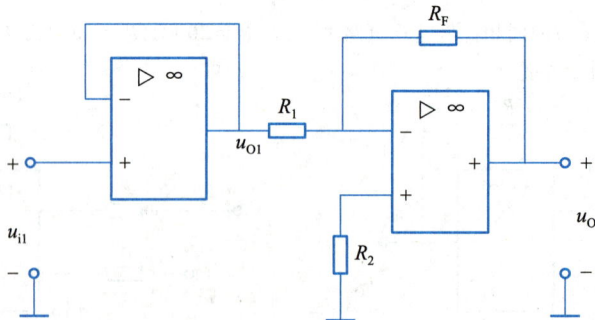

图 6-39　习题 6.7 的图

6.8 电路如图 6-40 所示,已知 $u_{i1}=1\ \text{V}$,$u_{i2}=2\ \text{V}$,$u_{i3}=3\text{V}$,$u_{i4}=4\ \text{V}$,$R_1=R_2=2\ \text{k}\Omega$,$R_3=R_4=R_F=1\ \text{k}\Omega$,试计

算输出电压 u_O。

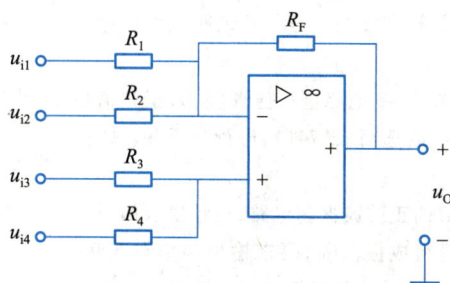

图 6-40　习题 6.8 的图

6.9　求图 6-41 所示的电路中 u_O 与各输入电压的运算关系式。如果 $u_{i1}=2V$，$u_{i2}=-3\ V$，求 u_O。

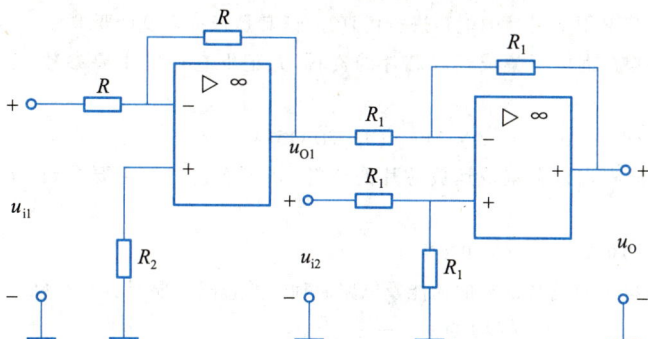

图 6-41　习题 6.9 的图

6.10　图 6-42 是利用两个运算放大器组成的具有较高输入电阻的差分放大电路。试求出 u_O 与 u_{i1}、u_{i2} 的运算关系式。

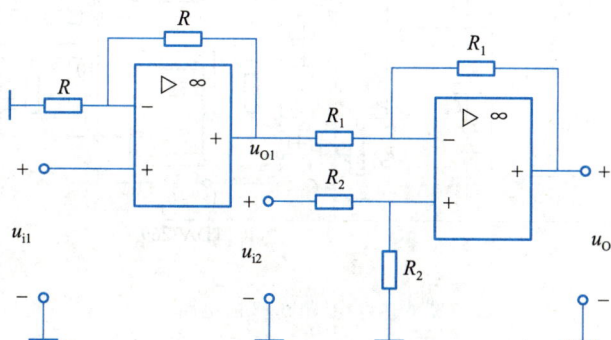

图 6-42　习题 6.10 的图

6.11　在图 6-43 所示积分运算电路中，如果 $R_1=10\ \text{k}\Omega$，$C_F=1\ \mu\text{F}$，$u_i=-1\ \text{V}$ 时，求 u_O 由起始值 0 V 达到 +10 V（设 +10 V 为运算放大器的最大输出电压）所需要的时间是多少？超出这段时间后输出电压会呈现什么样的变化规律？如果要把 u_O 与 u_i 保持积分运算关系的有效时间增大 10 倍，应如何改变电路参数值？

6.12　应用网络资源查阅资料，说明 OP07 的管脚接线以及它的主要参数。

6.13　设计一个使用 μA741 集成运放芯片构成的放大倍数为 80 倍的交流放大器,要求标出所用的全部管脚接线编号。并说明该集成电路的主要参数。

6.14　用 Multisim 或 EWB 对图 6-43 电路进行仿真(输入正弦信号幅值为 5 mV、频率 1 000 Hz,集成运放选用 μA741),进行分析并打印仿真结果。

6.15　设计一个用 LM324 组成的正弦波振荡电路,设计要求如下:

(1)用其中的一个运算放大器组成振荡器,要求输出频率在 500~5000 Hz 范围内可调。用其中一个运算放大器对振荡器的输出信号进行放大,它的输出信号在 0~10 V 范围内可以调整,而且输出电阻要小。

(2)要在原理图中标出集成运放芯片的各个引脚编号。

(3)电源采用 ±12 V。

(4)用 Multisim 或 EWB 对所设计的电路进行仿真,验证其是否符合设计要求。

6.16　应用网络资源查询以下集成运放芯片的资料,并记下它们的主要参数,下载引脚接线图及应用电路。

(1)LM4906　(2)TDA2003　(3)AN7117　(4)TDA1514

6.17　应用网络资源查询以下集成运放芯片的资料,并记下它们的主要参数,下载引脚接线图及应用电路。

(1)275　(2)DTA2030A　(3)LM1036N

6.18　试说明图 6-44 的电路各部分的功能及电路原理。并查阅主要元器件参数。

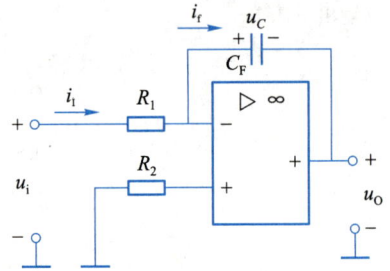

图 6-43　习题 6.11 的图

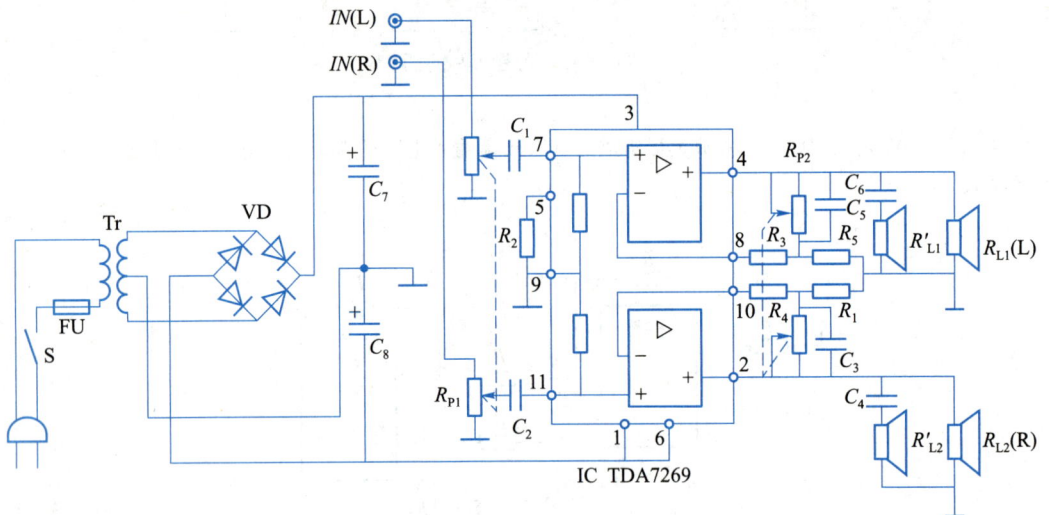

图 6-44　习题 6.18 的电路

第 7 章

逻辑门电路及逻辑代数基础

　　模拟电路注重研究的是输入信号和输出信号之间的大小及相位关系,它所处理的电信号是随时间连续变化的模拟信号,模拟电路中的晶体管通常工作在放大区。数字电路注重研究的是输入信号和输出信号之间的逻辑关系,它所处理的电信号是在时间上和数值上离散的数字信号(也称脉冲信号),数字电路中的晶体管一般工作在截止区和饱和区,起开关的作用。数字信号和模拟信号之间是可以相互转换的。

　　数字电子技术的广泛应用和高度发展标志着现代电子技术的发展水平,电子计算机、数字化通信、数字化仪表、数字控制装置和工业逻辑系统等都是以数字电路为基础的。现以出租车计价器系统为例说明数字电路的应用。图 7-1 是出租车计价器系统的构成框图,来自车轴上的信号经过整形电路转换成脉冲信号,该信号送入计数单元进行累加,累加值乘以一定的倍率得到行驶里程以及乘车费用等数据,再经过译码器进行译码后显示出来。为了便于数据的储存和调用,系统还应该包含存储器。

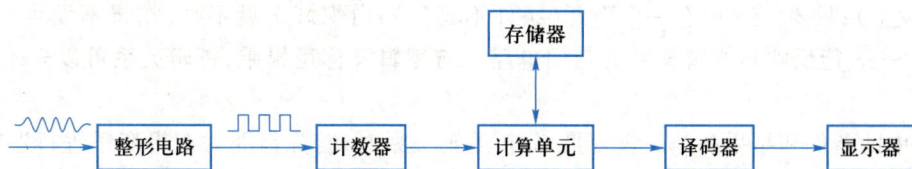

图 7-1　出租车计价器方框图

7.1　基本逻辑门电路

　　数字电路是以二值逻辑为基础的,为了描述方便,数字信号通常用 **0** 和 **1** 来表示,这里的 **0** 和 **1** 不是十进制数中的数字,而是逻辑 **0** 和逻辑 **1**;逻辑 **0** 和逻辑 **1** 表示彼此相关又相互对立的两种状态,例如:是与非、真与假、通与断、低与高、条件的具备与不具备、结果的发生与不发生等。

　　实际电路中的数字信号通常用两种不同的电平值来表示,一般规定低电平为 0~0.4 V,高电平为 3.4~5 V。如果高电平表示逻辑 **1**,低电平表示逻辑 **0**,就将这种逻辑关系称为正逻辑;反之,如果高电平表示逻辑 **0**,低电平表示逻辑 **1**,则称为负逻辑,本书采用正逻辑。图 7-2(a)所示为实际数字信号的波形,从图中可知,从低电平变化到高电平或者从高电平变化到低电平都需要花费一定时间,典型值为几十个纳秒(ns)。为了分析方便,将其理想化考虑,即高低变化是瞬时完成的,如图 7-2(b)所示。

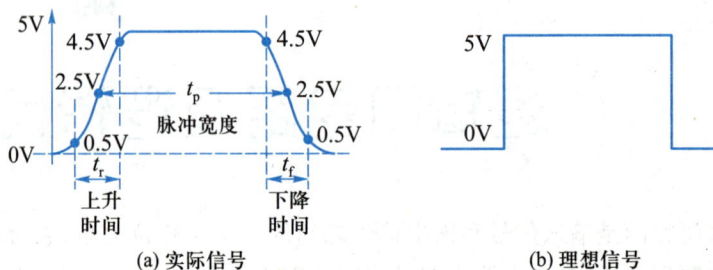

图 7-2　数字信号

1. 逻辑门电路的基本概念

　　逻辑门电路是数字电路中最基本的逻辑元件。所谓门就是一种开关,它能按照一定的条件控制信号的通过或不通过。门电路的输入和输出之间存在一定的逻辑关系(因果关系),输入称为逻辑条件,输出称为逻辑结果,它们的取值只有逻辑 **1** 和逻辑 **0** 两种。无论多么复杂的逻辑关系,经过自顶向下层层分解,都是由三种基本的逻辑关系**与**、**或**、**非**构成的。

　　(1) 与逻辑

　　只有当决定某事件的条件全部具备时,事件才发生,这种逻辑关系称为**与逻辑**。

　　在图 7-3(a)中,开关 A 和开关 B 串联,只有当 A 和 B 同时闭合(条件具备)时,白炽灯 Y 才亮(结果发生);只要 A、B 中有一个断开(条件不具备),白炽灯 Y 就不亮(结果不发生);分析可知,这就是一个能反映**与逻辑**关系的**与门**电路。**与逻辑**又称逻辑乘,逻辑关系可以表示为:$Y = A \cdot B$。

　　电路中的条件和结果都是逻辑变量,分析逻辑关系时,首先需要对逻辑变量进行逻辑赋值,即确定输入、输出的状态对应于 **0** 和 **1** 分别代表什么含义。如果假设 A、B 为 **1** 表示开关闭合,为 **0** 表示开关断开;Y 为 **1** 表示灯亮,为 **0** 表示灯灭;即可得到如图 7-3(b)所示表格,这种描述输入变量取值组合与输出变量状态之间对应关系的表格称为真值表。图 7-3(c)和(d)分别是**与门**的逻辑符号和波形图。

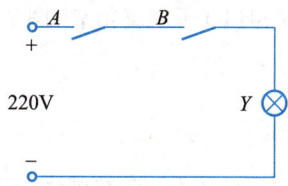

(a) 开关电路

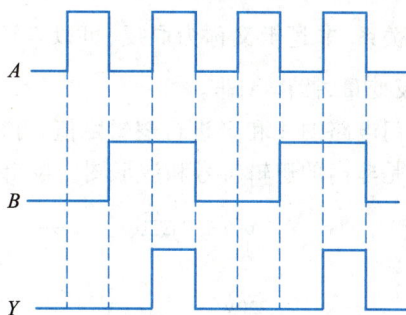

(b) 真值表

A	B	Y
0	**0**	**0**
0	**1**	**0**
1	**0**	**0**
1	**1**	**1**

(c) 逻辑符号

(d) 波形图

图 7-3 与门电路

（2）或逻辑

只要决定某事件的所有条件中有一个或一个以上的条件具备,该事件就会发生,这种逻辑关系称为**或逻辑**。在图 7-4(a)中,开关 A 和开关 B 并联,只要 A 和 B 中有一个或一个以上的开关闭合,电灯 Y 就亮;只有当 A、B 两个开关都不闭合,电灯 Y 才灭。这就是一个能反映**或逻辑关系**的**或门电路,或逻辑**又称为逻辑加,逻辑关系可以表示为:$Y = A + B$。

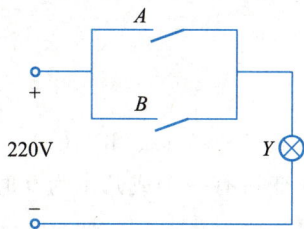

(a) 开关电路

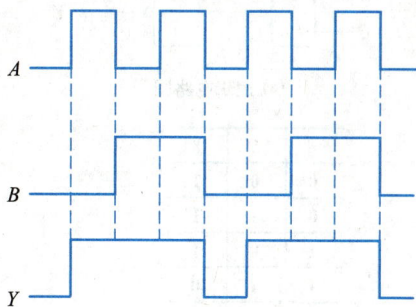

(b) 真值表

A	B	Y
0	**0**	**0**
0	**1**	**1**
1	**0**	**1**
1	**1**	**1**

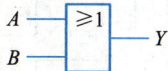

(c) 逻辑符号

(d) 波形图

图 7-4 或门电路

对**或**门电路的输入 A、B 和输出 Y 进行逻辑赋值,可得到图7-4(b)所示真值表,图7-4(c)和图 7-4(d) 所示分别是**或**门的逻辑符号和波形图。

与门和**或**门的输入变量可以是两个以上。

(3)非逻辑

当决定某一事件的条件满足时,事件不发生;条件不满足时,事件发生,这种逻辑关系称为**非逻辑**。在图 7-5(a)中,开关 A 闭合时,电灯 Y 灭;开关 A 断开时,电灯 Y 亮。这个电路反映的就是**非逻辑**关系,非逻辑又称为取反,可以表示为:$Y=\overline{A}$。式中"–"表示逻辑**非**,若 A 为原变量,则称 $\overline{A}$ 为其反变量,读作 A 非。

对**非**门电路的 A 和 Y 进行逻辑赋值,可得到图 7-5(b)所示真值表,图 7-5(c)和图 7-5(d)所示分别是**非**门的逻辑符号和波形图。逻辑符号中的小圆圈表示取反,非门又称为反相器。

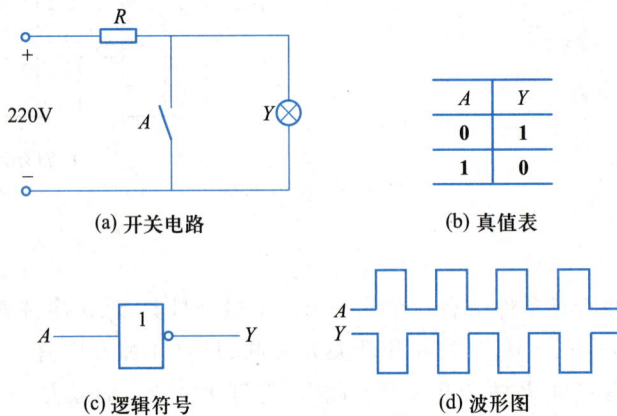

A	Y
0	**1**
1	**0**

(a) 开关电路　　　　　　　　(b) 真值表

(c) 逻辑符号　　　　　　　　(d) 波形图

图 7-5　非门电路

2. 基本门电路的组合

(1)与非门电路

与非门电路的逻辑电路图、逻辑符号、真值表和波形图如图 7-6(a)、(b)、(c)、(d)所示。**与非**门的逻辑功能是:当输入变量全为 **1** 时,输出为 **0**;当输入变量有一个或几个为 **0** 时,输出为 **1**,即"全 **1** 出 **0**","有 **0** 出 **1**"。**与非**逻辑关系可表示为:$Y=\overline{A \cdot B}$。

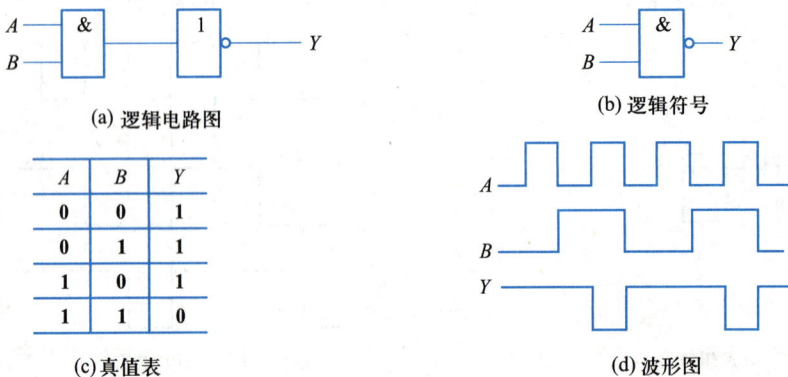

(a) 逻辑电路图　　　　　　　　(b) 逻辑符号

A	B	Y
0	**0**	**1**
0	**1**	**1**
1	**0**	**1**
1	**1**	**0**

(c)真值表　　　　　　　　(d) 波形图

图 7-6　与非门电路

（2）**或非门电路**

或非门电路的逻辑电路图、逻辑符号、真值表和波形图如图 7-7（a）、（b）、（c）、（d）所示。当输入变量全为 **0** 时,输出为 **1**;当输入变量有一个或几个为 **1** 时,输出为 **0**,即"全 **0** 出 **1**","有 **1** 出 **0**"。**或**非逻辑关系可表示为:$Y=\overline{A+B}$。

(a) 逻辑电路图

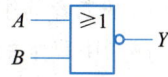

(b) 逻辑符号

A	B	Y
0	**0**	**1**
0	**1**	**0**
1	**0**	**0**
1	**1**	**0**

(c) 真值表

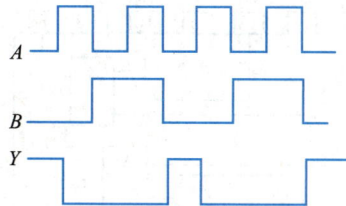

(d) 波形图

图 7-7 或非门电路

（3）**与或非门电路**

与或非门电路的逻辑电路图、逻辑符号如图 7-8（a）、（b）所示。**与或**非逻辑关系的表达式为:$Y=\overline{A\cdot B+C\cdot D}$。

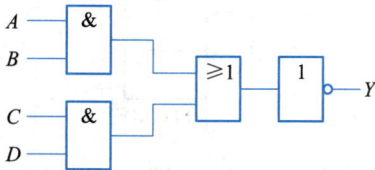

(a) 逻辑电路图

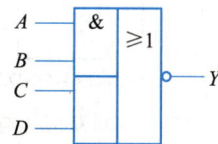

(b) 逻辑符号

图 7-8 与或非门电路

【例 7-1】 试写出图 7-9 所示电路的逻辑表达式,当 $B=1$,$C=0$ 时,画出输出变量 Y 的波形。

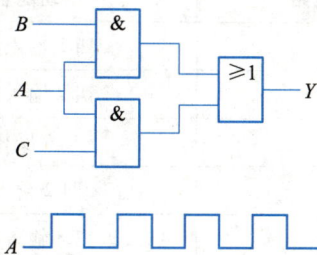

图 7-9 例 6-1 的电路

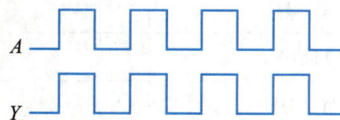

图 7-10 例 7-1 的波形图

解:$Y=A\cdot B+A\cdot C$ 当 $B=1$,$C=0$ 时,$Y=A\cdot 1+B\cdot 0=A+0=A$,输出 Y 的波形如图 7-10 所示。

3. 常用集成逻辑门电路

　　集成逻辑门电路是组成各种数字电路的基本单元,逻辑门电路按其内部有源器件的不同可以分为三大类。第一类为双极型晶体管逻辑门电路,包括 TTL、ECL 电路和 I^2L 电路等几种类型;第二类为单极型 MOS 逻辑门电路,包括 NMOS、PMOS、CMOS、LDMOS、VDMOS、VVMOS、IGT 等几种类型;第三类则是二者的组合 BICMOS 门电路。图 7-11 所示的是 74LS20 和 74LS00 的外引脚排列图及逻辑符号,引脚上的数字是引脚号,一块集成电路芯片内的各个逻辑门是相互独立的,可以单独使用,共用电源和地。

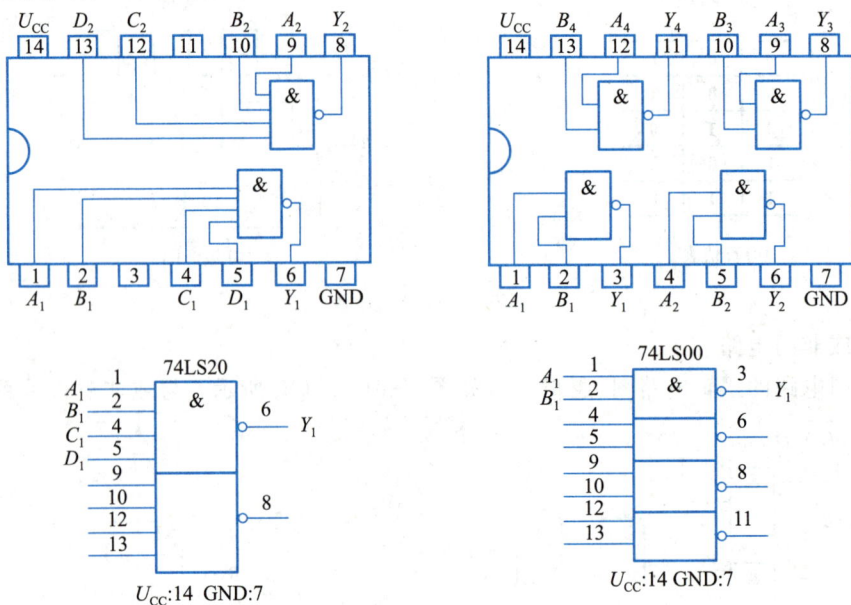

(a) 74LS20(双4输入与非门)　　　　　　(b) 74LS00(四2输入与非门)

图 7-11　TTL 与非门外引线排列图及逻辑符号

　　部分常用集成门电路的型号及其功能,如表 7-1 所示。

表 7-1　常用 TTL 集成门电路

TTL 集成门电路	CMOS 集成门电路	功能名称
74LS/ALS00	CC4011	四 2 输入与非门
74LS/ALS02	CC4001	四 2 输入或非门
74LS/ALS04	CC4069	六反相器
74LS/ALS08	CC4081	四 2 输入与门
74LS/ALS10	CC4023	三 3 输入与非门
74LS/ALS11	CC4073	三 3 输入与门
74LS/ALS20	CC4012	双 4 输入与非门
74LS/ALS21	CC4082	双 4 输入与门

续表

TTL 集成门电路	CMOS 集成门电路	功能名称
74LS/ALS27	CC4025	三 3 输入或非门
74LS/ALS30	CC4068	单 8 输入与非门
74LS/ALS32	CC4071	四 2 输入或门
74LS/ALS86	CC4070	四 2 输入异或门

　　集成逻辑门电路有很多种,在使用时可以不必深究其内部电路结构,通过查阅相关的芯片手册和产品样本,也可以上网查询资料了解它的逻辑功能、外引脚编号及使用注意事项等,这样才能保证正确使用。

7.2　逻辑代数

　　逻辑代数是由英国数学家乔治·布尔于 19 世纪中叶提出,故又称为布尔代数(Boolean Algebra),它是分析和设计逻辑电路的基本工具和理论基础。逻辑代数表示的是逻辑关系,而不是数量关系。

　　逻辑代数中只有逻辑乘(**与运算**)、逻辑加(**或运算**)、取反(**非运算**)三种基本运算。下面就是由三种基本运算推导得出的一些逻辑代数的运算公式。

1. 逻辑代数的运算公式

（1）基本运算法则

1）$0 \cdot A = 0$

2）$1 \cdot A = A$

3）$A \cdot A = A$

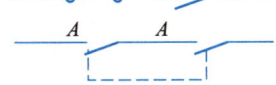

4）$A \cdot \overline{A} = 0$

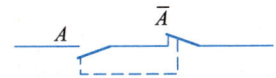

5）$0 + A = A$

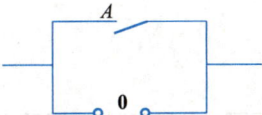

6）$1 + A = 1$

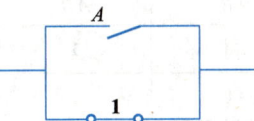

7）$A + A = A$

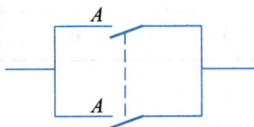

8）$A+\overline{A}=1$

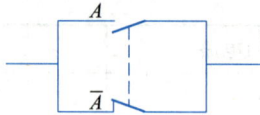

9）$\overline{\overline{A}}=A$

（2）交换律

10）$AB=BA$

11）$A+B=B+A$

（3）结合律

12）$ABC=(AB)C=A(BC)$

13）$A+B+C=A+(B+C)=(A+B)+C$

（4）分配律

14）$A(B+C)=AB+AC$

15）$A+BC=(A+B)(A+C)$

证明：$(A+B)(A+C)=AA+AB+AC+BC=A+AB+AC+BC=A(1+B+C)+BC=A+BC$

（5）吸收律

16）$A(A+B)=A$

证明：$A(A+B)=AA+AB=A+AB=A(1+B)=A$

17）$A(\overline{A}+B)=AB$

18）$A+AB=A$

19）$A+\overline{A}B=A+B$

证明：$A+\overline{A}B=A(B+\overline{B})+\overline{A}B=AB+A\overline{B}+AB+\overline{A}B$

$=A(B+\overline{B})+B(A+\overline{A})=A+B$

20）$AB+A\overline{B}=A$

21）$(A+B)(A+\overline{B})=A$

（6）反演律（摩根定律）

22）$\overline{AB}=\overline{A}+\overline{B}$

证明：

A	B	$\overline{A}$	$\overline{B}$	$\overline{AB}$	$\overline{A}+\overline{B}$
0	0	1	1	1	1
0	1	1	0	1	1
1	0	0	1	1	1
1	1	0	0	0	0

23）$\overline{A+B}=\overline{A}\cdot\overline{B}$

证明：

A	B	$\overline{A}$	$\overline{B}$	$\overline{A+B}$	$\overline{A} \cdot \overline{B}$
0	0	1	1	1	1
0	1	1	0	0	0
1	0	0	1	0	0
1	1	0	0	0	0

2. 逻辑函数的化简

逻辑函数（logical function）反映的是数字电路中输出与输入之间的逻辑关系，常用的表示方法有以下几种：逻辑函数式、真值表、逻辑图、波形图、卡诺图，这些表示方法之间可以相互转换。

同一个逻辑函数可以用不同的逻辑函数式来表示，逻辑函数表达式越简单，实现该逻辑函数所使用的器件就越少，电路就越简单。因此，对于比较复杂的逻辑函数式，往往需要对其进行化简。

（1）应用逻辑代数化简逻辑函数

① 并项法

运用 $A+\overline{A}=\mathbf{1}$，将两项合并为一项，消去一个变量。如：

$$Y=AB\,\overline{C}+ABC+A\overline{B}=AB+A\overline{B}=A$$

② 吸收法

运用 $A+AB=A$ 消去多余的与项。如：

$$Y=\overline{B}C+\overline{A}\overline{B}C+\overline{B}CDE=\overline{B}C+\overline{B}C(A+DE)=\overline{B}C$$

③ 消因子法

运用 $A+\overline{A}B=A+B$ 消去多余的因子。如：

$$Y=\overline{A}C+A+A\overline{C}=C+A+A\overline{C}=A+C$$

④ 配项法

将函数式的某一项乘以 $A+\overline{A}$ 或加上 $A\overline{A}$，通过增加的项，得到最简化简结果。如：

$$Y=\overline{A}\,\overline{B}+AC+\overline{B}C=\overline{A}\,\overline{B}+AC+\overline{B}C(A+\overline{A})=\overline{A}\,\overline{B}+AC+A\overline{B}C+\overline{A}\,\overline{B}C$$

$$=\overline{A}\,\overline{B}(1+C)+AC(1+\overline{B})=\overline{A}\,\overline{B}+AC$$

⑤ 加项法

根据 $A+A=A$ 可以在逻辑函数式中重复写入某一项，有时可得到最简化简结果。如：

$$Y=\overline{A}BC+\overline{A}\overline{B}C+ABC=(\overline{A}BC+ABC)+(\overline{A}\overline{B}C+ABC)=BC+AC$$

【例 7-2】 化简逻辑函数式 $Y=A\overline{B}+\overline{A}\,\overline{B}\,\overline{C}+C\overline{D}+\overline{B}D$

解：$Y=A\overline{B}+\overline{A}\,\overline{B}\,\overline{C}+C\overline{D}+\overline{B}D=\overline{B}(A+\overline{A}\,\overline{C})+C\overline{D}+\overline{B}D$

利用 $A+\overline{A}B=A+B$，得 $A+\overline{A}\,\overline{C}=A+\overline{C}$，所以

$$Y=A\overline{B}+\overline{B}\,\overline{C}+C\overline{D}+\overline{B}D=A\overline{B}+\overline{B}(\overline{C}+D)+C\overline{D}$$

利用 $\overline{A}+\overline{B}=\overline{AB}$,得 $\overline{C}+D=\overline{C\overline{D}}$,所以 $Y=A\overline{B}+\overline{B}\ \overline{C\overline{D}}+C\overline{D}$

利用 $A+\overline{A}B=A+B$,得 $\overline{B}\ \overline{C\overline{D}}+C\overline{D}=\overline{B}+C\overline{D}$,所以

$$Y=A\overline{B}+\overline{B}+C\overline{D}=\overline{B}(A+1)+C\overline{D}=\overline{B}+C\overline{D}$$

（2）卡诺图法化简逻辑函数

卡诺图法是美国工程师卡诺发明,它比逻辑代数法简便、直观、规律性强,一般用于四变量以下的函数化简。

1）卡诺图

① 函数的最小项

在一个有 n 个变量的逻辑函数中,包含 n 变量的乘积项称为最小项,其中每个变量必须而且只能以原变量或反变量的形式出现一次。n 个变量的函数就有 2^n 个最小项,可记作 m_i,$i=0\sim(2^n-1)$,称作最小项的编号。例如,$n=3$ 时,有 $2^3=8$ 个最小项。最小项 $\overline{A}\ \overline{B}C$ 为 **1** 对应的最小项的取值为 **001**,十进制数为 1,因此最小项 $\overline{A}\ \overline{B}C$ 的编号为 m_1。其余最小项的编号以此类推。

② 逻辑相邻项

如果两个最小项中只有一个变量不同,则称这两个最小项为逻辑相邻项。

卡诺图是按照相邻性的原则,用小方格来表示最小项,即在空间几何位置上相邻的最小项一定具有逻辑相邻性。二变量至四变量的卡诺图如图 7-12 所示。在卡诺图的行和列分别标出变量及其状态。变量状态的次序是 **00、01、11、10**,而不是二进制数递增次序 **00、01、10、11**;这样排列使得在空间几何位置上相邻的最小项一定具有逻辑相邻性。

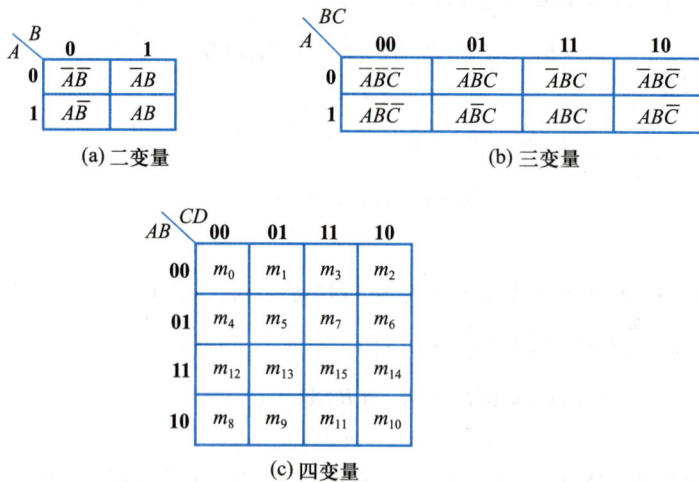

A \ B	0	1
0	$\overline{A}\overline{B}$	$\overline{A}B$
1	$A\overline{B}$	AB

(a) 二变量

A \ BC	00	01	11	10
0	$\overline{A}\overline{B}\overline{C}$	$\overline{A}\overline{B}C$	$\overline{A}BC$	$\overline{A}B\overline{C}$
1	$A\overline{B}\overline{C}$	$A\overline{B}C$	ABC	$AB\overline{C}$

(b) 三变量

AB \ CD	00	01	11	10
00	m_0	m_1	m_3	m_2
01	m_4	m_5	m_7	m_6
11	m_{12}	m_{13}	m_{15}	m_{14}
10	m_8	m_9	m_{11}	m_{10}

(c) 四变量

图 7-12   卡诺图

2）应用卡诺图化简

首先,将逻辑函数式中出现的最小项分别用 **1** 填入相应的小方格内,其余的方格填 **0** 或不填。如果逻辑函数式不是由最小项构成,一般应先化为最小项的形式再填写。

其次,将取值为 **1** 的最小项用卡诺圈圈起来并进行化简,画圈时应遵循以下几个原则:

① 圈要尽可能大,使消去的变量数多。但圈中包含的取值为 **1** 的小方格个数应为 2^n($n=0$、**1、2、3、…**),即 **1、2、4、8、…** 。

② 圈的个数应最少,使得化简后的逻辑函数式的项数最少。

③ 卡诺图中所有的最小项都要被圈过。

④ 最小项可以被重复圈以便于化简,但每个圈中应至少含有一个未被其他卡诺圈圈过的最小项。

⑤ 当卡诺图中 **0** 的个数比较少而且比较集中时,可以通过圈 **0** 的方法先得到反函数,再对反函数求反即可得到原函数。

【例 7-3】　将 $Y=\overline{A}B C+\overline{A}B\overline{C}+A B C$ 用卡诺图化简法化简。

解:卡诺图如图 7-13 所示。将相邻的两个 **1** 圈在一起,可圈成两个圈。两个圈的最小项分别是

$$\overline{A}B C+A B C=B C$$

$$A B\overline{C}+A B C=A C$$

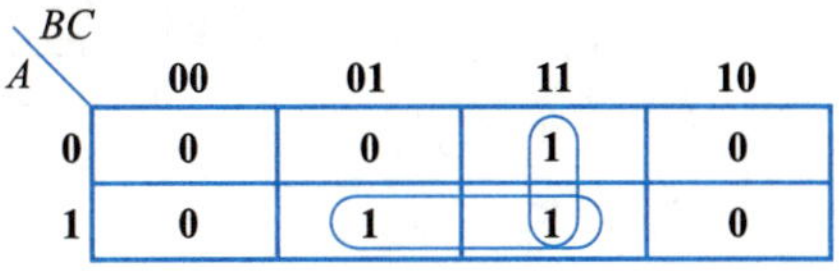

图 7-13　例 7-3 的图

化简后的逻辑函数式为 $Y=B C+A C$

与逻辑函代数化简法比较,其应用了加项法,加了一项 $A B C$ 。卡诺图化简法就是保留圈内最小项的相同变量,而消去相反的变量。

【例 7-4】　用卡诺图化简法化简 $Y=A\overline{C}+\overline{A}C+B\overline{C}+\overline{B}C$

解:先将逻辑函数式化为最小项,在掌握熟练的情况下,可直接把包含 $A\overline{C}$ 因子的所有最小项对应的空格填 **1**,而不必管另一个因子是 B 还是 $\overline{B}$,这样做可省去把 Y 化为最小项之和这个步骤。其他项也可按上述方法填写,得到图 7-14,合并最小项会发现有两种画圈方法。

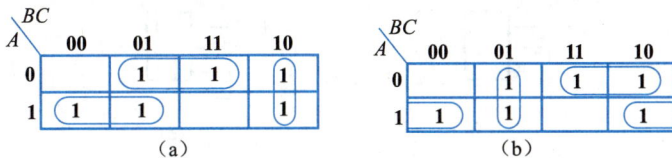

图 7-14　例 7-4 的卡诺图

根据图 7-14(a)和图 7-14(b),分别得到 $Y=\overline{A}\overline{B}+\overline{A}C+B\overline{C}$ 和 $Y=A\overline{C}+B\overline{C}+\overline{A}B$,由此说明,有时一个逻辑函数的化简结果不是唯一的。

卡诺图化简逻辑函数的优点是简单、直观,有化简步骤可以遵循,不易出错,且易化到最简。但是当逻辑变量超过 5 个时,它就不具有简单、直观的优点了。

小　　结

1. 与门、或门、非门、与非门、或非门、异或门、同或门的逻辑表达式、逻辑功能、逻辑符号。

2. 逻辑代数的基本运算公式

3. 逻辑函数的五种表示方法,即逻辑函数表达式、真值表、逻辑图、波形图、卡诺图以及这几

种表示方法之间的互相转换。

4. 逻辑函数的公式法和卡诺图法化简。公式法化简是遵循并项法、吸收法、消因子法、配项法、加项法的方法进行化简,其优点是使用时不受任何条件的限制,但没有固定步骤可寻,使用时不仅需要熟练运用各种公式和定理,还需要一定的运算技巧和经验。卡诺图法的优点是简单、直观,易于掌握,但当变量超过 5 个,那么就失去直观和简单的优点。

习　　题

7.1　分析图 7-15 所示门电路中,满足 $Y\equiv0$ 的图是(　　　)。

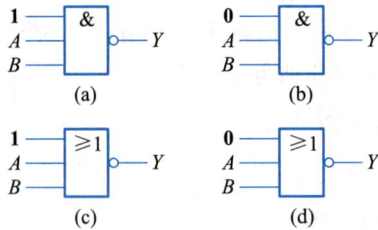

图 7-15　习题 7.1 的图

7.2　图 7-16 中哪些电路能实现 $Y=\bar{A}$?

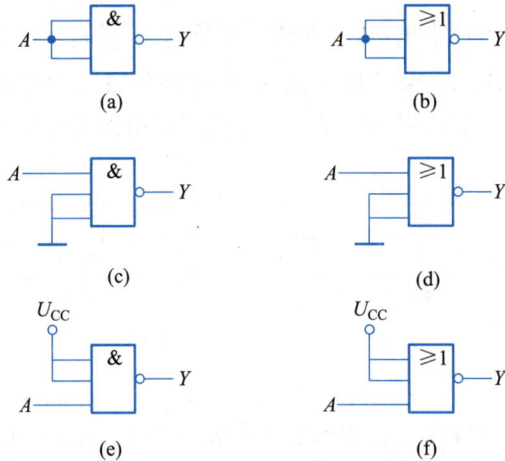

图 7-16　习题 7.2 的图

7.3　判断下列等式是否成立?

(1) $\overline{A+B+C}=\bar{A}+\bar{B}+\bar{C}$　　(2) $\overline{A+B+C}=\overline{\bar{A}\cdot\bar{B}\cdot\bar{C}}$

(3) $\overline{ABCD}=\bar{A}\cdot\bar{B}\cdot\bar{C}\cdot\bar{D}$　　(4) $\overline{ABCD}=(\bar{A}+\bar{B})\cdot(\bar{C}+\bar{D})$

7.4　图 7-17 电路中满足 $Y=A$ 的图是(　　　)。

7.5　写出图 7-18 中各逻辑图的逻辑函数式,并进行化简。

7.6　若 $Y=A\bar{B}+AC=1$,求 A、B、C 的取值组合。

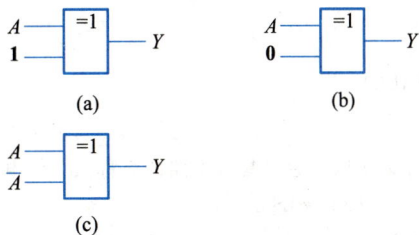

图 7-17　习题 7.4 的图

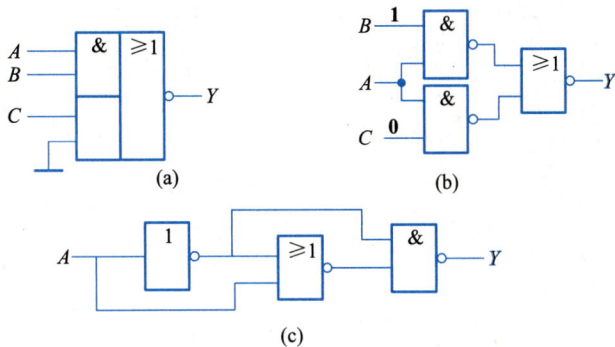

图 7-18　习题 7.5 的图

7.7　在图 7-19 所示的门电路中,当控制端 $C=0$ 和 $C=1$ 两种情况时,试求输出的波形,并说明该电路的功能。输入的波形如图所示。

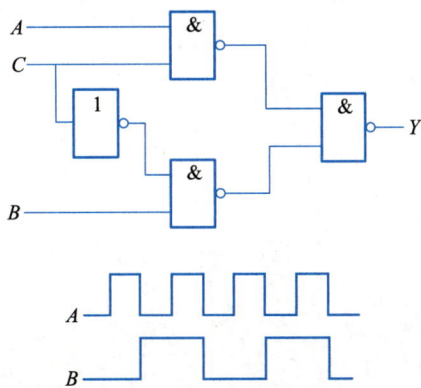

图 7-19　习题 7.7 的图

7.8　根据下列各逻辑函数式,画出逻辑图。

（1）$Y=(\overline{A}+B)C$

（2）$Y=\overline{AB+BC}$

（3）$Y=\overline{A\overline{B}+B\overline{C}(D+\overline{A})}$

（4）$Y=\overline{A}\oplus B\oplus C$

7.9　用逻辑代数运算法则化简下列各式。

（1）$Y=\overline{A}\ \overline{B}+\overline{A}B+AB$

（2）$Y = \overline{\overline{(A+BC)} + BC}$

（3）$Y = (AB + \overline{A}B + A\overline{B})(\overline{A} + \overline{B} + \overline{C} + ABC)$

（4）$Y = \overline{\overline{A}\,\overline{B}\,\overline{D}} + A + B + C + D$

7.10　应用网络资源查阅资料并说明以下数字集成电路的名称及其门电路类别：

（1）74S00　　　　（2）74LS04　　　　（3）74LS32

7.11　应用网络资源查阅资料并说明以下数字集成电路的引脚：

（1）74S00　　　　（2）74LS04　　　　（3）74LS32

第 **8** 章

数字电路分析与应用

8.1　组合逻辑电路

根据逻辑功能的不同特点,可以把数字电路分成两大类:组合逻辑电路(简称组合电路)和时序逻辑电路(简称时序电路)。组合逻辑电路的特点是任意时刻的输出仅与当前时刻的输入有关,而与电路原来的状态无关。表现在电路结构中,组合逻辑电路无反馈回路。

图 8-1 所示是组合逻辑电路的框图。图中 X_1、X_2、$\cdots$、X_n 是电路的输入变量,Y_1、Y_2、$\cdots$、Y_m 是输出变量,每一个输出变量是全部或者部分输入变量的函数,输出与输入的关系可用一组逻辑函数式表示。

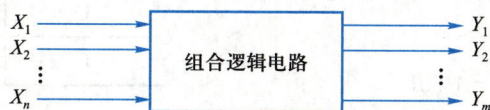

图 8-1　组合逻辑电路框图

$$\begin{cases} Y_1 = F_1(X_1、X_2、\cdots、X_n) \\ Y_2 = F_2(X_1、X_2、\cdots、X_n) \\ \vdots \\ Y_m = F_m(X_1、X_2、\cdots、X_n) \end{cases}$$

1. 组合逻辑电路分析

组合逻辑电路分析是对已知逻辑电路进行分析找出电路的逻辑功能。组合逻辑电路分析步骤如图 8-2 所示。

图 8-2　组合逻辑电路分析步骤

【例 8-1】　组合逻辑电路如图 8-3(a)所示,分析该电路逻辑功能。

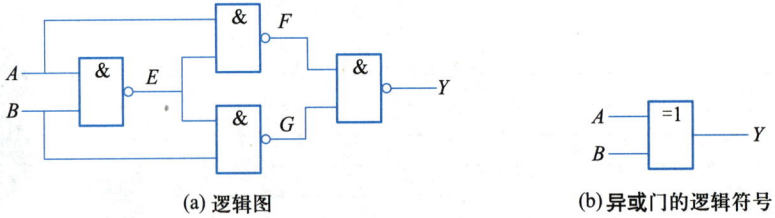

(a) 逻辑图　　　　　　　　　　　(b)异或门的逻辑符号

图 8-3　例 8-1 的图

解: (1) 由逻辑图写逻辑函数式

$$E = \overline{AB} \qquad F = \overline{\overline{AE}} = \overline{A\overline{AB}} \qquad G = \overline{\overline{BE}} = \overline{B\overline{AB}}$$

$$Y = \overline{FG} = \overline{A \cdot \overline{AB}} \cdot \overline{B \cdot \overline{AB}}$$

(2) 化简

$$Y = \overline{\overline{A \cdot \overline{AB}} \cdot \overline{B \cdot \overline{AB}}} = A \cdot \overline{AB} + B \cdot \overline{AB}$$

$$= A \cdot \overline{AB} + B \cdot \overline{AB} = A\overline{B} + \overline{A}B$$

(3) 列真值表,如表 8-1 所示。

(4) 分析逻辑功能

当输入变量 A、B 不是同为 **1** 或同为 **0** 时,输出变量 Y 为 **1**;否则,输出为 **0**。这种电路称为**异或门**电路,其逻辑符号如图 8-3(b)所示。逻辑函数式可以写为

$$Y = \overline{A}B + A\overline{B} = A \oplus B$$

表 8-1　例 8-1 真值表

A	B	Y
0	0	0
0	1	1
1	0	1
1	1	0

【例 8-2】　组合逻辑电路如图 8-4(a)所示,分析该电路逻辑功能。

解: (1) 由逻辑图写逻辑函数式

$$Y = \overline{\overline{AB} \cdot \overline{\overline{A} B}}$$

(2) 化简

$$Y = \overline{\overline{AB} \cdot \overline{\overline{A} B}} = \overline{AB} + \overline{\overline{A} B} = AB + \overline{A} \overline{B}$$

(3) 列真值表,如表 8-2 所示。

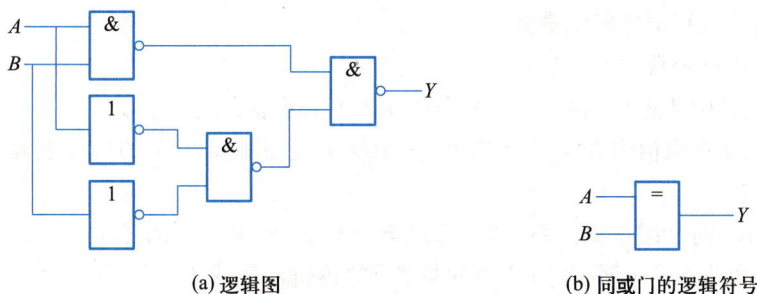

(a) 逻辑图　　　　　　　　　(b) 同或门的逻辑符号

图 8-4　例 8-2 的图

（4）分析逻辑功能

当输入变量 A、B 同为 **1** 或同为 **0** 时,输出变量 Y 为 **1**;否则,输出为 **0**。这种电路称为**同或门电路**,或称为"判一致电路",可用于判断两输入端的状态是否相同。其逻辑符号如图 8-4(b)所示。逻辑函数式可以写为

$$Y = \overline{A}\,\overline{B} + AB = A \odot B = \overline{A \oplus B}$$

表 8-2　例 8-2 真值表

A	B	Y
0	0	1
0	1	0
1	0	0
1	1	1

2. 组合逻辑电路设计

组合逻辑电路的设计是根据实际逻辑问题,求出实现相应逻辑功能的逻辑电路的过程。组合逻辑电路的设计步骤如图 8-5 所示。

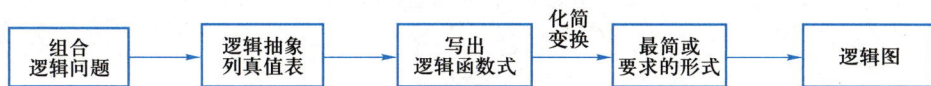

图 8-5　组合逻辑电路设计步骤

【例 8-3】　设计一个 3 人表决电路,结果按"少数服从多数"的原则决定。试建立该问题的逻辑函数。

解:（1）进行逻辑变量的假设,列真值表

3 人的意见分别用逻辑变量 A、B、C 表示,同意为逻辑 **1**,不同意为逻辑 **0**;表决结果用逻辑变量 Y 表示,表决通过为逻辑 **1**,不通过为逻辑 **0**。

根据"少数服从多数"的原则,列出真值表,如表 8-3 所示。

表 8-3　例 8-3 真值表

A	B	C	Y	A	B	C	Y
0	0	0	0	1	0	0	0
0	0	1	0	1	0	1	1
0	1	0	0	1	1	0	1
0	1	1	1	1	1	1	1

（2）根据真值表写出逻辑函数式

由真值表写逻辑函数式的方法：

① 找出真值表中使逻辑函数 $Y=1$ 的那些输入变量取值组合。

② 每组输入变量取值组合是一个**与**项，其中输入变量取值为 **1** 的用原变量表示，取值为 **0** 的用反变量表示。

③ 各种组合之间是**或**逻辑关系，即将每组**与**项相加，就得到 Y 的逻辑函数式。

用上述方法由表 8-3 可写出"3 人表决电路"的逻辑函数式为：

$$Y=\overline{A}BC+A\overline{B}C+AB\overline{C}+ABC$$

（3）化简逻辑函数式

$$Y=\overline{A}BC+A\overline{B}C+AB\overline{C}+ABC=AB+AC+BC$$

（4）画逻辑图

由逻辑函数式画逻辑图，按照**与**项（逻辑乘）用**与**门实现，**或**项（逻辑加）用**或**门实现，求反用**非**门实现。则 $Y=AB+AC+BC$ 的逻辑图如图 8-6 所示。

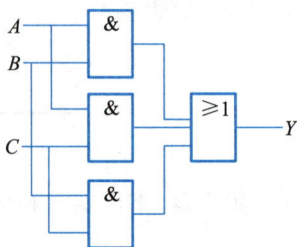

图 8-6　例 8-3 逻辑图

8.2　组合逻辑电路的应用

在解决逻辑问题的过程中，有些逻辑电路会经常、大量被使用。为了使用方便，人们把这些逻辑电路制成了中、小规模的标准化集成电路产品。本节将介绍加法器、编码器、译码器等常用组合逻辑器件。

1. 加法器

十进制是日常生活和工作中最常用的进位计数制。十进制包含 0~9 十个数码，计数的基数为 10，低位向高位的进位关系是"逢十进一"，如果十进制数的整数位数是 n 位，则它每一位的权重从高到低分别为 $10^{n-1} \sim 10^{0}$，如：

$$(1234)_{10}=1\times10^{3}+2\times10^{2}+3\times10^{1}+4\times10^{0}$$

而二进制包含 **0**、**1** 两个数码，计数的基数为 2，低位向高位的进位关系是"逢二进一"，如果二进制数的整数位数是 n 位，则它每一位的权重从高到低分别为 $2^{n-1} \sim 2^{0}$。如：

$$(11011)_{2}=1\times2^{4}+1\times2^{3}+0\times2^{2}+1\times2^{1}+1\times2^{0}=(27)_{10}$$

二进制加法和逻辑加法本质上不同，前者是数的运算，后者是逻辑运算。二进制加法 **1+1=10**（"逢二进一"），而逻辑加法 **1+1=1**。

两个二进制数之间的加、减、乘、除运算,在数字计算机中的实现都要进行加法运算。因此,加法器是构成算术运算器的基本单元。

（1）半加器

两个 1 位二进制数相加,不考虑低位来的进位,称为半加。实现半加运算的电路称为半加器。半加器的真值表如表 8-4 所示,其中 A、B 表示加数和被加数,S 表示相加的和,C 表示向相邻高位的进位。由真值表可以写出逻辑函数式:

表 8-4　半加器真值表

输入		输出	
A	B	S	C
0	0	0	0
0	1	1	0
1	0	1	0
1	1	0	1

$$S = \overline{A}B + A\overline{B} = A \oplus B$$
$$C = AB$$

半加器可由一个**异或**门和一个**与**门构成。半加器的逻辑图和逻辑符号分别如图 8-7(a)、(b)所示。

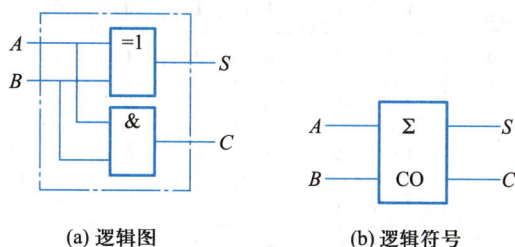

(a) 逻辑图　　　(b) 逻辑符号

图 8-7　半加器逻辑图和逻辑符号

（2）全加器

当多位二进制数相加时,除最低位外,其他各位都需要考虑从相邻低位来的进位输入。将加数、被加数和相邻低位来的进位 3 个数相加,得到本位和以及向相邻高位的进位输出,这个过程称为全加,能够实现全加运算的电路称为全加器。

集成芯片 74LS283 是 4 位二进制超前进位全加器,其真值表如表 8-5 所示,逻辑符号如图 8-8(a)所示,其中输入端 $A_4 \sim A_1$ 和 $B_4 \sim B_1$ 为四位的加数和被加数,CI_0 为低位的进位高电平有效,输入、输出端 $F_4 \sim F_1$ 为本位的和,CO_4 是向高位的进位,其引脚图如图 8-8(b)所示。

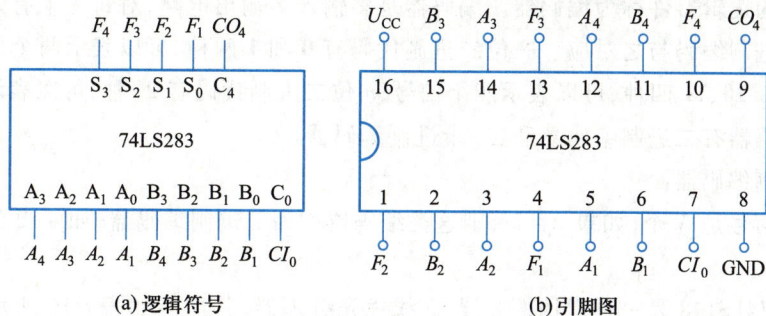

(a) 逻辑符号　　　(b) 引脚图

图 8-8　74LS283 全加器逻辑符号和引脚图

表 8-5　74LS283 4 位二进制超前进位全加器功能表

输入				输出									
				$CI=0$					$CI=1$				
A_1 / A_3	B_1 / B_3	A_2 / A_4	B_2 / B_4	F_1	F_2	F_3	F_4	CO_4	F_1	F_2	F_3	F_4	CO_4
0	0	0	0	0	0	0	0	0	1	0	1	0	0
1	0	0	0	1	0	1	0	0	0	1	0	1	0
0	1	0	0	1	0	1	0	0	0	1	0	1	0
1	1	0	0	0	1	0	1	0	1	1	1	1	0
0	0	1	0	0	1	0	1	0	1	1	1	1	0
1	0	1	0	1	1	1	1	0	0	0	0	0	1
0	1	1	0	1	1	1	1	0	0	0	0	0	1
1	1	1	0	0	0	0	0	1	1	0	1	0	1
0	0	0	1	0	1	0	1	0	1	1	1	1	0
1	0	0	1	1	1	1	1	0	0	0	0	0	1
0	1	0	1	1	1	1	1	0	0	0	0	0	1
1	1	0	1	0	0	0	0	1	1	0	1	0	1
0	0	1	1	0	0	0	0	1	1	0	1	0	1
1	0	1	1	1	0	1	0	1	0	1	0	1	1
0	1	1	1	1	0	1	0	1	0	1	0	1	1
1	1	1	1	0	1	0	1	1	1	1	1	1	1

2. 编码器

用文字、数码等字符表示特定对象的过程称为编码,如汽车牌照、邮政编码、身份证号码等均属于编码。在数字电路中,常采用多位二进制数码的组合对具有某种特定含义的信号进行编码,完成编码功能的逻辑器件称为编码器。编码器是多输入多输出电路,对每一个有效的输入信号,输出唯一的二进制编码与之对应。一位二进制代码有 **0** 和 **1** 两种,可以表示两个信号;两位二进制代码有 **00**、**01**、**10**、**11** 四种,可以表示四个信号;n 位二进制代码有 2^n 种,可以表示 2^n 个信号。

常用的编码器有二进制编码器和二-十进制编码器。

（1）二进制编码器

待编码的信号是 N 个,如果 $N=2^n$,则这类编码器称为二进制编码器,如 4-2 编码器、8-3 编码器等。

集成芯片 74LS148 是一种常用的 8 线-3 线优先编码器,其功能如表 8-6 所示,逻辑电路如图 8-9(a)所示,其中 $\overline{I_0} \sim \overline{I_7}$ 为编码输入端,低电平有效,在逻辑符号中加"○"表示。$\overline{Y_0} \sim \overline{Y_2}$ 为编码输出端,带非号表示反码输出。所有这些标识都体现了数字电路系统中"望名生义"的命名原则。$\overline{S}$ 为使能输入端；$\overline{Y}_S$ 为选通输出端，$\overline{Y}_{EX}$ 为扩展输出端，此两端用于编码器的扩展。图 8-9 (b) 给出了集成芯片 74LS148 的引脚图。

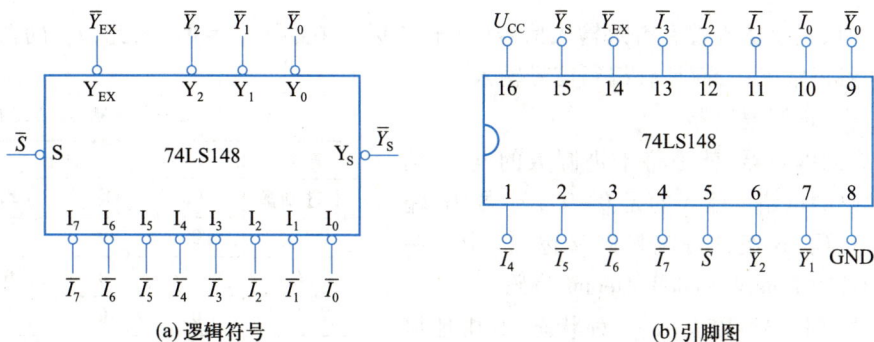

图 8-9 74LS148 优先编码器逻辑符号和引脚图

表 8-6 74LS148 优先编码器真值表

输入									输出				
$\overline{S}$	$\overline{I}_0$	$\overline{I}_1$	$\overline{I}_2$	$\overline{I}_3$	$\overline{I}_4$	$\overline{I}_5$	$\overline{I}_6$	$\overline{I}_7$	$\overline{Y}_2$	$\overline{Y}_1$	$\overline{Y}_0$	$\overline{Y}_S$	$\overline{Y}_{EX}$
1	×	×	×	×	×	×	×	×	1	1	1	1	1
0	1	1	1	1	1	1	1	1	1	1	1	0	1
0	×	×	×	×	×	×	×	0	0	0	0	1	0
0	×	×	×	×	×	×	0	1	0	0	1	1	0
0	×	×	×	×	×	0	1	1	0	1	0	1	0
0	×	×	×	×	0	1	1	1	0	1	1	1	0
0	×	×	×	0	1	1	1	1	1	0	0	1	0
0	×	×	0	1	1	1	1	1	1	0	1	1	0
0	×	0	1	1	1	1	1	1	1	1	0	1	0
0	0	1	1	1	1	1	1	1	1	1	1	1	0

使能输入端 $\overline{S}=1$ 时，编码器的所有输出端都是高电平，当 $\overline{S}=0$ 时，编码器正常工作。在优先编码器电路中，允许同时有两个以上的有效输入信号。优先编码器给所有的输入信号规定了优先顺序，当多个输入信号同时有效时，只对其中优先权最高的输入信号进行编码。74LS148 中 $\overline{I}_7$ 优先权最高，$\overline{I}_0$ 优先权最低。当 $\overline{I}_7$ 为低电平时，不管其他输入端有无编码要求（是否为低电平，表中×表示任意状态），芯片只对 $\overline{I}_7$ 进行编码，输出端 $\overline{Y}_2\,\overline{Y}_1\,\overline{Y}_0=000$。当 $\overline{I}_7=1$、$\overline{I}_6=0$ 时，芯片只对 $\overline{I}_6$ 进行编码，$\overline{Y}_2\,\overline{Y}_1\,\overline{Y}_0=001$，其余情况以此类推。

由 74LS148 优先编码器真值表可得出

$$\overline{Y}_S=\overline{\overline{I}_0\,\overline{I}_1\,\overline{I}_2\,\overline{I}_3\,\overline{I}_4\,\overline{I}_5\,\overline{I}_6\,\overline{I}_7\,\overline{\overline{S}}}$$

$$\overline{Y}_{EX}=\overline{\overline{\overline{I}_0\,\overline{I}_1\,\overline{I}_2\,\overline{I}_3\,\overline{I}_4\,\overline{I}_5\,\overline{I}_6\,\overline{I}_7\,\overline{\overline{S}}\cdot\overline{S}}}$$

当 $\overline{S}=0$ 时,只有当 $\overline{I}_0\sim\overline{I}_7$ 均为 **1**(没有编码信号)的情况下,才使 $\overline{Y}_S=0$。因此,$\overline{Y}_S$ 的低电平输出信号表示电路正常工作,但无编码信号输入。

当 $\overline{S}=0$ 时,只要输入端有有效输入信号(低电平 **0**)存在,则 $\overline{Y}_{EX}=0$。因此,$\overline{Y}_{EX}$ 的低电平输出信号表示电路正常工作,而且有编码信号输入。

(2)二-十进制编码器

二-十进制编码器,就是将十进制数的 0~9 编成二进制代码的电路。输入的是 0~9 十个数码,输出是二进制代码,这组二进制代码又称二-十进制代码,简称 BCD(Binary-Coded-Decimal)码。

4 位二进制代码可以表示 16 种状态,其中任何十种状态都可以表示 0~9 十个数码,而最常用的是 8421 编码方式,如表 8-7 所示,二进制代码各位的 "**1**" 所代表的十进制数从高位到低位的权,依次是 8、4、2、1,如果把二进制数的每位数码乘以相对应的权再相加,就得到该二进制数码所表示的十进制数。例如:二进制代码 **1001** 所表示的十进制数是:$1\times2^3+0\times2^2+0\times2^1+1\times2^0=8+1=9$。

表 8-7 二-十进制 8421 编码表

输入	输出			
十进制数	Y_3	Y_2	Y_1	Y_0
0(I_0)	**0**	**0**	**0**	**0**
1(I_1)	**0**	**0**	**0**	**1**
2(I_2)	**0**	**0**	**1**	**0**
3(I_3)	**0**	**0**	**1**	**1**
4(I_4)	**0**	**1**	**0**	**0**
5(I_5)	**0**	**1**	**0**	**1**
6(I_6)	**0**	**1**	**1**	**0**
7(I_7)	**0**	**1**	**1**	**1**
8(I_8)	**1**	**0**	**0**	**0**
9(I_9)	**1**	**0**	**0**	**1**

74LS147 是一种常用的二-十进制优先编码器,真值表如表 8-8 所示,逻辑符号和引脚图如图 8-10 所示,其中 $\overline{I}_9\sim\overline{I}_1$ 为编码输入端,低电平有效。$\overline{Y}_0\sim\overline{Y}_3$ 为编码输出,也为低电平有效(反码)。

表 8-8 74LS147 优先编码器真值表

输入									输出			
$\overline{I}_9$	$\overline{I}_8$	$\overline{I}_7$	$\overline{I}_6$	$\overline{I}_5$	$\overline{I}_4$	$\overline{I}_3$	$\overline{I}_2$	$\overline{I}_1$	$\overline{Y}_3$	$\overline{Y}_2$	$\overline{Y}_1$	$\overline{Y}_0$
1	1	1	1	1	1	1	1	1	1	1	1	1
0	×	×	×	×	×	×	×	×	0	1	1	0
1	0	×	×	×	×	×	×	×	0	1	1	1
1	1	0	×	×	×	×	×	×	1	0	0	0
1	1	1	0	×	×	×	×	×	1	0	0	1
1	1	1	1	0	×	×	×	×	1	0	1	0
1	1	1	1	1	0	×	×	×	1	0	1	1
1	1	1	1	1	1	0	×	×	1	1	0	0
1	1	1	1	1	1	1	0	×	1	1	0	1
1	1	1	1	1	1	1	1	0	1	1	1	0

由表 8-8 可知,输入信号的优先权高低是从 $\overline{I}_9$ 到 $\overline{I}_1$。当 $\overline{I}_9\sim\overline{I}_1$ 均为 **1** 时,相当于 $\overline{I}_0=0$,输出代码 **1111**,故 $\overline{I}_0$ 端省略了。编码器输出是 8421BCD 码的反码,如 $\overline{I}_9$ 编码输出为 **0110**(原码是 **1001**),$\overline{I}_1$ 编码输出是 **1110**(原码是 **0001**)。

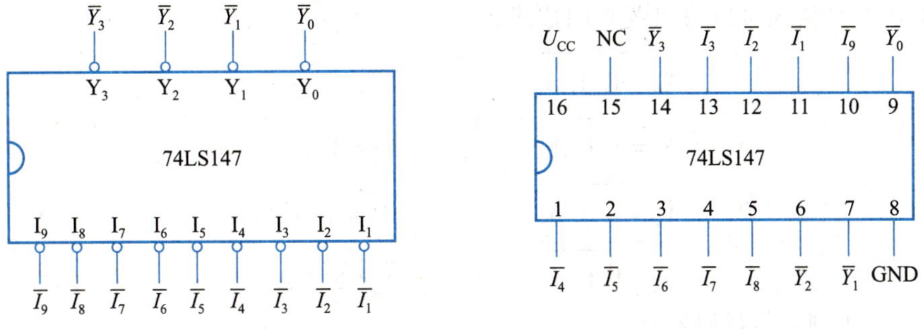

(a) 逻辑符号 (b) 引脚图

图 8-10 74LS147 优先编码器逻辑符号和引脚图

3. 译码器

译码是编码的逆过程,即把特定含义的二进制代码按照编码时的定义翻译成对应的输出信号。具有译码功能的逻辑电路称为译码器。

常用的译码器分为两类:二进制译码器、二-十进制显示译码器。

（1）二进制译码器

二进制译码器的输入是一组二进制代码,输出中只有一个输出端是有效电平,其余输出端都是无效电平。

集成芯片 74LS138 是一种常用的二进制译码器,有 3 个输入端 A_2、A_1、A_0,8 个输出端 $\overline{Y_0} \sim \overline{Y_7}$,又被称为 3 线-8 线译码器,功能如表 8-9 所示,逻辑符号如图 8-11 所示。74LS138 有 3 个附加控制端 S_1、$\overline{S_2}$、$\overline{S_3}$,当 $S_1 \overline{S_2} \overline{S_3} = \mathbf{100}$ 时,译码器工作;否则,译码器处于禁止状态,所有的输出被锁在高电平。

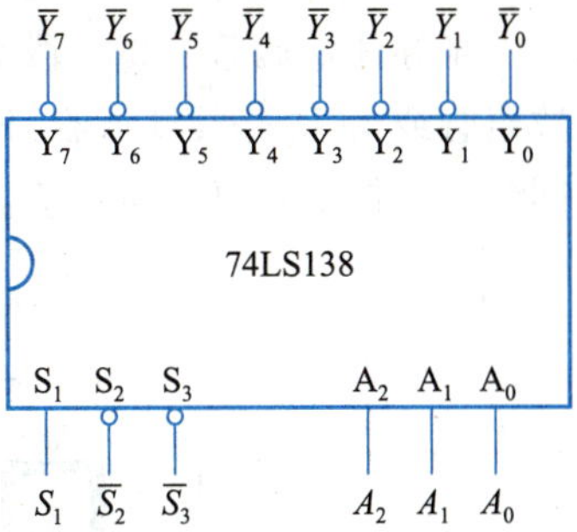

图 8-11 74LS138 逻辑符号

表 8-9 74LS138 真值表

输入						输出							
S_1	$\overline{S_2}$	$\overline{S_3}$	A_2	A_1	A_0	$\overline{Y_0}$	$\overline{Y_1}$	$\overline{Y_2}$	$\overline{Y_3}$	$\overline{Y_4}$	$\overline{Y_5}$	$\overline{Y_6}$	$\overline{Y_7}$
0	×	×	×	×	×	1	1	1	1	1	1	1	1
×	1	×	×	×	×	1	1	1	1	1	1	1	1
×	×	1	×	×	×	1	1	1	1	1	1	1	1
1	0	0	0	0	0	0	1	1	1	1	1	1	1
1	0	0	0	0	1	1	0	1	1	1	1	1	1
1	0	0	0	1	0	1	1	0	1	1	1	1	1
1	0	0	0	1	1	1	1	1	0	1	1	1	1
1	0	0	1	0	0	1	1	1	1	0	1	1	1
1	0	0	1	0	1	1	1	1	1	1	0	1	1
1	0	0	1	1	0	1	1	1	1	1	1	0	1
1	0	0	1	1	1	1	1	1	1	1	1	1	0

由 74LS138 真值表可以写出逻辑函数式:

$$\overline{Y_0} = \overline{\overline{A_2}\,\overline{A_1}\,\overline{A_0}} \qquad\qquad \overline{Y_1} = \overline{\overline{A_2}\,\overline{A_1}A_0}$$

$$\overline{Y_2} = \overline{\overline{A_2}A_1\overline{A_0}} \qquad\qquad \overline{Y_3} = \overline{\overline{A_2}A_1A_0}$$

$$\overline{Y_4} = \overline{A_2\,\overline{A_1}\,\overline{A_0}} \qquad\qquad \overline{Y_5} = \overline{A_2\,\overline{A_1}A_0}$$

$$\overline{Y_6} = \overline{A_2A_1\overline{A_0}} \qquad\qquad \overline{Y_7} = \overline{A_2A_1A_0}$$

(2) 二-十进制显示译码器

在数字仪表、计算机和其他数字系统中,常常要把测量结果和运算结果用十进制数显示出来。显示译码器能把"8421"二-十进制代码译成能用显示器件显示出的十进制数。

常用的显示器件有半导体数码管、液晶数码管和荧光数码管。下面只介绍半导体数码管。

1) 半导体数码管

半导体数码管的每一段都是一个发光二极管(Lighting Emitting Diode, LED),因而也称 LED 数码管或 LED 七段显示器,其外引脚示意图如图 8-12(a)所示。选择不同字段发光,可显示不同数字。例如:a、b、c、d、e、f、g 七个字段全亮,显示数字 8;b、c 段亮时,显示 **1**。

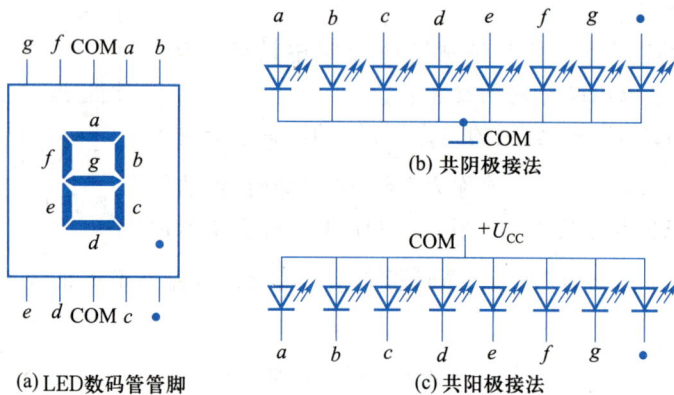

图 8-12　LED 数码管

半导体数码管中的七个发光二极管有共阴极和共阳极两种接法,如图 8-12 所示。图 8-12(b)为共阴极接法,COM 端使用时需要接低电平或接地,某一字段接高电平就发光;图 8-12(c)为共阳极接法,数码管的 COM 端使用时需要接高电平或正电源,某一字段接低电平就发光。并且使用时每个半导体数码管要串联限流电阻。

2) 七段显示译码器

七段显示译码器的功能是把"8421"二-十进制代码译成对应于数码管的七个字段信号,驱动数码管,显示相应的十进制数码。七段显示译码器 7447 与共阳极数码管配合使用,其功能见表 8-10 所示;七段显示译码器 7448 与共阴极数码管配合使用,其输出状态与 7447 相反,即 **1** 和 **0** 对换。

七段显示译码器 7447 的逻辑符号和引脚图见图 8-13 所示。它有 4 个输入端 $A_3A_2A_1A_0$,7 个输出端 $\overline{a} \sim \overline{g}$(低电平有效),分别接数码管的 $a \sim g$ 七段。图 8-14 是共阴极显示译码器 7448 与共阴极数码管配合使用的仿真电路图。

表 8-10　七段显示译码器 7447 功能表

功能和十进制数	输入						输入/输出	输出							显示
	$\overline{LT}$	$\overline{RBI}$	A_3	A_2	A_1	A_0	$\overline{BI}/\overline{RBO}$	$\bar{a}$	$\bar{b}$	$\bar{c}$	$\bar{d}$	$\bar{e}$	$\bar{f}$	$\bar{g}$	
试灯	0	×	×	×	×	×	1	0	0	0	0	0	0	0	8
灭灯	×	×	×	×	×	×	0	1	1	1	1	1	1	1	
灭零	1	0	0	0	0	0	0	1	1	1	1	1	1	1	
0	1	1	0	0	0	0	1	0	0	0	0	0	0	1	0
1	1	×	0	0	0	1	1	1	0	0	1	1	1	1	1
2	1	×	0	0	1	0	1	0	0	1	0	0	1	0	2
3	1	×	0	0	1	1	1	0	0	0	0	1	1	0	3
4	1	×	0	1	0	0	1	1	0	0	1	1	0	0	4
5	1	×	0	1	0	1	1	0	1	0	0	1	0	0	5
6	1	×	0	1	1	0	1	1	1	0	0	0	0	0	6
7	1	×	0	1	1	1	1	0	0	0	1	1	1	1	7
8	1	×	1	0	0	0	1	0	0	0	0	0	0	0	8
9	1	×	1	0	0	1	1	0	0	0	1	1	0	0	9
10	1	×	1	0	1	0	1	1	1	1	0	0	1	0	
11	1	×	1	0	1	1	1	1	1	0	0	1	1	0	
12	1	×	1	1	0	0	1	1	0	1	1	1	0	0	
13	1	×	1	1	0	1	1	0	1	1	0	1	0	0	
14	1	×	1	1	1	0	1	1	1	1	0	0	0	0	
15	1	×	1	1	1	1	1	1	1	1	1	1	1	1	

4. 组合逻辑电路的应用实例

（1）3 人表决电路

例 8-3 只是从逻辑关系上实现了 3 人表决的功能,要真正实现它还需要与具体的数字集成电路联系起来。另外,除了门电路的输入、输出外,还有电源引脚、输入信号和显示电路的连接方式等需要确定。

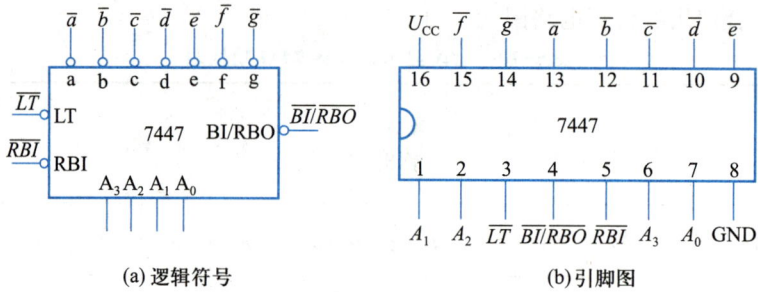

(a) 逻辑符号　　　　　　　　(b) 引脚图

图 8-13　7447 的逻辑符号和引脚图

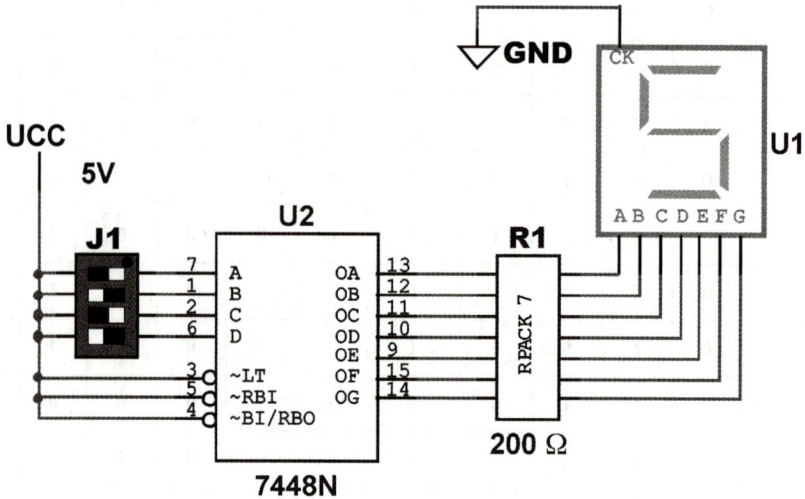

图 8-14　数码管接显示译码器仿真

前面已经分析,3 人表决电路的逻辑关系为

$$Y = AB + AC + BC$$

可以用**与非门**来实现,则 $Y = \overline{\overline{AB} \cdot \overline{AC} \cdot \overline{BC}}$

用一片 74LS00 和一片 74LS20 组成图 8-15 所示电路。当表决人的意见为同意时,通过单刀双头开关使 74LS00 输入高电平 **1**,当表决人的意见为不同意时则输入低电平 **0**,若有两个或两个以上的表决人同意,74LS00 的 3 个**与非门**输出端有低电平 **0** 出现,经 74LS20 输出高电平,这时发光二极管点亮,说明表决通过。否则,表决未通过。

（2）抢答器电路

图 8-16 是用 74147、7447 和共阳极数码管构成的抢答器电路。74147 输入端当按键按下可接入低电平 **0**。当有多个选手进行抢答时,按下按键,$\overline{I_9} \sim \overline{I_1}$ 会接通低电平 **0**,74147 就会对最先按下按键的选手进行编码。由于 74147 是反码输出,所以编码信号经非门变成原码接入七段显示译码器 7447,再接上数码管,就可以把先按下抢答器的选手显示出来。

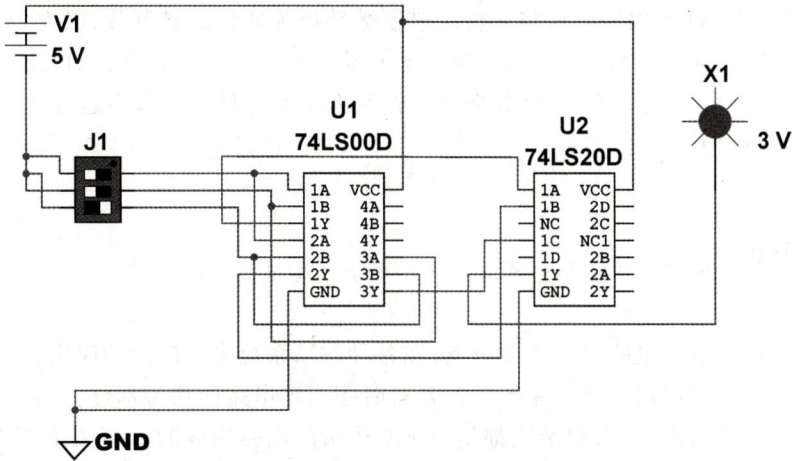

图 8-15 74LS00 和 74LS20 组成 3 人表决电路仿真

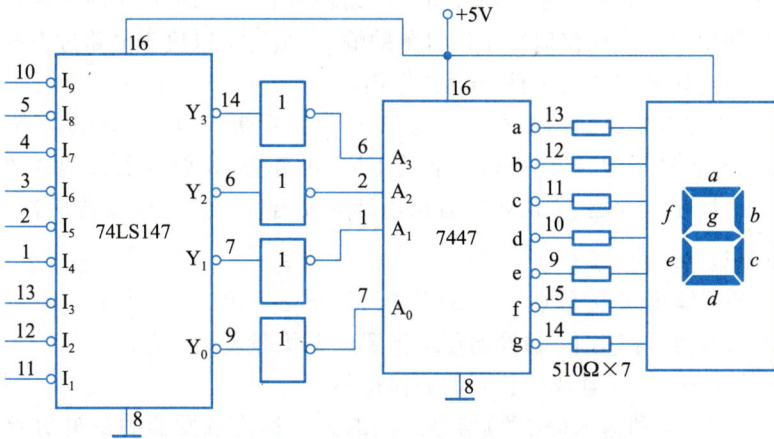

图 8-16 74147、7447 和数码管构成的抢答器电路

（3）两个 1 位十进制数加法电路

图 8-17 是由 74LS147、74LS04、74LS283、74LS48 和数码管构成的两个 1 位十进制数相加的

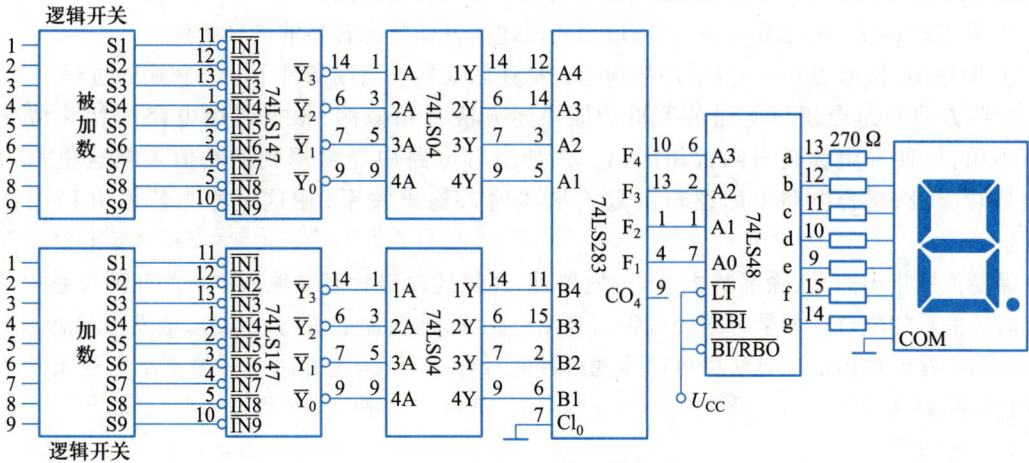

图 8-17 两个 1 位十进制数相加电路图

电路。74LS147 采用 8421 编码方式将 1 位十进制数转换为 4 位二进制数,因为 74LS147 输出的编码是反码,经 74LS04 取反后,送到 74LS283 进行两个 4 位的二进制数相加,经 74LS48 显示译码器通过共阴极数码管显示(注意:此电路只完成了两位十进制数的和不超过 9 的情况,若超出还需要添加其他电路)。

8.3　常用触发器

　　时序逻辑电路是数字电路另一重要分支,在各种数字系统中有广泛的应用,人们熟悉的路口交通信号灯计时系统和出租车计价系统中都含有时序逻辑电路的典型部件。无论多么复杂的组合逻辑电路和时序逻辑电路,归根结底都是由基本逻辑门电路构成的,二者之间的根本区别在于数字信号从初始输入端向最终输出端传递的过程中,是否存在反馈环节。组合逻辑电路不存在反馈环节,而时序逻辑电路必然存在反馈环节。反馈环节的存在,形成了时序逻辑电路独有的特点,即某一时刻的输出状态不仅仅取决于该时刻的输入状态,也取决于电路过去的状态。也就是说,这里的反馈环节电路体现的是一种"记忆"作用。

　　触发器是构成时序逻辑电路的基本单元电路,它是在逻辑门电路的基础上加上适当的反馈电路组成。触发器有各种类型,按照逻辑功能的不同,可分为 JK 触发器、D 触发器等;按照触发方式的不同,可分为同步触发器、主从触发器和边沿触发器等。这些触发器虽各有不同,但都具有以下共同的特点:

　　① 有两个互补的输出端 Q 和 $\overline{Q}$,一个触发器可以记忆 1 位二值信号;

　　② 在不同的输入信号作用下,触发器可以被置成 **1** 状态或 **0** 状态;

　　③ 当输入信号消失后,所置成的状态能够保持不变。

　　触发器输出端的状态和输入(激励)信号之间的关系称为触发器的逻辑功能。描述触发器的功能通常有四种方法:

　　① 特性方程(特征方程)——以表达式形式描述触发器的逻辑功能。

　　② 特性表(功能表)——以表格形式描述触发器的逻辑功能。

　　③ 状态转换图(状态图)——以图形形式描述触发器状态转换的激励条件。

　　④ 时序图(波形图)——以时序波形形式描述触发器在激励条件下状态转换的过程。

　　这些方法与组合逻辑电路的逻辑功能描述方法是相似的,根据时序电路的特殊情况而有所不同,以便和组合逻辑函数相区别。例如组合电路中经常用到的真值表在这里称为特性表或功能表;组合电路中用逻辑函数式描述输入输出关系,在这里称为特性方程或特征方程。

　　需要特别指出的是,除了基本 RS 触发器外,在描述输出状态与输入信号之间的关系中还必须有时钟信号的配合。如果有效的时钟信号没有到来,即使加上了输入信号,触发器状态也不会改变。除了在时序图描述方法中可以体现时钟信号外,其他描述方法中一般不给出逻辑功能与时钟信号的关系。

1. D 触发器

D 触发器按照触发方式的不同,可分为同步 D 触发器和边沿 D 触发器等。

（1）逻辑符号

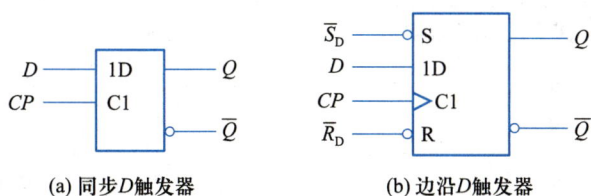

(a) 同步D触发器   (b) 边沿D触发器

图 8-18 D 触发器

D 是触发器的输入端，CP 是时钟信号，只有控制端 CP 出现有效信号时，触发器才触发。$\overline{S}_D$ 和 $\overline{R}_D$ 是异步置数端。Q 和 $\overline{Q}$ 是触发器的两个输出端，规定二者的逻辑状态在正常情况下应互补（相反）。通常将 Q 端状态定义为触发器的状态，$Q=0$，$\overline{Q}=1$ 称作触发器处于 **0** 状态；$Q=1$，$\overline{Q}=0$ 则称作触发器处于 **1** 状态。

为了表示时钟信号对输入 D 的这种控制作用，逻辑符号方框内的时钟端用控制字符 C 加标记序号 1 表示，输入端写成 1D 表示它们是受 C 控制的输入端。方框外对应的端口命名为 D，表明该触发器输入信号是高电平有效。

同步触发器在某些时间段（CP 有效期间）可以触发，控制端 CP 没有加"。"，表示 $CP=1$ 时，触发器触发，输出端状态会随着输入端 D 的变化而变化，控制端 CP 加"。"，表示 $CP=0$ 时，触发器触发；而边沿触发器只在某些时间点（CP 的边沿）才可以触发，控制端 CP 时钟脉冲 CP 端的">"表示边沿触发，不带"。"表示上升沿触发，带"。"表示下降沿触发。触发方式的改变带来的是可控性和可靠性的增强。$\overline{R}_D$ 端的 R 表示 reset，下标"D"表示直接 direct，实现置 **0** 功能，$\overline{S}_D$ 端的 S 表示 set，实现置 **1** 功能。由于 $\overline{R}_D$ 端和 $\overline{S}_D$ 端不受 CP 控制，它们对触发器的控制级别要优于 D 端。因此 $\overline{R}_D$ 端称为触发器的异步置 **0** 端或复位端，而 $\overline{S}_D$ 端称为触发器的置 **1** 端或置位端。非号以及"。"都表示低电平有效，这些都体现了数字电路系统中"望名生义"的命名原则。逻辑符号是实际电路的高度抽象，正确的理解非常有利于知识的掌握。

（2）逻辑功能描述

同步 D 触发器和边沿 D 触发器的区别仅仅在于触发方式有所不同，但逻辑功能是一样的。因此，在不考虑时钟信号的情况下，它们的特性方程、状态转换表以及状态转换图都是一样的。

1）特性方程

新时刻输出端的状态是由前一时刻输出端的状态和新时刻输入信号共同决定的。由此看出，分析触发器的输出与输入逻辑关系，必须要建立清晰的"时序"概念。为了更好地描述前后时刻对应的输出端状态，将前一时刻对应的输出端状态称为现态，记做 Q^n，将新时刻（加了触发信号后）对应的输出端状态称为次态，记做 Q^{n+1}。

$$Q^{n+1} = D \tag{8-1}$$

2）特性表

表 8-11　D 触发器的特性表

D	Q^n	Q^{n+1}	功能说明
0	0	0	置 0
0	1	0	
1	0	1	置 1
1	1	1	

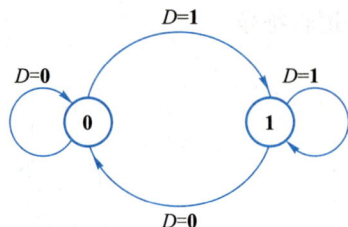

图 8-19　D 触发器的状态转换图

3）状态转换图

图 8-19 为 D 触发器的状态转换图，0 和 1 是触发器的两个状态，箭头方向代表从现态到次态，弧线上即为状态转换的激励条件。

4）时序图

触发器的功能也可以用输入输出波形图直观地表示出来，下面通过例 8-4 进行介绍。

【例 8-4】　同步 D 触发器如图 8-18(a)所示，已知时钟信号 CP 和输入信号 D 波形如图 8-20 所示，试画出输出 Q 和 $\overline{Q}$ 的波形图。设初始状态为 0。

解：根据 D 触发器的特性表以及触发方式可画出输出 Q、$\overline{Q}$ 的波形如图 8-21 所示。

图 8-20　同步 D 触发器输入信号波形图

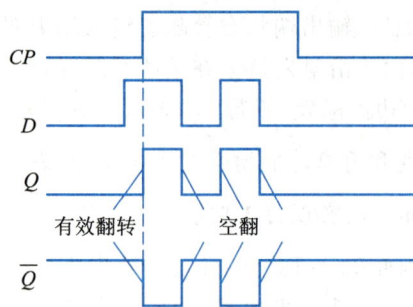

图 8-21　例 8-4 波形图

带有时钟信号的触发器，它们的输出状态不仅受输入信号的影响，还必须有时钟信号的配合。如果有效的时钟信号没有到来，即使加上了输入信号，触发器的状态也不会改变。在逻辑功能的几种描述方法中，只有时序图直接体现了时钟信号的作用，其他描述方法在默认时钟信号作用的前提下可以将其略去。

同步触发器在时钟脉冲信号有效期间都能接收输入信号并影响触发器的状态，这种触发方式称为电平触发。实际应用中经常要求在时钟信号有效期间，触发器只动作一次，电平触发方式显然满足不了这个要求。以图 8-18(a)所示同步 D 触发器为例，在 CP=1 期间，由于 D 的状态发生了多次变化，Q 的状态随之多次变化。这种在时钟脉冲信号有效期间，由于输入信号发生多次变化而导致触发器的状态发生多次翻转的现象叫作空翻。

空翻有可能造成电路系统的误动作，造成空翻现象的原因源于同步触发器自身的结构，而边沿触发器就是从结构上采取措施，从而克服了空翻现象。

【例 8-5】　已知边沿 D 触发器电路、输入信号和时钟脉冲的波形如图 8-22 所示，根据(a)

（b）画出输出 Q 的波形图，设初始状态为 **0**。

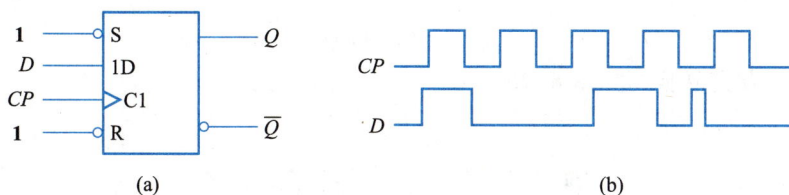

图 8-22　例 8-5 的电路图和波形图

解：解题时应注意以下三点：

1）先判断异步 $\overline{S}_\mathrm{D}$ 端和 $\overline{R}_\mathrm{D}$ 端是否有效，若有效，直接置 1 或置 0；

2）当 $\overline{S}_\mathrm{D}$ 端和 $\overline{R}_\mathrm{D}$ 端无效时，再根据所给触发器的逻辑符号判断是何种触发沿有效；

3）将触发沿到来的那一时刻输入端的状态带入触发器的特性方程求出触发器的状态。

图 8-22（a）的 $\overline{S}_\mathrm{D}$ 端和 $\overline{R}_\mathrm{D}$ 端均接至高电平，无效。图 8-22（a）的输出 Q 的波形如图 8-23 所示。

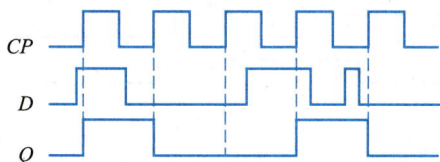

图 8-23　例 8-6 的 Q 端波形图

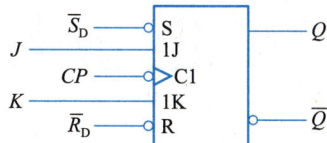

图 8-24　JK 触发器的逻辑符号

2. JK 触发器

图 8-24 为下降沿触发的边沿 JK 触发器的逻辑符号。

从逻辑符号可知，J 端和 K 端受时钟脉冲 CP 控制，而 $\overline{S}_\mathrm{D}$ 端和 $\overline{R}_\mathrm{D}$ 端则不受 CP 控制，它们对触发器的控制级别要优于 J 端和 K 端，具有直接置 1 和直接置 0 的功能。时钟脉冲 CP 端的"＞"表示边沿触发，"。"表示下降沿触发。表 8-12 为 JK 触发器的特性表。

表 8-12　JK 触发器的特性表

J	K	Q^n	Q^{n+1}	功能说明
0	0	0	0	保持
0	0	1	1	
0	1	0	0	置 0
0	1	1	0	
1	0	0	1	置 1
1	0	1	1	
1	1	0	1	翻转
1	1	1	0	

根据表 8-12 化简,可得 JK 触发器的特性方程为

$$Q^{n+1} = J\,\overline{Q^n} + \overline{K}Q^n \tag{8-2}$$

JK 触发器的状态转换图如图 8-25 所示。

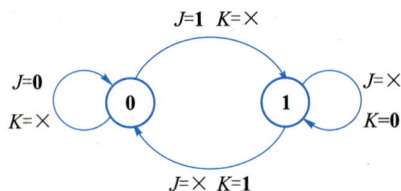

图 8-25　JK 触发器的状态转换图

【例 8-6】　已知边沿 JK 触发器电路、输入信号和时钟脉冲的波形如图 8-26 所示,根据图 8-26(a),在图 8-26(b)上画出输出 Q 的波形图,设初始状态为 **0**。

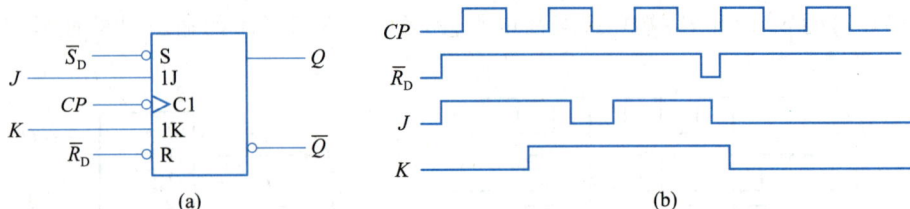

图 8-26　例 8-6 的电路图和波形图

解:图 8-26(a)的异步 $\overline{S}_D$ 端由于接高电平 **1** 而无效,画波形图时注意考虑 $\overline{R}_D$ 端的置 **0** 作用;当 $\overline{R}_D$ 端不为 **0**,而时钟脉冲下降沿到来时,输出端 Q^{n+1} 会随着输入端 JK 的不同取值组合以及 Q^n 的状态而发生变化,图 8-26(a)的输出 Q 的波形如图 8-27 所示。

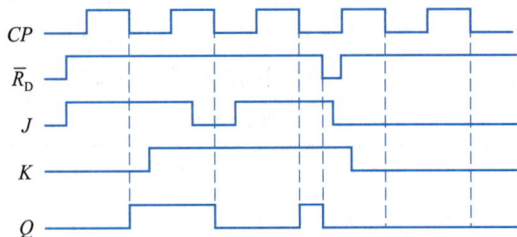

图 8-27　例 8-6 的 Q 端波形图

8.4　常用时序逻辑电路

触发器具有时序逻辑电路的特征,由它可以组成各种时序逻辑电路。本节主要介绍寄存器和计数器。

1. 寄存器

具有接收和寄存二进制数码的电路称为寄存器(register)。前面介绍的各种触发器,就是一

种可以存储 1 位二进制数的寄存器,n 个触发器可以存储 n 位二进制数。

按照功能的不同,可将寄存器分为数码寄存器和移位寄存器两大类。数码寄存器只能并行送入数据,需要时也只能并行输出。移位寄存器除具有数码寄存器的功能外,还可以在脉冲作用下依次逐位右移或左移,用途很广。

（1）数码寄存器

4 位集成寄存器 74175 的逻辑符号和管脚如图 8-28 所示。

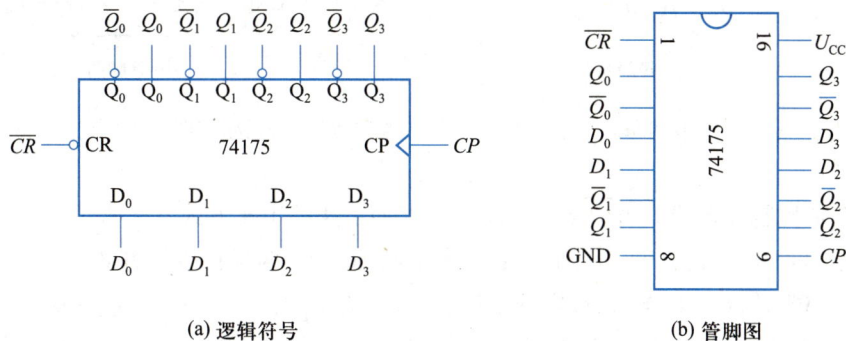

(a) 逻辑符号　　(b) 管脚图

图 8-28 4 位数码寄存器 74175

由图 8-28 所示的电路结构图可知,四个 D 触发器共用一个时钟信号,是同步时序逻辑电路。$\overline{CR}$ 是异步清零控制端。当 $\overline{CR} = \mathbf{0}$,电路完成异步清零,$Q_3 Q_2 Q_1 Q_0 = \mathbf{0000}$;当 $\overline{CR} = \mathbf{1}$ 时,如果时钟脉冲 CP 上升沿到来,无论寄存器中原来的内容是什么,加在并行数据输入端 $D_3 D_2 D_1 D_0$ 的数据 $d_3 d_2 d_1 d_0$ 就立即被送入寄存器中,即 $Q_3 Q_2 Q_1 Q_0 = d_3 d_2 d_1 d_0$;其他情况下,寄存器内容将保持不变。74175 的功能表见表 8-13。

表 8-13 74175 的功能表

$\overline{CR}$	CP	D_3	D_2	D_1	D_0	Q_3^{n+1}	Q_2^{n+1}	Q_1^{n+1}	Q_0^{n+1}	工作模式
0	×	×	×	×	×	**0**	**0**	**0**	**0**	异步清零
1	↑	d_3	d_2	d_1	d_0	d_3	d_2	d_1	d_0	寄存
1	**1**	×	×	×	×	Q_3^n	Q_2^n	Q_1^n	Q_0^n	保持
1	**0**	×	×	×	×	Q_3^n	Q_2^n	Q_1^n	Q_0^n	保持

（2）移位寄存器

移位寄存器不但可以寄存数码,而且在移位脉冲作用下,寄存器中的数码可根据需要向左或向右移动,它是数字系统中应用很广泛的基本逻辑部件。移位寄存器分为单向移位寄存器和双向移位寄存器,其工作原则基本类似,下面以集成双向移位寄存器 74194 为例进行介绍。图 8-29(a) 和图 8-29(b) 是其逻辑符号及管脚图,$\overline{CR}$ 为低电平有效的清零端,D_{SR} 为右移串行数据输入端,D_{SL} 为左移串行数据输入端,$D_3 D_2 D_1 D_0$ 为并行数据输入端,$Q_3 Q_2 Q_1 Q_0$ 为并行数据输出端。

其功能如表 8-14 所示,可以看出 74194 具有如下功能:

1）异步清零。当 $\overline{CR} = \mathbf{0}$ 时清零,与其他输入端状态及 CP 无关。

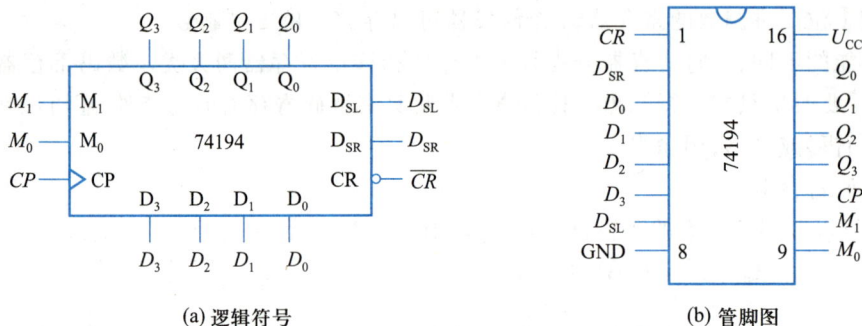

(a) 逻辑符号　　　　　　(b) 管脚图

图 8-29　4 位双向移位寄存器 74194 符号及管脚图

2）$M_1 M_0$ 是控制输入端。当 $\overline{CR}=1$ 时，74194 有如下 4 种工作方式：

① $M_1 M_0 = 00$ 时，不论有无 CP 到来，各触发器状态不变，为保持工作方式。

② $M_1 M_0 = 01$ 时，在 CP 作用下，实现串行右移，流向是 $D_{SR} \to Q_0 \to Q_1 \to Q_2 \to Q_3$。

③ $M_1 M_0 = 10$ 时，在 CP 作用下，实现串行左移，流向是 $D_{SL} \to Q_3 \to Q_2 \to Q_1 \to Q_0$。

④ $M_1 M_0 = 11$ 时，在 CP 作用下，实现并行置数，$D_3 D_2 D_1 D_0 \to Q_3 Q_2 Q_1 Q_0$。

表 8-14　74194 的功能表

输入										输出				工作模式
清零	控制		串行输入		时钟	并行输入				输出				
$\overline{CR}$	M_1	M_0	D_{SL}	D_{SR}	CP	D_3	D_2	D_1	D_0	Q_3^{n+1}	Q_2^{n+1}	Q_1^{n+1}	Q_0^{n+1}	
0	×	×	×	×	×	×	×	×	×	**0**	**0**	**0**	**0**	异步清零
1	**0**	**0**	×	×	×	×	×	×	×	Q_3^n	Q_2^n	Q_1^n	Q_0^n	保　持
1	**0**	**1**	×	**1**	↑	×	×	×	×	Q_2^n	Q_1^n	Q_0^n	**1**	*右移，D_{SR} 为串行输
1	**0**	**1**	×	**0**	↑	×	×	×	×	Q_2^n	Q_1^n	Q_0^n	**0**	入，Q_3 为串行输出
1	**1**	**0**	**1**	×	↑	×	×	×	×	**1**	Q_3^n	Q_2^n	Q_1^n	*左移，D_{SL} 为串行输
1	**1**	**0**	**0**	×	↑	×	×	×	×	**0**	Q_3^n	Q_2^n	Q_1^n	入，Q_0 为串行输出
1	**1**	**1**	×	×	↑	d_3	d_2	d_1	d_0	d_3	d_2	d_1	d_0	并行置数

注：右移和左移仅仅是用于区分 74194 两种串行移位方式而人为给出的说法，并无实质性"右"和"左"的含义。

2. 计数器

用来统计输入脉冲个数的电路称为计数器（counter），计数器除了可以用来计数外，还常用作数字系统的定时、分频和数字运算等。

计数器种类很多，按所用器件的不同可分为 TTL 型和 CMOS 型；按各触发器翻转的次序，可分为同步计数器和异步计数器；根据计数制的不同可分为二进制计数器、十进制计数器和 N 进制计数器；根据计数的增减趋势，又分为加法、减法和可逆计数器等。目前，无论是 TTL 还是 CMOS 集成电路，都有品种较齐全的中规模集成计数器。使用者只要借助于器件手册提供的功能表、工作波形图以及管脚图，就能正确地运用这些器件。

（1）二进制计数器

74161 是集成 TTL 4 位二进制加法计数器，其逻辑符号和管脚图分别如图 8-30（a）和图 8-30（b）所示，表 8-15 是 74161 的功能表。

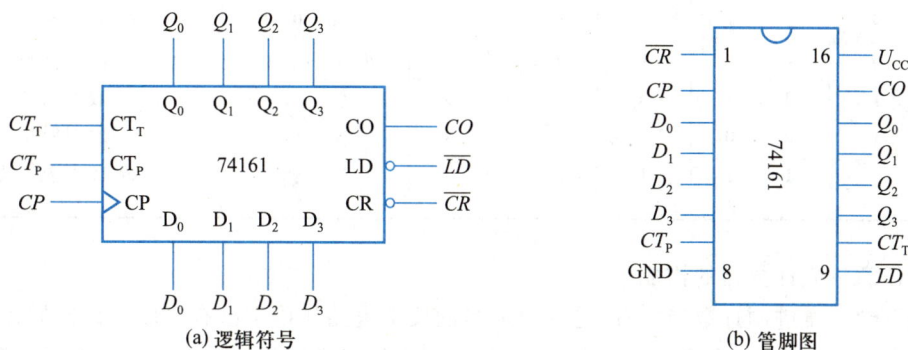

（a）逻辑符号　　　　　（b）管脚图

图 8-30　集成 4 位二进制计数器 74161

表 8-15　74161 的功能表

清零	预置	使能		时钟	数据输入				输出				工作模式
$\overline{CR}$	$\overline{LD}$	CT_P	CT_T	CP	D_3	D_2	D_1	D_0	Q_3	Q_2	Q_1	Q_0	
0	×	×	×	×	×	×	×	×	**0**	**0**	**0**	**0**	异步清零
1	**0**	×	×	↑	d_3	d_2	d_1	d_0	d_3	d_2	d_1	d_0	同步置数
1	**1**	**0**	×	×	×	×	×	×	保		持		数据保持
1	**1**	×	**0**	×	×	×	×	×	保		持		数据保持
1	**1**	**1**	**1**	↑	×	×	×	×	计		数		模 16 加法计数

从表 8-15 可知，74161 在 $\overline{CR}$ 为低电平时实现异步复位（清零）功能，不需要时钟信号 CP 的配合。当 $\overline{CR}$ 为高电平，预置端 $\overline{LD}$ 为低电平时实现同步预置功能，即需要有效时钟信号才能使输出状态 $Q_3Q_2Q_1Q_0$ 等于并行预置数据 $d_3d_2d_1d_0$（这里的有效是指上升沿）。在复位端和预置端都为无效电平时，如果计数使能端 $CT_T=\mathbf{0}$ 或 $CT_P=\mathbf{0}$，则集成计数器实现状态保持功能；当 $CT_T=CT_P=\mathbf{1}$，则时钟信号上升沿到来时，实现模 16 加法计数功能，$Q_3^{n+1}Q_2^{n+1}Q_1^{n+1}Q_0^{n+1}=Q_3^nQ_2^nQ_1^nQ_0^n+1$。在 $Q_3^nQ_2^nQ_1^nQ_0^n=\mathbf{1111}$ 时，进位输出端 $CO=\mathbf{1}$。

（2）十进制计数器

74160 是 8421 BCD 码十进制集成计数器，它与 74161 有相同的引脚分布，但 74160 按 BCD 码实现模 10 加法计数，且 $Q_3^nQ_2^nQ_1^nQ_0^n=\mathbf{1001}$ 时，$CO=\mathbf{1}$。其功能表如表 8-16 所示。

表 8-16　74160 的功能表

清零	预置	使能		时钟	数据输入				输出				工作模式
$\overline{CR}$	$\overline{LD}$	CT_P	CT_T	CP	D_3	D_2	D_1	D_0	Q_3	Q_2	Q_1	Q_0	
0	×	×	×	×	×	×	×	×	**0**	**0**	**0**	**0**	异步清零
1	**0**	×	×	↑	d_3	d_2	d_1	d_0	d_3	d_2	d_1	d_0	同步置数
1	**1**	**0**	×	×	×	×	×	×	保　　持				数据保持
1	**1**	×	**0**	×	×	×	×	×	保　　持				数据保持
1	**1**	**1**	**1**	↑	×	×	×	×	计　　数				模 10 加法计数

（3）任意进制计数器的构成

若要得到任意进制计数器，一般是通过适当的反馈电路作用于已有集成计数器的控制端，使其中断固有的状态进程，形成新的状态进程，从而实现任意进制计数。通常有反馈复位法和反馈置数法两种方法，使用这些方法时首先要深入理解集成计数器的功能表，尤其是控制端的控制条件。下面分别举例说明。

1）反馈复位法

反馈复位法是利用反馈电路产生一个控制信号送至集成计数器的清零端，使计数器各输出端清零，从而达到实现任意进制计数器的目的。

【例 8-7】　现有 4 位二进制同步加法集成计数器 74161，试用反馈复位法构成一个十二进制计数器。

解： 74161 固有的计数状态进程是 $Q_3Q_2Q_1Q_0$ 从某个初始状态（分析问题时往往将初始状态设为 **0000**）经过 16 个脉冲又回到该状态。本题要求利用异步清零端（注意：异步清零不需要时钟脉冲信号的配合）构成十二进制计数器，故电路在经过 12 个脉冲应回到 **0000**，复位信号应该在 $Q_3Q_2Q_1Q_0$ = **1100** 时产生。逻辑电路图及状态转换图如图 8-31（a）和图 8-31（b）所示，从 **1100** 转换到 **0000** 是 $\overline{CR}$ 起了作用，故 **1100** 为暂态。反馈信号可由与非门实现，即 $\overline{CR} = \overline{Q_3 Q_2}$。

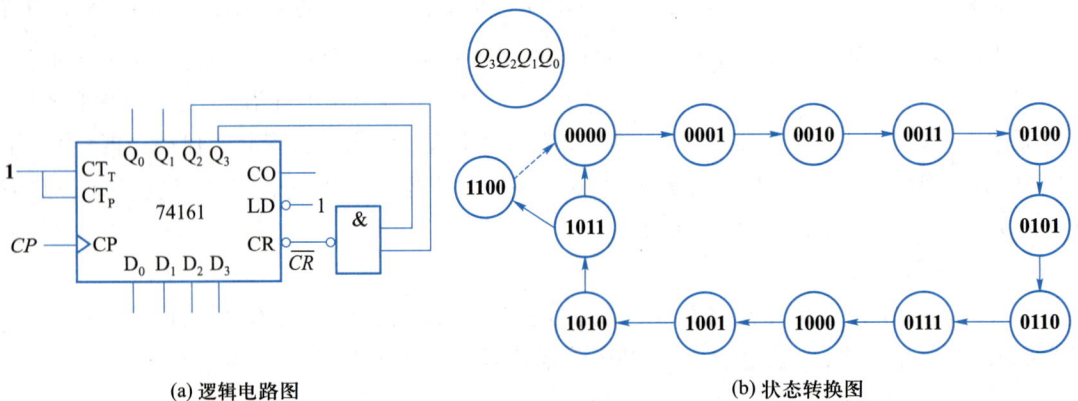

(a) 逻辑电路图　　　　　　　　　　　　　　(b) 状态转换图

图 8-31　反馈复位法构成十二进制计数器

2）反馈置数法

反馈置数法是利用反馈电路产生一个控制信号给集成计数器的置数端,使计数器输出端状态等于预置数据,从而达到实现任意进制计数器的目的。

【例 8-8】　现有 4 位二进制同步加法计数器 74161,试用反馈置数法构成一个十二进制计数器。

解:74161 是同步置数,只有当 $\overline{LD}=0$ 和时钟脉冲 CP 的上升沿都具备时才能置数。如果预置数据 $D_3D_2D_1D_0=0000$,则应在 $Q_3Q_2Q_1Q_0=1011$ 时给 $\overline{LD}$ 端提供低电平信号,故 $\overline{LD}=\overline{Q_3Q_1Q_0}$。逻辑电路图及状态转换图如图 8-32(a)和图 8-32(b)所示。

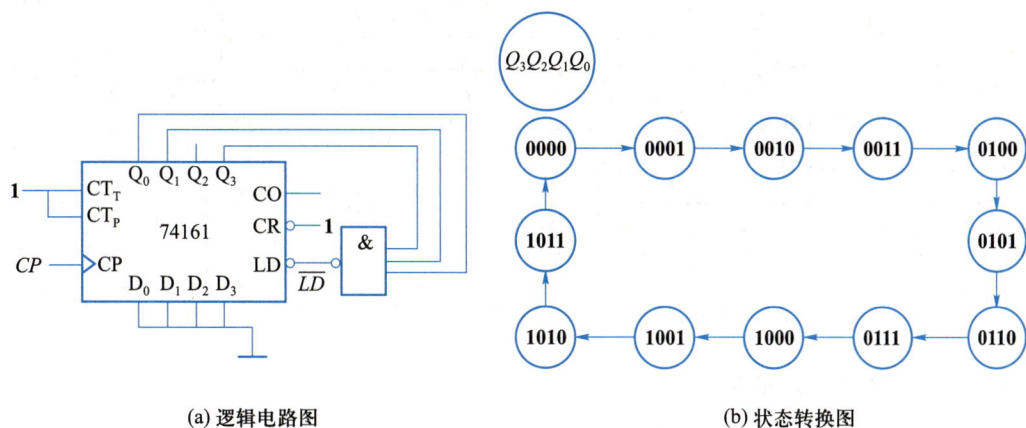

(a) 逻辑电路图　　　　　　　　　　(b) 状态转换图

图 8-32　反馈置数法构成十二进制计数器(Ⅰ)

因为预置数据可以有多种状态,所以利用反馈置数法也可以有多种实现方案。例如,当预置数据 $D_3D_2D_1D_0=0100$ 时,则可将 74161 的进位输出 CO 作为预置信号 $\overline{LD}$,即 $\overline{LD}=\overline{CO}$。逻辑电路图及状态转换图如图 8-33(a)和图 8-33(b)所示。

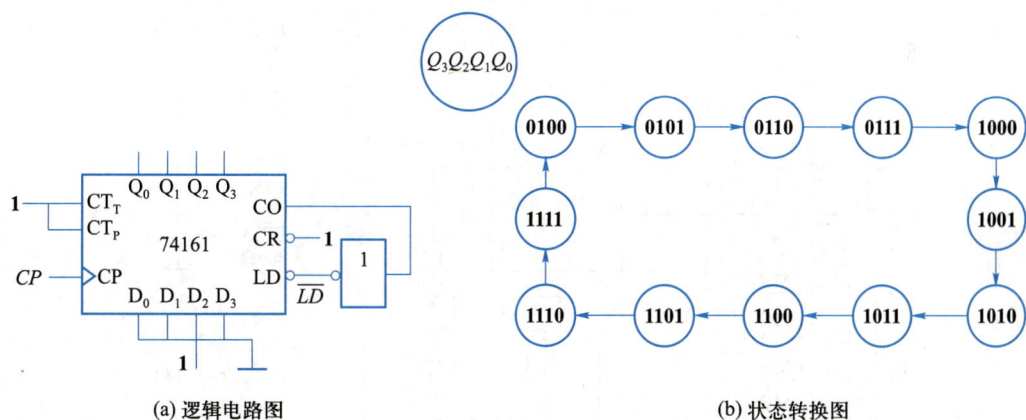

(a) 逻辑电路图　　　　　　　　　　(b) 状态转换图

图 8-33　反馈置数法构成十二进制计数器(Ⅱ)

(3) 计数器的级联

若要求构成的计数器的模大于给定集成计数器的模时,需要将给定集成计数器进行级联。以模 10 计数器 74160 为例,两片 74160 级联后构成的计数器最大容量为 $10\times10=100$,n 片 74160 级联后的最大计数容量为 10^n。

【例 8-9】　现有 4 位二进制同步加法计数器 74161,试构成一个七十二进制计数器。

解: 因为 74161 为模 16 计数器,而 $N=72$,所以要用两片 74161 级联构成此计数器。可以先将两片 74161 连接成二百五十六进制计数器,然后利用反馈复位法或反馈置数法实现题目要求。以反馈复位法为例,在输入第 72 个计数脉冲后,应该使计数器回到 **0000 0000** 状态。由于 74161 是异步清零,所以计数器输出状态为 **0100 1000** 时,应使 $\overline{CR}=0$,这可以通过将高位片 74161-2 的 Q_2 和低位片 74161-1 的 Q_3 相与非后得到。电路连接如图 8-34 所示。此题用级联反馈置数法如何实现请大家思考。

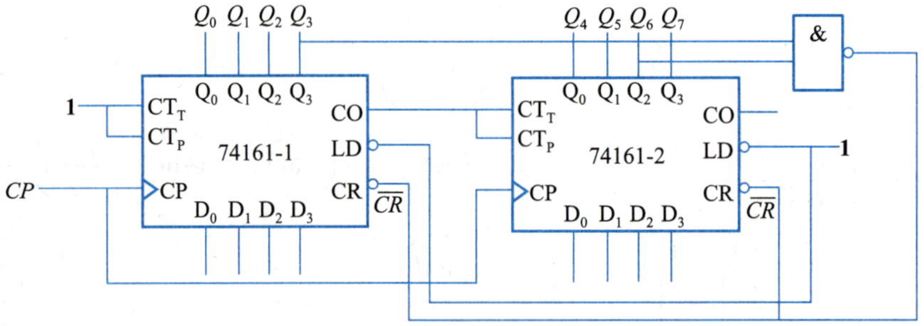

图 8-34　级联反馈复位法构成七十二进制计数器

3. 时序逻辑电路的应用实例

(1) 4 人抢答电路

图 8-35 是 4 人(组)参加智力竞赛的抢答电路,电路中的主要器件是 74LS175 型 4 上升沿 D 触发器,它的清零端 $\overline{R}_D$ 和时钟脉冲 CP 是 4 个 D 触发器共用的。

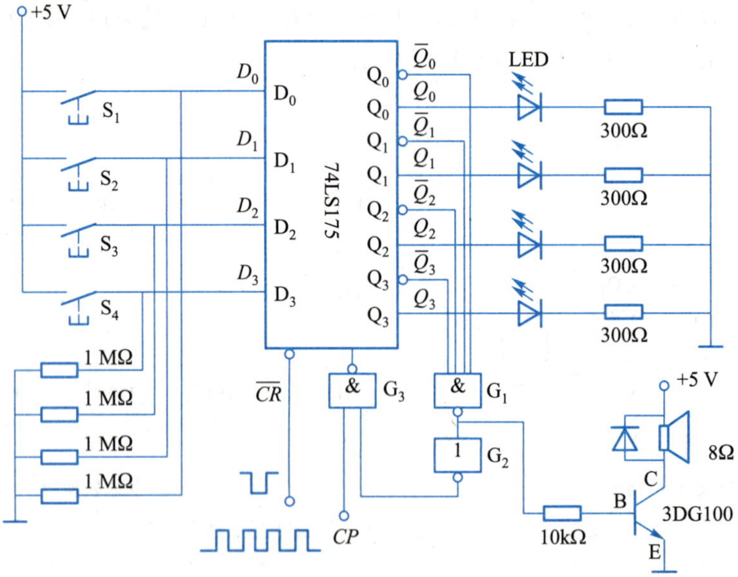

图 8-35　4 人抢答电路

抢答前先清零,$Q_0 \sim Q_3$ 均为 **0**,相应的发光二极管 LED 都不亮;$\overline{Q_0} \sim \overline{Q_3}$ 均为 **1**,与非门 G_1 输出为 **0**,扬声器不响。同时,G_2 输出为 **1**,将 G_3 开通,时钟脉冲 CP 可以经过 G_3 进入 D 触发器的 CP

端。此时,由于 $S_1 \sim S_4$ 均未按下, $D_0 \sim D_3$ 均为 **0**,所以触发器的状态不变。

抢答开始,若 S_1 首先被按下, D_0 和 Q_0 均变为 **1**,相应的发光二极管亮; $\overline{Q_0}$ 变为 **0**, G_1 的输出为 **1**,扬声器响。同时, G_2 输出为 **0**,将 G_3 关断,时钟脉冲 CP 便不能经过 G_3 进入 D 触发器。由于没有时钟脉冲,因此再接着按其他按钮,就不起作用了,触发器的状态不会改变。

抢答判决完毕,清零,准备下次抢答用。

（2）电子钟电路

图 8-36 是电子钟电路,秒计数器和分计数器分别是由两个 74161 十进制计数器构成的 60 进制计数器,时计数器是由两个 74161 构成的 24 进制计数器。时、分、秒的个位和十位分别由显示译码器 7449 和共阴数码管构成。

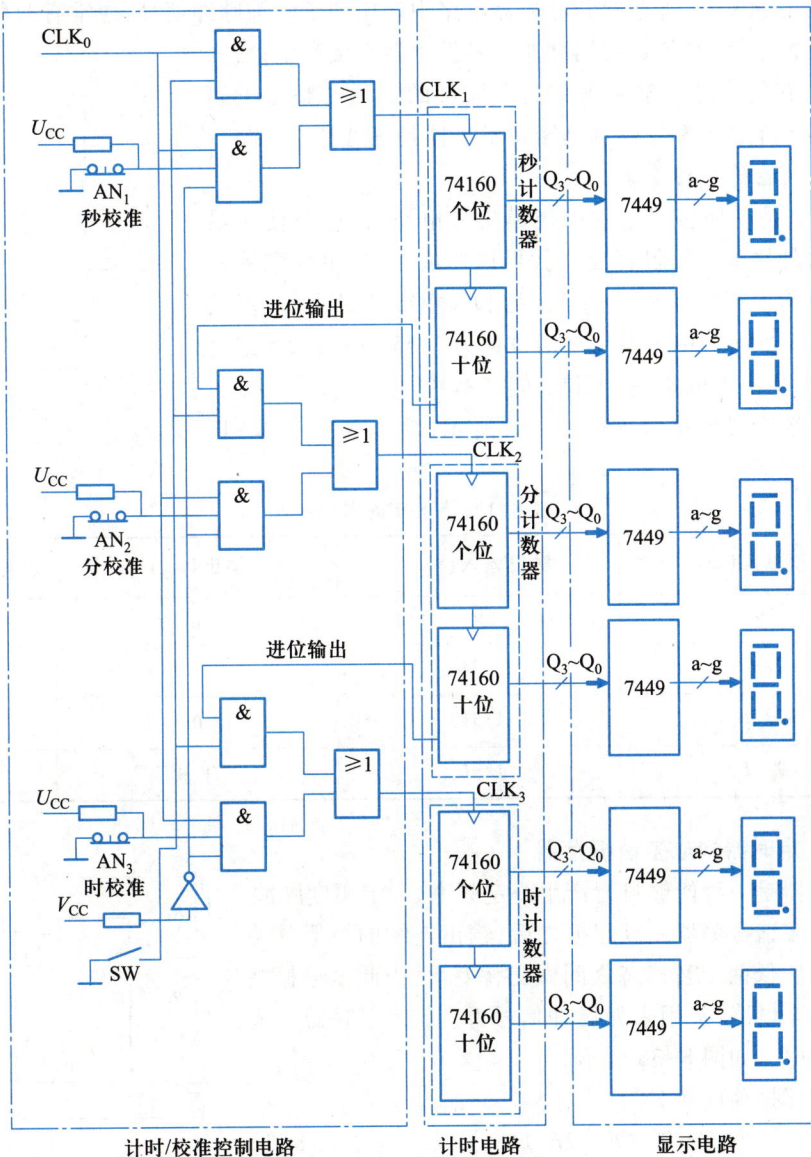

图 8-36　电子钟电路

在计时/校准电路中用开关 SW 控制工作状态,当开关 SW 断开时,为计时状态,这时秒计数器对 CLK_0 输入的频率为 1 Hz 脉冲进行累加计数,分计数器对秒计数器的进位输出脉冲做累加计数;时计数器对分计数器的进位输出脉冲做累加计数;显示电路随时显示计数器的状态。当开关 SW 闭合时,计数器全部停止计数。这时可以用 AN_1、AN_2、AN_3 按键分别控制秒、分、时计数器的校准。

8.5　555 定时器

前面讲到的触发器、寄存器和计数器电路中都用到了时钟脉冲信号,通常有两种方法可以获得这些时钟脉冲信号,一种是利用脉冲信号发生器直接产生;另一种是通过对已有信号进行整形得到。在波形的产生与整形电路中,多谐振荡器、单稳态触发器和施密特触发器是三种基本电路。

1. 555 定时器符号及功能

555 定时器是一种多用途的中规模集成电路,该电路使用灵活、方便,只需外接少量的阻容元件就可以构成多谐、单稳和施密特触发器。目前生产的定时器有双极型和 CMOS 两种类型,双极型最后三位数为 555,CMOS 型最后四位数为 7555。虽然 555 定时器的型号众多,但内部电路、引脚和功能基本相同。

555 定时器的逻辑符号如图 8-37 所示,功能表如表 8-17 所示。

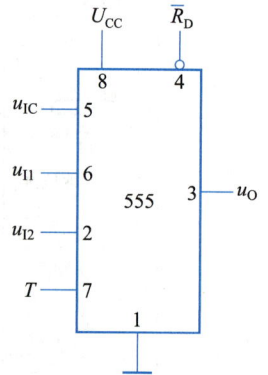

图 8-37　555 定时器符号图

表 8-17　555 定时器功能表

$\overline{R}_D$	阈值输入(u_{I1})	触发输入(u_{I2})	输出(u_O)	放电端 T 的状态
0	×	×	0	导通
1	$<2/3U_{CC}$	$<1/3U_{CC}$	1	截止
1	$>2/3U_{CC}$	$>1/3U_{CC}$	0	导通
1	$<2/3U_{CC}$	$>1/3U_{CC}$	原态	不变

2. 用 555 定时器构成多谐振荡器

多谐振荡器是一种能够自行产生一定频率、一定幅度脉冲信号的电路。多谐振荡器一旦起振之后,输出连续的矩形脉冲信号,电路在高、低两个暂稳态之间做交替变化,因此多谐振荡器又称作无稳态电路,常用来做脉冲信号源。555 定时器构成的多谐振荡器电路如图 8-38 所示。

多谐振荡器振荡周期 T 为

$$T \approx 0.7(R_1 + 2R_2)C \qquad (8-3)$$

振荡频率 f 为

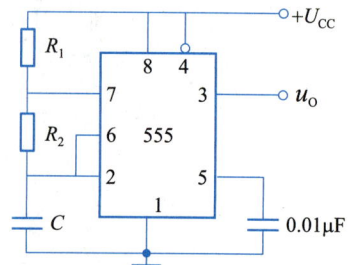

图 8-38　555 定时器构成多谐振荡器

$$f = \frac{1}{T} \approx \frac{1.43}{(R_1 + 2R_2)C} \qquad (8-4)$$

通过改变 R 和 C 的值,即可改变多谐振荡器的周期和频率。

图 8-39 所示液位监控电路是由 555 定时器组成的多谐振荡器。电容两端引出的两个探测电极插入液体内。当液位正常时,探测电极被液体短路,电路无法起振,扬声器不发声。当液面下降到低于探测电极时,电源通过 R_1、R_2 给 C 充电,当电容 C 两端的电压 U_C 升至 $2/3U_{CC}$ 时,振荡器开始振荡,扬声器发声。振荡频率由 R_1、R_2 和 C 的值决定,这个频率也决定了扬声器的发声频率。如果 $R_1 = 5.1 \text{ k}\Omega$、$R_2 = 10 \text{ k}\Omega$、$C = 0.1 \text{ }\mu\text{F}$,则

$$f = \frac{1.43}{(R_1 + 2R_2)C} = \frac{1.43}{(5.1 + 2\times10)\times10^3 \times 0.1\times10^{-6}} \text{ Hz} \approx 570 \text{ Hz}$$

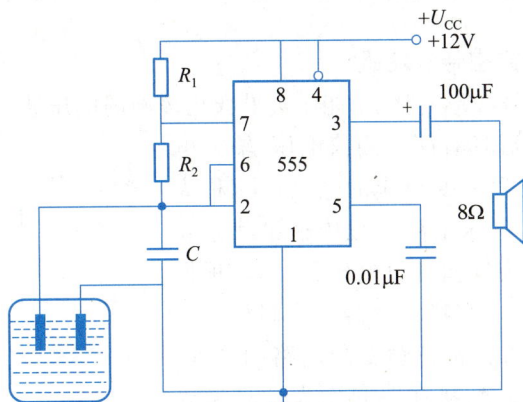

图 8-39 液位监控电路

3. 用 555 定时器构成单稳态触发器

单稳态触发器具有下列特点:第一,它有一个稳定状态和一个暂稳态;第二,在外来触发脉冲作用下,能够由稳定状态翻转到暂稳态;第三,暂稳态维持一段时间后,将自动返回到稳定状态。

单稳态触发器在数字系统和装置中,一般用于定时、整形以及延时等。555 定时器构成的单稳态触发器电路如图 8-40 所示。

单稳态触发器输出脉冲宽度 t_W 为

$$t_W = RC\ln3 \approx 1.1RC \qquad (8-5)$$

上式说明,单稳态触发器输出脉冲宽度 t_W 仅决定于定时元件 R、C 的取值,与输入触发信号和电源电压无关,调节 R、C 的取值,即可方便的调节 t_W。

图 8-41 是日常生活中经常接触的可控照明电路示意图,其实质是一个利用 555 定时器构成的单稳态触发器电路。通过在 555 定时器的 2 脚加上一个触发信号 T,则 3 脚输出一段时间的高电平,发光二极管点亮,当暂稳态时间结束,555 输出端恢复低电平,发光二极管熄灭。点亮时间可由 RC 参数调节。

作为控制条件的可以有声音、触摸压力等,需要通过相应的传感器将其转换为脉冲触发信号,若要驱动 220 V 灯源,只需在输出端后加上合适的继电控制电路即可实现。此电路稍加改

变,即可用作报警器、门铃等。

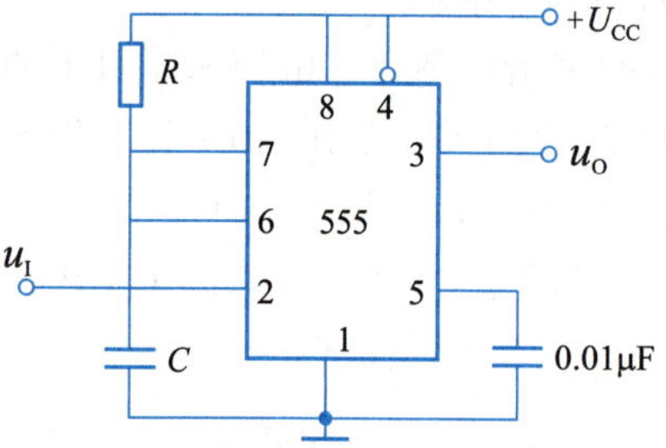

图 8-40　555 定时器构成单稳态触发器

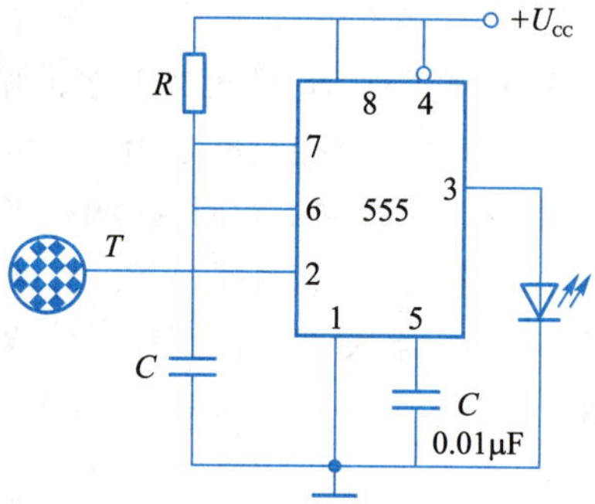

图 8-41　触摸式定时控制开关电路

4. 用 555 定时器构成施密特触发器

施密特触发器用于信号波形的整形,能将边沿变化缓慢的电压波形整形为边沿陡峭(突变)的矩形脉冲。施密特触发器具有两个阈值电压,输入电压上升过程中输出状态发生突变对应的输入电压称为正向阈值电压(V_{T+}),输入电压下降过程中输出状态发生突变对应的输入电压称为反向阈值电压(V_{T-})。根据输出和输入相位是否一致,施密特触发器分为同相和反相两种。555 定时器构成的施密特触发器电路如图 8-42 所示,定时器的两个输入端接在一起作为信号输入端,即输入信号与定时器的两个参考电压进行比较,$U_{T+} = 2U_{CC}/3$,$U_{T-} = U_{CC}/3$。

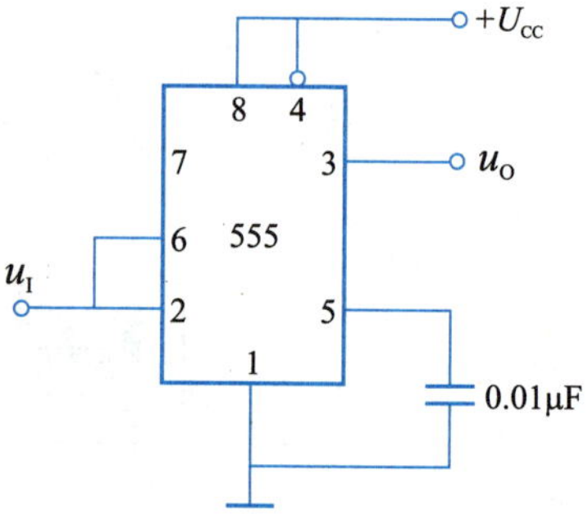

图 8-42　555 定时器构成施密特触发器

【**例 8-10**】　电路如图 8-42 所示,设 $U_{CC} = 6$ V,输入波形如图 8-43 所示,试画出经施密特触发器整形后的输出电压波形。

解:$U_{T+} = 2U_{CC}/3 = 4$ V、$U_{T-} = U_{CC}/3 = 2$ V,此电路输出与输入反相,输出电压波形如图 8-44 所示。

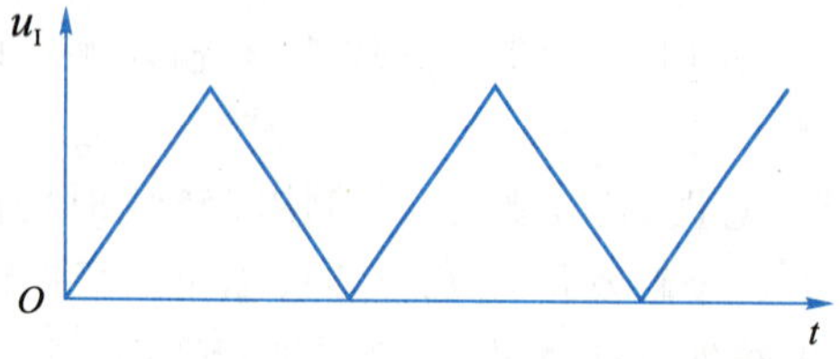

图 8-43　输入波形

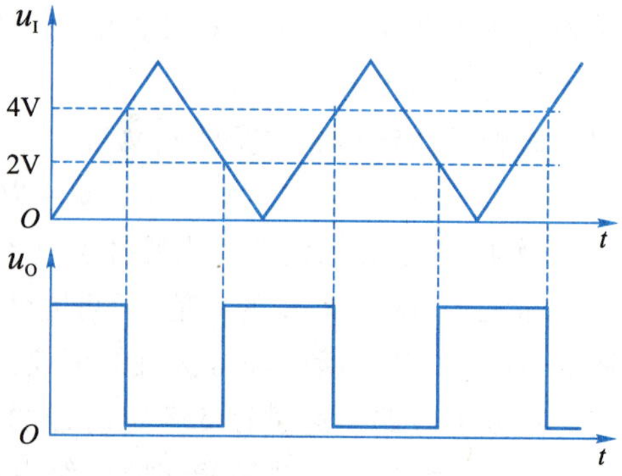

图 8-44　输入输出波形

小 结

1. 组合逻辑电路的分析步骤：已知逻辑图→写逻辑式→运用逻辑代数化简或变换→列逻辑状态表→分析逻辑功能。

组合逻辑电路的设计步骤：已知逻辑要求→列逻辑状态表→写逻辑式→运用逻辑代数化简或变换→画逻辑图。

2. 若干常用组合逻辑电路的原理及使用方法包括加法器、编码器、译码器等。

3. 触发器是构成时序逻辑电路的基本单元电路，它有两个互补的输出端 Q 和 $\overline{Q}$；在不同的输入信号作用下，可以被置成 **1** 状态或 **0** 状态；一个触发器可以记忆 1 位二值信号。

4. 根据逻辑功能的不同，触发器可分为：RS 触发器、D 触发器、JK 触发器等。按照触发方式的不同，可分为直接触发器、同步触发器、边沿触发器等。描述触发器的功能通常有四种方法：特性表、特性方程、状态转换图和时序图。

5. 时序逻辑电路在任何一个时刻的输出状态不仅取决于当时的输入信号，还与电路的原状态有关。时序逻辑电路中不一定会有组合电路，但存储电路是必需的。

6. 常用的时序逻辑器件有寄存器和计数器。寄存器分为数码寄存器和移位寄存器两种，计数器可以用于统计时钟脉冲的个数，还能用于分频、定时等。若要构成任意进制计数器，一般是通过适当的反馈电路作用于给定集成计数器的控制端而得到，通常有反馈复位法和反馈置数法两种方法。

7. 可以通过两种途径获得脉冲信号，一种是利用脉冲信号发生器直接产生；另一种是通过各种整形电路对已有的信号进行变换得到。555 定时器是一种多用途的中规模集成电路，该电路使用灵活、方便，只需外接少量的阻容元件就可以构成多谐振荡器、单稳态触发器和施密特触发器。

习 题

8.1 某一组合逻辑图如图 8-45 所示，试分析其逻辑功能。

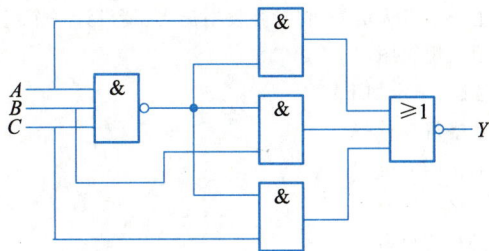

图 8-45 习题 8.1 的图

8.2 某一组合逻辑电路如图 8-46 所示，试分析其逻辑功能。

8.3 保险柜的两层门上各装有一个开关（门关上时，开关闭合）当任何一层门打开时，报警灯亮，试用逻辑门设计一个报警电路。

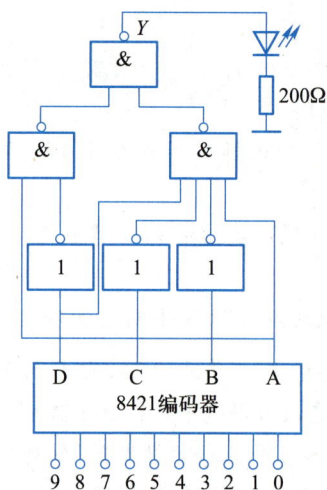

图 8-46　习题 8.2 的图

8.4　图 8-47 是密码锁控制电路。开锁条件是：开对密码锁；钥匙插入锁眼将开关 S 闭合。当两个条件同时满足时，开锁信号将锁打开。否则报警信号接通警铃。试分析密码 $ABCD$ 是什么？

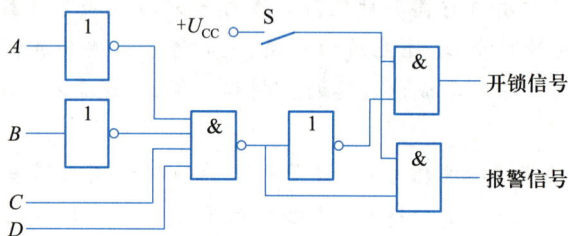

图 8-47　习题 8.4 的图

8.5　有一 T 形走廊，在相汇处有一路灯，在进入走廊的 A、B、C 三地各有控制开关，都能独立进行控制。任意闭合 1 个开关，灯亮；任意闭合 2 个开关，灯灭；3 个开关同时闭合，灯亮。试分别列出此三地控制一灯的真值表，写出逻辑函数式并画出逻辑图。

8.6　某导弹发射场有正、副指挥员各一名，操作员两名。当正副指挥员同时发出命令时，只要两名操纵员中有一人按下发射按钮，即可产生一个点火信号，将导弹发射出去，请设计一个组合逻辑电路。完成点火信号的控制，写出函数式，列出真值表，画出逻辑图。

8.7　某同学参加四门课程考试，规定如下：

（1）课程 A 及格得 1 分，不及格得 0 分；

（2）课程 B 及格得 2 分，不及格得 0 分；

（3）课程 C 及格得 3 分，不及格得 0 分；

（4）课程 D 及格得 5 分，不及格得 0 分。

若总分大于 8 分（含 8 分），就可以结业。试用**与非门**画出实现上述要求的电路图。

8.8　设计一个三变量奇偶检验器。要求：当输入变量 A、B、C 中有奇数个同时为 **1** 时，输出为 **1**，否则为 **0**。用"门电路"实现。

8.9　某工厂有 A、B、C 三个车间和一个自备电站，站内有两台发电机 Y_1 和 Y_2。Y_2 的容量是 Y_1 的两倍。如果一个车间开工，只需 Y_1 运行即可满足要求；如果两个车间开工，只需 Y_2 运行，如果三个车间同时开工，则 Y_1

和 Y_2 均需运行。

（1）列出逻辑状态表；（设车间开工为 **1**；发电机运行为 **1**；否则为 **0**）

（2）写出 Y_1 和 Y_2 逻辑表达式；

8.10　图 8-48 是一智力竞赛抢答电路，供四组使用。每一路由 TTL 四输入**与非门**、指示灯（发光二极管）、抢答开关 S 组成。**与非门** G_5 以及由其输出端接出的晶体管电路和蜂鸣器电路是共用的，当 G_5 输出高电平时，蜂鸣器响。（1）当抢答开关如图示为止，指示灯能否亮？蜂鸣器是否响？（2）分析 A 组扳动开关 S_1（由接"地"点扳到+6 V）时的情况，此后其他组再扳动各自的抢答开关是否起作用？（3）试画出接在 G_5 输出端的晶体管电路和蜂鸣器电路。

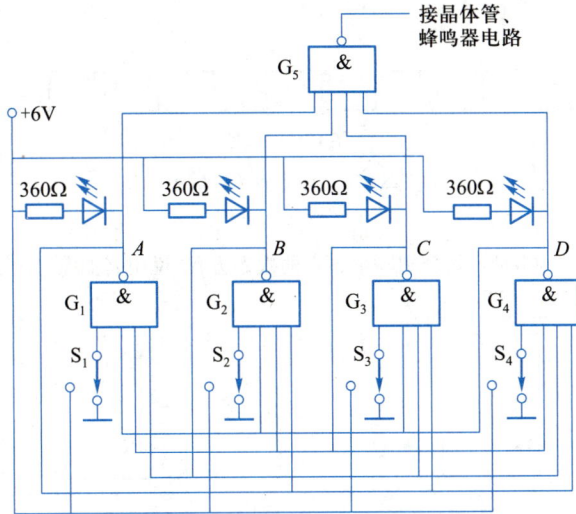

图 8-48　习题 8.10 的图

8.11　如图 8-49(a)、(b)所示是两种 D 触发器的逻辑符号，输入信号和时钟信号如图 8-49(c)所示。画出输出 Q 的波形。设触发器的初态皆为 **0**。

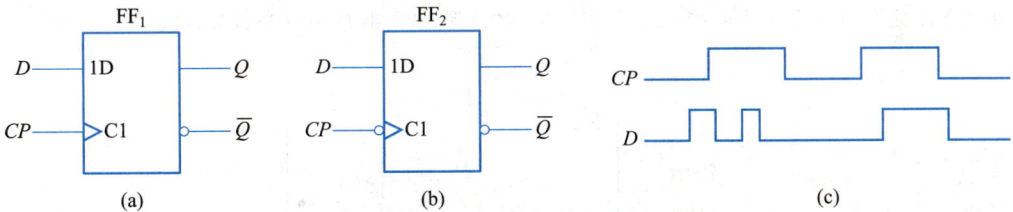

图 8-49　习题 8.11 的图

8.12　如图 8-50(a)、(b)所示为两种边沿 JK 触发器的逻辑符号，输入信号和时钟信号如图 8-50(c)所示。画出输出端 Q 的波形。设触发器的初态皆为 **0**。

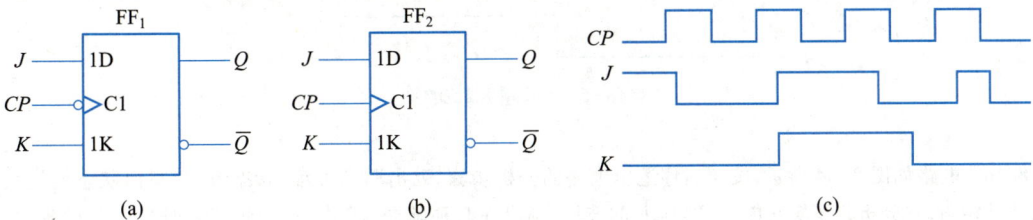

图 8-50　习题 8.12 的图

8. 13　电路如图 8-51(a)、(b)所示,分别写出各自的次态方程,并画出在 CP 作用下 Q 的波形。设触发器的初态皆为 **0**。

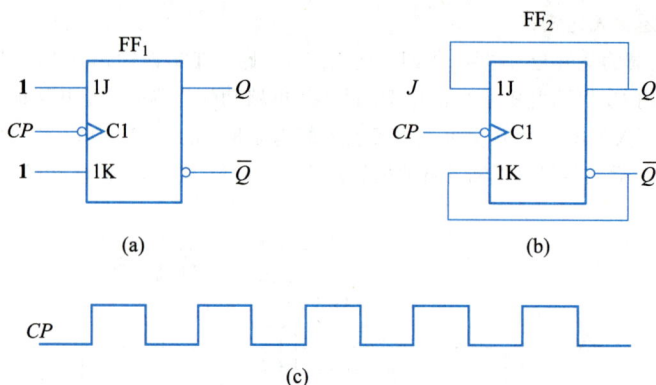

(a)　　　　　　　　(b)

(c)

图 8-51　习题 8.13 的图

8. 14　电路如图 8-52(a)、(b)所示,分别写出各自的次态方程,说明其能完成的逻辑功能。

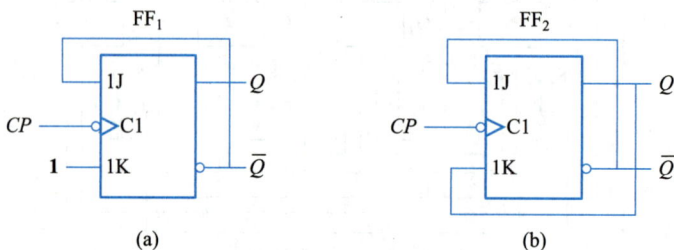

(a)　　　　　　　　(b)

图 8-52　习题 8.14 的图

8. 15　逻辑电路如图 8-53 所示。按照时序逻辑电路的分析步骤,列出驱动方程、状态方程,写出状态转换表,画出状态转换图,并分析其逻辑功能。已知 CP 和 A 的波形,试画出 Q_1 和 Q_2 的波形,设触发器的初态均为 **0**。

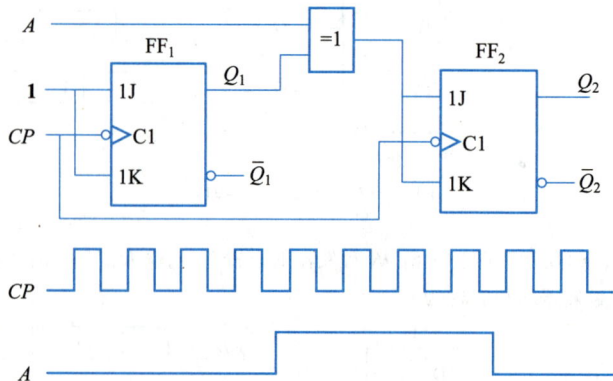

图 8-53　习题 8.15 的图

8. 16　电路如图 8-54 所示,按照时序逻辑电路的分析步骤,列出驱动方程、状态方程,写出状态转换表,画出状态转换图,并分析其逻辑功能。已知 CP 的波形,画出在时钟脉冲 CP 作用下,Q_1、Q_2 的时序图,设触发器的初态均为 **0**。

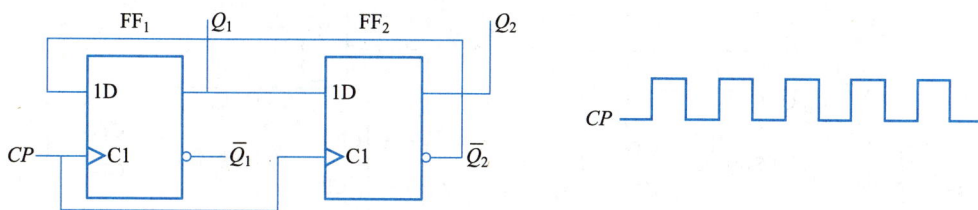

图 8-54　习题 8.16 的图

8.17　电路如图 8-55 所示,按照时序逻辑电路的分析步骤,列出驱动方程、状态方程,写出状态转换表,画出状态转换图,并分析其逻辑功能。画出在时钟脉冲 CP 作用下 Q_1、Q_2 的时序图,设触发器的初态均为 **0**。

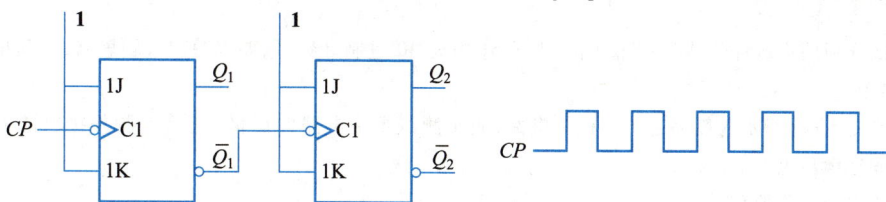

图 8-55　习题 8.17 的图

8.18　电路如图 8-56 所示,按照时序逻辑电路的分析步骤,列出驱动方程、状态方程,写出状态转换表,画出状态转换图,并分析其逻辑功能。已知 CP 和 A、B 的波形,试画出 Q 的波形,设触发器的初态均为 **0**。

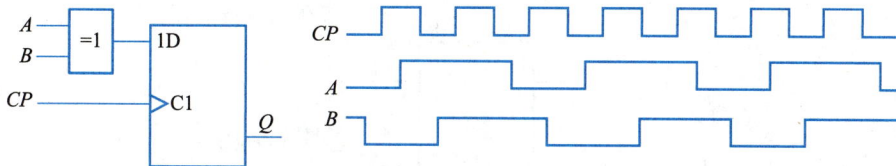

图 8-56　习题 8.18 的图

8.19　试利用 74194 设计一个序列信号产生电路,要求完成如下周期性序列信号 **0000→0001→0011→0111→1111→1110→1100→1000→0000**,并用 Multisim 进行仿真,将 $Q_3Q_2Q_1Q_0$ 分别接上四个发光二极管,观察彩灯变化效果。

8.20　电路如图 8-57(a)、(b)、(c)、(d)所示,试分析各是几进制计数器,注意反馈电路作用于哪一个控制端?画出相应的状态转换图。

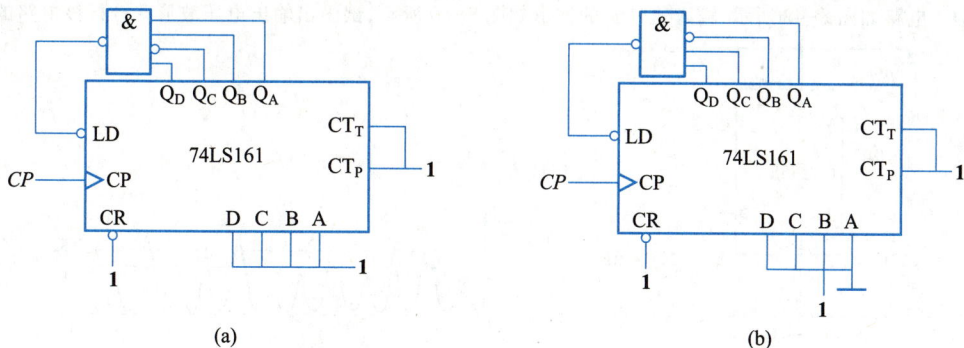

(a)　　　　　　　　　　　　(b)

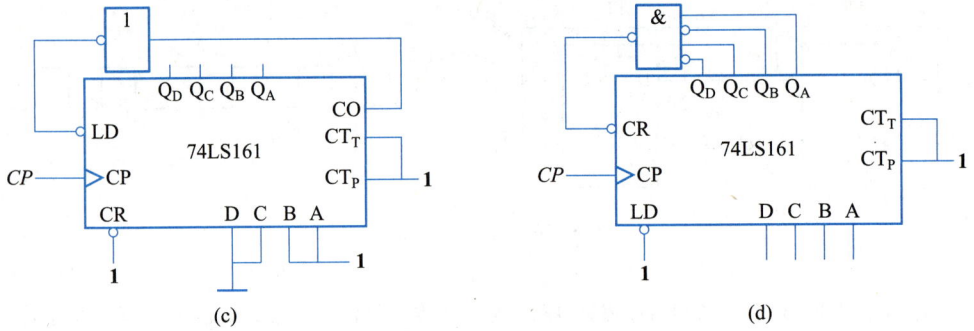

(c)　　　　　　　　　　　　　　(d)

图 8-57　习题 8.20 的图

8.21　试分别用集成计数器 74LS160 和 74LS161 构成 40 进制计数器,要求写出解题思路,并列出状态转换表,画出电路图。

8.22　如图 8-58 所示为简易逻辑测试笔电路,用于测试数字电路的逻辑状态。5 脚外接电源 U_{IC} 端,可根据需要自行确定电压值。

试分析该电路工作原理。

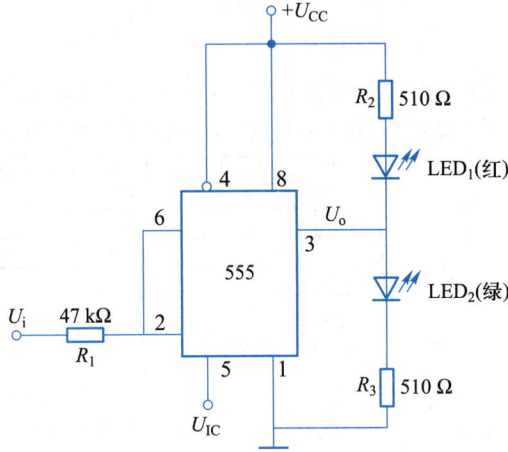

图 8-58　习题 8.22 的图

8.23　如图 8-59 所示为 555 定时器构成的多谐振荡器,$R_B = 20$ kΩ,问(1)$R_A = 20$ kΩ 能否产生对称方波;(2)要使电路能振荡,R_A 最小为多少?

8.24　电路如图 8-42 所示,输入信号 u_I 的波形如图 8-60 所示,试画出输出电压波形并分析该电路的功能。

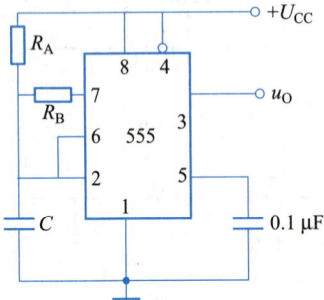

图 8-59　习题 8.23 的图

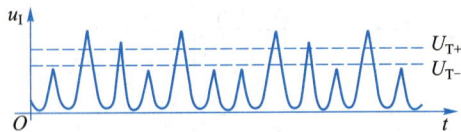

图 8-60　习题 8.24 的图

8. 25　应用网络资源,查阅了解 74LS74、CT74121、74LS175、74194、74160 和 NE555、556、7555、7556 的功能和引脚。

8. 26　用 Multisim 或 EWB 对题 8.5 电路进行仿真,进行分析并打印仿真结果。

第 9 章

信号采集、转换及显示

通常将能够采集、传输和处理电信号并实现某种特定功能的电路称为电子系统。一个实际的电子系统,被测量或被控制的对象通常是非电量信号,如温度、压力、微小颗粒浓度、位移等,因此,系统首先需要采集这些非电量信号并将其转换成相应的模拟电信号,再经过 A/D 转换器将模拟电信号转换成数字电信号以供数字电路进行存储、处理和传输。之后,有的直接进行数字显示,有的则再由 D/A 转换器将数字电信号转换回模拟电信号,通过机械或电气手段对被测量或被控对象进行调整和控制。

9.1　传感器概述及应用

传感器是一种能感受规定的被测量并按照一定的对应关系转换成可用输出量的器件或装置。被测量可以是物理量,也可以是化学量或生物量等;输出量通常是电量,便于传输、转换、处理、显示,如电压、电流、电阻、电容等,也可以根据实际需要输出气、光等其他形式的量。传感器的主要性能要求是:精度高、灵敏度高、稳定性好、动态性能好、抗干扰能力强、成本低、便于维护。

1. 传感器的组成

典型的传感器通常由敏感元件、传感元件、调节转换电路和辅助电路组成,如图 9-1 所示(以输出形式为电量来举例)。

其中,敏感元件将被测非电量按一定规律转换成与之有对应关系的非电量;传感元件又称变换器,将敏感元件感受到的非电量转换成电量;调节转换电路将传感元件输出的电量转换为便于处理、控制和显示的电量;辅助电路通常是为检测、传感、转换等提供工作的电源等。需要说明的

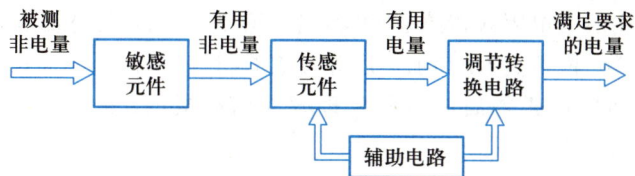

图 9-1 典型传感器的组成

是,传感器的种类很多,工作原理也各有不同,并不是所有传感器都必须包含上图中的四个部分。例如,石英晶体构成的压电传感器、半导体材料构成的光敏电阻传感器和热敏电阻传感器,它们的敏感元件与传感元件是合二为一的;还有一些种类的传感器没有调节转换电路,直接从传感元件输出电量。在第1章电桥电路中用电阻应变片组成的电阻应变式传感器就是被测量(外力)作用在敏感元件(弹性体)上时,敏感元件发生了形变,形变程度反映了被测量的大小;传感元件(电阻应变片)将形变值转换为阻值的变化;根据电路的需要,可以将阻值的变化转变为其他形式的电量。图 9-2 是两种电阻应变片的外观图,其中图 9-2(a)、(b)是丝式电阻应变片,图 9-2(c)、(d)是箔式电阻应变片。

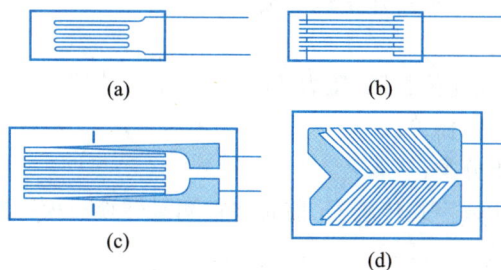

(a)

(b)

(c)

(d)

图 9-2 两种电阻应变片

2. 传感器的分类

传感器常用的分类方法有以下几种。

(1)按外界输入的信号变换为电信号采用的效应分类

可分为物理型传感器、化学型传感器和生物型传感器三大类。

物理型传感器是利用某些敏感元件的物理性质或某些功能材料的特殊物理性能进行被测非电量的变换。如利用金属材料在被测量作用下引起电阻值变化的应变式传感器;利用电容器在被测量的作用下引起电容值变化的电容式传感器等。

化学型传感器是利用电化学反应原理,将无机或有机化学的物质成分、浓度等被测量的微小变化转换成电信号。常用的有气敏、湿敏和离子传感器。

生物型传感器是利用生物活性物质选择性来识别和测定生物化学物质的传感器,主要由两大部分组成,一是功能识别物质,例如酶、抗原、抗体、微生物及细胞等;二是电、光信号转换装置,将识别所产生的化学反应转换成电信号或光信号。生物传感器的最大特点是能在分子水平上识别被测物质,在医学诊断、环保监测等方面具有广泛的应用前景。

(2)按工作原理分类

可分为电学式传感器、磁学式传感器、光电式传感器、谐振式传感器、电化学式传感器等。

电学式传感器常用的有电阻式传感器、电容式传感器、电感式传感器、磁电式传感器等,主要用于位移、力、应变、力矩、液位、振动和加速度等参数的测量。

磁学式传感器是利用铁磁物质的一些物理效应而制成的,主要用于位移、转矩等参数的测量。

光电式传感器是利用光电器件的光电效应和光学原理制成的,主要用于光强、光通量、位移、浓度等参数的测量。

谐振式传感器是利用改变电或机械的固有参数来改变谐振频率的原理制成的,主要用来测量压力。

电化学式传感器是以离子导电为基础制成的,主要用于分析气体、液体或溶于液体的固体成分、液体的酸碱度、电导率及氧化还原电位等参数的测量。

（3）按信号检测转换过程分类

可分为直接转换型传感器和间接转换型传感器两大类。前者是把输入给传感器的非电量一次性的变换为电信号输出,如光敏电阻受到光照射时,电阻值会发生变化,直接把光信号转换成电信号输出;后者则要把输入给传感器的非电量先转换成另外一种非电量,然后再转换成电信号输出,前面提到的电阻应变式传感器即是这一类。

（4）按被测物理量分类

常见的有温度传感器、湿度传感器、压力传感器、位移传感器、流量传感器、液位传感器、力传感器、加速度传感器、转矩传感器等。

（5）按输出信号的性质分类

可分为模拟式传感器和数字式传感器,前者将被测量转换成模拟输出信号,后者将被测量转换成数字输出信号。

3. 传感器的发展趋势

信息技术、材料科学和生物科学的不断发展有力地促进了传感器向集成化、多功能化、智能化、网络化、多维化方向发展。

传感器的集成化是指利用微电子技术和微加工技术,将敏感元件、测量电路、放大电路、补偿电路、运算电路等制作在同一芯片上,从而使传感器具有了体积小、重量轻、成本低、稳定性好和可靠性高等优点。

一般一个传感器只能测量一种参数,但在许多应用领域中,为了能够完美而准确地反映客观事物和环境,往往需要同时测量大量的参数,多功能化则意味着一个传感器具有多种参数的检测功能。

智能化传感器是指那些装有微处理器的,不但能够执行信息处理和信息存储,而且还能够进行逻辑思考和结论判断的传感器系统。

网络化传感器综合了传感器技术、嵌入式技术、网络通信技术、分布式信息处理技术等,通过各类集成化的微型传感器协作实时监测、感知和采集各种被测量,利用嵌入式系统对信息进行处理,并通过无线通信网络将感知信息传送到用户端。

一般的传感器只限于对某一点物理量的测量,而利用电子扫描方法,把多个传感器单元做在一起,就可以研究一维、二维以至三维空间的测量问题,甚至向包含时间系的四维空间发展。医院使用的 CT 就是多维传感器的实例。

4. 传感器的应用举例

（1）光敏电阻构成照明控制电路

CdS 光敏电阻是最常见的光敏电阻,它的光谱响应特性最接近人眼光谱光视效率,在可见光波段范围内的灵敏度最高,因此,被广泛地应用于灯光的自动控制,照相机的自动测光等。

图 9-3 所示光控电路由 CdS 光敏电阻 R_C、电阻 R_1、R_2、可变电阻 R_P、集成电路 TWH8751、继电器 KA 和二极管组成。TWH8751 是一种使用非常广泛的开关集成电路,如图 9-4 所示,它有五个引脚,其中 5 管脚接正电源(12～24 V),3 管脚接地,3 管脚和 4 管脚之间是一个电子开关,这个开关是由 1 管脚和 2 管脚控制的,当 1 管脚为高电平时,如果 2 管脚是低电平,开关就闭合,如果 2 管脚是高电平,开关就断开。

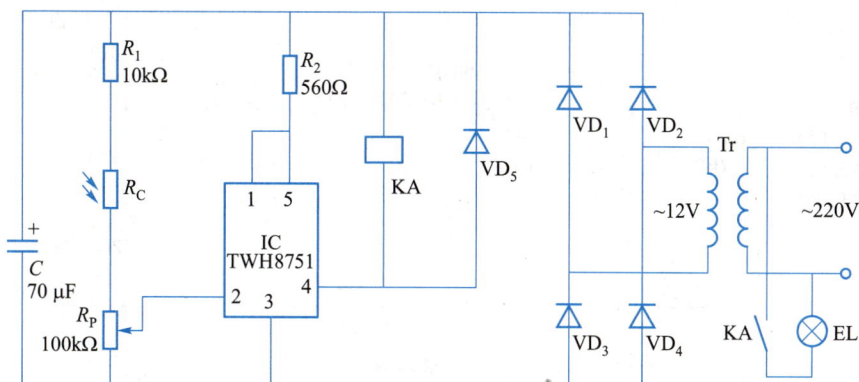

图 9-3　路灯自动控制器电路图

电路的工作原理是:白天,CdS 受光照射而呈低阻状态,使 TWH8751 的 2 脚为高电平,电子开关处于断开状态,KA 不吸合,路灯 EL 不亮。夜晚,CdS 无光照射呈高阻状态,TWH8751 的 2 脚变为低电平,电子开关闭合,EL 点亮。调节 R_P 的阻值,可改变光控的灵敏度。CdS 可选用 RG45 系列的光敏电阻器,VD 选用 1N400l 二极管。KA 选用 JZX-22F 型 12 V 直流继电器。

当然,这种简易的光控电路还存在不少问题,真正应用于实际还需要改进和完善,例如需要增加防止闪电光或人为光源造成的干扰等。

（2）热敏电阻控制温度上下限报警电路

热敏电阻是对温度敏感的电阻器的总称,按温度系数分为负温度系数热敏电阻(Negative Temperature Coefficient,缩写为 NTC)和正温度系数热敏电阻(Positive Temperature Coefficient,缩写为 PTC)两大类。NTC 热敏电阻以 MF 为其型号,PTC 热敏电阻以 MZ 为其型号。负温度系数热敏电阻大多是由 Mn(锰)、Ni(镍)、Co(钴)、Fe(铁)、Cu(铜)等金属氧化物经过烧结而成的半导体材料制成,具有很高的灵敏度和良好的性能,被大量作为温度传感器使用。

图 9-4　TWH8751 外观图

图 9-5 是利用 NTC 热敏电阻构成的简易温度上下限自动报警电路的仿真。电路工作原理是:环境温度的变化引起热敏电阻 R_t 阻值的变化,进而导致 U_a 和 U_b 电位发生变化,经过运算放大电路,加在 NPN 型晶体管 VT_1 和 PNP 型晶体管 VT_2 的基极。当环境温度逐渐升高至设定的上

限值时，R_t阻值不断减小，U_a电位不断增大。当 U_c 高于 VT_1 所需的导通电压时，VT_1 导通，发光二极管 LED_1 点亮。反之，当环境温度逐渐降低至设定的下限值时，R_t阻值不断增大，U_a电位不断减小。当 U_d 低于 VT_2 所需的导通电压时，VT_2 导通，发光二极管 LED_2 点亮。环境温度在上限和下限之间时，VT_1 和 VT_2 均不导通，LED_1 和 LED_2 均不发光。温度上下限范围可通过调节运算放大电路的放大倍数进行设置。

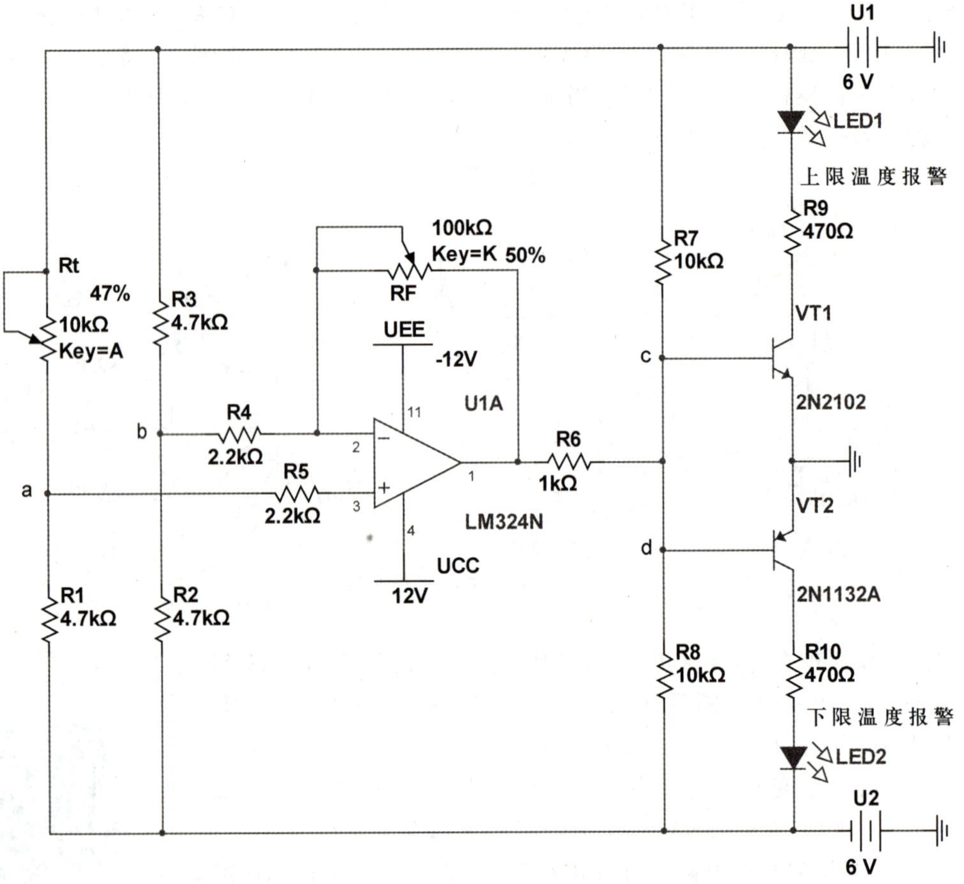

图 9-5　温度上下限自动报警电路仿真

电阻应变式传感器应用于电子秤，在第 1 章已经有所介绍，这里不再赘述。

物联网是新一代信息技术的重要组成部分，由字面意思可以看出就是物物相连的互联网。其中传感器技术是它的关键技术之一。

9.2　模/数和数/模转换

自然界中绝大多数物理量都是模拟量，如温度、湿度、压力、声音、图像等，它们要被数字系统处理，必须进行模/数转换；处理后的数字量往往也需要经过数/模转换才能驱动执行机构。能将模拟信号转换成数字信号的电路,称为模/数转换器,简称 A/D 转换器(Analog-Digital Converter);能将数字信号转换成模拟信号的电路称为数/模转换器,简称 D/A 转换器(Digital-Analog Converter)。

1. A/D 转换器

常见的 A/D 转换器有直接式和间接式两类,并联比较型 A/D 转换、逐次逼近型 A/D 转换等属于直接式,其特点是转换速度快,但抗干扰能力差;双积分型 A/D 转换、V-F 变换型 A/D 转换则属于间接式,其特点是抗干扰能力强、测量精度高,但转换速度低。

将时间和幅值都连续的模拟量转换为时间和幅值都离散的数字量,一般需要经过采样、保持、量化及编码 4 个过程。

（1）采样和保持

采样是将时间连续的模拟量转换为时间上离散的模拟量,并将采样值送给后级电路进行 A/D 转换,由于 A/D 转换需要一定的时间,因此必须有保持电路维持采样所得的模拟值。采样和保持通常是通过采样-保持电路同时完成的。

为使采样后的信号能够还原模拟信号,根据采样定理,采样频率 f_s 必须大于或等于 2 倍输入模拟信号中的最高频率 f_{Imax},即

$$f_s \geq 2f_{Imax} \tag{9-1}$$

图 9-6 给出了采样-保持电路的原理图,电子开关 T 受信号 u_L 控制,当 u_L 为高电平时,T 导通,输入信号 u_I 经电阻 R_i 和 T 向电容 C_h 充电。若取 $R_i = R_F$,则充电结束后 $u_O = -u_I = u_C$。当 u_L 返回低电平,T 截止,由于 C_h 无放电回路,所以 u_O 的数值被保存下来。

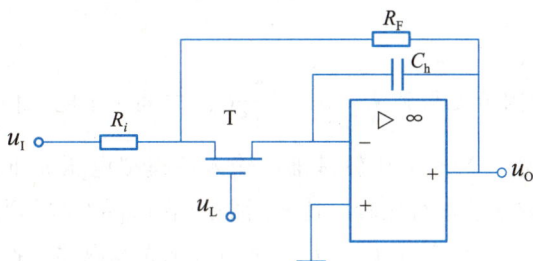

图 9-6 采样-保持电路

（2）量化与编码

数字量不仅在时间上离散,而且在数值上也是离散的,任何一个数字量的大小,都是以某个最小数量单位的整倍数来表示的。因此,在用数字量表示取样电压信号时,也必须把它转化成这个最小数量单位的整倍数,这个转化过程就叫作量化。数字量的最低有效位为 1 即是最小数量单位,称作量化单位,用 Δ 表示。把量化的数值用二进制代码表示,称为编码。

模拟电压信号是连续的,在量化过程中,采样电压信号不一定能被 Δ 整除,因此量化后必然存在误差,称为量化误差。

（3）并联比较型 A/D 转换器

3 位并联比较型 A/D 转换原理电路如图 9-7 所示,它由电压比较器、寄存器和代码转换器三部分组成。

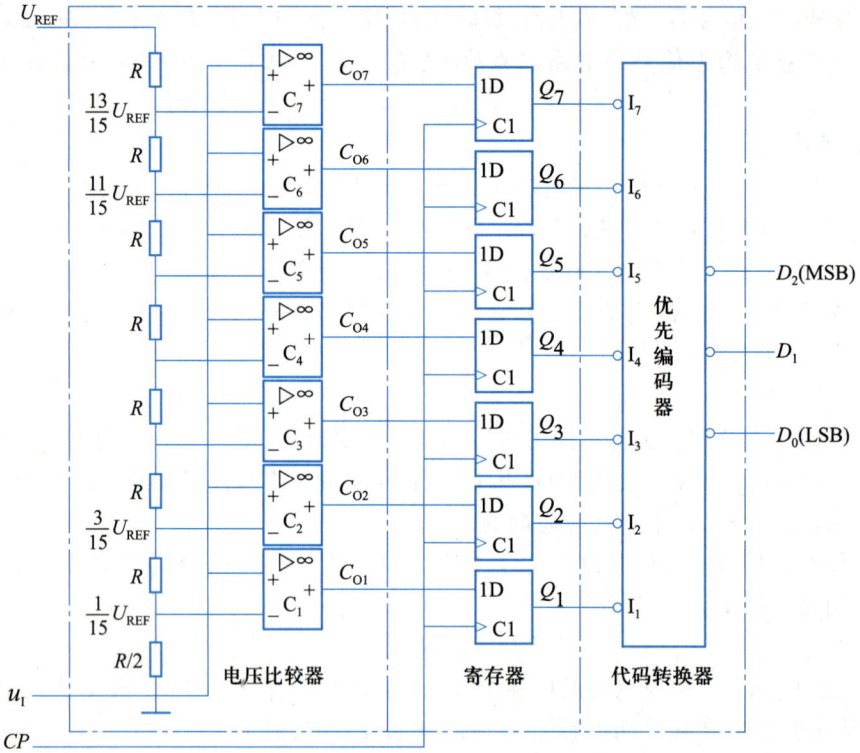

图 9-7　3 位并联比较型 A/D 转换器

参考电压 U_{REF} 通过电阻分压得到从 $\frac{1}{15}U_{REF} \sim \frac{13}{15}U_{REF}$ 之间 7 个电压值，这 7 个电压值分别接到 7 个比较器 $C_1 \sim C_7$ 的反相输入端作为比较基准。输入的模拟电压 u_I 同时加到每个比较器的同相输入端上，与这 7 个比较基准进行比较。比较后的结果 $C_{O1} \sim C_{O7}$ 送到后级的 D 触发器，当时钟脉冲 CP 的上升沿到来时，$Q_1 \sim Q_7$ 等于 $C_{O1} \sim C_{O7}$，再通过优先编码器转换成对应的数字量。

A/D 转换器输入模拟量与输出数字量之间的转换关系如表 9-1 所示。从表 9-1 中不难得知，该 A/D 转换器的量化单位 $\Delta = \frac{2}{15}U_{REF}$。

表 9-1　3 位并联 A/D 转换器输入与输出转换关系对照表

输入模拟电压 U_I	寄存器状态（代码转换器输入）$Q_7\,Q_6\,Q_5\,Q_4\,Q_3\,Q_2\,Q_1$							数字量输出（代码转换器输出）$D_2\quad D_1\quad D_0$		
$\left(0 \sim \frac{1}{15}\right)U_{REF}$	0	0	0	0	0	0	0	0	0	0
$\left(\frac{1}{15} \sim \frac{3}{15}\right)U_{REF}$	0	0	0	0	0	0	1	0	0	1

续表

输入模拟电压 U_I	寄存器状态（代码转换器输入）$Q_7\,Q_6\,Q_5\,Q_4\,Q_3\,Q_2\,Q_1$		数字量输出（代码转换器输出）$D_2\quad D_1\quad D_0$	
$\left(\dfrac{3}{15}\sim\dfrac{5}{15}\right)U_{REF}$	0 0 0 0 0 1 1		0 1 0	
$\left(\dfrac{5}{15}\sim\dfrac{7}{15}\right)U_{REF}$	0 0 0 0 1 1 1		0 1 1	
$\left(\dfrac{7}{15}\sim\dfrac{9}{15}\right)U_{REF}$	0 0 0 1 1 1 1		1 0 0	
$\left(\dfrac{9}{15}\sim\dfrac{11}{15}\right)U_{REF}$	0 0 1 1 1 1 1		1 0 1	
$\left(\dfrac{11}{15}\sim\dfrac{13}{15}\right)U_{REF}$	0 1 1 1 1 1 1		1 1 0	
$\left(\dfrac{13}{15}\sim 1\right)U_{REF}$	1 1 1 1 1 1 1		1 1 1	

　　单片集成并行比较型 A/D 转换器的产品较多,如 AD 公司的 AD9012(TTL 工艺,8 位)、AD9002(ECL 工艺,8 位)、AD9020(TTL 工艺,10 位)等。

　　(4) 双积分型 A/D 转换器

　　双积分型 A/D 转换器是一种间接 A/D 转换器。它的基本原理是,对输入模拟电压和参考电压分别进行两次积分,将输入电压平均值变换成与之成正比的时间间隔,然后利用时钟脉冲和计数器测出此时间间隔,进而得到相应的数字量输出。由于该转换电路是对输入电压的平均值进行转换,所以它具有很强的抗工频干扰能力,在数字测量中得到广泛应用。双积分型 A/D 转换器原理框图如图 9-8 所示。左边的运放构成积分电路,右边的运放由于接成开环形式,实质就是一个比较器。

　　(5) A/D 转换器的主要技术指标

　　1) 转换精度

　　A/D 转换器也采用分辨率和转换误差来描述转换精度。分辨率以输出二进制数的位数表示。在最大输入电压一定时,输出位数愈多,量化单位越小,分辨率越高。例如 A/D 转换器输入信号最大值为 5 V,输出为 10 位二进制数,那么这个转换器应能区分输入信号的最小电压约为 $\dfrac{5}{2^{10}}=4.88$ mV。转换误差表示 A/D 转换器实际输出的数字量和理论上的输出数字量之间的差别。

　　2) 转换速度

　　转换速度通常用转换时间来描述。转换时间是指 A/D 转换器从转换控制信号到来开始,到

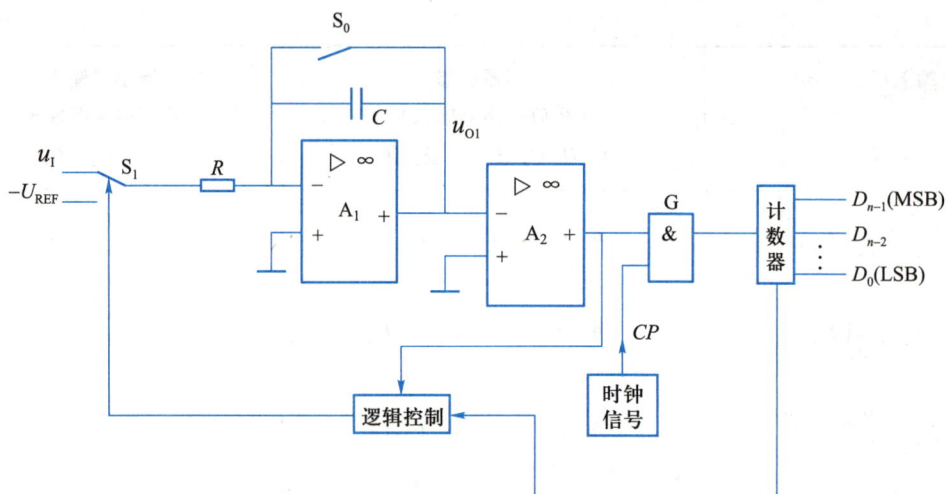

图 9-8 双积分型 A/D 转换器原理框图

输出端得到稳定的数字量所需要的时间。转换时间与 A/D 转换器类型有关,并联比较型一般在几十纳秒以内,逐次比较型一般在几十微秒以内,双积分型一般在数十毫秒至数百毫秒之间。

无论是数/模转换器,还是模/数转换器,对于使用者而言,都可以将其看成是一个双口网络,一端是待转换的量,一端是转换完毕的量。在设计具体的电路时,需要选择适合的转换芯片以满足各项技术参数要求,这可以通过查阅集成芯片手册或通过网络资源来了解。

(6) A/D 转换器 ADC0809 介绍

1) ADC0809 的主要特性

① 8 路输入通道,分辨率为 8 位。

② 具有转换起停控制端。

③ 转换时间为 100 μs(时钟为 640 kHz 时),130 μs(时钟为 500 kHz 时)。

④ 单个+5 V 电源供电。

⑤ 模拟输入电压范围 0~+5 V,不需零点和满刻度校准。

⑥ 工作温度范围为 $-40° \sim +85°$。

⑦ 低功耗,约 15 mW。

2) ADC0809 的电路结构和引脚功能

ADC0809 的结构如图 9-9 所示。片内带有锁存功能的 8 选 1 模拟开关,由 C、B、A 的编码来决定所选的通道。具有输出 TTL 三态锁存缓冲器,可直接连到单片机数据总线上。通过适当的外接电路,ADC0809 可对 0~5 V 的模拟信号进行转换。

ADC0809 引脚如图 9-10 所示,其主要功能如下:

$IN_0 \sim IN_7$:8 路模拟量输入端。允许 8 路模拟量分时输入,共用一个 A/D 转换器进行转换。

$D_0 \sim D_7$:8 位数字量输出端。

C、B、A:3 位地址输入端,C、B、A = **000 ~ 111** 分别对应 $IN_0 \sim IN_7$ 通道的地址(C 为高位,A 为低位),用于选择 8 路模拟输入通道的一路。

ALE:地址锁存允许信号,在 ALE 的上升沿将 C、B、A 的地址锁存到内部的地址锁存器中,经译码后控制 8 路模拟开关。

START：A/D 转换启动信号。上升沿时,复位 ADC0809;下降沿时,启动芯片进行 A/D 转换。

EOC：A/D 转换结束信号,$EOC = 0$,表示正在进行转换;$EOC = 1$,表示转换完成,数字量已经锁入三态输出锁存器。

OE：数据输出允许信号,用于控制三态输出锁存器向外输出转换得到的数据。$OE = 0$,输出数据线呈高阻;$OE = 1$,输出转换得到的数据。

CLK：时钟脉冲输入端。ADC0809 的内部没有时钟电路,所需时钟信号由外界提供,通常使用频率为 500 kHz 的时钟信号。

$U_{R(+)}$、$U_{R(-)}$：参考电压,用来与输入的模拟信号进行比较,作为逐次逼近的基准。$U_{R(+)}$ 通常和 U_{CC}（典型值+5 V）相连,$U_{R(-)}$ 常接地（典型值 0 V）。

U_{CC}：电源,接+5 V。

GND：地。

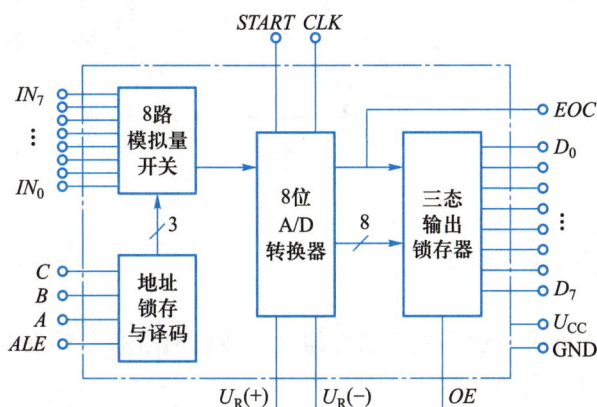

图 9-9 ADC0809 结构框图

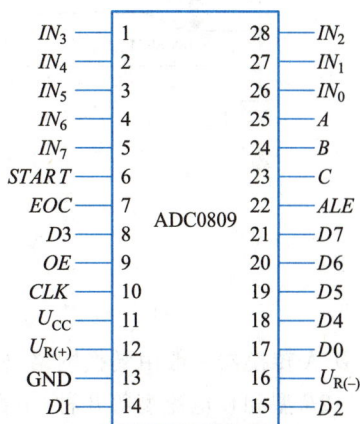

图 9-10 ADC0809 引脚图

3) ADC0809 工作过程

首先输入 3 位地址,并使 $ALE = 1$,将地址存入地址锁存器中,此地址经译码选通 8 路模拟开关之一到比较器。*START* 的上升沿先复位 ADC0809,下降沿启动 A/D 转换,之后 *EOC* 输出信号变低,指示转换正在进行,直到 A/D 转换完成,*EOC* 变为高电平,转换结果数据已存入锁存器。当 *OE* 输入高电平时,输出三态门打开,转换结果的数字量输出到数据总线上。

4) ADC0809 功能验证电路

如图 9-11 所示,数据选择端 *CBA* 为 000,当 *ALE* 上升沿到来时,通道 IN_0 的模拟量被选中;当 *START* 下降沿到来时,启动 A/D 转换;当转换完成,若 *OE* 为高电平,则输出转换后的数字量。分别将 U_I 的值设为 5 V、2.5 V、1.25 V,观察发光二极管 $D_7 \sim D_0$ 的状态,可知对应状态分别是 **11111111**、**01111111**、**00111111**。

2. D/A 转换器

转换的本质是实现一种对应关系,输入的数字量和输出的模拟量之间应成比例。为了实现这种对应关系,可以将输入数字量的每一位按照其权的大小转换成相应的模拟量,然后将转换得到的所有模拟量相加,即可得到与数字量成正比的总模拟量。

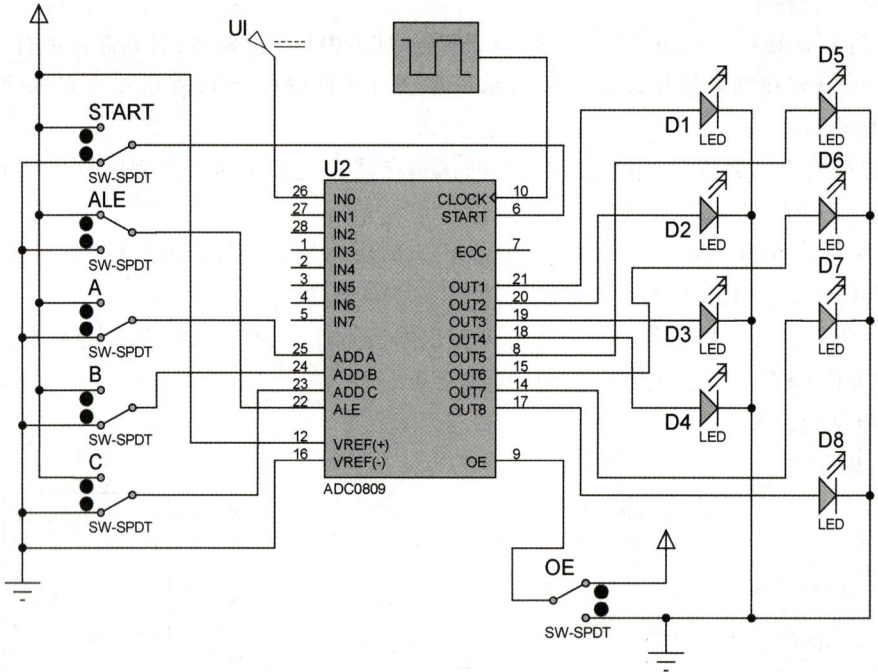

图 9-11　ADC0809 功能验证电路仿真

（Proteus 软件仿真图）

D/A 转换器一般由转换网络、模拟电子开关和运算放大器等组成。转换网络通常有权电阻型、R-$2R$ 型和权电流型等几种，下面分别进行简要介绍。

（1）权电阻型 D/A 转换器

权电阻型 D/A 转换器电路如图 9-12 所示。运算放大器接成反相比例加法运算电路，其输出模拟电压 U_O 正比于总电流 I_Σ，而总电流 I_Σ 是各分支电路的电流之和。n 位输入数字量 D（$D_{n-1}\cdots D_1 D_0$）分别控制各自的模拟电子开关，对应的二进制位 $D_i = 1$ 时，电子开关 S_i 接至 U_{REF}，该支路中有电流流过，$I_i = U_{REF}/R_i$；对应的二进制位 $D_i = 0$ 时，电子开关 S_i 接地，该支路电流为 0。

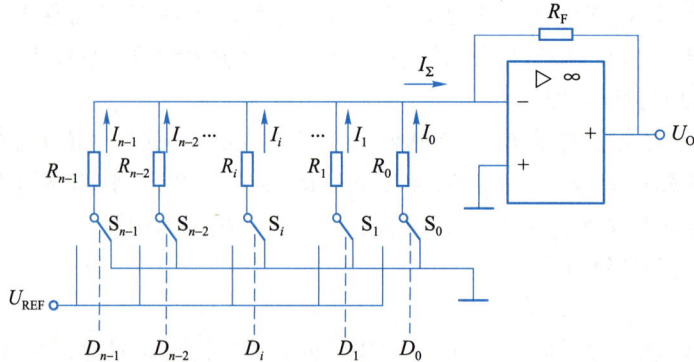

图 9-12　权电阻型 D/A 转换器

输入数字量中权重大的位,其对总电流的贡献也应该大;反之,权重小的位,对总电流的贡献也小。这可以通过将各支路中电阻的阻值设置成一定的比例关系来实现,即每一个电子开关 S_i 所接的电阻 R_i 等于 $2^{n-1-i}R$ $(i=0\sim n-1)$,R_i 称为权电阻。这样,可以得到 $R_0 = 2^{n-1}R$,$R_{n-1} = R$。

很显然,由于阻值成一定比例关系,数字量中的 D_{n-1} 是最高位,D_0 是最低位。分析可得

$$
\begin{aligned}
U_O &= -I_\Sigma R_F \\
&= -\left(\frac{U_{REF}}{2^{n-1}R}D_0 + \frac{U_{REF}}{2^{n-2}R}D_1 + \cdots + \frac{U_{REF}}{2R}D_{n-2} + \frac{U_{REF}}{R}D_{n-1}\right) R_F \\
&= -\frac{U_{REF}R_F}{2^{n-1}R}\sum_{i=0}^{n-1} D_i \cdot 2^i
\end{aligned}
\tag{9-2}
$$

式(9-2)表明,输出的模拟电压正比于输入的数字量 D,从而实现了从数字量到模拟量的转换。当反馈电阻 $R_F = R/2$ 时,输出电压 $U_O = -\dfrac{U_{REF}}{2^n}\sum_{i=0}^{n-1} D_i \cdot 2^i$。

权电阻型 D/A 转换器电路实现简单,缺点是当数字量位数较多时,各个权电阻的阻值相差较大,很难保证精度,由此也就带来了转换误差。

(2) R-$2R$ 电阻网络 D/A 转换器

R-$2R$ 电阻网络 D/A 转换器如图 9-13 所示。运算放大器接成反相比例加法运算电路,电阻网络中串联臂上的电阻为 R,并联臂上的电阻为 $2R$。模拟开关 $S_0 \sim S_{n-1}$ 由输入数字量 D_i 控制,当 $D_i = 1$ 时,S_i 接运放反相输入端,该支路电流 I_i 构成 I_Σ 的一部分。当 $D_i = 0$ 时,S_i 接地,该支路电流 I_i 并不会成为 I_Σ 的一部分。

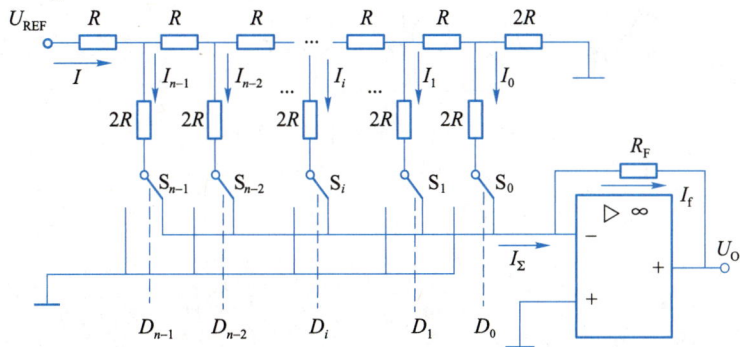

图 9-13　R-$2R$ 电阻网络 D/A 转换器

分析 R-$2R$ 电阻网络不难得知,从每个结点向右看的二端网络等效电阻均为 R,流入每个 $2R$ 电阻的电流从高位到低位按 2 的整倍数递减。设由基准电压源 U_{REF} 提供的总电流为 I,则 $I = \dfrac{U_{REF}}{R}$,流过各支路的电流 $I_i = \dfrac{I}{2^{n-i}}$,与输入数字量相应位的权重成正比。于是可得

$$
\begin{aligned}
I_\Sigma &= \frac{U_{REF}}{R}\left(\frac{D_0}{2^n} + \frac{D_1}{2^{n-1}} + \cdots + \frac{D_i}{2^{n-i}} + \cdots + \frac{D_{n-1}}{2^1}\right) \\
&= \frac{U_{REF}}{2^n R}\sum_{i=0}^{n-1}(D_i \cdot 2^i)
\end{aligned}
\tag{9-3}
$$

$$U_O = -\frac{R_F}{R} \cdot \frac{U_{REF}}{2^n} \sum_{i=0}^{n-1} (D_i \cdot 2^i) \tag{9-4}$$

若取 $R_F = R$, 则

$$U_O = -\frac{U_{REF}}{2^n} \sum_{i=0}^{n-1} (D_i \cdot 2^i)$$

（3）权电流型 D/A 转换器

$R-2R$ 电阻网络 D/A 转换器只有两个阻值，在一定程度上提高了转换精度。但电路含有的模拟电子开关存在电压降，而且各开关的参数也并不完全一致，这些都会引起转换误差。为进一步提高转换精度，可采用权电流型 D/A 转换器。

4 位权电流型 D/A 转换器如图 9-14 所示。恒流源从高位到低位的电流大小依次为 $I/2$、$I/4$、$I/8$、$I/16$。模拟开关 $S_0 \sim S_3$ 由输入数字量 D_i 控制，当输入数字量的某一位代码 $D_i = 1$ 时，开关 S_i 接运算放大器的反相输入端，该支路电流 I_i 构成总电流的一部分；当 $D_i = 0$ 时，开关 S_i 接地。分析该电路可得出

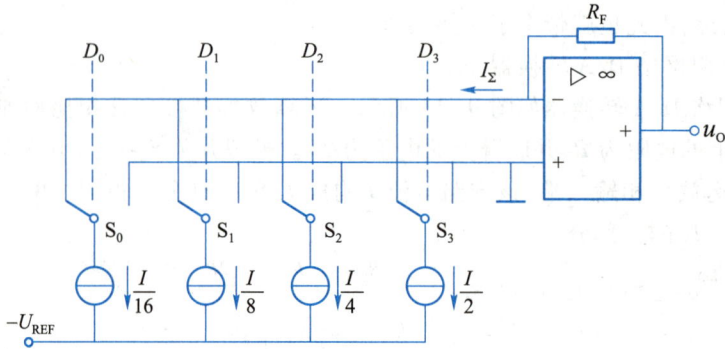

图 9-14　4 位权电流型 D/A 转换器

$$\begin{aligned} U_O &= I_\Sigma R_F \\ &= R_F \left(\frac{I}{2} D_3 + \frac{I}{4} D_2 + \frac{I}{8} D_1 + \frac{I}{16} D_0 \right) \\ &= \frac{I}{2^4} \cdot R_F \sum_{i=0}^{3} D_i \cdot 2^i \end{aligned} \tag{9-5}$$

采用了恒流源电路之后，各支路权电流的大小均不受模拟电子开关电压降的影响，这就降低了对开关电路的要求，提高了转换精度。

（4）D/A 转换器的主要技术指标

1）转换精度

D/A 转换器转换精度可以用分辨率和转换误差进行描述。分辨率是说明 D/A 转换器输出最小电压的能力。它是指 D/A 转换器模拟输出所产生的最小输出电压 U_{LSB}（对应的输入数字量仅最低有效位为 1）与最大输出电压 U_{OM}（对应的输入数字量各有效位全为 1）之比：

$$分辨率 = \frac{U_{LSB}}{U_{OM}} = \frac{1}{2^n - 1} \tag{9-6}$$

式(9-6)中, n 表示输入数字量的位数。可见,分辨率与 D/A 转换器的位数有关,位数 n 越大,能够分辨的最小输出电压变化量就越小,即分辨最小输出电压的能力也就越强。

转换误差是指 D/A 转换器实际输出的模拟电压值与理论输出模拟电压值之间的最大误差。显然,这个差值越小,电路的转换精度越高。转换误差可用最小输出电压 U_{LSB} 的倍数表示。要获得较高精度的 D/A 转换结果,一定要正确选用合适的 D/A 转换器的位数,同时还要选用低漂移、高精度的运算放大器。一般情况下要求 D/A 转换器的误差小于 $\dfrac{U_{LSB}}{2}$。

2)转换速度

转换速度通常用建立时间(t_{set})来描述。建立时间是指当输入数字量变化时,输出电压变化到相应稳定电压值所需的时间。因为输入数字量的变化越大,建立时间就越长。所以一般用 D/A 转换器输入的数字量从全 0 变为全 1 时,输出电压达到规定误差范围时所需的时间表示。单片集成 D/A 转换器建立时间可达 0.1 μs 以内。

(5) D/A 转换器 DAC0832 介绍

1) DAC0832 的主要特性

① 分辨率为 8 位。

② 电流输出,建立时间为 1 μs。

③ 可直通、单缓冲输入或双缓冲输入 3 种工作方式。

④ 单一电源供电(+5 ~ +15 V)。

⑤ 低功耗,20 mW。

2) DAC0832 的电路结构及引脚功能

DAC0832 电路结构如图 9-15 所示:

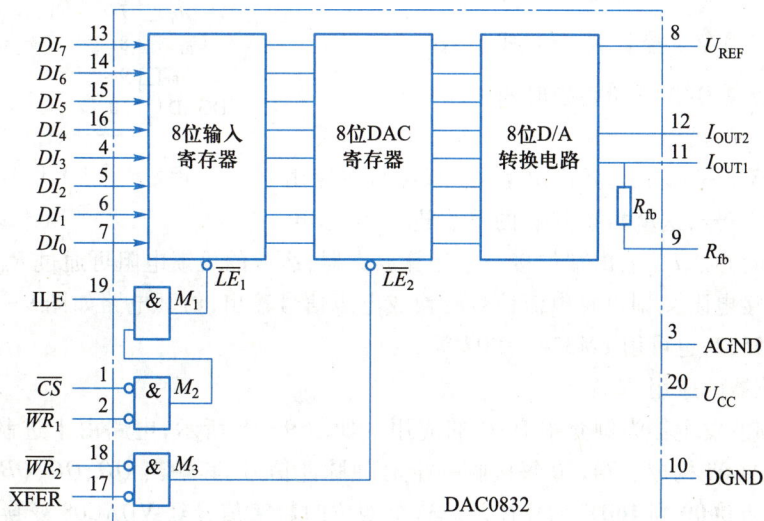

图 9-15 DAC0832 的电路结构

电路结构主要包括 8 位输入寄存器(Input Register)、转换数据寄存器(DAC Register)、转换电路(D/A Converter)以及一些逻辑控制电路。当 $\overline{CS} = 0$ 、 $\overline{WR_1} = 0$ 时,则与门 M_2 输出高电平,若

此时 ILE＝1,则与门 M_1 输出高电平,即 $\overline{LE_1}$ 为高电平,8 位输入寄存器处于接收数据的直通状态,输出随输入变化;如果上述条件中有任何一个不满足,则 M_1 输出是低电平,8 位输入寄存器锁存 $DI_0 \sim DI_7$ 输入的数据。同样分析可知,如果 $\overline{XFER}$ 和 $\overline{WR_2}$ 同时为低电平,则 M_3 输出高电平,即 $\overline{LE_2}$ 为高电平,8 位 DAC 寄存器处于直通状态,输出随输入变化;否则,M_3 输出为低电平,8 位 DAC 寄存器锁存数据。

正因为 DAC0832 有两个数据寄存器,所以它具有直接输入、单缓冲输入、双缓冲输入三种工作方式。

① 直通方式:$\overline{LE_1}$ 和 $\overline{LE_2}$ 始终为高电平,数据可以直接进入 D/A 转换器。

② 单缓冲方式:$\overline{LE_1}$ 或 $\overline{LE_2}$ 有一个始终为高电平,另一个寄存器受控制。

③ 双缓冲方式:$\overline{LE_1}$ 和 $\overline{LE_2}$ 都受控制。控制 $\overline{LE_1}$ 从高电平变为低电平,将 $DI_0 \sim DI_7$ 的数据锁存到 8 位输入寄存器。控制 $\overline{LE_2}$ 从高电平变为低电平,将 8 位输入寄存器中的数据锁存到 8 位 DAC 寄存器,同时开始 D/A 转换。双缓冲工作方式能做到对某个数据进入 D/A 转换的同时,输入下一个数据到 8 位数据寄存器。

DAC0832 的引脚如图 9-16 所示:

$DI_0 \sim DI_7$:8 位数字量输入端,DI_7 为最高位,DI_0 为最低位。

$\overline{CS}$:片选信号,低电平有效。

ILE:数据锁存允许控制端,高电平有效。

$\overline{XFER}$:数据传送控制,低电平有效。

$\overline{WR_1}$ 和 $\overline{WR_2}$:写命令控制端,低电平有效。

$\overline{WR_2}$:用于控制 D/A 开始转换时间。

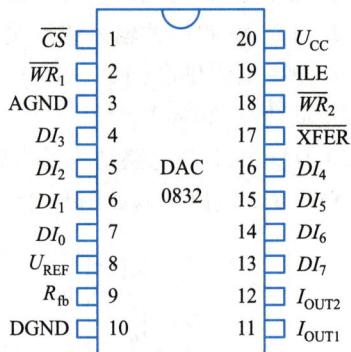

图 9-16　DAC0832 引脚图

3）DAC0832 的输出

由于 DAC0832 是属于电流输出型的,而我们在应用中往往需要电压信号,这就需要将它的输出进行电流/电压转换,可在它的 I_{out1}、I_{out2} 输出端加接一个运算放大器,运放的反馈电阻可通过 R_{fb} 端引用片内固有电阻(也可外接电阻),即可将电流信号变换成电压信号输出,仿真电路如图 9-17 所示。图中运放型号是 NE5532,也可用 LM324、OP07 等。

4）DA 转换器的应用

下面以阶梯波发生器为例介绍 DAC 的应用。如图 9-18 所示,电路由十进制计数器 74160 和虚拟器件 VDAC08 构成。74160 每接收一个时钟脉冲信号,其输出 QD、QC、QB、QA 就加计数一次,变化范围从 **0000** 到 **1001**,循环往复。这个四位的数字信号经 VDAC08 变换为呈阶梯状增加的电压信号。$R1$ 和 $C1$ 构成低通滤波电路。

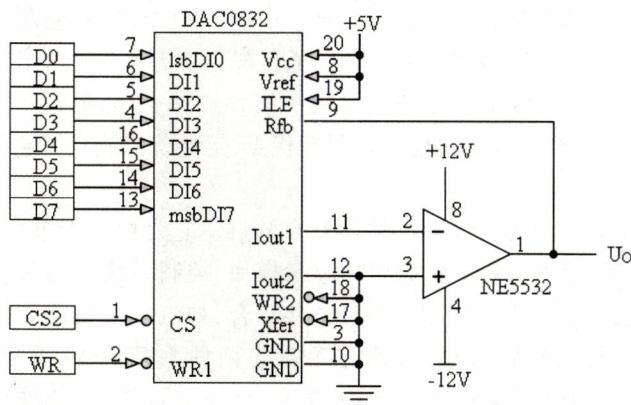

图 9-17 DAC0832 电流转电压输出电路仿真

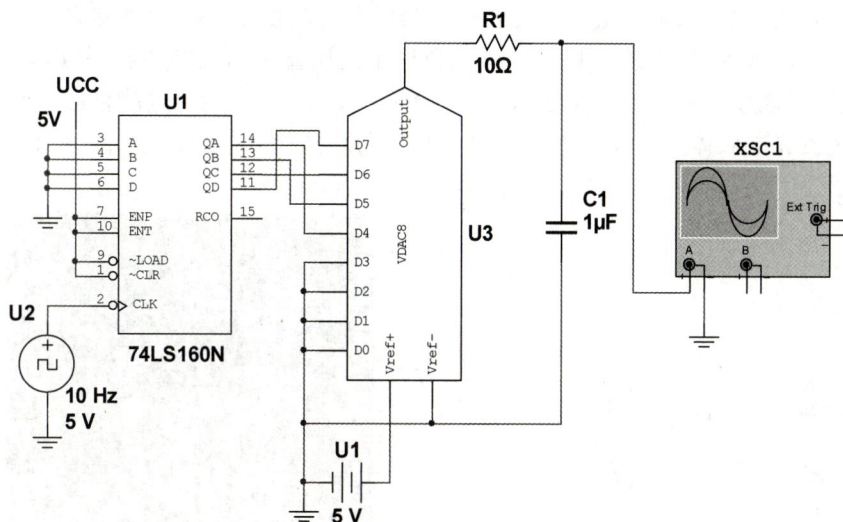

图 9-18 VDAC8 构成阶梯波发生器仿真

9.3 常用数字显示器件

随着电子设备的智能化水平的提高,电子显示器件使用日益广泛,主要有发光二极管(LED)、数码管、LED 点阵屏、液晶显示器(LCD)等。

1. 发光二极管

发光二极管(Light Emitting Diode)简称 LED,是一种将电能转换为光能的半导体器件。与普通二极管一样也是由一个 PN 结组成,也具有单向导电性,符号及外观如图 9-19 所示。当给发光二极管加上正向电压后,产生自发辐射的荧光。根据使用材料的不同,可以发出不同颜色的可见光,例如砷化镓二极管发红光,磷化镓二极管发绿光,碳化硅二极管发黄光,氮化镓二极管发蓝光。有的发光二极管还能根据所加电压高低发出不同颜色的光,叫变色发光二极管。发光的亮度与正向工作电流成正比。普通发光二极管的导通压降为 1.5~2.0 V,工作电流为 5~20 mA,电流过大会损坏器件,使用时应根据型号查阅参数手册并选择合适的限流电阻。LED 具有体积小、重量轻、耗电低、使用寿命长、高亮低热、环保等优点,这些优点决定了它的应用前景广阔。

2. LED 点阵屏

上一章介绍过了 LED 数码管,这里介绍 LED 点阵屏。它是由若干个发光二极管组成,以灯珠亮灭来显示文字、图片、动画、视频等,通常由显示模块、控制系统及电源系统组成。LED 点阵显示屏制作简单,安装方便,被广泛应用于各种公共场合,如汽车报站器、广告屏以及公告牌等。LED 点阵显示系统中各模块的显示方式有静态和动态两种。静态显示原理简单、控制方便,但硬件接线复杂,在实际应用中一般采用动态显示方式,动态显示采用扫描的方式工作,由峰值较大的窄脉冲驱动,从上到下逐次不断地对显示屏的各行进行选通,同时又向各列送出表示图形或文字信息的脉冲信号,反复循环以上操作,就可显示各种图形或文字信息。

LED 点阵屏有单色、双色和全彩三类,可显示红、黄、绿、橙等。LED 点阵有 4×4、4×8、5×8、8×8、16×16、24×24、40×40 等多种;根据图素颜色的不同所显示的文字、图像等内容的颜色也不同,单原色点阵只能显示固定色彩如红、绿、黄等单色,双原色和三原色点阵显示内容的颜色由图素内不同颜色发光二极体点亮组合方式决定,如红绿都亮时可显示黄色。图 9-20 为平面 LED点阵外观图。

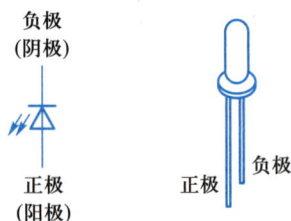

图 9-19　发光二极管的符号及外观

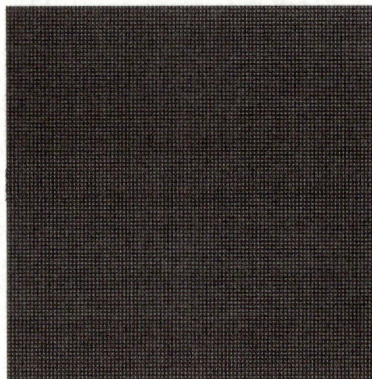

图 9-20　LED 点阵屏

3. 液晶显示器

液晶材料在施加电场(电流)时,其光学性质会发生变化,这种效应称为液晶的电光效应。液晶显示器件(Liquid Crystal Display)简称 LCD,有各种不同的显示方式和各种不同的电光效应,其特点是工作电压低,微功耗。LCD 常见的种类有:

① STN(Super Twisted Nematic),属于无源被动矩阵式 LCD,彩屏模块由偏光片、玻璃、液晶、白光 LED、背光板以及驱动 IC 芯片等构成。

② TFT(Thin Film Transistor),属于有源矩阵液晶屏,每个液晶像素点都是由薄膜晶体管来驱动,每个像素点后面都有四个相互独立的薄膜晶体管驱动像素点发出彩色光,可显示 24bit 色深的真彩色。TFT 液晶屏的优点是响应时间比效短,色彩艳丽,缺点是比较耗电。

③ TFD(Thin Film Diode),同样属于有源矩阵液晶屏,LCD 上的每一个像素都配备了一颗单独的二极管,可以对每个像素进行单独控制,使像素之间不会互相影响,明显提高了分辨率,耗电量也显著降低。

4. 有机发光二极管

有机发光二极管(Organic Light-Emitting Diode)简称 OLED,又称为有机电激光显示、有机发光半导体。OLED 采用非常薄的有机材料涂层和玻璃基板,当有电流通过时,这些有机材料就会发光,而无需背光源。OLED 具有自发光、广视角、高对比度、低耗电、极高反应速度等特点,这些特点是 LCD 无法企及的。同时从可折叠、可穿戴、透明等方面考虑,OLED 是今后新一代显示技术的主流发展方向。据市场机构 IHS 数据预计,2017 年全球 OLED 市场规模有望大幅度增长32%至 192 亿美元,但 OLED 技术仍然面临一些困难,例如在大尺寸技术上的瓶颈还没有突破,导致价格居高不下。

小 结

1. 传感器是一种能感受规定的被测量并按照一定的对应关系转换成可用输出量的器件或装置。被测量可以是物理量,也可以是化学量或生物量等;输出量通常是电量,也可以是气、光等其他形式的量。典型的传感器通常由敏感元件、转换元件和转换电路组成。

2. 传感器的类型有很多,每一种类型又包含多种型号,实际应用时应根据电路的设计要求、指标参数、功能模块之间信号传递需求等多种因素综合考虑后选择合适的型号。

3. A/D 和 D/A 转换器是现代电子系统重要的组成部分,A/D 转换器能将模拟信号转换成数字信号,D/A 转换器能将数字信号转换成模拟信号。转换的本质是实现模拟量和数字量之间的对应关系。衡量 A/D 和 D/A 转换器的主要技术参数是转换精度和转换速度。

4. A/D 转换一般需要经过采样、保持、量化及编码 4 个过程。常见的 A/D 转换器有直接式和间接式两类。D/A 转换电路一般由转换网络、模拟电子开关和运算放大器等组成。转换网络通常有权电阻型、$R-2R$ 型和权电流型等几种。

5. 数字显示器件是电子系统不可或缺的重要组成部分,常见的主要有发光二极管、数码管、LED 点阵屏、液晶显示器等。

习 题

9.1 什么叫传感器?它由哪几部分组成?简述每一部分的作用及相互关系。

9.2 什么是应变效应?利用应变效应解释金属电阻应变片的工作原理。

9.3 简述电桥电路的工作原理,并说明其在传感检测系统的作用。

9.4 某 8 位二进制数 D/A 转换器中,已知其最大满刻度输出模拟电压 $U_{om} = 5$ V,求最小分辨电压 U_{LSB} 和分辨率。

9.5 某 8 位 D/A 转换器,若最小分辨电压为 0.02 V,试问当输入数字量为全 **0**、全 **1** 和 **01001101** 时,输出电压 U_0 分别为多少?

9.6 某一权电阻 D/A 转换器如图 9-12 所示,已知 $n=4$,$U_{REF}=5$ V,R_i 等于 $2^{n-1-i}R(i=0\sim n-1)$,$R_f=R/2$,试求当输入数字量 $D_3D_2D_1D_0$ 分别为 **1000**、**0100**、**0010** 和 **0001** 时输出电压的值。

9.7　在 A/D 转换过程中,取样保持电路的作用是什么？应该怎样理解编码的含义,试举例说明。

9.8　如果要将一个最大幅值为 5.1 V 的模拟信号转换为数字信号,要求模拟信号每变化 20 mV 能使数字信号最低位(LSB)发生变化,那么应选用多少位的 A/D 转换器？

9.9　并联比较型 A/D 转换器电路如图 9-21 所示。求 u_1 分别为 9 V、6.5 V、4 V、1.5 V 时,电路对应的数字量输出。

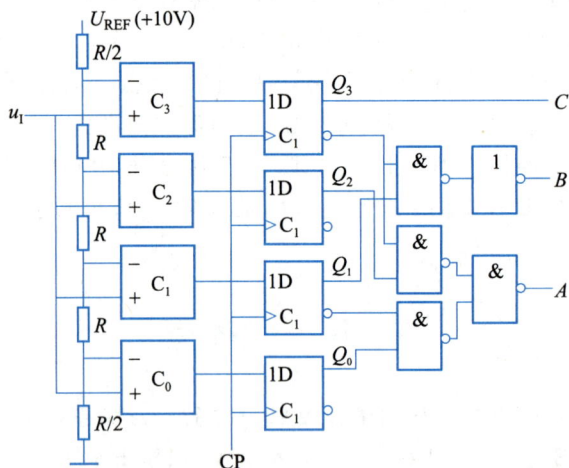

图 9-21　题 9.9 的图

9.10　分别简述利用数字万用表判别共阴极数码管和共阳极数码管好坏的方法。

9.11　应用网络资源查阅常用液晶显示屏 LCD1602 和 LCD12864 的功能参数以及二者的区别。

9.12　应用网络资源查阅 OLED 的功能参数和基本使用方法。

第 **10** 章

电工电子综合设计基础与实践

电子系统根据其处理的信号类型和构成可分为模拟型、数字型和模数混合型等不同的类型。模拟电子系统是指对模拟信号进行检测、处理和变换的电路,放大、滤波、信号调理、驱动是构成模拟电子系统的主要单元模块。数字电子系统是指对数字信号进行传输、处理和控制的电路,通常由控制器和若干逻辑功能器件构成。模数混合电子系统是指既有模拟电路又有数字电路的系统,通常包含 A/D 转换、D/A 转换、微处理器等部件。相比于功能器件,电子系统一般都具有综合性、层次性和复杂性的特点。

这一章的目的是在学完了前面的内容之后给大家一个完整的、系统的概念,这里对学习者的要求是:① 能够对单元模块的功能,利用所学知识进行分析和说明,再进一步,将整体电路功能有机联系起来,形成一个完整的对电路系统的理解;② 将单元模块电路作为实验完成,既可以进行仿真,也可以实际操作搭接电路;③ 如果能够把各个模块电路完成实验分析和验证后,再将整个系统联调完成就说明不仅学到了基本理论知识,在实践技能上也有了长足进步。因此,这一章的内容是对前面内容的总结和升华。

10.1 电路综合设计的一般方法

1. 总体思路

首先按照自顶向下的设计思路,将系统划分为若干个电路模块,电路模块划分的原则是功能独立,与其他模块之间的界限清晰,输入信号和输出信号明确。然后针对每一个电路模块,分析其与关联模块的关系并设计连接方法、电气标准和物理标准,单独进行设计、组装、调试和测试。最后将各模块组装在一起进行联调,根据出现的问题对设计方案进行调整和完善。必要的时候,可以先用仿真软件对设计电路进行仿真以最大限度地减少错误。模块化设计降低了电路的规模和复杂程度,减小了设计和实现的难度,电路故障的诊断和排除也相对更加容易。

2. 设计要点和步骤

（1）设计要点

① 准确理解设计任务,完成顶层设计。具体而言,就是确定输入量、输出量、中间处理环节三者之间的联系,以及各个模块电路的功能。

② 根据适用性原则,在综合考虑成本、技术复杂度、可靠性等多种因素之后选择适合的方案,完成各功能模块电路的设计和实现。

③ 针对系统统调环节出现的各种问题,要根据现象分析故障原因,确定根源问题和次生问题,很多时候根源问题解决了,次生问题也就不出现了。必要的时候还要对原有设计方案做修改,不断完善,直到满足设计要求。

（2）设计思路和步骤

电子电路的种类很多,器件选择的灵活性很大,因此设计方法和步骤也不尽相同。设计者应根据具体情况,灵活掌握。电子电路综合设计的一般步骤如图 10-1 所示。

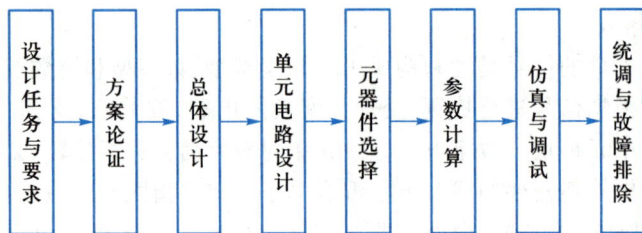

设计任务与要求 → 方案论证 → 总体设计 → 单元电路设计 → 元器件选择 → 参数计算 → 仿真与调试 → 统调与故障排除

图 10-1　电子电路综合设计的步骤

10.2　电路综合设计实例Ⅰ——数字电子秤

秤是重量的计量器具,在各种生产领域和人民日常生活中得到广泛应用。数字电子秤直接用数字显示被称物体的重量,具有使用方便、测量准确、性能稳定等优点。

1. 设计思路及总体方案

用电子秤称重的过程是把被测物体的重量通过传感器转换成电压信号。由于这一信号通常都很小,需要进行放大,放大后的模拟信号经 A/D 变换转换成数字量,再通过数码显示器显示出重量。由于被测物体的重量相差较大,根据不同的测量范围要求,可由电路自动(或手动)切换量程,同时显示器的小数点数位对应不同量程而变化,即可实现电子秤的要求。电子秤原理框图如图 10-2 所示。

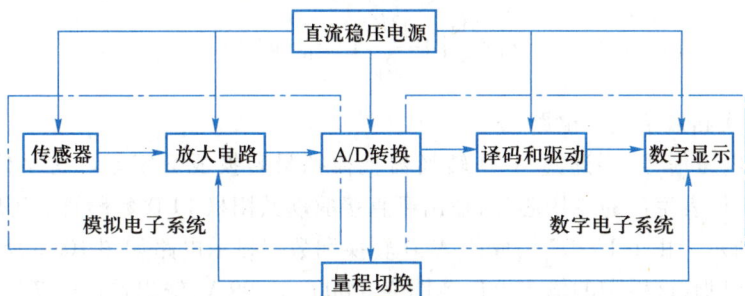

图 10-2 数字电子秤原理框图

2. 单元电路设计

（1）传感器电路

信号采集使用电桥电路，为提高灵敏度，电桥电路的四个电阻 R_1、R_2、R_3、R_4 都是应变片电阻，如图 10-3 所示。无压力时，电桥平衡，U_{ab} 输出电压为零；有压力时，电桥的桥臂电阻值发生变化，其中 R_1 和 R_4 都 $+\Delta R$，R_2 和 R_3 都 $-\Delta R$，电桥失去平衡，有相应电压输出。

（2）放大电路

多数情况下，传感器输出的模拟信号都很微弱，必须通过一个模拟放大器对其进行一定倍数的放大，才能满足 A/D 转换器对输入信号电平的要求。电阻应变传感器的输出信号输出给输入电阻高、输出电阻低、并且精度高的仪用放大

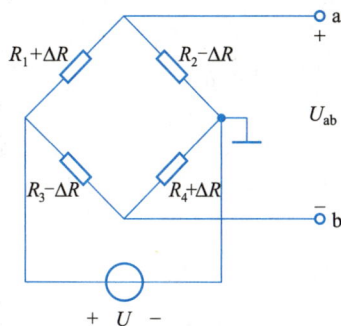

图 10-3 传感器电路

器。放大电路可以用 LM324 集成芯片来实现，如图 10-4 所示。该芯片共有 14 个管脚，其中 4 脚和 11 脚分别接公共工作电源 +5 V 和 −5 V，其余 12 个管脚是四个运放的输入输出端口。图中 u_{I+} 和 u_{I-} 是电阻应变传感器的输出信号，u_O 是放大后的输出电压信号，$R_1 = R_2$、$R_3 = R_4$、$R_5 = R_6$，通过调节 R_{P1} 可改变放大倍数。分析可得

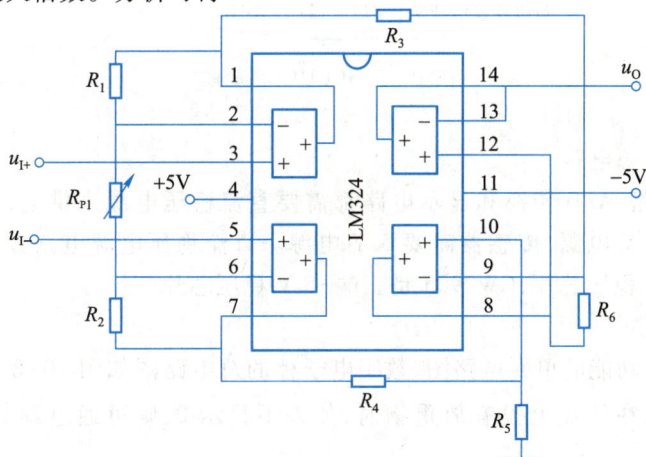

图 10-4 由 LM324 构成的放大电路

$$u_O = \frac{R_5}{R_4}\left(1+\frac{2R_1}{R_{P1}}\right)(u_{I+}-u_{I-}) \tag{10-1}$$

（3）A/D 转换和数字显示电路

经过放大的电压信号,要通过 A/D 转换器把模拟量转换成数字量。这里使用 ICL7107 芯片,它是专为数字仪表生产的专用芯片,输出可直接驱动共阳极 LED 数码管。ICL7107 芯片的引脚图如图 10-5 所示。由 ICL7107 构成的 A/D 转换和数字显示电路如图 10-6 所示,模拟电压信号经 R_{10} 接入 31 引脚,该引脚的输入电压范围为 0.000~1.999 V,输出接四个 7 段显示数码管,显示范围为 0000~1999。这里小数点在最高位后一直点亮,所以最高显示 1.999。ICL7107 每个引脚的功能可通过查阅集成电路芯片手册或利用网络资源得到,外围器件的参数需要通过相应的计算来确定。

引脚			引脚	
电源正端 U_+	1		40	OSC_1 振荡1
dU	2		39	OSC_2 振荡2
cU	3		38	OSC_3 振荡3
个位笔画显示　bU	4		37	TEST 测试逻辑地
aU	5		36	U_{REF+} 基准电压+
fU	6		35	U_{REF-} 基准电压-
gU	7		34	C_{REF} 基准电容
eU	8		33	C_{REF} 基准电容
dT	9		32	COM 模拟公共端
cT	10		31	IN_+ 输入+
十位笔画显示　bT	11		30	IN_- 输入-
aT	12		29	AZ 自动调零电容
fT	13		28	BUF 缓冲器
eT	14		27	INT 积分器
dH	15		26	U_- 电源负端
百位笔画显示　bH	16		25	gT 十位笔画显示
fH	17		24	cH
eH	18		23	aH 百位笔画显示
千位笔画显示 abk	19		22	gH
负极性显示 PM	20		21	GND

图 10-5　ICL7107 引脚图

（4）直流稳压电源电路

传感器、放大电路、A/D 转换和显示电路都需要直流稳压电源来供电,其中 LM324 芯片和 ICL7107 芯片需要±5 V 电源,传感器需要 5 V 电源。直流稳压电源电路如图 10-7 所示,其中 CW7805 是三端+5 V 稳压芯片,CW7905 是三端-5 V 稳压芯片。

3. 总电路图

以上是实现各个功能的单元电路图,数字电子秤的总电路图如图 10-8 所示。图中 R_{01}、R_{P0} 和 R_{02} 构成调零电路,在秤盘上没有放重物时,如果不显示 0,则可通过调节电位器 R_{P0} 使显示为 0。

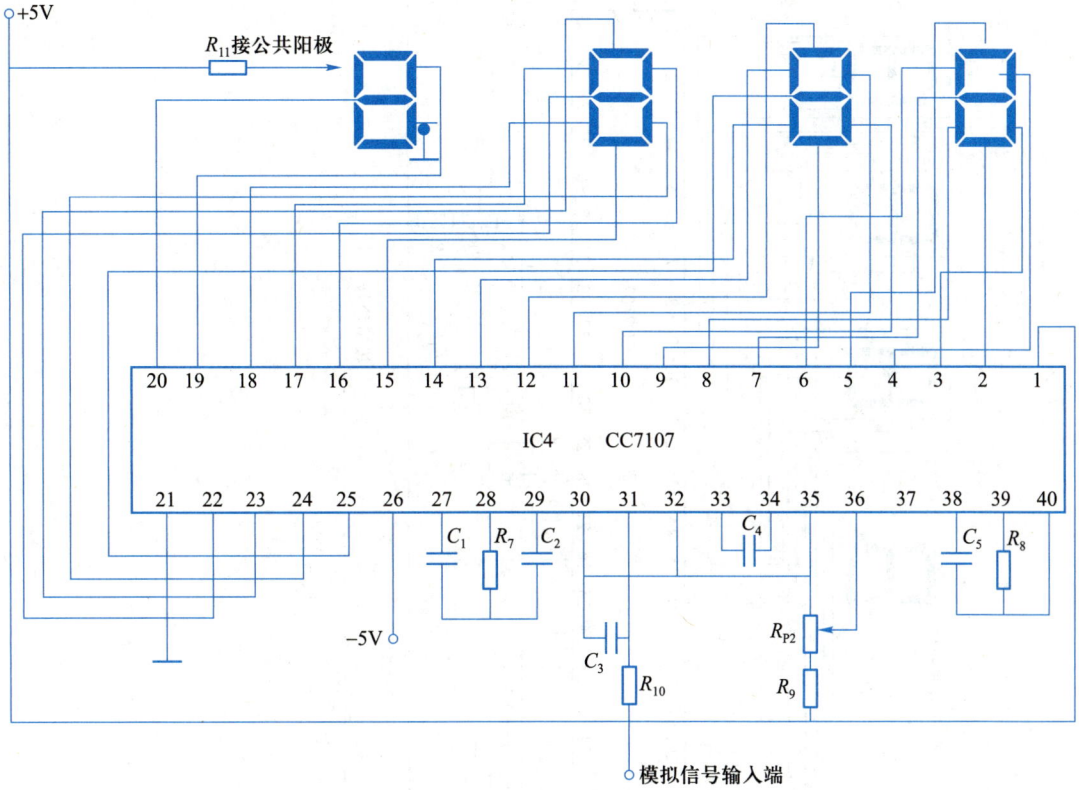

图 10-6 由 ICL7107 构成的 A/D 转换和数字显示电路

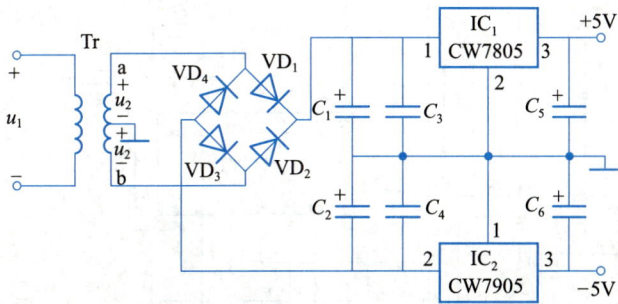

图 10-7 输出 ±5V 的直流稳压电源电路

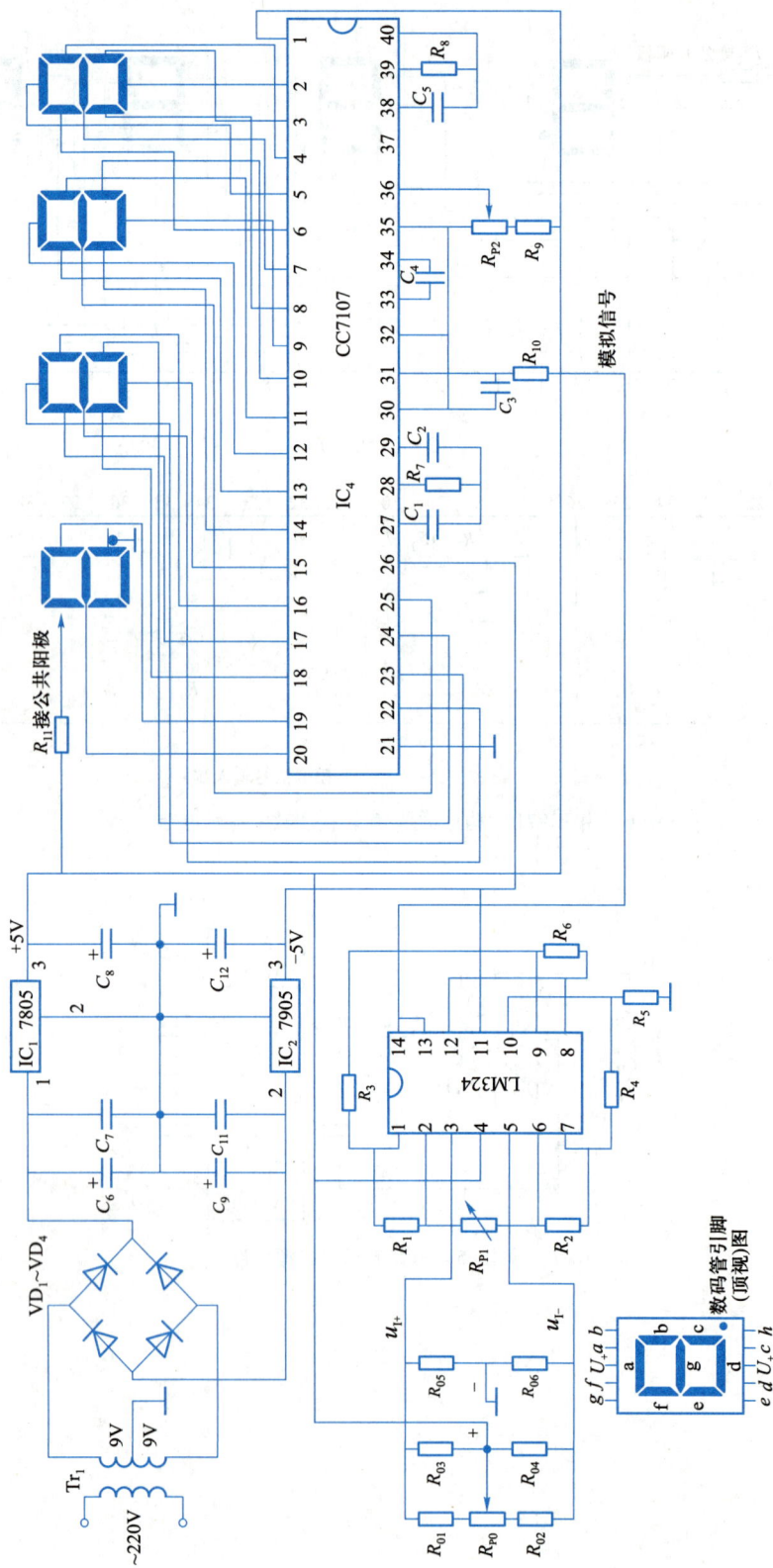

图10-8　数字电子秤总电路图

10.3　电路综合设计实例Ⅱ——步进电动机控制电路

根据第 4 章所介绍的知识,步进电动机是一种将电脉冲转化为角位移的执行机构,当步进驱动器每接收一个脉冲信号,它就驱动步进电动机按设定的方向转动一个固定的角度。步进电动机是数字控制系统中的一种重要执行元件,步进电动机控制电路的功能是要实现对电动机的正反转、转速以及角位移精度的控制。

1. 设计思路及总体方案

步进电动机的基本控制包括转向控制和速度控制两个方面,现以四相步进电动机的控制电路设计为例进行介绍。

四相步进电动机有四相绕组,分别为 A、B、C、D,可采用四相单四拍($A\rightarrow B\rightarrow C\rightarrow D\rightarrow A$)、四相双四拍($AB\rightarrow BC\rightarrow CD\rightarrow DA\rightarrow AB$)和四相八拍($AB\rightarrow B\rightarrow BC\rightarrow C\rightarrow CD\rightarrow D\rightarrow DA\rightarrow A\rightarrow AB$)等多种换相顺序工作方式。如果按照给定换相顺序工作,则步进电动机正转;如果按照相反换相顺序工作,则步进电动机反转。步进电动机的位移精度可通过增加转子的齿数辅以相应的换相工作方式来实现。步进电动机的速度取决于脉冲频率、转子齿数和拍数,在转子齿数和拍数一定的情况下,只要控制脉冲频率即可实现电动机调速。综上分析可知,步进电动机的控制电路应该包括以下几个单元模块:

① 脉冲发生器,提供频率可调的脉冲信号。

② 环形脉冲分配器,提供步进电机所需的环形脉冲。

③ 控制电路,提供方向和拍数控制信号。

④ 驱动电路,提供步进电动机所需要的功率。

总体框图如图 10-9 所示。

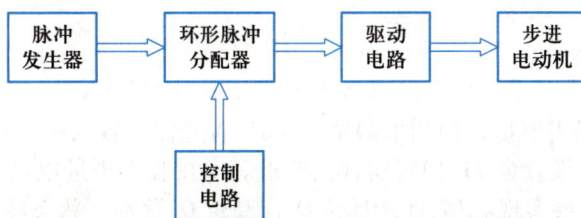

图 10-9　步进电动机控制系统总体框图

2. 单元电路设计

（1）脉冲发生器设计

根据第 7 章所学知识,很容易想到利用 555 定时器构成脉冲波形发生器,电路如图 10-10 所示。图中 R_1 为电位器,通过改变 R_1 的阻值即可改变输出脉冲波形的频率,根据需要,还可将 R_2 和 C_1 设置为参数可调。

（2）环形脉冲分配器及控制电路设计

环形脉冲分配器即控制电路可由单片机、PLC、集成电路芯片等多种不同的方式实现。结合

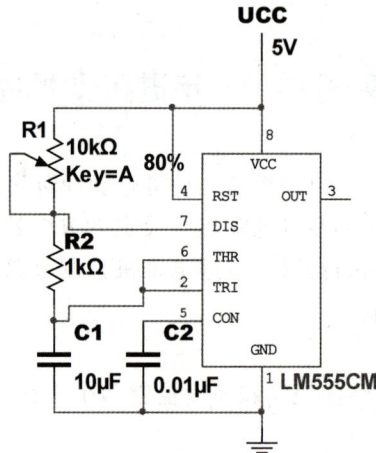

图 10-10　脉冲波形发生器电路仿真

第 8 章所学知识,这里使用双向移位寄存器 74LS194 来实现,电路如图 10-11 所示。

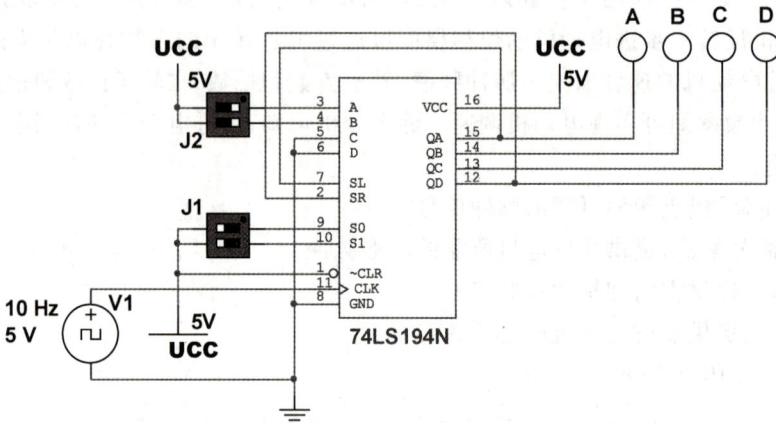

图 10-11　环形脉冲分配器及控制电路仿真

工作原理如下:如果需要提供四相单四拍脉冲时,首先需要置入一个初始状态 $Q_D Q_C Q_B Q_A$ = **0001**。将 A 设为 **1**,$S_1 S_0$ 设置为 **11**,即可实现此要求。现在假设步进电动机的换相顺序是 $A→B→C→D→A$,则 74194 需要实现右移,即从低位 Q_A 向高位 Q_D 移动。状态转换如表 10-1 所示。分析不难得知,只需将 $S_1 S_0$ 设置为 **01**,并将 Q_D 的输出作为右移输入 SR 的值即可实现该任务。

表 10-1　单四拍脉冲 74194 右移状态转换表

Q_D	Q_C	Q_B	Q_A
0	0	0	1
0	0	1	0
0	1	0	0
1	0	0	0
0	0	0	1

如果需要提供的顺序是 $D{\rightarrow}C{\rightarrow}B{\rightarrow}A{\rightarrow}D$，则 74194 需要实现左移，即从高位 Q_D 向低位 Q_A 移动。状态转换如表 10-2 所示。同理可知，只需将 S_1S_0 设置为 **10**，并将 Q_A 的输出作为左移输入 SL 的值即可实现该任务。假设规定右移实现步进电动机正转，则左移就可实现电机反转。

表 10-2　单四拍脉冲 74194 左移状态转换表

Q_D	Q_C	Q_B	Q_A
0	0	0	1
1	0	0	0
0	1	0	0
0	0	1	0
0	0	0	1

如果需要提供四相双四拍脉冲，首先需要置入一个初始状态 $Q_DQ_CQ_BQ_A$ = **0011**，将 AB 设置为 **11**，S_1S_0 设置为 **11**，即可实现此要求。如果需要 74194 实现右移，只需再将 S_1S_0 设置为 **01**，即可实现。状态转换如表 10-3 所示。将 S_1S_0 设置为 **10** 即实现左移，此处不再赘述。

表 10-3　双四拍脉冲 74194 右移状态转换表

Q_D	Q_C	Q_B	Q_A
0	0	1	1
0	1	1	0
1	1	0	0
1	0	0	1
0	0	1	1

（3）驱动电路设计

本设计使用的是小型步进电动机，对电压和电流要求不是很高，为了说明应用原理，采用比较简单的驱动电路，在实际工业控制中还需在此基础上加以完善和改进。由分立器件构成的驱动电路可以如图 10-12 所示。晶体管可采用 NPN 型达林顿管，二极管 VD 可在断电时为感应电动势提供泄放通道，起保护作用。

如果有多路驱动，那么采用分立器件构成的驱动电路体积会比较大，因此很多场合才用现成的集成电路作为多路驱动。常用的小型步进电动机驱动电路可以用 ULN2003 或 ULN2803。ULN2003 是高压大电流达林顿晶体管阵列系列产品，具有电流增益高、工作电压高、温度范围宽、带负载能力强等特点，适用于各类要求高速大功率驱动的系统。ULN2003 由 7 组达林顿晶体管阵列和相应的电阻网络以及钳位二极管构成，具有同时驱动 7 组负载的能力。ULN2003 内部结构及等效电路图如图 10-13(a)、(b)所示。

ULN2003 驱动电路接步进电动机如图 10-14 右侧部分所示，此处选用五线四相步进电动机 28BYJ-48。

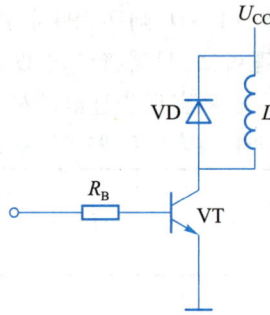

图 10-12　分立器件构成驱动电路

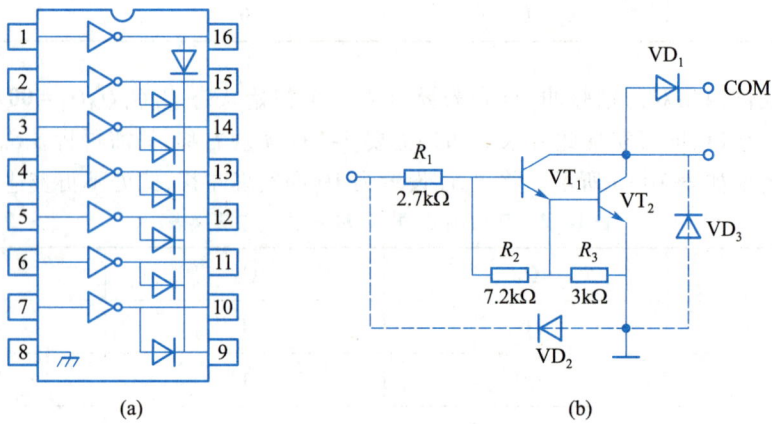

(a)

(b)

图 10-13　ULN2003 内部结构及等效电路图

3. 总电路图

将各个单元模块电路按照输入输出关系连接起来,总电路如图 10-14 所示。

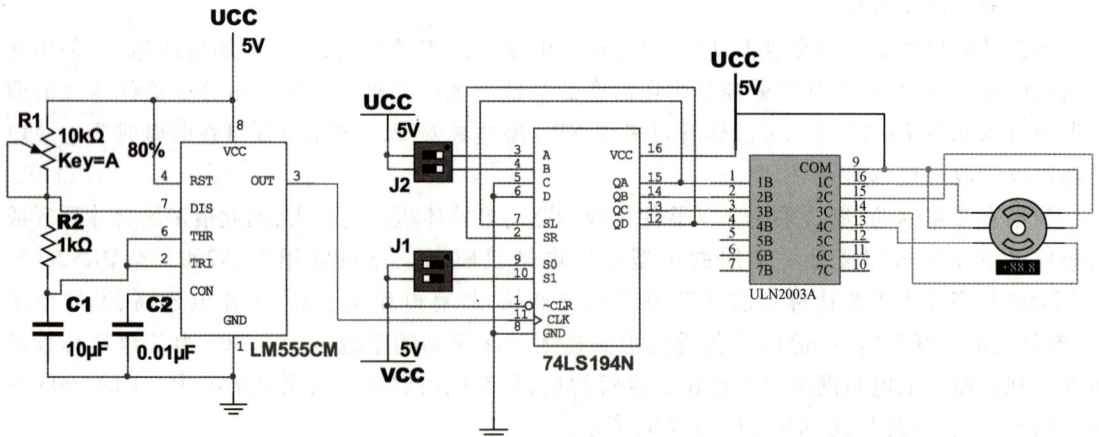

图 10-14　步进电动机控制电路总图仿真

10.4 电工电子技术实践

1. 电路读图练习 I

对图 10-8 电子秤电路进行读图练习,能够结合前面所学知识,讲解各部分电路的工作原理和模块之间的关系。

2. 电路读图练习 II

对图 10-14 步进电动机控制电路进行读图练习,能够结合前面所学知识,讲解各部分电路的工作原理和模块之间的关系。

3. 电子秤电路的仿真和电路实验

对图 10-8 电子秤电路的各单元电路仿真和连接、调试。要求:

(1) 确定各单元电路的参数:

① 利用网络资源搜索相关单元电路图。例如在百度中搜索:"±5 V 整流电源""仪表放大器原理图""7107 应用电路"等,找到相关的电路元器件参数,从而确定自己的电路元器件参数。

② 可以由指导教师给出全部电路的元器件参数,这样比较方便由实验室提供合适的套件。

(2) 在学完第 2 章以后完成传感器实验,对电桥电路进行仿真后进行电路实际测试,分别测量当托盘上放上 500 g、1000 g、1500 g、2000 g 砝码后,电桥的输出电压。验证和说明输出电压和所称重物质量的关系。

(电桥电路仿真时,设:$R_1 = R_2 = R_3 = R_4 = 200\ \Omega$,每 500 g 时 $\Delta R = 10\ \Omega$。分别仿真测量单臂电桥时、全桥时输出电压 U_{ab},并进行比较。)

电桥及电阻应变片已经由实验室配套组成传感器,供给实验使用。

(3) 在学完第 5 章以后对输出 ±5 V 的整流稳压电路进行仿真,然后连接电路,并对电路的输入、输出电压进行测量。用滑线变阻器作负载,测量输出电流在 0~1 A 之间变化时,输出电压的变化。

(4) 在学完第 6 章以后,对模拟放大电路进行仿真,然后进行电路连接,输入 1 kHz 正弦信号,用示波器测试它的输入、输出电压并计算电压放大倍数。调节 R_{P1},观察放大倍数的变化。

(5) 在学完第 9 章以后对译码、驱动和显示电路仿真,然后进行连接电路,并输入 0~1.99 V 电压对应显示 0~2 kg 进行验证。

(6) 总电路联调,撰写实验报告。

4. 步进电动机控制电路仿真和电路实验

(1) 用 Multisim 软件绘制图 10-11 电路,并对环形脉冲分配器及控制电路进行仿真,验证四相单四拍和四相双四拍脉冲、右移对步进电动机的转向的控制。

(2) 步进电动机控制电路实验

如果实验室条件允许,可以对图 10-14 电路进行电路连接,并验证:

① 四相单四拍脉冲左、右移对步进电动机的转向的控制。

② 四相双四拍脉冲左、右移对步进电动机的转向的控制。

③ 调节 R_1,使输出频率改变,观察步进电动机的转速变化。

以上实践内容可以取代传统的实验。如果实验室条件达不到要求,也可以采用一般的传统电工电子技术实验配合教学。

小   结

1. 电子系统根据其处理的信号类型和构成可分为模拟型、数字型和模数混合型等不同的类型。相比于功能器件,电子系统一般都具有综合性、层次性和复杂性的特点。

2. 电子系统设计应遵循自顶向下、模块化的设计思路。单元模块划分的原则是功能独立,与其他模块之间的界限清晰,输入信号和输出信号明确。针对每一个单元模块,需要分析其与关联模块的关系并设计连接方法、电气标准和物理标准,单独进行设计、组装、调试和测试,最后进行联调。

习   题

10.1   设计一个数字温度计,温度传感器选用 LM35,要求:(1)测温范围在 0~100℃;(2)用四位数码管显示温度值。电路参考框图如图 10-15 所示。

传感器 → 信号调理 → A/D转换 → 显示电路

图 10-15   数字温度计参考框图

10.2   设计一个篮球 24 秒计时电路,要求:(1)显示 24 秒倒计时功能;(2)系统设置外部开关,控制计时器完成直接清零、启动、暂停/连续等功能;(3)计时器递减计时到零时,数码显示器不灭灯,同时发出光电报警信号等。(4)递减计时到零时,显示器不能灭灯,同时发出光电报警信号。电路参考框图如图 10-16 所示:

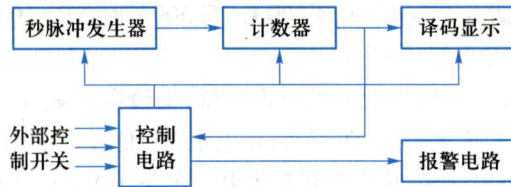

图 10-16   24 秒计时电路参考框图

10.3   设计一个制药厂片剂自动装瓶控制系统电路,要求:(1)每瓶所装片剂的数量由键盘进行设置,数量范围 10~99,并通过两位的数码管显示;(2)利用光电传感器测量片剂是否装瓶成功,通过计数器不断累计装入量并显示;(3)装入瓶中的片剂数量与设定值实时比较,当二者相等时给出控制信号给传送装置,进行新的装瓶工作。电路参考框图如图 10-17 所示。

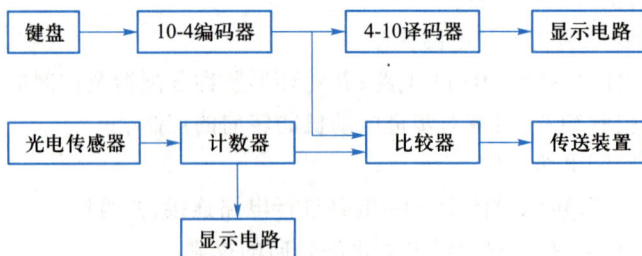

图 10-17   片剂自动装瓶控制系统参考框图

附录　电路仿真技术简介

在计算机技术迅猛发展的今天,电路设计和电路分析往往可以借助计算机软件进行仿真分析,这样就可以大大提高工作效率,降低成本。

电子设计自动化(Electronics Design Automation,EDA)是能将电子产品从电路设计、仿真、性能分析到印制电路板设计整个过程在计算机上自动完成的技术。由于 EDA 工具为多功能模块的开放式集成设计环境,同一设计工程可以分割为若干模块,各模块的设计完全可以在统一规范下齐头并进,从而大大提高设计效率,缩短设计周期。EDA 技术的发展促使了电子系统设计方法的革命,自上而下(Top-Down)的设计方法给电子设计注入了新的活力,改变了传统的自下而上的(Bottom-Up)设计概念。EDA 包含的软件有多种,这里简要介绍 EDA 技术中的 Multisim 7 的一些简单应用知识和仿真实例(兼顾介绍 Multisim 的初级软件 EWB 5.0c),为学习更高级仿真和设计软件打下基础。

1. 绘制电路图

以绘制图 F-1 所示电路为例进行介绍。首先双击图标 打开 Multisim(若启动 EWB 5.0c 则双击图标)。

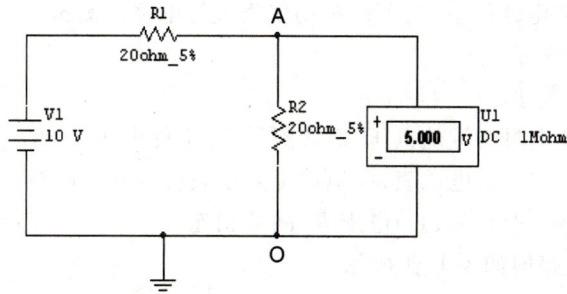

图 F-1　测量电压电路示例

(1)元件的嵌入

单击元件所在的工具栏,将所需元件拖入电路窗口中。

(2)元件的旋转

根据连线的需要,可以旋转元件的方向,以便元件的置入。用鼠标右键单击元件,选定 90 Clockwise,该元件即可旋转 90°。

(3)完成元件间的连线

大部分元件具有很短的凸出端点,当鼠标指向端点时,只要将一个元件的端点拖动到另一元件的端点,即可完成元件的连线。

　　要使设计更合理,可适当移动元件及连线。要使不整齐的线条变直,可选中相应的连接点或元件,再利用上、下、左、右箭头键移动连接点或元件,使连线对齐,也可以用鼠标拖动不整齐的线条的弯曲部分,使其对齐。

　　(4) 元件的名称标识

　　电路中的每一元件与连接点皆可进行标识(labeled),例如要将连接点标识为"A",其做法如下:

　　① 双击连接点,此时会弹出 Node 对话框。

　　② 在 Node Name 文本框中键入"A"并单击 OK 按钮。

　　③ 如要显示此标识或其他已完成的标识,可选择 Options/Preferences 选项中的 Circuit 标签,并勾选 Show Node Names 复选框。

　　(5) 元件数值的选定

　　在 Multisim 中每一元件有其预设定的数值(默认情况下),此值可以按照实际需要改变。电池的预设值为 12 V,如要改变其值为 10 V,做法如下:

　　① 双击电池符号,弹出元件特征对话框。

　　② 选择 Value 标签,将对话框中的数值部分改为 10。

　　③ 单击 OK 按钮。

　　(6) 电路的储存

　　① 选择菜单 File/Save 命令,将出现一标准的文件储存对话框。

　　② 对所建立的电路图命名。

　　③ 单击 OK 按钮。

　　到目前为止,已完成电路的建立,可以利用仪表进行电路的测试。

2. 单元电路的简单测试

　　(1) 工具的选择与连接

　　① 用电压表来测量电阻两端的电压,例如测量 R_2 上的电压。

　　② 从指示器工具栏中选中电压表,并拖动出电压表符号到电路窗口中。

　　③ 将电压表两个端钮引线分别与电阻 R_2 两端相连。

　　上述步骤完成的电路即如图 F-1 所示。

　　(2) 电路的测试

　　① 单击 Multisim 窗口右上角的开关由 **0** 到 **1**。若所有操作都正确,则电压表读数为 5 V。

　　② 改变电阻或电源的参数值,重新启动电路并观察其结果。

　　(3) 结束窗口的操作

　　如果要退出 Multisim 窗口,首先选择 File/Save 菜单命令保存电路文件,然后选择 File/Exit 菜单命令结束 Multisim 的操作。如果结束前尚未保存电路文件,Multisim 会提问使用者是否进行此项操作。

3. 数字万用表的使用

　　Multisim 提供了一种自动量程转换的数字万用表,其电压挡、电流挡等都可根据需要进行设置。万用表的小图标和面板如图 F-2 所示,刚从仪器栏中取出时显示小图标,将其端钮引线与被测电路相连,然后用鼠标双击小图标后出现面板。

　　单击面板上的 Set... 按钮时,弹出如图 F-3 所示的对话框,在其中可以设置万用表电压挡、电流挡的内阻,电阻挡的电流值和分贝挡标准电压值等参数。这里是以直流电压测量为例进行操作的。其他仪表和仿真工具这里不再赘述。读者可以对图 1-3 电路进行仿真实验,设定各元件参数后,分别测量各部分电压和电流。

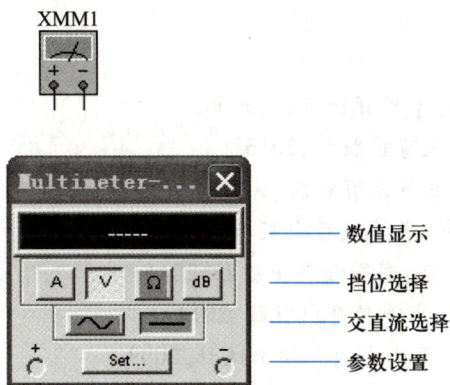

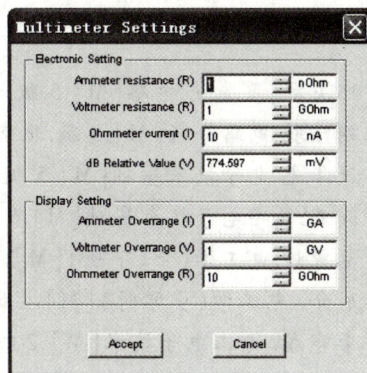

图 F-2　万用表图标与面板

图 F-3　Settings 参数设置对话框

本书中仿真电路除特别说明外,均默认为 Multisim 软件仿真。

参考文献

[1] 邱关源,罗先觉.电路[M].5 版.北京:高等教育出版社,2006.

[2] 胡翔骏.电路分析[M].3 版.北京:高等教育出版社,2016.

[3] 康华光.电子技术基础[M].5 版.北京:高等教育出版社,2008.

[4] 阎石.数字电子技术基础[M].6 版.北京:高等教育出版社,2016.

[5] 秦曾煌.电工学(上、下册)[M].7 版.北京:高等教育出版社,2011.

[6] 唐介.电工学(少学时)[M].4 版.北京:高等教育出版社,2014.

[7] 李守成.电工电子技术[M].2 版.成都:西南交通大学出版社,2009.

[8] 刘蕴陶.电工电子技术[M].3 版.北京:高等教育出版社,2014.

[9] 张南.电工学[M].3 版.北京:高等教育出版社,2007.

[10] 叶挺秀,张伯尧.电工电子学[M].3 版.北京:高等教育出版社,2010.

[11] 侯世英.电工学 I (电路与电子技术)[M].2 版.北京:高等教育出版社,2017.

[12] Thomas L. Floyd.数字电子技术[M].10 版.北京:电子工业出版社,2013.

[13] 陈大钦,罗杰.电子技术基础实验[M].3 版.北京:高等教育出版社,2008.

[14] 潘松,黄继业.EDA 技术与 VHDL[M].4 版.北京:清华大学出版社,2013.

[15] 程德福,王君,等.传感器原理及应用.北京:机械工业出版社,2008.

[16] 侯建军.数字电子技术基础[M].3 版.北京:高等教育出版社,2015.

[17] 李玉山,来新泉.电子系统集成设计导论[M].2 版.西安:电子科技大学出版社,2008.

[18] 曾建唐.电工电子基础实践教程(上、下册)[M].3 版.北京:机械工业出版社,2016.

郑重声明

高等教育出版社依法对本书享有专有出版权。任何未经许可的复制、销售行为均违反《中华人民共和国著作权法》，其行为人将承担相应的民事责任和行政责任；构成犯罪的，将被依法追究刑事责任。为了维护市场秩序，保护读者的合法权益，避免读者误用盗版书造成不良后果，我社将配合行政执法部门和司法机关对违法犯罪的单位和个人进行严厉打击。社会各界人士如发现上述侵权行为，希望及时举报，我社将奖励举报有功人员。

反盗版举报电话　　（010）58581999　58582371

反盗版举报邮箱　　dd@hep.com.cn

通信地址　北京市西城区德外大街4号　高等教育出版社法律事务部

邮政编码　100120

防伪查询说明

用户购书后刮开封底防伪涂层，使用手机微信等软件扫描二维码，会跳转至防伪查询网页，获得所购图书详细信息。

防伪客服电话　　（010）58582300

网络增值服务使用说明

一、注册/登录

访问http://abook.hep.com.cn/，点击"注册"，在注册页面输入用户名、密码及常用的邮箱进行注册。已注册的用户直接输入用户名和密码登录即可进入"我的课程"页面。

二、课程绑定

点击"我的课程"页面右上方"绑定课程"，正确输入教材封底防伪标签上的20位密码，点击"确定"完成课程绑定。

三、访问课程

在"正在学习"列表中选择已绑定的课程，点击"进入课程"即可浏览或下载与本书配套的课程资源。刚绑定的课程请在"申请学习"列表中选择相应课程并点击"进入课程"。

如有账号问题，请发邮件至：abook@hep.com.cn。